信息安全技术研究

龚世杰　赵　鑫　郭世龙　著

吉林科学技术出版社

图书在版编目（CIP）数据

信息安全技术研究 / 龚世杰，赵鑫，郭世龙著．--
长春：吉林科学技术出版社，2022.8
ISBN 978-7-5578-9637-9

Ⅰ．①信… Ⅱ．①龚… ②赵… ③郭… Ⅲ．①信息安
全—安全技术 Ⅳ．① TP309

中国版本图书馆 CIP 数据核字（2022）第 179548 号

信息安全技术研究

著	龚世杰 赵 鑫 郭世龙
出 版 人	宛 霞
责任编辑	王维义
封面设计	树人教育
制 版	树人教育
幅面尺寸	185mm×260mm
字 数	280 千字
印 张	12.75
印 数	1-1500 册
版 次	2022年8月第1版
印 次	2023年3月第1次印刷

出 版	吉林科学技术出版社
发 行	吉林科学技术出版社
地 址	长春市福祉大路5788号
邮 编	130118

发行部电话/传真　0431-81629529 81629530 81629531
　　　　　　　　　　　　81629532 81629533 81629534

储运部电话　0431-86059116

编辑部电话　0431-81629518

印　刷　三河市嵩川印刷有限公司

书 号	ISBN 978-7-5578-9637-9
定 价	80.00元

前　言

　　随着 21 世纪的到来，信息时代大幅度迈进。计算机技术、网络技术和数据库技术的快速发展和进步，已经在电子政务、电子商务、通信运营、金融证券等行业信息化中得到了广泛发展和进步，取得了显著的成效。信息系统的广泛应用，有力地促进了行业信息化水平，同时也带来了极大风险，比如黑客攻击、木马病毒感染都将会影响信息系统的安全，导致数据泄露，造成不可挽回的损失。因此，为了能够确保信息系统的安全，在信息系统设计、实现与运行管理过程中，需要采取信息安全风险评估技术，以便能够更好地发现信息系统中存在的安全隐患，及时采取防御措施，阻止安全事故发生。

　　信息系统的普及和使用，有效提高了行业信息化水平，促进了人们工作的便利。在许多信息系统的使用过程中，许多都是非计算机专业人才，很容易导致信息系统产生安全风险，造成信息系统产生安全漏洞，受到黑客攻击、木马病毒攻击。信息系统安全风险评估可以及时发现系统中存在的潜在威胁和攻击行为，采取防御措施，提高信息系统安全性能。

目 录

第一章　概述

第一节　信息安全技术体系发展

本章重点对信息安全技术体系进行概要阐述。目前，被广泛使用的针对信息安全技术体系的划分方法包括开放系统互联（Open System Interconnection，简称 OSI）安全体系结构与框架和美国信息保障技术框架（Information Assurance Technical Framework，简称 IATF）。前者针对 OSI 网络模型，将安全服务与安全机制在每个层次上进行对应；后者则从系统扩展互联的角度，将安全技术分散在端系统、边界系统、网络系统以及支撑系统。本章给出了本书所依据的信息安全技术体系，该体系保留了 IATF 的划分层次，既从单个系统到基于网络互联的系统，同时又对应了 OSI 的 7 层网络结构。

一、开放系统互联安全体系结构与框架

（一）OSI 安全体系结构

OSI 安全体系结构的研究起始于 1982 年，这项工作由 ISO/IECD 的 JTC1/SC21 工作组负责，1988 年结束，最终产生了标志性的成果 ISO 7498-2 标准。1990 年 ITU 决定正式采用 ISO 7498-2 作为它的 X800 推荐标准。

事实上，OSI 安全体系结构不是能够实现的标准，而是描述如何设计标准的标准。OSI 安全体系结构的重要贡献在于它定义了许多术语和概念，虽然其中的一些概念已经显得有些过时，但是仍然有许多部分被沿用和广泛使用，如术语、安全服务和安全机制以及各种安全服务在 OSI 各层中的位置。OSI 安全体系结构认为，一个安全的信息系统结构应该包括以下 3 方面。

（1）5 种安全服务。

（2）8 类安全技术和支持上述 5 种安全服务的普遍安全技术。

（3）3 种安全管理方法，即系统安全管理、安全服务管理和安全机制管理。可以将 OSI 安全体系结构要求的内容与 OSI 网络层次模型的关系画在一个三维坐标图上。

（二）OSI 安全框架

1.OSI 安全框架与 OSI 安全体系结构的关系

OSI 安全框架是对 OSI 安全体系结构的扩展，它的目标是解决"开放系统"中的安全服务，此时"开放系统"已经从原来的 OSI 扩展为一个囊括了数据库、分布式应用、开放分布式处理和 OSI 的复杂系统。

OSI 安全框架给出了一些概念、术语作为其他标准的基础，力求其他标准能够更好地相互补充，避免不必要的重复和混乱，它是标准的标准，并不是一个实现的标准。OSI 安全框架定义了许多有用的概念，如安全策略、安全机构、安全区域、安全交互规则、安全证书、安全令牌等。

2.OSI 安全框架的内容

OSI 安全框架包括如下 7 个部分的内容。

（1）安全框架综述：简述了各个组成部分和一些重要的术语和概念，如封装、单向函数、私钥、公钥等。

（2）认证框架：定义了有关认证原理和认证体系结构的重要术语，同时提出了对认证交换机制的分类方法。

（3）访问控制框架：定义了在网络环境下提供访问控制功能的术语和体系结构模型。

（4）非否认框架：描述了开放系统互联中非否认的相关概念。

（5）机密性框架：描述了如何通过访问控制等方法来保护敏感数据，提出了机密性机制的分类方法，并阐述了与其他安全服务和机制的相互关系。

（6）完整性框架：描述了开放系统互联中完整性的相关概念。

（7）安全审计框架：该框架的目的在于测试系统控制是否充分，确保系统符合安全策略和操作规范，检测安全漏洞，并提出相应的修改建议。

OSI 安全体系结构和安全框架标准作为"标准的标准"有两个实际用途：一是指导可实现的安全标准的设计；二是提供一个通用的术语平台。

实际上，随着后续安全标准的制定和颁布，OSI 安全体系结构和安全框架的指导作用正在减弱，但是其重大意义在于为后续标准提供了通用的、可理解的概念和术语。

二、美国信息保障技术框架

美国信息保障技术框架（IATF）给出了一个保护信息系统的通用框架，将信息系统的信息保障技术分成 4 个层面。

IATF 强调从边界的角度来划分信息系统，从而实现对信息系统的保护。边界被确定在信息资源的物理和（或）逻辑位置之间，通过确立边界，可以确定需要保护的信息系统的范围。IATF 将信息系统的信息保障技术层面分为以下 4 个部分。

（一）本地计算环境

本地计算环境包括服务器、客户机以及其所安装的应用程序。本地计算环境的安全强调服务器和客户机，包括其安装的应用程序、操作系统和基于主机的监视器性能。需要信息保障方案的应用范围包括电子邮件、操作系统、Web 浏览器、电子商务、无线访问、合作计算以及数据库访问等。

（二）区域边界（本地计算机区域的外缘）

区域，是指通过局域网相互连接、采用单一的安全策略并且不考虑物理位置的本地计算设备的集合。区域边界是信息进入或离开区域或机构的点。因为许多机构都与其控制范围之外的网络相连，所以需要一个保护层来保障进入该范围的信息不影响机构操作或资源，并且离开该范围的信息是经过授权的。

许多机构在其区域边界处采用多种方式的外部网络连接。这些方式如下。

（1）与外部网络（如互联网）连接，以便与另一个区域交换信息或访问网络上的数据。

（2）与远程用户的 3 种连接方式。

①通过公共电话网拨号访问。

②直接连接方式（如电缆调制解调器）。

③拨号访问方式连接到互联网服务提供者（Intermet Service Provider，简称 ISP）等。

（3）与其他不同运行级别的本地网络相连。

（三）网络与基础设施

网络与基础设施提供区域互联，包括各种类型的网络，如城市域网（Metropolitan AreaNetwork，简称 MAN）、校园域网（Campus Area Network，简称 CAN）和局域网（Local AreaNetwork，简称 LAN）等。传输网络包括在网络节点（如路由器和网关）间传输的信息、传输组件，如卫星、微波、其他射频（Radio Frequency，简称 RF）频谱与光纤。网络基础设施的其他重要组件有网络管理、域名服务器和目录服务等。

（四）支持性基础设施

支持性基础设施，是指保障网络、区域和计算环境的信息保障机制。这些信息保障机制以安全的管理系统和提供安全有效的服务为目的。支持性基础设施为以下各方提供服务：网络，终端用户工作站，网络、应用和文件服务器，单独使用的基础设施机器（如高层域名服务器服务与高层目录服务器）。IATF 所讨论的两个范围如下。

（1）密钥管理基础设施（Key Management Infrastructure，简称 KMI），其中包括公钥基础设施（Public Key Infrastrue-ture，简称 PKI）。

（2）检测与响应基础设施。IATF 实际上是将安全技术分成了 4 个层次，其分类的依据是按照信息系统组织的特性确定的，从端系统、端系统边界、边界到互相连接的网络，同时还考虑了每个层次共同需要的支撑技术。

第二节　安全服务与安全机制

在 ISO7498-2 标准定义的 OSI 安全体系结构中，对安全服务与安全机制进行了详细定义，并且这些概念在 30 年的应用中并没有发生变化，所以我们仍然参考 OSI 安全体系结构来进行描述。

一、安全服务

（一）鉴别（Authentieation）

鉴别提供了关于某个实体（如人、机器、程序、进程等）身份的保证，为通信中的对等实体和数据来源提供证明。当某个实体声称具有一个特定的身份时，鉴别服务提供某种方法来证明这一声明是正确的。鉴别是最重要的安全服务，其他安全服务在某种程度上需要依赖它。

（二）访问控制（Access Control）

访问控制的作用是防止任何实体以任何形式对任何资源（如计算机、网络、数据库、进程等）进行非授权的访问。非授权的访问包括未经授权的使用、泄露、修改、破坏以及发布等。访问控制的另一个作用是保护敏感信息不经过有风险的环境传送。

（三）数据机密性（Data Screey）

数据机密性就是保护信息不被泄露或者不暴露给那些未经授权的实体。在信息网络中，我们还常常区分两种类型的机密性服务：数据机密性服务和业务流机密性服务。前者使得攻击者无法从获得的数据中获知有用的敏感信息，后者使得攻击者无法通过观察网络中的业务流获得有用的敏感信息。

（四）数据完整性（Data Integrity）

数据完整性，是指保证数据在传输过程中没有被修改、插入或者删除。数据完整性服务就是通过技术手段保证数据的完整性可验证、可发现。

（五）非否认（Non-Reputation）

非否认服务的目的是在一定程度上杜绝通信各方之间存在相互欺骗行为，通过提供证据来防止这样的行为发生：发送者的确发送过某一数据，接收者也的确接到过某一数据，但是事后发送者否认已发送过该数据。

我们将安全体系结构中的安全服务进行总结。

二、安全机制

安全服务必须依赖安全机制来实现。OSI 安全体系结构中提出了 8 种安全机制。

1. 加密

加密能够实现数据机密性服务，同时也能提供对业务流的保密，并且还能作为其他安全机制的补充。

2. 数字签名

可以实现对数据的签名和签名验证功能，由此提供非否认服务。

3. 访问控制

依据实体所拥有的权限，实现对资源访问的控制，对非授权的访问提供报警或者审计跟踪功能，由此提供访问控制服务。

4. 数据完整性

面向数据单元，在数据发送端制作以数据单元为参数的附加码，在数据接收单元通过验证数据单元和附加码的相关性确认数据是否完整，由此提供数据完整性服务。

5. 认证交换

利用密码技术，由发送方提供，由接收方来实现认证，由此可以实现认证服务。

6. 业务流填充

通过业务流分析可以获得通信信息的相关信息，业务流填充机制使得业务流的外部特征统一化，使得攻击者无法通过观察业务流获得敏感信息，由此可以实现业务流机密性服务。

7. 路由控制

针对数据的安全性要求提供相应的路由选择，由此可以实现部分机密性服务。

8. 公证

利用第三方机构，实现对数据的完整性、时间、目的地、发起者等内容的公证，通常需要借助数字签名和加密等机制。

三、安全服务与网络层次的关系

OSI 安全体系结构的一个非常重要的贡献是，它将 5 种安全服务在 OSI 7 层网络参考模型中进行了对号入座，实现了安全服务与网络层次之间的对应关系。

其中，标记为 "Y" 的格子表示可以在对应的网络层次提供相应的安全服务，如可以在网络层提供对等实体认证。

对所列各个网络层次提供的安全服务解释如下。

（1）物理层：提供有连接机密性和业务流机密性安全服务，该层没有无连接机密性安全服务。

（2）链路层：提供有连接机密性和无连接机密性安全服务，物理层之上不能提供完整的业务流机密性安全服务。

（3）网络层：提供认证、访问控制和部分数据机密性及完整性安全服务。

（4）传输层：提供认证、访问控制和部分数据机密性及完整性安全服务。

（5）会话层：不提供安全服务。

（6）表示层：表示层本身是不提供安全服务的，但是，表示层提供的设施支持应用层，向应用程序提供安全服务，所以可以认为表示层提供基本的数据机密性安全服务。

（7）应用层：能够提供所有的安全服务，是唯一提供选择字段的（无）连接完整性和非否认安全服务的网络层次。

第三节　信息安全技术体系结构

OSI 提供了一个非常合理的进行安全技术分类的方法，即将安全技术与 OSI 的 7 层结构对应起来，所以，我们认为信息安全技术体系应该是 OSI 安全体系结构的延伸，不仅是面向开放系统的互联，而且是面向普适的信息系统的互联。信息安全技术体系保留与 OSI 完全类似的分层模型，但是更倾向于使用 IATF 的分层方法。因此，我们依据信息系统的自然组织方式，将信息安全技术体系结构划分为物理与硬件安全技术、网络安全技术、数据安全技术、应用安全技术、系统安全技术、软件安全技术和作为安全支撑的基础技术、安全管理与教育。

一、基础技术

基础技术是信息安全技术体系的重要支持，主要包括密码技术和访问控制。其中，密码技术是信息安全的核心技术和支撑性基础技术，是保护信息安全的主要手段之一。密码技术是结合数学、计算机科学、电子与通信等诸多学科于一身的交叉科学，它不仅具有保证信息机密性的信息加密功能，而且具有数字签名、身份验证、秘密分存、系统安全等功能。访问控制是对信息系统中的资源（如计算机、网络、数据库、进程、数据文件等）访问的可选限制，即根据资源管理者或所有者设置的访问策略，不同的访问者对不同的资源可能具有不同的访问权限，根据访问权限，控制访问者对资源的访问和操作。访问控制的作用是防止任何实体以任何形式对任何资源进行非授权的访问。

二、物理与硬件安全技术

物理与硬件安全是相对于物理破坏而言的。所谓物理破坏，是指破坏信息网络赖以生存的外界环境、构成系统的各种硬件资源（包括设备本身、网络连接、电源、存储数据的介质等），以及系统中存在的各种数据。从保护的角度，我们可以这样定义物理安全：物理安全就是保护信息网络（包括单独的计算机设备、设施以及由它们组成的各种规模的网络）免受各种自然灾害和人为操作错误等因素的破坏，使信息网络可以维持正常运行的状态。硬件安全，是指保护硬件设施（包括固件、传感器、芯片等）免受基于硬件的攻击技术造成的破坏，使得硬件设施能够维持安全、正常运行的状态。主要的硬件安全技术包括侧信道技术、硬件固件安全技术、无线传感器网络安全技术。

三、网络安全技术

网络安全技术，是指由网络管理者采用的安全规则和策略，用以防止、监控非授权的访问、误用、窃听、篡改或计算机网络和可访问资源的拒绝服务等行为。网络安全技术主要包括网络攻击技术和网络防御技术，在攻击和防御层而覆盖了防火墙技术、入侵检测与入侵防御技术、网络漏洞扫描技术、网络隔离技术、拒绝服务攻击检测与防御技术。网络安全技术保证了网络的安全，同时实现了对网络中操作的监管。

四、数据安全技术

数据安全技术旨在保护信息系统中的数据不被非法访问、篡改、丢失和泄露，以提供数据的可用性、机密性、完整性等。数据安全的主要技术手段是采用现代信息存储手段对数据进行主动防护。电子认证和身份鉴别技术提供数据访问的安全，包括基于用户知识、用户拥有物、生物特征的身份鉴别技术、身份鉴别协议等。传统的 PKI 技术提供认证、完整性保护、密钥管理、简单机密性和非否认等数据保护服务，为数据安全提供重要支持。数字版权保护与数字证据为数字媒介中存储的数据提供保护。

五、应用安全技术

任何信息网络存在的目的都是为某些对象提供服务，我们常常把这些服务称为应用。应用安全技术，是指以保护特定应用为目的的安全技术，如 Web 安全技术、反垃圾邮件技术等。随着信息技术的迅速发展，电子支付等应用形式日益成为大家日常生活中常用的应用，因此，其安全性值得关注。

六、系统安全技术

系统安全技术主要包括操作系统安全技术和数据库系统安全技术。系统安全是相对于各种软件系统而言的，一个只有硬件的计算机是不能直接使用的，它需要各种软件系统来支持。最基本的、最重要的，也可以说是最大的软件系统就是操作系统，操作系统能够管理各种硬件资源，通过操作系统我们才能读写硬盘、读写光驱、使用打印机、连接网络等。现有的主要操作系统有 Windows、UNIX/Linux、Android。信息网络还有一个共有的特性——数据，数据可以是信息处理的对象、信息处理的结果，也可以是信息处理产生的命令。既然数据是任何信息网络中都具有的对象，因而希望对于数据的处理能够标准化，如标准的格式、标准的存取接口等。这种需求被逐步固定下来，就产生了一类被广泛使用的软件系统——数据库系统。

另外，在系统层面上，灾难事件发生对关键业务流程可能造成致命的影响，因此，作为能够减少灾难事件发生的可能性以及限制灾难事件对关键业务流程所造成影响的技术，容灾显得尤为重要。容灾也是一项工程，它涉及管理、流程、规范等方方面面，而不仅仅是技术。

七、软件安全技术

软件安全，是指软件能够正确运行，即使在遭受恶意攻击的情形下，依然能够正确运行以及确保软件在被授权范围内合法使用。软件安全技术旨在保护软件中的数据和资源以及软件运行时的数据流、控制流等的安全。现有的软件安全技术主要涉及恶意代码分析与检测、软件缺陷与漏洞分析、软件代码的安全等。

八、安全管理与教育

信息安全管理，是指组织为了满足系统、网络或软件等的安全需求，采用一定的安全措施和管理流程，合理地管理安全风险。信息安全管理的原则，是指一个组织设计、实现并维护一组相关策略、进程和系统管理信息资产的风险，从而确保信息安全风险在可接受范围内。现有的信息安全管理包括信息系统安全工程、信息安全等级保护、涉密网络分级保护、CC 测评、密码模块测评、信息安全系统管理与安全风险评估等。尽管信息安全技术能够为信息系统、网络、数据等提供安全，但是参与信息系统、网络活动和数据管理等的人员缺乏安全意识以及相关知识，导致信息安全事故频繁发生，因此，对相关人员进行信息安全相关知识的培训与教育非常重要。

第二章　网络安全现状

第一节　开放网络的安全

信息，与物质和能源一样，是构成我们赖以生存的三大资源和要素之一。随着人类进入知识经济时代，"谁占有了信息，谁就可以占据政治、经济、军事的制高点"。因此，信息安全的重要性可想而知。

信息的有效采集、传输和使用都离不开网络。随着计算机在各个领域的广泛应用和网络通信的飞速发展，以资源共享为目的的基于 Client-Server 技术的分布式计算机网络应用系统得到了迅猛发展和普及。凭借共享性、可扩充性、高效性等特点，计算机网络应用系统已深入经济、国防、科技各个领域，但也正是这些特点增加了网络安全的复杂性和脆弱性。在开放式体系结构中，系统资源共享和信息资源的重用性，使得信息受到的攻击点越来越多，其安全性变得越来越脆弱，因此保证信息安全性的难度越来越大。

网络安全从本质上来讲是网络上的信息安全，它涉及的领域广泛。从广义来说，凡是涉及网络上信息的保密性、完整性、可用性、真实性和可控性的相关技术和理论，都是网络安全所要研究的领域。网络安全的通用定义是通过各种计算机技术、网络技术、密码技术和信息安全技术，保护在公用通信网络中传输、交换和存储的信息的机密性、完整性和真实性，不受偶然的或者恶意的原因而遭到破坏、更改、泄露，并对信息的传播及内容具有控制能力，系统连续可靠正常地运行，网络服务不中断。网络安全的结构层次包括物理安全、安全控制和安全服务。

保证网络的安全关系到企业发展、个人隐私，还关系到国家机密和国家利益，世界上各个国家之间，为了达到其政治、经济、军事、文化方面的战略目的，掀起了一场前所未有的战争——信息战（Information Warfare）。

在当今信息化社会中，重视网络安全，采取多种有效的安全技术，不断提高安全技术水平和管理水平，保证信息的安全对于促进经济发展和保障国防安全都具有极其重要的意义。

一、开放系统的基本概念

开放系统强调通过应用国际化的标准，使所有遵循同样标准的系统互联时不存在障碍，即构建一个开放的网络环境。ISO（国际标准化组织）制定的 OSI（Open Systems Connection，开放系统互联）结构是不同开放系统的应用进程之间通信所需功能的抽象描述，它所研究的是系统之间通信的标准。

确立 OSI 体系结构时，首先需要研究开放系统的基本元素，并确定相应的组织和功能。其次，根据此模式所构成的框架，对开放系统的功能进行进一步的描述，即形成开放系统互联的各种服务和协议。按照 ISO 7498 的定义，OSI 体系结构有 7 个层次，每个层次都完成信息交换任务中一个相对独立的部分，具有特定的功能。

二、开放系统的特征

开放系统的本质特征是系统的开放性和资源的共享性。系统的开放性指系统有能力包含各种不同的硬件设备、操作系统和访问用户；资源的共享性指系统有能力把资源提供给不同的用户自由使用，没有机密性要求。

互联网是一种开放的结构，不提供保密职务，这一点使互联网具有新特点。

（1）互联网是无中心网，再生能力强。一个局部的破坏，不影响互联网整个系统的运行。因此，互联网特别能适应战争环境。

（2）互联网可实现移动通信、多媒体通信多种服务。互联网提供电子邮件、文件传输、全球浏览，以及多媒体、移动通信服务，正在实现一次通信（信息）革命，在社会生活中起着非常重要的作用。

（3）互联网一般分为外部网和内部网。从安全保密的角度来看，互联网的安全主要指内部网的安全，因此其安全保密系统要靠内部网的安全保密技术来实现，并在内部网与外部网的连接处用防火墙技术隔离，以确保内部网的安全。

（4）互联网的用户主体是个人。个人化通信是通信技术发展的方向，推动着信息高速公路的发展。

三、ISO 参考模型

在 ISO 制定的 OSI 参考模型中，主机间的通信过程划分为物理层、数据链路层、网络层、传输层、会话层、表示层、应用层 7 个层次，每一层只与相邻的上下两层交换信息，通过不同层次间的分工与合作来完成任意两台机器间的通信。因此，研究开放系统时，首先需要研究其基本元素并确定相应的组织和功能，其次根据此模式所构成的框架，对开放系统的功能进行进一步的描述，即形成开放系统互联的各种服务和协议。

1.OSI 的层服务

下面简单介绍 OSI 的 7 层协议所提供的服务。

（1）物理层。物理层是 OSI 结构的底层，负责描述联网设备的物理连接属性，包括各种机械、电气和功能的规定，如连接器的类型、尺寸、插脚数目和功能等主要项目，还有网络的速率和编码方法。物理连接从另一个角度理解是完成位流的透明传输，即用来确保发送出一个"1"，接收到的也是一个"1"，而不是"0"。这里信息流的单位是位，而不是字符或由多字符构成的块或帧。物理层不仅需要负责物理连接的建立和维护，还需要管理物理连接的撤销。

（2）数据链路层。数据链路层将网络层送来的连续的数据流装配成一个个数据帧，然后按序发送出去，并处理接收端发送回来的确认帧，目的是保证物理层在任何通信条件下都能向其高层提供一条无差错的、高可靠的传输线路，从而保证数据通信的正确性，并为网络的正常运行提供所要求的数据通信质量。

（3）网络层。数据链路层是在相邻的两台主机间传送数据，而当数据包通过不兼容的网络时可能会产生许多问题，这些问题都需要网络层来解决。网络层服务独立于数据传输技术，为网络实体提供中继和路由方案，同时为高层应用提供数据编码。网络层最重要的作用是将数据包从源主机发送到目的主机。而网络层所说的两台主机不一定是相邻的，很可能不在一个局域网内，甚至要跨越几个网络。数据包传送过程中，网络层根据数据包中目的主机地址的不同为它们选择合适的路径，直到数据包到达目的主机。当数据包要进入不兼容的网络时，不兼容的信息将进行必要的转换。OSI 既提供无连接的网络层服务，也提供有连接的网络层服务。无连接服务是用于传输数据和差错标识的数据报协议，没有差错检测和纠正机制，而将差错处理交给传输层完成；面向连接的服务为传输层实体提供建立和撤销连接以及数据传输的功能。

（4）传输层。传输层的基本功能是从会话层接收数据，并将这些数据传送给网络层，确保数据能正确地到达目标主机，使高层应用不需要关心数据传输的可靠性和代价。基于传输层提供的端到端控制以及信息交换功能提供系统间数据的透明传输，为应用程序提供必要的高质量服务，是第一个真正意义上的端到端层。

（5）会话层。会话层通过不同的控制机制，将其下 4 层提供的数据流形成不同主机上用户间的一次会话，或者是一个用户远程登录，或者是在两台主机间传送一个文件。控制机制包括统计、会话控制和会话参数协商。会话层可以使应用进程间会话机制结构化，而基于结构化数据的交换技术允许信息以单向或是双向的方式传送。

（6）表示层。表示层独立于应用进程，一般是相邻层间传递简单信息的协议。由于相邻层在数据表示上存在差异，因而需要通过表示层使得用户根据上下文完成语法选择和调整。例如，不同的主机对字符串实行不同的编码方式，为了方便不同编码的主机间的信息交流，必须将要传送的信息转换成双方主机都能理解的一种标准编码格式。

（7）应用层。应用层的主要目的是满足应用需要，内容包括提供进程间通信的类库方法，提供建立应用协议的通用过程以及获得服务的方法等。应用层包括许多常用的协议，所有的应用进程都使用应用层提供的服务。应用层解决了两个典型的问题，一个是不兼容的终端类型问题，另一个是文件传输问题。

OSI7 层协议模型中，最低两层处理的是通过物理连接相连的相邻系统，也被称为中继服务。通过链路连接的一组系统，每到达下一个相邻系统可以理解为完成了一次中继，此时需要将协议控制信息删除，并增加一个新的数据头，以控制下一次中继。网络层处理的是网络服务，其作用是利用系统间的通信控制所有系统的合作，并在所有系统中得以体现。

最高 3 层完成端到端服务，由于不涉及中继系统，因此一般只用于端系统（ES）。实际上，第 4~7 层的控制信息在中继过程中不会由中继系统（IS）改变，而将直接以其原始形式发送给对应的端系统 ES。

值得注意的是，实际应用中并不采用 OSI7 层协议模型。OSI7 层模型是两台主机间通信行为的一个抽象。与其说它是一种模型，不如说是一种分层的思想。Internet 上使用的是 TCP/IP 协议，它负责网际之间的互联，对应着网络层（包含）以上的层次，而 OSI7 层模型下两层的实现在不同的局域网上是不同的。虽然现实中的模型不是 OSI 模型，但是它们都可以和 OSI 模型中的某几层相对应。

2. 通信实例

下面通过典型的 OSI 通信模式和对等通信模式来加深对 OSI 参考模型的理解。

（1）OSI 通信模式。假设本地计算机上运行的一个客户应用程序，需要联网的远程计算机提供远程服务。

为了实现交互机制这一简单通信，需要一组通信原语，整个过程如下。

客户端应用程序调用应用连接请求，开始通信会话。初始化应用层后，建立与表示层的连接，并发送一个表示层请求原语建立服务数据单元。请求原语将服务数据单元发送给会话层，会话层为此分配一个会话标识，并选择合适的协议以支持应用层要求的服务。会话层还需要确认通信目标，即远程计算机。

为建立与远程系统的连接，会话层将进一步向传输层发送传输层请求。传输层请求设置了所需的远程服务以及需要使用的传输协议类型。

传输层随后请求网络层与远程系统建立连接。网络层服务一般已经建立了与最近的中继系统之间的链路连接，因此假设所有层得到了连接。

最后，通过链路层服务向远程系统发送网络层连接包，系统所作的响应是调用传输层服务建立一个传输层连接。如果远程系统可用，则需要对传输层的建立进行确认，并将此信息返回给本地客户计算机。此时，两个系统已经通过传输层建立了连接通路。传输层通过续传会话数据单元，请求与远程计算机服务进程建立连接。会话数据单元已在本地计算机的会话层进行存储，其中确定了会话标识以及客户所需建立通信的应用进程。此时表示层将发送一个会话连接指示，包括客户及客户请求所需的表示设置，这样应用层就可以建立与应用进程的连接。

连接成功后，将生成一个响应消息作为应用响应原语发送给应用层，其中包括了连接的所有细节。远程系统为每一层增加一个扩展接口，每一层都需要确认所收到的信息，并对成功的连接做出响应。最后应用层向客户进程发送一个应用连接确认消息，此后即可进行数据传输。

真正的数据传输是在物理层以位为单位完成的。远程服务器的物理层将接收这些数据位，并传送给数据链路层。数据单元结束后，数据链路层将一层一层去掉数据头，并把包含数据内容的数据单元发送给网络层。如此逐层进行，直到应用数据到达服务器应用。这样就完成了客户和服务器之间的数据传送。数据传输结束后，还需要执行一个类似于连接过程的断开连接过程。

（2）对等通信模式。对等通信按以下规则进行定义重复一层中的通信独立于前一层通信。对等通信模式中，每一层都提供一个与之对等端通信的协议。当某一层传输一个数据包时，需要为之增加数据头，里面包含着协议控制信息（PCI）。在 OSI 术语中，数据包也称为有效负载或协议数据单元（PDU），如果设置了数据格式，也就建立了相应的服务数据单元（SDU），通过下一层的服务接口进行发送。同样地，对数据单元的进一步发送将由下一层提供的服务完成。

四、TCP/IP 协议

TCP/IP 协议，即传输控制协议和网际协议，是 Internet 的核心协议，而且随着 Internet 的普及及其在技术上的优势显现，TCP/IP 协议已经广泛地应用在 Intranet。

1.TCP/IP 协议简介

TCP/IP 协议开发的最初目的是实现网络和应用的兼容性，实现异种网络、异种机器之间的互联。最初，TCP/IP 协议主要用于 Arpanet（Internet 的前身）和 SANET 的连接。

TCP/IP 协议代码的公开可使网络通信设计人员，对基于 TCP/IP 协议的网络应用有更加深入的了解，从而有利于设计出便捷、实用且安全的程序。但是，从另外一方面来说，一些人也可能研究这些协议中的弱点，从而达到自己的目的。

TCP/IP 是网络中基于软件的通信协议，实质上是 Internet 上一系列软件协议的综合，提供如远程登录、远程文件传送、电子邮件网络服务，也提供如网络故障处理、传送路径选择和数据传送控制等功能。下面是 TCP/IP 中一些基本的和常用的网络协议。

网络层：IP（网际协议）、ICMP（网际控制报文协议）；

传输层：TCP（传输控制协议）、UDP（用户数据报协议）；

应用层：Telnet（远程登录）、FTP（文件传输协议）、SMTP（简单邮件传输协议）、DNS（域名系统）、ASN（抽象语法）、NFS（网络文件服务器）。

从中可以看到，传输层除了 TCP 协议，还有 UDP 协议，它们之间的差别在于 TCP 是面向连接的协议，而 UDP 是面向无连接的协议，我们常用的 Telnet、FTP、SMTP 以面向连接的协议为基础。

与来自标准化组织的 OSI 模型不同，TCP/IP 不是人为制定的标准，而是产生于网络的研究和实践应用中，稍修改后，OSI 模型也可用于描述 TCP/IP 协议，但这只是形式而已，二者内部细节的差别很大。

两种分层结构比较。

OSI 模型在各层的实现上有所重复，而且会话层和表示层不是对很多服务都有用。TCP/IP 在实现上力求简单高效，如 IP 层并没有实现可靠的连接，而是把它交给了 TCP 层实现，这样保证了 IP 层实现的简练性。事实上，有些服务并不需要可靠的面向连接服务，如在 IP 层加上可靠性控制，只能说是一种处理能力的浪费。

OSI 模型是人们作为一种标准设计出来的，并没有得到广泛的应用支持。TCP/IP 结构经历了十多年的实践考验，有广泛的应用实例支持。

TCP/IP 协议作为 Internet 的组成部分，它的组织和管理工作是由 Internet 建议委员会（IAB）承担的。而 TCP/IP 协议的来源则是 RFC(Request for Comments)，每个 RFC 是对一个 Internet 请求的技术说明，它们代表了有关 Internet 的技术文档。其中一些 RFC 最终成为 TCP/IP 的标准，而其他的则成为一般的技术信息，或者继续被研究讨论，也有许多被淘汰了。同时，一个 RFC 文档被颁布的时候拥有一个号码，而当其更新的时候又会拥有一个新的号码，所以掌握一个 RFC 文档的最新版本是非常重要的。当然，也可以从相应的 FTP 站点获取 RFC 文档。

2.TCP/I P 协议结构

TCP/IP 的主要协议之间的相关性。

最底层代表了硬件所提供的所有协议，其范围从媒体接入到逻辑链路分配。可以假设这层包括了任何分组传送系统，只需 IP 可以用它来传送报文。

第二层列出了 ARP 和 RARP。当然，不是所有的机器或网络技术都要使用它们。ARP 常用于以太网，而 RARP 一般用得较少。

第三层是 IP 协议，还有网络控制消息协议（ICMP）以及互联网组管理协议（IGMP）。应当注意的是，IP 是唯一的横跨整个层的协议。所有的低层协议都把信息交给 IP 处理，所有的高层协议也必须使用 IP 向外发送报文。IP 直接依赖于硬件层，因为在使用 ARP 绑定地址后，它需要使用硬件链路或接入协议来传送报文。

TCP 和 UDP 构成运输层。应用层显示了各种应用协议之间复杂的相关性。例如，FTP 使用 Telnet 所定义的虚拟网络终端，以定义它的控制连接的通信，还使用 TCP 构成数据连接，所以 FTP 同时依赖于 Telnet 和 TCP 域名系统（DNS），同时使用 TCP 和 UDP 通信，所以 DNS 依赖于两者。TCP/IP 模型由 4 个层次组成。

（1）应用层。向用户提供一组常用的应用程序，例如文件传输访问、电子邮件。TCP/IP 制定了常用应用程序的协议标准，但用户完全可以在传输层之上建立自己的专用程序。这些专用程序要用到 TCP/IP，但不属于 TCP/IP。

（2)传输层(TCP 和 UDP)。传输层提供应用程序间可靠的传输通信。为了实现可靠性，TCP 层需要进行收发确认，保证数据包丢失时进行重传、信息校验操作。

（3）网络层（IP）。负责数据包的寻径功能，从而保证数据包可靠到达目标主机。若数据包不能到达目标主机，网络层负责向源主机发送差错控制报文。网络层提供的服务是不可靠的，可靠性由 TCP 层来实现。

（4）网络接口层。这是 TCP/IP 协议的最底层，负责接收 IP 数据包并将它通过网络发送出去，或者将从网络上接收的物理帧中的 IP 数据包交给 IP 层。网络接口一般是设备驱动程序，如以太网的网卡驱动程序。

3. 网络层协议

网络层的作用是将数据包从源主机发送出去，并且使这些数据包独立地到达目的主机。数据包传送过程中，即使是连续的数据包，也可能走过不同的路径，所以到达目的主机的顺序也会不同于它们被发送时的顺序。这是因为网上的情况十分复杂，路径随时可能发生故障或是网络的某处出现数据包的拥塞。因此，网络层定义了一个标准的包格式和协议，该格式的数据包能被网上所有的主机理解和正确处理。

（1）IP。一个 IP 数据包由包头和数据体两部分组成，如表 2-1 所示。

表 2-1　IP 包格式

版本 IHL	服务类型	总长	
标识		DF，MF	分片偏移量
生存期	协议类型	校验和	
原地址			
目的地址			
IP 选项			
数据区			

每一台 Internet 中的主机都有唯一的 IP 地址。地址由两部分组成：网络号和主机号。所有 IP 地址都是 32 位长。这些 32 位的地址通常写成 4 个十进制数，每个整数对应一个字节，这种表示方法称为"点分十进制表示法"。

IP 地址分为 5 类，它们的格式如表 2-2 所示。

表 2-2　IP 地址类型

地址类型	地址形式			
A	N（0××××××）	H	H	H
B	N（10×××××）	N	H	H
C	N（110××××）	N	N	H
D	1110+28 位多播主号			
E	11110+27 位保留			

其中，N 指网络号（× 代表任意的二进制数），H 指主机号。N 和 H 都是大于 0，小

于 256 的整数，即 8 位的二进制数。

平常使用的是 A、B、C 3 类地址。A 类地址第一字节的最高位为 0，用来表示此地址为 A 类地址，因此 A 类地址只可以表示 1~126 共 126 个网络，每个网络有 16000000 台主机。0 和 127 则有特殊用处。

B 类和 C 类第一字节的最高两位分别为 10 和 110，用于表示是 B 或 C 类地址。因此 B 类第一字节的范围为 128~191，共可以表示 64×256（16382）个网络，每个网络有 64000 台主机。

C 类为 192~222，有 200 多万个网络，每个网络最多有 254 台主机。

D 类地址称为多路广播地址，即将主机分组，发往一个多路广播地址的数据包，同组的主机都可以收到。

当一个网络内有太多的主机时给管理带来了许多困难，且使网络的设置复杂而易于出错。在许多情况下，一个 A 或 B 类地址的网络号，对应如此之多的主机，以致一个组织或公司用不了。另外，C 类地址一个网络只有 254 个主机号，又显得太少。为此，实际使用时常将一个较大的网络分成几个部分，每一部分称为一个子网。

在外部这几个子网对应一个完整的网络号。划分的办法是将地址的主机号部分进一步划分成子网号和主机号两部分。

当两台主机通信时，需要比较两台主机 IP 地址，判断这两台主机是否在同一子网内。如果在同一子网内，则数据包直接发给那台主机，否则，就要发向网关所在的主机。这通过设置正确的网络掩码来解决。网络掩码就是对应于网络号和子网号为二进制 1，主机号部分为 0 的字符串。可以通过 ifconfig 命令看一下自己所在的网络号、网络掩码等情况。

有一些形式的 IP 地址是保留的。

IP 地址 0.0.0.0 在主机引导时使用，其后不再用；网络号为 0 的 IP 地址指同一个网络内的主机；主机号部分是全 1 的 IP 地址用于本网段内广播；使用正常的网络号，而主机号部分是全 1，用于向 Internet 中具有该网络号的所有主机广播；发向 127.0.0.1 的地址的数据包，被立刻放到本机的输入队列里，常用于调试网络软件。

（2）ICMP。ICMP（Internet Control Message Protocol，即 Internet 控制信息协议）用来处理传输过程中在两台或两台以上主机间传送的错误信息和控制报文，并且允许主机间共享这些信息。通过 ICMP 收集到的诊断信息包括主机关闭，网关阻塞或不通，网络上的其他故障。

ICMP 对于诊断网络故障很重要，名为 Ping 的网络测试应用程序是最著名的 ICMP 实现。Ping 的用法简单，当用户 Ping 一个远程主机时，报文从用户机传向远程主机，然后这些报文再被传回用户机。如果在用户端没有接收到回应报文，Ping 程序通常产生一个错误消息，指示远程主机关闭。

（3）ARP。ARP（Address Resolution Protocol，地址解析协议）主要用于从互联网地址到物理地址的映射。这在网络的路由信息中至关重要。在一个报文发送之前，它打包成 IP

分组报文或适合网络传输格式的信息块。这些分组报文包含了信源机和信宿机的数字 IP 地址。在这个数据离开信源机之前，必须发现信宿机的硬件地址。一个 ARP 请求报文以广播方式在子网上传送，这个请求被一个路由器接收，该路由器用被请求的硬件地址作为应答，这个应答被信源机捕获，传输过程便开始了。执行命令 ARP，可以看到 IP 地址和物理地址的一些对应关系。

（4）RARP。RARP（Reverse Address Resolution Protocol，反向地址解析协议）用来将物理地址映射成 32 位的 IP 地址。该协议多用于无盘工作站启动时，因为无盘工作站只有自己的物理地址，还需要利用 rarp 协议得到一个 IP 地址。

4. 传输层协议

传输控制协议是主要的互联网协议，它所完成的任务很重要，如文件传输、远程登录。TCP 通过可靠数据传输完成这些任务，这种可靠传输确保发送数据以相同顺序、相同状态到达信宿。

网络传输中，为了保证数据在网络中传输的正确、有序，使用了"连接"这个概念。一个 TCP 连接是指，在传输数据之前，先要传送三次握手信号，以便双方为数据的传送准备。二次握手信号传送完毕后，才开始传送数据。发送的每一个数据包都有编号，接收方每收到一个数据包后，都要向发送方发送信息，表示收到了该数据包。如果发送的数据包信道上出错或者丢失，则发送方要重新发送这一数据包。发送完毕，通信的双方还要一起释放该连接。

无连接 UDP 方式很方便，当源主机有数据时就发送，不管发送的数据包是否到达到目标主机，数据包是否出错，收到数据包的主机不会告诉发送方是否收到数据包，因此，它是一种不可靠的数据传输方式。

两者各有优缺点。面向连接的方式可靠，但是通信过程中传送了许多与数据无关的信息，降低了信道的利用率，常用于一些对数据可靠性要求比较高的应用，无连接方式不可靠，但因为不用传输与数据本身无关的信息，所以速度快。在一台主机上，同时运行着多个服务器。当与这台主机通信时，不但要指出通信的主机地址，还要指明是同这台主机上的哪个服务器通信。通常是用端口号来标识主机上这些不同的服务器。端口号是一个 16 位的数，因此，端口号可以从 1 一直编到 65535。

常用的应用都有自己保留的端口号，被称为"众所熟知"端口号。IP 地址连同端口号一起，提供了唯一的、无二义性的连接标识，这个连接标识叫套接字（Socket）。TCP 建立了一些常见的端口号，例如，Telnet 使用端口 23，HTTP 协议使用端口 80。除了这些常见的端口号，0~1023 范围的端口号是保留端口，也就是说，有可能被未来的系统调用使用。而高于 1024 的端口供个人程序使用，当然也提供给一些开发 Internet 网络应用的程序使用，例如 MS SQL 数据库的 TCP/IP 连接的默认端口是 1433。

5. 应用协议层

TCP/IP 应用层协议很多，下面介绍常用的 Telnet、FTP、SMTP、HTTP、NNTP 和

SNMP 协议。

Telnet（虚终端服务）是用得较多的一类应用层协议。它允许一台主机上的用户登录另一台远程主机，并在远程主机上工作，而用户当前所使用的主机仅是远程主机的一个终端（包括键盘、鼠标、显示器和一个支持虚终端协议的应用程序）。FTP（文件传输协议）提供了一个有效的途径，将数据从一台主机传送到另一台主机，是文件传输的标准方法。文件传输有文本和二进制两种模式。文本模式用来传输文本文件，并实现一些格式转换。例如，UNIX 系统中新行只有一个 ACSII 符号（0x0d），而 DOS 中新行由两个 ACSII 符号（0x0d，0x0a）组成，在传输中 FTP 要进行这种转换。在二进制传输模式时，如传输图像文件、压缩文件、可执行文件时，则不进行转换。用户可以向 FTP 服务器传输文件，即上载文件，也可以从 FTP 服务器向自己所在的主机传输文件，即文件下载。

SMTP（简单邮件传输协议）使用默认的端口 25，以电子数据的方式可靠高效地传输邮件，即使相隔大洲、大洋，邮件也可在短短的几分钟内到达接收方的电子信箱。HTTP（超文本传输协议）可能是所有协议中最著名的协议，因为它允许用户浏览网络，在 WWW 服务器上取得用超文本标记语言书写的页面。在 RFC1945 中是这样简洁描述 HTTP 的，HTTP 是"一个应用层协议，具备分布、协同、超媒体信息系统所必需的轻巧和速度。它是一个普通的、面向对象的协议，可用于许多任务，如名称服务器、分布式对象管理系统等。HTTP 的一个特点是数据描述的归类，允许独立建立传输数据系统"。RFC 1945 已被 RFC 2068 取代，后者是 HTTP 最新的定义。NNTP（网络新闻传输协议）是用途最广的协议之一，它提供对人所共知的 USENET 新闻的访问，在 RFC 977 中对其目的的定义如下："NNTP 是用于公布式系统的一种协议，它利用可靠的、基于流的新闻传输方式，在互联网世界中查询、检索和发送新闻稿。根据 NNTP 的设计，新闻稿被存储在中央数据库中，允许用户选择他想阅读的新闻文章，还提供对旧消息的索引、对照参考和舍弃功能。"

SNMP（简单网络管理协议）是为集中管理网络设备而设计的一种协议，SNMP 管理站可用 SNMP 从网络设备上查询信息，也可用来控制网络设备的某些功能。同时利用 SNMP，网络设备也可以向 SNMP 管理站提供紧急信息。使用 SNMP 的主要安全问题是别人可能控制并重新配置网络设备以达到他们的目的。

6.TCP/IP 提供的主要服务

这里主要介绍下面一些 TCP/IP 服务。

（1）Telnet 服务。Telnet 是一种互联网远程终端访问标准。它真实地模仿远程终端，但是仅提供基于字符应用的访问，不具有图形功能。Telnet 允许为任何站点上的合法用户提供远程访问权，而不需要做特殊约定。由于 Telnet 发送的信息都未加密，所以并不是一种非常安全的服务，容易被网络监听。仅当远程机和本地站点之间的网络通信安全时，Telnet 才是安全的。这就意味着在互联网上 Telnet 是不安全的。

（2）FTP 服务。文件传输协议（FTP）是为进行文件共享而设计的互联网标准协议。通常使用的是匿名 FTP，这使没有得到全部授权访问 FTP 服务器的远程用户，可以传输被共享的文件。使用匿名 FTP 时，用户可用"匿名"用户名登录 FTP 服务器，通常情况下要求用户提供完整的 E-mail 地址作为响应，但不是强制性的，只要它看起来像个 E-mail 地址就行。

无论采用什么方法，要保证能向匿名 FTP 路径下存放文件的任何人都知道，不要把机密文件放在外人可读的路径下。匿名用户获取到不应见到的文件，通常是由于内部客户将文件放在匿名 FTP 区。

FTP 服务器提供如下适用于匿名 FTP 服务器的功能。

可记录装载、下载或传送每个命令的完善日志；当用户访问某个路径时，可为用户显示关于路径内容的有关信息；能对用户分类；可对某类用户加以限制，从而调整 FTP 服务器的负荷；具有压缩、tar 和自动处理文件传输能力；非匿名 chroot 访问。

无论使用何种 FTP 守护程序，都将面临匿名 FTP 区的可写路径问题。站点经常为 FTP 区提供空间，以便外部用户能用它上载文件。可写区是非常有用的，但也有其不完善的地方。因为这样的可写路径一旦被发现，就会被互联网上的"地下"用户用作"仓库"和非法资料的集散地。当非法传播者发现一个新站点时，一般是建立一个隐蔽路径来存入他们的文件。他们给路径起个无害的而且隐蔽的名字，使得例行检查匿名 FTP 区时很少被注意。

（3）电子邮件服务。电子邮件是基本的网络服务之一，危险性相对小些，但也有风险。例如，利用假邮件骗取用户口令，或用邮件炸弹造成拒绝服务。有了 MIME 格式电子邮件系统，电子邮件能够携带各种各样的程序，这些程序运行时无法控制，有可能会破坏系统或偷窃信息，是人们最担心的一种危害。

UNIX 系统中最常用的 SMTP 服务软件是 sendmail。由于 sendmail 程序的复杂性，造成任何一个版本都存在相应的缺陷，使得它经常受到一些干扰，最著名的是互联网蠕虫程序。然而，许多可用的替换软件并不比 sendmail 强，它们很少受侵袭是因为它们不流行，而不是因为它们足够安全。综合看来，从安全的角度来说，sendmail 还是最好的。

如果使用的是特定 UNIX 供货商提供的 sendmail，要确保您的机器安装了最新版本的补丁程序。确保使用的 sendmail 没有允许 wizard 口令。如果在文件 /etc/sendmail.cf 中包含以"OW"开头的行，那么在 OW 的旁边只有一个"*"字符。建议尽量记录 sendmail 的日志，使其日志级别至少是 9。这有助于发现别人利用 sendmail 的安全漏洞来攻击系统的企图。

建议增加 syslog 的日志级别，syslog 进程对应的配置文件是 .etc.syslog.conf。至少要对 mail 消息有"info"的日志级别，日志被记录在 console 或者 syslog 文件中。让改动后的配置文件发生作用，需要手工重新启动 sendmail 进程。如果要运行一个被冻结（frozen）的配置文件，则需在重启 sendmail 之前重新创建该文件。

（4）万维网访问服务。万维网即 WWW，中文称为全球信息网，也简称作 Web，二者实际上是同一含义。

WWW 服务主要基于超文本传输协议 HTTP。HTTP 为用户提供存取 Web 标准页面的描述语言 HTML 和基本的文本格式功能，以及允许把超文本和其他服务器或文件链接起来。WWW 是互联网上 HTTP 服务器的集合体。

WWW 之所以如此流行，是因为它克服了 Web 浏览器出现之前，许多应用在 Internet 上用来发布信息程序的缺点。过去，Internet 上几乎所有信息都是字符文本格式，导致浏览和搜索方面的困难。而 WWW 上的信息有多种格式，集成了所有的视觉辅助效果来表示信息，易于浏览和理解。随着文本、图片、影像、声音和交互式应用程序的统一，WWW 已经成为信息交换的一种很有效的方式。

由于 WWW 基于客户机 / 服务器模式，因此它是与平台无关的。通常，服务器对于浏览 Web 站点的用户是透明的。这是 WWW 流行的另一个原因。CERN 所定义的 Internet 标准和协议不是私有标准，因此任何人都有权实现与 Internet 标准和规范一致的自己的万维网服务器和 Web 浏览器，这种自由和开放性，使得一些机构能够扩充现有的 Internet 标准以满足 WWW 的更广泛用户的需要，为使用者提供更多的选项和控制权。

Web 浏览器试图提供一个无缝界面，以便利用多种方法阅读网上大量信息。大多数万维网服务器很安全，因为它们是相对独立的。但是 HTML 文档很容易与其他服务器上的文档相链接，所以人们很难弄清楚某个文档是属于谁的。新用户并不会注意到，何时从站点上的内部文档跑到了外部文档上，他们会盲目相信外部文档，认为自己正在使用内部文档。

（5）网络用户信息查询服务。finger 服务可查询在目标主机上有账号的用户的个人信息，而不论这个用户当前是否登录到被查询的机器上。这些信息包括登录名、最近在何时何地登录的情况以及用户自己提供的简介。

（6）DNS 服务。域名服务是指从主机名到 IP 地址的转换服务。

互联网早期阶段，网上的每个站点都能保留一个主机列表，其中包含相关的每个机器的名字和 IP 地址。随着联网的主机成百万地增加，使每个站点都保留一份主机列表就不现实了，也很少有站点能够那样做。一方面是如果这样做，主机列表会很大；另一方面当其他机器改变名字和地址的对应关系时，主机列表不能及时修改。这两方面的原因都导致主机列表不易修改，取而代之的是使用域名服务（DNS），DNS 允许每个站点保留自己的主机信息，也能查询其他站点的信息。DNS 本质上不是一个用户级服务，但它是 SMTP、FTP、Telnet 的基础，所以其他的服务都用到它，用户愿意使用名字而不是难记的数字。而许多匿名 FTP 服务器还要进行名字和地址的双重验证，否则不允许从客户机登录。

一般来说，一个企业网必须使用和提供名字服务，以便加入互联网。然而，提供 DNS 服务的主要风险是可能泄露内部机器信息。在 DNS 的数据库文件中包含一些主机信息的记录，这些信息如果不加以保护很容易被外界知道，也很容易给攻击者提供一些有用信息，如机器所用的操作系统。

（7）网管服务。Ping 和 Traceroute 是两种常用的网络管理工具，几乎可以在所有与互联网连接的平台上执行。它们没有自己的协议，只使用互联网控制信息协议（ICMP）。

Ping 只用于测试主机的连通性，它判断能否对一个给定的主机收发数据包，通常还得到一些附加信息，如收发数据包的往返时间多长。

Traceroute 不仅判别是否能与一个给定的主机建立联系，而且还给出收发数据包的路径，这对分析和排除本站点与目标站点之间的故障是很有用的。

Ping 和 Traceroute 不需要专用的服务程序。可以使用数据包过滤器防止在站点上收发数据包，但通常是不必要的，使用 Ping 或 Traceroute 出站没有风险，入站风险也不大。危险的是，它们能被用来确定内部网上有哪些主机，作为侵袭的第一步。因此，许多站点阻止或限制相关的数据包入站。

五、网络安全的基本目标

网络安全是一门涉及计算机科学、网络通信、密码学、应用数学、数论、信息论多种学科的综合性学科。网络安全有 4 个基本目标，内容如下。

完整性（Integrity）。完整性是指信息在存储或传输过程中保持不被修改、破坏和丢失。

可靠性（Reliability）。可靠性是指对信息完整性的信赖程度，也是对网络信息安全系统的信赖程度。

可用性（Availability）。可用性是指当需要时能否存取所需信息。

安全保密（Security）。安全保密是指防止非授权访问。

为了达到基本的安全要求，安全系统应该具有如下的功能。

（1）身份认证（Identification and Authentication）。Identification 是指用户向系统出示自己的身份证明，最简单的方法是输入 User-ID 和 password。而 Authentication 则是系统查验用户的身份证明。

身份认证是安全系统最重要且最困难的工作。User-ID 和 password 是最常用和最方便的身份认证方法。但是，由于许多用户为了便于记忆而使用了如姓名、年龄、生日等容易记住的 password，所以使得 password 容易被猜出。因此，password 的管理也成了安全系统极重要的一项工作。更为安全的身份认证方法是一次性 password、灵巧卡（SmartCards），但这些方法需要特殊的硬件和软件。

（2）访问控制（Access Control）。这一功能控制和定义一个对象对另一个对象的访问权限。在面向对象的安全系统中，所有资源、程序甚至用户都是对象。安全系统必须有一组规划，当一个对象要访问另一个对象时，系统可根据这些规划确定是否允许访问。

（3）可记账性（Accountability）。这一功能要求系统保留一个日志文件，与安全相关的事件可以记在日志文件中，以便于事后调查和分析，追查有关责任者，发现系统安全的弱点。

（4）对象重用（Object Reuse）。这一功能防止存储对象如内存、磁盘在重新分配时，由前一个使用对象的用户留下的信息被后一个用户非授权使用。最简单的方法是在对象分配时清除所有的内容。

（5）精确性（Accuracy）。这一功能确保信息的完整性，确保信息在存储或传输时不被非授权者修改、破坏或丢失。

（6）服务可用性（Availability of Service）。这一功能确保信息在需要时可用。

第二节　网络拓扑与安全

拓扑结构指网络的结构组成方式，是连接在地理位置上分散的各个节点的几何逻辑方式。拓扑结构决定了网络的工作原理及网络信息的传输方法，对网络安全有很大的影响。

1. 拨号网（Dial up Network）

由于交换和拨号功能的加入，以下任何一种类型的网络均可是拨号网。对于拨号网需要解决下面一些问题：

如何决定双方通信时呼出方和呼入方的长途电话费；

如何证实授权用户的身份；

如何确定信息是安全的。

2. 局域网（Local Area Network）

局域网（LAN）常用的定义为，在一个建筑物（或距离很近的几个建筑物）中，用一个微机作为服务器连接若干条微机组成的一种低成本的网络。

局域网的主要优点如下。

用户共享数据和程序及打印机类的设备；成本低，便于系统的扩展和逐渐地演变；提高了系统的可靠性、可用性；响应速度快；设备位置可以灵活地调整和改变。

要确保局域网的安全性，用户需要注意以下两点。首先，确保电缆是完好的，线路中间没抽头。因为局域网在每个节点上是最脆弱的，在每一个节点上都可以截获到网络通信中的所有信息，所以应确保每个节点是安全的，而且其用户是可信的。其次，严禁任何节点的用户未经许可与外界网络互联，如私自接入 Internet。

3. 总线网（Bus Network）

总线网，也叫多点网络，是从网络服务器中引出一根电缆，所有的工作站依次接在电缆的各节点上。总线网可以使用两种协议，一种是以太网使用的 CSMD/CD，而另一种是令牌传递总线协议。总线方式对局域网用户特别方便，因为当加入新用户或者改变老用户时，很容易从总线上增加或删除一些节点。

总线网的组织性和安全性相对简单一些。总线网上要考虑一些安全性因素。

要知道从节点 A 传到节点 B 的信息被节点 C 所访问，并且有可能被进行未经授权的改动和重新选择路由。

要明白每次从 A 到 B 的信息传输可能通过不同的路由，所以一切信息都有可能被篡改，确定信息在什么位置被篡改比较困难。

总线网中每个节点都负责发送和接收它的所有通信,当没有其他进程使用总线时,一个主机把消息送到总线上。各主机也必须连续地监测总线以接收预定给它的消息。从这种意义上讲,每个主机都能够访问每次通信,而不仅仅是指定的收件人才能访问,总线上没有中心管理机构,每个主机都协同动作,但都是自治的。因此,没有中心节点来控制要处理的消息的路由。一个节点可把分散的噪声插入网络中,以限制隐蔽信道的应用,但是没有节点能够通过另外的节点重新设置路由进行传输。同样,也没有一个节点来鉴别其他节点的真实性。如果一个节点声明为 A,要靠每个节点去辨别这一声明的真实性。

4. 环型网（Ring Network）

环型网每两个节点之间有唯一的一条路径并且线路是闭合的。每个节点都接收到许多消息并扫描每个消息,然后移走指定给它的消息,再加上它想传输的任何消息,接着将消息传向下一个节点。从安全的角度来看,意味着每个消息都要经过每个节点,有可能被每个节点所了解。另外,没有管理机构来分析信息流以检测隐蔽信道,同样也没有管理机构来核实任何节点的真实性。一个节点可以将其本身标称为任何名字,并且可以取属于它或不属于它的任何消息。

和总线网一样,环型网在电缆上要比星型网便宜,这是因为它用的电缆少。然而,与总线网不同的是,环型网中的电缆故障容易克服,信号可以在两个方向上传输。环型网通常用于一座大楼内,在星型网中关于安全方面的控制措施同样适用于环型网。

5. 星型网（Star Network）

星型网,也叫集中型网络,指所有的节点都直接与中央处理机连接,并与其他节点分离,所以从一个节点到另一个节点的通信必须经过中央处理机。星型网通常局限于一座大楼范围内,常用于楼内一组办公室之间,这是因为电缆的成本比较高。

星型网有两个重要的优点:

（1）所有两个节点之间的通信只定义了一条路径,如果这条路径是安全的,那么通信就是安全的;

（2）由于网络通常处于固定的物理位置,因而确保物理安全并防止未经授权的访问比其他类型网络更容易一些。

第三节　网络的安全威胁

威胁定义为对缺陷的潜在利用,这些缺陷可能导致非授权访问、信息泄露、资源耗尽、资源被盗或者被破坏等。随着计算机网络的日益普及,它已成为信息收集、处理、传输、交换必不可少的途径,社会变得越来越依赖网络及其存储的信息。然而,计算机网络开放的结构方式也使国家、单位和个人都面临许多潜在的安全威胁,网络的安全性受到越来越多的关注。

一、安全威胁的分类

网络安全与保密所面临的威胁来自多方面，并且随着时间的变化而变化，一般分为网络部件的不安全因素、软件的不安全因素、人员的不安全因素和环境的不安全因素4个方面。

1. 网络部件的不安全因素

（1）电磁泄露。网络端口、传输线路和计算机都有可能因屏蔽不严或未屏蔽造成电磁泄露，用先进的电子设备在远距离可以接收这些泄露的电磁信号。

（2）搭线窃听。攻击者采用先进的电子设备进行通信线路监听，非法接收信息。

（3）非法入侵。攻击者通过连接设备侵入网络，非法使用、破坏或获取信息资源。

（4）设备故障等意外原因。

2. 软件的不安全因素

（1）软件安全功能不完善，没有采用身份鉴别和访问控制安全技术。

（2）病毒入侵。计算机病毒侵入网络并扩散到网上的计算机，从而破坏系统。

3. 人员的不安全因素

（1）保密观念不强或不懂保密守则，随便泄露、打印、复制机密文件。

（2）有意破坏网络系统和设备。

（3）担任系统操作的人员以超越权限的非法行为来获取或篡改信息。

4. 环境的不安全因素

环境的不安全因素包括地震、火灾、雷电、风灾、水灾、温湿度冲击、空气洁净度变坏、掉电、停电或静电等工作环境的影响。另外，网络的安全威胁分为偶发性威胁与故意性威胁。

（1）偶发性威胁。偶发性威胁是指那些不带预谋企图的威胁，如系统故障、操作失误和软件出错。

（2）故意性威胁。故意性威胁的范围可从使用简便的监视工具进行随意的检测，到使用特别的系统知识进行精心的攻击。一种故意的威胁如果实现，就可认为是一种网络的安全威胁，还可以分为主动威胁和被动威胁。

①主动威胁。对系统的主动威胁涉及系统中所含信息的篡改，或对系统的状态或操作的改变，如一个非授权的用户改动路由选择表。

②被动威胁。被动威胁是指它的实现不会导致对系统中所含信息的任何篡改，而且系统的操作与状态也不受改变。使用消极的搭线窃听办法以观察在通信线路上传送的信息，就是实施被动威胁的一种形式。

二、网络攻击的方式

计算机网络信息的访问通过远程登录进行，这给入侵者以可乘之机。假如一名入侵者在网络上窃取或破译他人的账号或密码，便可获得对他人网络的授权访问，实现窃取信息资源的企图。

随着计算机技术的不断发展，入侵者的手段也在不断翻新。由简单的闯入系统、哄骗、窃听，发展到制造复杂的病毒、逻辑炸弹、网络蠕虫和特洛伊木马，而且还在继续发展。

攻击方式有以下几种。

（1）窃听通信业务内容，识别通信的双方，以达到了解通信网中传输信息的性质和内容的目的。

（2）窃听数据业务及识别通信字，并依此通信访问和利用通信网，进而了解网中交换的数据。

（3）分析通信业务流以推知关键信息。通过对通信网中业务流量的分析，可了解通信的容量、方向和时间窗口信息，在军用网中这些信息是至关重要的。

（4）重复或延迟传输信息，使被攻击方陷入混乱；改动信息流，对网络中的通信信息进行修改、删除、重排序，使被攻击方做出错误的反应。

（5）阻塞网络，将大量的无用信息注入通信网以阻挠有用信息的传输。

（6）拒绝访问，阻止合法的网络用户执行其功能。

（7）假冒路由，攻击网络的交换设备，将网络信息引向错误的目的地。

（8）篡改程序，破坏操作系统、通信及应用软件，如利用计算机病毒、"蠕虫"程序、"特洛伊木马"程序、逻辑炸弹方式进行软件攻击。

三、网络攻击的动机

在网络入侵的背后，通常有以下 4 种形式。

（1）军事目的。军事情报机构是潜在的威胁者中最主要的一支队伍，截获计算机网络上传输的信息是他们收集情报工作的一部分。信息战正引起各国的关注，对于国家而言，入侵网络或许有其明显的理由，但客观上对网络安全造成了威胁。可以推测，以敌国政府作为强大后盾的军事性网络入侵将使今后的网络受到更加严重的威胁。

（2）经济利益。随着私人商业网接入互联网，网络上传输着越来越多的有价值的信息，于是导致一类高级罪犯攻击网络。攻击者的首要目标是银行，已经有罪犯通过网络从银行盗取资金的案例，而且他们还常常在网络上窃取别人的信用卡账号。他们的目标还集中在敌对公司的网络中，进行商业竞争或诈骗活动。工业间谍已引起了人们的广泛关注。所谓工业间谍，是为了获取工业秘密，渗透进入某公司内部的私人文件，偷取商业情报以获得经济利益的人。

（3）报复或引人注意。网络可以出于报复或为了扬名的目的而被突破。入侵者破坏网络系统，扰乱社会活动，不严重的情况下发泄不满，但严重的情况是导致国家的混乱，甚至想颠覆国家。

（4）恶作剧。入侵者具备一定的计算机知识，访问他所感兴趣的站点。有时他们想做一个善意的恶作剧，有时他们不太友好地故意进行某些破坏活动。

第四节　网络安全问题的起因分析

面对严重危害计算机网络的威胁，必须采取有力的措施来保证计算机网络的安全。但是，计算机网络在建设之初都忽略了安全问题。即使考虑了安全，也只是将安全机制建立在物理安全机制。随着网络互联程度的扩大，这种安全机制对于网络环境来讲形同虚设。另外，目前网络上使用的协议，如 TCP/IP 协议，在制订之初也没有把安全考虑在内，所以没有安全可言。开放性和资源共享是计算机网络安全问题的主要根源，所以网络安全应主要依赖加密、网络用户身份鉴别、存取控制策略技术手段。产生网络安全问题的原因大致来自以下方面。

（1）计算机系统的脆弱性。

（2）操作系统的不安全性。目前流行的许多操作系统如，UNIX、Windows 均存在网络安全漏洞。

（3）来自内部网用户的安全威胁。

（4）未能对来自 Internet 的电子邮件挟带的病毒及 Web 浏览可能存在的恶意 Java/Active X 控件进行有效控制。

（5）采用的 TCP/IP 协议族软件本身缺乏安全性。

（6）应用服务的安全，许多应用服务系统在访问控制及安全通信方面考虑较少，并且如果系统设置错误很容易造成损失。

一、计算机系统的脆弱性

计算机应用系统的自身脆弱性主要表现在如下方面。

（1）电子技术基础薄弱，抵抗外部环境影响的能力还比较弱。

（2）数据聚集性与系统安全性密切相关。当数据以分散的小块出现时其价值往往不大，但当将大量相关信息集聚时则显出它的空前重要性。

（3）电磁效应和电磁泄露的不可避免。

（4）通信网络的弱点。连接计算机系统的通信网络在许多方面存在薄弱环节，通过未受保护的外部环境和线路，破坏者可以访问系统内部，搭线窃听、远程监控、攻击破坏都是可能发生的。

（5）从根本上讲，数据处理的可访问性和资源共享的目的性之间是有矛盾的。网络设备的硬件故障会直接导致网络的中断运行甚至是重要数据的损坏。由于一般服务器需要为客户提供高密度、大负荷的服务，这样势必对机器的硬件造成极大的负担，一台性能稳定的服务器远胜过一台高性能但是不稳定的机器。网络设备的选择，如网卡、路由器也应当根据需求选择，这些设备的质量不过关，或者说是无法满足需求，网络的稳定运行就没有了保障。

二、病毒

如果说部分黑客还遵循着"盗亦有道"准则的话，那么病毒的目的就是毁灭。一旦病毒流行在网络之上，对于网络无疑是一场灾难，它可以直接导致网络系统的崩溃。即使我们能够成功地找出防治以及清除的方法，但是已经造成的损害以及清除所需的花费巨大。没有一个使用多台计算机的机构，可以保证对病毒有效防范措施是绝对有效的。为了安全，大部分机构必须防止病毒突然暴发。

三、黑客

"黑客"不是对计算机网络安全进行威胁的人，真正意义上的网络入侵应当被称为"入侵者"，而不是"黑客"（Hacker）。但是，中文意义上的"黑客"已经等价于"入侵者"，所以这里就用"黑客"来作为"入侵者"的称呼。以后把真正的 Hacker 都叫作"计算机安全爱好者"，或许这样更加符合我国的语言习惯。不过，在讨论计算机安全的时候，必须从 Hacker 谈起。

黑客对网络的威胁程度，与人们对计算机及网络的依赖程度和所从事的业务程度密切相关。例如，计算机网络上的金融事务、电子商务，安全问题是特别重要的。这类事务经常受到黑客的袭击，欺诈性电子事务成了一个大问题。

四、网络协议的缺陷

根据网络安全监测软件的实际测试，一个没有安全防护措施的网络，其安全漏洞通常在 1500 个左右。网络系统所依赖的 TCP/IP 协议，本身在设计上不安全。TCP/IP 协议的安全缺陷主要表现在以下方面。

（1）TCP/IP 协议数据流采用明文传输。目前，TCP/IP 协议主要建立在以太网上，以太网的一个基本特性是，当网络设备发送一个数据包时，同网段上每个网络设备都会收到数据包，然后检查其目的地址来决定是否处理这个数据包。如果以太网卡处于一种混杂的工作模式下，此网卡会接收并处理所有的数据包。因此，数据信息很容易被在线窃听、篡改和伪造。特别是在使用 FTP 和 Telnet 时，用户的账号、口令是明文传输，所以攻击者可以截取含有用户账号、口令的数据包，然后进行攻击。

（2）源地址欺骗或 IP 欺骗（IP spoofing）。TCP/IP 协议用 IP 地址来作为网络节点的唯一标识，但是节点的 IP 地址又是不固定的，是一个公共数据，因此攻击者可以直接修改节点的 IP 地址，冒充某个可信节点的 IP 地址进行攻击。因此，IP 地址不能被当作一种可信的认证方法。

（3）源路由选择欺骗（Source Routing spoofing）。TCP/IP 协议中，IP 数据包为测试目的设置了一个选项 IP Source Routing，该选项指明到达节点的路由。攻击者可以利用这个选项进行欺骗非法连接。攻击者冒充某个可信节点的 IP 地址，构造一个通往某个服务器的直接路径和返回的路径，利用可信用户作为通往服务器的路由中的最后一站，就可以向服务器发请求，对其进行攻击。在 TCP/IP 协议的两个传输层协议 TCP 和 UDP 中，由于 UDP 是面向非连接的，因而没有初始化的连接建立过程，所以 UDP 更容易被欺骗。

（4）路由选择信息协议攻击（RIP Attacks）。RIP 协议用来在局域网中发布动态路由信息。它是为了在局域网中的节点提供一致路由选择和可到达性信息而设计的。但是，各节点对收到的信息是不检查它的真实性的（TCP/IP 协议没有提供这个功能），因此攻击者在网上发布假的路由信息，利用 ICMP 的重定向信息欺骗路由器或主机，将正常的路由器定义为失效路由器，从而达到非法存取的目的。

（5）鉴别攻击（Authentication Attacks）。TCP/IP 协议只能以 IP 地址进行鉴别，而不能对节点上的用户进行有效的身份认证，因此服务器无法鉴别登录用户的身份有效性。

（6）TCP 序列号欺骗（TCP Sequence number spoofing）。由于 TCP 序列号可以预测，因此攻击者可以构造一个 TCP 包序列，对网络中的某个可信节点进行攻击。

（7）TCP 序列号轰炸攻击（TCP SYN Hooding Attack），简称 SYN 攻击（SYN Attack）。TCP 是一个面向连接、可靠的传输层协议，通信双方必须通过握手的方式建立一条连接。如果一个客户采用地址欺骗的方式伪装成一个不可到达的主机时，正常的 3 次握手过程将不能完成，目标主机等到超时再恢复，这是 SYN 攻击的原理。

（8）易欺骗性（Ease of spoofing）。在 UNIX 环境中，非法用户用 TCP/IP 将其机器连接到 UNIX 主机上，将 UNIX 主机当作服务器，使用 NFS 对主机目录和文件进行访问，因为 NFS 只使用 IP 地址对用户进行认证，而用同样的名字和 IP 地址将一台非法机器的用户设置成为合法机器的用户是很容易的。电子邮件无任何用户认证手段，因此很容易伪造。

Internet 是基于 TCP/IP 协议的，所以 TCP/IP 协议中存在的安全技术缺陷导致了 Internet 的不安全性。必须对网络结构进行很好的改造，添加网络安全协议，才有可能从根本上解决网络的安全性问题。

以上事实表明，在网络上如何保证合法用户对资源的合法访问，以及如何防止网络黑客攻击，成为网络安全的主要内容。绝对安全的计算机是不存在的，绝对安全的网络也是不可能有的。只有存放在一个无人知晓的密室里，而又不开电源的计算机才可以称为安全的。只要使用，就或多或少存在着安全问题，只是程度不同而已。网络安全的攻与防是一对矛盾。网络安全措施应能全方位地针对各种不同的威胁，才能确保网络信息的保密性、完整性和可用性。

第三章 网络安全体系结构

第一节 网络安全基础知识

一、网络安全管理基本概念

1. 概念的引入

在信息技术推动下，计算机信息网络已经覆盖各个领域，深刻影响着人们的生产和生活。信息网络在发挥巨大作用的同时，信息网络的安全也变得越来越重要。就电力系统而言，一旦出现信息安全问题，就会影响到电网的安全运行。信息安全已扩展到了信息的可靠性、可用性、可控性、完整性及不可抵赖性等更新、更深层次领域。这些领域内的相关技术和理论都是信息安全所要研究的。但长久以来，很多人都会陷入技术决定一切的误区当中。最早的时候，人们把信息安全的希望寄托在加密技术上，后来又常听到"防火墙决定一切"的论调。当更多的安全问题出现时，入侵检测系统、公钥基础设施、虚拟专用网等新的技术应用被接二连三地提了出来，但无论怎么变化，还是离不开技术统领信息安全的狭隘思路。这个思路可能解决信息安全的一部分问题，但是解决不了根本问题。实际上，对安全技术和产品的选择和应用，是信息安全实践活动中的一部分，但这只是实现安全需求的手段而已。信息安全更广泛的内容，还包括制定完备的安全策略，通过风险评估来确定需求，根据需求选择安全技术产品，并按照既定的安全策略和流程规范来实施，维护和审查安全控制措施。归根到底，信息安全并不是技术过程，而是管理过程。

随着信息安全理论与技术的发展，信息保障概念得以提出，并得到一致认可。在信息保障的三大要素（人员、技术和管理）中，管理要素的地位和作用越来越得到重视。

随着近几年电力企业对信息安全的重视以及国家关于电力二次系统安全防护规定的出台，诸如防火墙、IDS 等网络安全设备的应用不断增加。这些针对安全问题中的某一点而开发的网络安全设备在各自领域中发挥着非常重要的作用，但同时也产生了一些新的问题。

（1）难以统一管理和配置众多异构的安全设备。

（2）这些安全设备产生了海量的安全事件且夹杂了大量的不可靠信息，使得管理人员很难从中提取有意义的事件，而且无法获得当前网络的整体安全态势。

（3）随着网络复杂程度的加深，单一的安全组件由于其功能局限性不能满足网络安全的需要，面对分布式、协同式攻击，任何单个的安全组件的能力都是有限的，需要把各个组件连通互动，进一步强化各自作用，进而提高系统安全防护能力。因此，迫切需要一个电力系统网络安全管理系统来协同各安全管理单元以整体应对系统安全威胁与攻击。

网络安全管理技术作为一种新兴的安全技术，已经逐步发展成为保障网络系统安全的关键部件，具有非常重要的社会意义和经济意义。

2. 基本概念

安全管理是网络管理中极其重要的内容，它涉及法规、人事、设备、技术、环境等诸多因素，是一项难度很大的工作。单就技术性方面的管理而言，依据 OSI 安全体系结构，可分为系统安全管理、安全服务管理和特定的安全机制管理。其中，后两类管理分别是针对某种特定、具体的安全服务与安全机制的管理，而系统安全管理则包括总体安全策略的管理（维护与修改）、事件处理管理、安全审计管理、安全恢复管理以及与其他两类安全管理的交互和协调。

网络安全管理是一种综合型技术，需要来自信息安全、网络管理、分布式计算、人工智能等多个领域研究成果的支持。其目标是充分利用以上领域的技术和方法，解决网络环境造成的计算机应用体系中各种安全技术和产品的统一管理和协调问题，从整体上提高整个网络的防御入侵、抵抗攻击的能力，保持系统及服务的完整性、可靠性和可用性。

网络安全管理包括对安全服务、机制和安全相关信息的管理以及管理自身的安全性两大方面，其过程通常由管理、操作和评估 3 个阶段组成。管理阶段是由用户驱动的安全服务的初始配置和日常更新；操作阶段是由事件驱动的安全服务状态的实时检测和响应；评估阶段则是衡量安全目标是否达到，以及系统当前的改变会产生何种影响。

3. 电力系统中的网络安全管理

所谓电力系统网络安全管理，是指对电力系统网络应用体系中各个方面的安全技术和产品进行统一管理和协调，从整体上提高网络抵抗入侵和攻击的能力。

从管理角度看，电力系统的信息网络可以分为内部网与外部网。网络的安全涉及内部网的安全保证以及两者之间连接的安全保证。

目前，电力企业信息网络系统一般以内联网（Intranet）为基础连接国家电力信息网和 Internet，形成网间互联，内联网将 Internet 技术用于单位、部门和企业专用网，并在原有专用网的基础上增加了各种用途的服务器、服务器软件、Web 内容制作工具和浏览器。内联网为企业信息的传输和利用提供了极大的方便，是一种半封闭的可控网。

系统前台有客户机和浏览器，分别用来满足客户机/服务器（Client/Server，C/S）和浏览器/服务器（Browser/Server，B/S）应用，后台为文件、数据库、FTP、Web、Mail 等各种服务器，用来完成相应的服务。电力企业信息网络作为内联网可通过防火墙、路由器与外界的 Internet 和国家电力信息网连接。系统既要保证网内用户和网外用户之间的联通，又要保证网中的敏感信息不被非法窃取和篡改。

通过以上分析可以看出电力信息系统中面临的主要威胁和存在的安全问题。据此就可以有针对性地、合理地来管理电力系统信息安全，就能够保证电力信息系统数据的保密性、完整性、真实性、可靠性、可用性和不可抵赖性等。

（1）保密性。保密性就是防止信息泄露给非授权个人或者实体单位，信息只能为授权用户所使用。

（2）完整性。完整性是指，信息在网络间进行传输或者存储的过程中，不能对信息进行随意更改，如果要对其进行更改必须通过授权。

（3）真实性。真实性是指防止系统内的信息感染病毒或者遭受恶意攻击，以确保信息的真实可靠。

（4）可靠性。在规定条件下或者在规定时间内，网络信息系统能够完成规定的功能或者特性，就是可靠性。可靠性是网络信息系统对安全性能最基本的要求之一，实现网络信息系统的可靠性是所有网络信息系统建设和运行所要实现的目标。

（5）可用性。可用性是网络信息系统可以被授权实体访问并且需要使用的特性，即网络信息服务在需要时，允许授权用户或者实体使用的特性。可用性也是保证用户或者实体权利的基本要求之一，是网络信息系统面向用户的一项安全性能。

（6）不可抵赖性。不可抵赖性也称为不可否认性。在网络信息系统的信息进行传输、存储或者交互过程中，必须确保参与者的真实性和同一性，即对网络信息系统的传输、交互过程进行汇总，所有参与者都不可能否认或者抵赖曾经完成的操作或者曾经许下的承诺。

以上6个方面，是对电力企业信息安全管理最基本也是最重要的要求。

二、网络安全管理体系结构

一个有效的体系结构首先要满足安全管理的功能，然后要具备稳定性、可扩展性和可复用性。对于网络安全管理而言，其体系结构需要支持的功能包括安全策略的制定、分发与实施，安全事件的监控与响应，安全机制／服务的管理，安全状态评估和决策支持等。因为被管理的安全机制通常来自不同厂商并且位于不同的网络节点，所以异构性和分布性是安全管理体系结构需要考虑的重要问题。目前流行的安全管理体系结构主要有以下几种。

1. 基于多代理的结构

多代理（Agent）结构的思想来源于分布式人工智能领域，基于多智能体系统（Multi Agent System，MAS）的方法。它是一种分布式结构，系统中的Agent被分成不同类别，并以某种方式组织起来，协同完成安全管理任务。因为Agent具有自治能力，所以不用将所有信息都传递到管理中心去处理，这样就有效地减少了传输开销，减轻了管理中心的负荷。这类结构需要解决的关键问题是如何将任务分解给多个Agent以及单个Agent的设计。典型的结构包括IA-NSM和SAMARA。

IA-NSM 是 Karima 等人提出的基于智能 Agent 的安全管理模型 -10。在该模型中 Agent 被分为 2 组，分别是管理组和本地监督组。管理组负责网络的整体安全管理，由安全策略管理 Agent、网络管理 Agent 和内网管理 Agent 组成，主要功能包括数据处理与控制、与管理员交互以便接收策略定义、向管理员告警等。本地监督组仅负责一个域（domain）内的安全管理，由若干个分布在本地网络内的本地监控 Agent 组成，其功能包括根据安全策略过滤安全相关事件，彼此交互进行分析与决策，根据自身的内在属性、知识和经验进行推理。

SAMARA 则是 Torrellas 等人提出的一种自治安全评估及网络安全管理系统 147.101。该系统包括离线的安全分解、在线的网络安全评估和网络安全执行三个阶段。其中，Agent 被划分为调度 Agent、安全评估 Agent、辅助 Agent、一般安全状态 Agent、容错 Agent、通信 Agent、监控 Agent、图形化模拟 Agent、安全评估计划 Agent 9 种类型，它们联合工作以满足本地或全局安全目标。值得一提的是，SAMARA 将非管理类任务，如通信、图形化模拟等也分配给专门的 Agent 完成。

这两种结构的主要区别在于，在 IA-NSM 中 Agent 被组织成树形结构，底层 Agent 负责本地子网的管理并接受高层 Agent 的控制。这种结构清晰，便于安全策略的统一制定和分发，但缺陷在于分层结构中为数较少的高层 Agent 容易成为系统的瓶颈。另外，对于底层无法处理的事务，逐层上报会导致响应时间的延长。而 SAMARA 则完全从功能的角度划分 Agent 整个系统是扁平的网状结构；每个 Agent 专门负责一种任务，通过所有 Agent 的协作才能构成完整的安全管理系统。这种方式避免了树形结构的缺陷，适用于缺少中央控制中心的多域安全管理。其主要缺点是 Agent 之间的通信开销增大，统一的安全策略制定需要复杂的协调计算。

多 Agent 技术在电力系统保护和安全稳定控制系统的应用主要有以下几个方面。

（1）电力系统继电保护的主要任务是切除系统中的故障设备，以保证系统的正常运行。但常规的继电保护存在故障判断和定位困难、设备保护整定时间过长且故障隔离区域过大等缺陷，而且从电力系统全局安全稳定的角度来说，解决电力系统保护和安全自动控制一体化问题，不仅使系统中各部分能够智能化地处理信息，提高信息的共享程度，而且处理结果能作为其他部分的输入信息，能对其决策提供有效帮助，最终保证电力系统稳定运行，避免恶性连锁事件的发生，而多 Agent 的相互协作可以弥补常规保护的不足之处。目前提出的方法中 Agent 大致分为 4 类。第一类为设备 Agent，这类 Agent 的主要功能是采集和管理设备的数据，并可用设备 Agent 之间的联系数据表示网络的拓扑结构；第二类为移动 Agent，为了使用分布在不同设备 Agent 间的数据，它可在各个设备 Agent 之间运动；第三类为保护 Agent，负责检测并隔离故障；第四类为网络重组 Agent，当电力系统的拓扑结构发生变化时，负责对保护系统进行网络重组。

此外，多 Agent 在继电保护在线整定的应用在于其能根据系统实时运行方式，调整保护的整定值和动作特性，提高主保护的动作速度。比如，利用暂态噪声或开关动作后出现的电流电压三序分量，实现新颖的全线速动或全线相继速动的无通道保护。

（2）利用多 Agent 系统可实现多种主保护间信息的交流，及时发现并阻止某种保护的误判情况，有效提高保护可靠性。提高后备保护的动作速度，当保护装置出现故障时，该保护可以及时通知同级的后备保护快速动作，跳开开关；当由于开关出现故障造成拒动时，该保护可以将情况通知给上一级的保护，跳开上级开关。这样极大地减少了保护的配合时间间隔，对快速切除故障非常有效。利用多 Agent 可实现新的保护方式，当故障落在有延时的保护段时，保护可以根据对侧保护的动作情况信息快速动作，减少延时时间。

（3）利用多 Agent 系统可解决过负荷误动问题。当系统中有故障切除时，可及时通知控制系统，减去一定负荷，避免其他线路保护过负荷动作。阻止系统运行环境继续恶化。当故障发生后，可实时估计故障的严重程度，通知控制系统，对控制系统采取有效控制策略具有积极意义。

（4）多 Agent 技术在电力系统保护和安全稳定控制系统具有创新之处。由于历史原因，目前电力系统中保护和控制是分开的，在管理上分属于不同的部门，前者是继电保护部门，后者是运行部门。在硬件上两者各自独立，互不相干，不仅在装置上造成重复，而且增加了复杂性，有时并不能达到独立可靠的效果，反而由于缺乏配合造成事故扩大恶化。

可以预见，多 Agent 技术在保护和安全自动控制一体化的实现中，对于系统全局稳定将具有深刻意义。

2. 基于网络管理的结构

另一种实现网络安全管理的方式是利用现有网络管理体系结构来构建安全管理系统。

安全管理与网络管理关系密切，安全管理系统常常需要网管系统的支持（如提供网络拓扑信息），所以在网管体系结构上扩展安全管理功能非常方便。目前，这类系统大多建立在基于 Web 的网络管理之上。基于 Web 的网络管理结构主要包括基于 Web 的企业管理（Web-Based Enterprise Management，WBEM）、Java 管理扩展（Java Management Extensions，JMX）等。

WBEM 是分布式管理任务组（Distributed Management Task Force，DMTF）定义的标准。其核心是存储管理信息的数据库，其中管理信息根据公共信息模型（Common Information Model，CIM）被存储为被管理对象文件（MOF）的形式。管理应用可通过 HTTP 协议与数据库进行交互，该存取过程是标准化的，并在 CIM 与 XML 之间转换。

Provider 负责将数据库中的管理信息翻译成适用于特定网络构件或平台的信息，而 CIM 对象管理者（CIMOM）负责控制 Web Server 和 Provider 对数据库的存取。

在基于 Web 的网络管理结构上构建安全管理体系的典型系统包括 Policy-Maker 和大型计算机网络安全管理系统。

Policy-Maker 是 A.Pilz 提出的一种基于策略的安全管理框架。其中，CIM 形式的安全策略通过图形用户接口"Policy Editor"由管理员统一定义，然后在 WBEM 结构中处理执行。安全策略被分成"直接策略"和"非直接策略"两类。"直接策略"能被安全组件直接处理，而"非直接策略"由 Provider 翻译成"直接策略"后再交由安全组件执行。策略的集成和关联由系统通过模板自动处理。另外，框架还包含了用于显示当前网络拓扑和配置的"网络可视化"模块，以及用于测试配置的"网络模拟"模块。

大型计算机网络安全管理系统的目标是管理大规模网络中的多个异构防火墙，实现这些防火墙之间的管理基于统一策略的配置和协同。为了统一管理策略，系统定义了通用的防火墙管理信息基（MIB）以及通用的事件记录格式。此外，IDS 通过简单网络管理协议（Simple Network Management Protocol，SNMP）也被集成到系统之中，以便进一步处理防火墙发现的可疑事件。为解决 Web 存取带来的安全问题，系统还具备了认证和基于角色的存取控制功能。

从对网络安全管理功能的支持来看，这两种框架均有效实现了安全策略的统一管理，区别在于后一种采用自定义的格式描述策略，而且局限于防火墙规则描述。而 Policy Maker 的策略用 CIM 模型表示，更具通用性。另外，后者通过与 IDS 的联合，实现了对安全事件的监控与联合响应，并且关注管理系统自身的安全性问题。而 Policey-Maker 则没有这些功能，但它的"网络可视化"模块实现了简单的安全状态评估，这是后者没有的。

从安全的角度出发，对电力系统安全组件的网络管理有如下要求。

（1）电力系统网络管理系统管理的所有安全组件应该构成一个整体安全防御体系，建立各种安全组件相互通信并协同工作的安全机制，各安全组件之间通过安全策略管理平台来调度，实现高效联动，形成网络一体化多层次的防范系统。

（2）集中制定、更新和分发系统的安全策略。从安全的角度考虑，所有安全策略都应该在管理中心集中分发，否则会因为过于分散而无法管理，导致安全问题。

（3）运行日志、实时状态、突发事件等安全组件运行信息应该集中收集和分析。所有安全组件的当前运行状态和安全状态，都应该提交到网络安全管理中心，以便对系统的安全状况有一个整体把握。

（4）强化安全防范措施。所有的管理环节都必须达到与安全组件相同的安全级别，否则，根据安全的木桶原则，任何一个环节没有安全防范措施，整体的安全性都会降低。

通过前面分析可知，电力系统基于安全事件的网络管理与传统的网络管理有很大不同，包括安全策略的集中分发和管理、安全事件的集中监控和处理、安全组件之间的联动协同、防御体系的整体安全等，这些性质都是传统的网络管理系统无法满足的。如果采用传统的网络管理系统，就会大大降低安全组件的效能，从而降低整个防御体系的安全性。考虑到电力系统的组件地域分布比较广，网络安全设备存在一定的异构性，并且随着技术的发展，要求管理平台提供一个可以扩充的体系框架，在这个框架下被管理的节点的功能能够根据管理的需要增加或者删减，以达到管理的灵活性、可扩充性。而传统的网络管理显然不适应电力系统的基于安全事件的网络安全管理的要求。

考虑到电力安全组件管理系统的应用环境、开发环境、集成需求和企业应用要求等因素，提出了基于 Web 的分布式网络安全组件管理模型，这种新的网络安全组件管理模式融合了 Web 功能和网络技术，允许网络管理人员以 Web 模式监测、管理网络安全设备，可以使用 Web 浏览器在网络任何节点上方便迅速地配置、控制及访问网络的各个部分，这种新的网络安全组件管理模式的魅力在于它是交叉平台，可以很好地解决很多由于多平台结构产生的互操作问题，它能提供比传统网管界面更直接、更易于使用的图形界面（浏览器和 Web 页面操作对 www 用户来说是非常熟悉的），从而降低了对网络管理操作和维护人员的特殊要求。

基于 Web 的分布式电力企业网络安全组件管理中，管理节点是网络中最基本的单元，在管理节点内设置一个管理服务器，所有的这些服务器直接管理这个代理池中的所有安全代理，它们在自己的职权范围内监视并控制安全代理，同时向高层服务器提供信息，并接受来自高层管理服务器的控制。在网络安全组件管理系统中真正控制网络安全设备的是管理节点里的安全代理。在每一个管理节点中，根据安全组件的地域和组件类型等因素，把被管理实体划分为多个安全管理域。每个安全管理域中设置一个域管理中心将具有相关性的所有管理对象（Management Object，MO）放在一个管理域中，在这个管理域中实施统一的安全策略，在域管理中心实施统一的管理，使整个防御体系达到较高的安全性。当发生的异常事件涉及多个安全管理域时，多个安全管理域的域管理中心之间可以互相通信，以协调处理发生的事情。这种类型的体系结构分散了处理任务且减少了网络总的通信量。如果设备没有直接被管理，我们可以在它们之间设置转换代理完成通信。

3. 基于模块的结构

用基于模块（Module）的体系结构来实现安全管理是当前另一种流行的方法。这里的模块是对组件、插件、构件等技术的统称。这种方法的基本思想是将各种安全服务，甚至统计，决策支持功能设计成可由第三方开发的、即插即用的自治功能组件（component）。通过将这些安全组件集成到一个可扩展的基础平台，就可以创建出一个安全管理体系。

4. 基于层次化模型的结构

前几种体系结构的主要思想是将安全管理体系视为一个可扩展的平台，而各种安全机制被视为"设备"，可以在平台上即插即用，同时又由统一的策略控制。此外，还有一种从纵向考虑问题的实现方式，即从网络协议栈的角度管理安全机制、提供安全服务。当前网络异构性的一个重要体现就是网络节点的安全机制可能被应用在不同的协议层，例如网络层的 IPSec，传输层的 SSL 应用层的数字签名等。需要有一种方法来管理不同协议层的安全机制，创建一个完全分布的基础设施用以协商和设置安全信道，并在网络面临压力时重新配置这些安全机制，以维持某一层次的安全服务。

这类结构的典型是基于协议栈的安全管理系统——天体系统（Celestial System），它能够沿任意网络路径自动发现有效的安全策略和机制，实现跨协议层和网络的安全机制动态配置，其核心构件是安全管理 Agent（Security Management Agent，SMA）。SMA 是驻扎于有安全需求或提供安全服务的网络节点（终端、路由器、交换机）上的软件模块，它与协议栈的每一层安全协议交互，管理它们的各种信息，并且有权动态配置这些协议的本地安全机制。它与应用程序也有接口，用于为应用提供不同的安全服务。通过沿数据路径的所有 SMA 之间的协作即可建立一个安全通道。

5. 网络安全管理体系结构比较

上述几种安全管理体系结构各有优劣。从应用领域上看，由于 Agent 的灵活性和高自治能力，基于多 Agent 的结构比其他结构更能适应动态环境和复杂用户行为。尤其在涉及多个动态安全域的大规模安全管理体系中，这种结构能较好地解决动态域管理、移动用户以及控制中心的瓶颈问题。这种结构的缺点是系统比较复杂，而且 Agent 技术本身还不够成熟，诸如 Agent 安全性等对于安全管理系统至关重要的问题目前仍处于研究阶段。

基于网络管理的体系结构是直接在现有网管平台上扩展安全管理功能，所以对已有的 IT 基础设施改变较小、性价比高，适用于安全环境相对简单的中小规模组织。这种结构在收集网络信息、控制网络设备以及响应安全事件方面较为方便，但是由于受到网管平台的限制，灵活性一般不高，常常难以实现安全管理的全部功能。

基于模块的体系结构采用当前流行的构件、插件等技术，适用范围广，基础技术成熟，对跨平台和扩展性的支持较好，并且可配置和重用。该方法与基于多 Agent 的结构有些类似，区别在于 Agent 的自治能力更强，所以需要较少的集中管理，而基于模块的结构通常需要一个强大的中央控制中心。另外，在多 Agent 结构中 Agent 可在网络节点间移动，Agent 之间可直接通信，而在基于模块的结构中模块一般都是静止的，模块之间通常不能直接通信。

基于层次化模型的结构主要针对的是不同协议层的安全机制管理，其目标是实现跨网合作或建立安全通信通道。它采用的是完全分布的结构，并且从纵向解决问题，所以更适用于无控制中心的多组织或多网络合作的情况。除应用领域不同之外，这几种框架在性能方面也不尽相同。在实际安全管理产品中，根据不同的需求，常采用多种体系结构相结合的方式，以便扬长避短。

第二节　安全服务和安全机制

一、安全服务的种类

针对网络系统受到的威胁，OSI 安全体系结构提出了几类安全服务。

1. 鉴别服务（Authentication）

鉴别分为对等实体鉴别和数据原发鉴别，对等实体鉴别指确认有关的对等实体是其声称的实体，数据原发鉴别指确认接收到的数据来源的真实性。鉴别可以是单向的，也可以是双向的，可以带有效期检验，能防止冒充或重传以前的连接，也防止伪造连接初始化这种类型的攻击。

对等实体鉴别服务当由 OSI 模型的（N）层提供时，将使（$N+1$）层实体确信与之打交道的对等实体正是它所需要的（$N+1$）层实体。这种服务在连接建立或在数据传送阶段的某些时刻提供使用，用以证实一个或多个连接实体的身份。使用这种服务可以确信（仅仅在使用时间内），一个实体此时没有试图冒充别的实体，或没有试图将先前的连接作非授权地重演。这种服务能够提供各种不同程度的保护。

数据原发鉴别服务由 OSI 模型的（N）层提供时，将使（$N+1$）层实体确信数据来源正是所要求的对等（$N+1$）层实体。数据原发鉴别服务对数据单元的来源提供确认，这种服务对数据单元的重复或篡改不提供保护。

2. 访问控制服务（Access Control）

访问控制服务防止未经授权的用户非法使用系统资源，包括用户身份验证和权限确认。该服务不仅可以提供给单个用户，也可以提供给封闭的用户组中的所有用户。访问控制关注的是防止网络或网络资源的非授权使用，通过授权而有助于保密性、可获得性和完整性。授权通常是对一对活跃的实体而言的：发起端和目标端。通过授权，能够决定哪一个发起者，可以访问和使用哪一个目标系统和网络服务。访问控制也负责选择路由，其目的在于防止敏感信息，从某个不可信任的网络或子网传输。访问控制要能防止存储对象如内存、磁盘在重新分配时，由前一个使用这些对象的用户留下的信息被后一个用户非授权使用。最简单的方法是在对象分配时消除所有的内容。访问控制限制的是 OSI 可访问资源的非授权使用。这些资源是经 OSI 协议访问到的 OSI 资源或非 OSI 资源。这种保护服务可应用于对资源的各种不同类型的访问（例如，使用通信资源，读、写或删除信息资源，处理资源的执行）或应用于对一种资源的所有访问。这种访问控制要与不同的安全策略协调一致。

3. 数据保密服务（Data Confidentiality）

数据保密服务的目的是保护网络中各系统之间交换的数据，防止因数据被截获而造成的泄密。包括以下内容。

（1）连接保密，即对某个连接上的所有用户数据提供保密。但在某些使用中和层次上，保护所有数据是不合适的，例如，连接请求中的数据。

（2）无连接保密，即对一个无连接数据包的所有用户数据提供保密。

（3）选择字段保密，对一个协议数据单元中的用户数据的一些经选择的字段提供保密。这些字段或处于（N）连接的（N）用户数据中，或为单个无连接的（N)SDU 中的字段。

（4）信息流安全，即对可能从观察信息流就能推导出的信息提供保护，使得通过观察通信业务流不可能推断出其中的机密信息。信息传输本身所体现出的特点包括源地址、目的地址、频度和流量的大小。

保密性服务有两种基本的方法。一种方法是已定义的安全域（Security Domains）中的实体。一个安全线包含所有的主机和资源，以及用来连接它们的传输媒体，它们都遵守一个正式的安全策略，并能够为用户提供一定的安全级别。安全域中的主机之间存在某种程度的信任关系，并且它们之间能够提供和获得某些服务，而在安全域以外的主机无法得到。安全域中也能够包含其他的网络和子网，并且它们也拥有相同的信任级别。

另一种方法是使用加密技术，加密可使明文变换为密文，而只有拥有解密密钥的目标接收者才能将密文重新转换为明文。当从源主机发送的报文，离开当前的安全域而不得不经过中间网络到达目的主机时，需要采用加密技术，防止重要的信息在网络上传输时被截获。

4. 数据完整性服务（Data Integrality）

数据完整性服务用来防止非法实体的主动攻击，以保证数据接收方收到的信息与发送的信息完全一致。在一次连接上，连接开始时使用对等实体鉴别服务，并与在连接的存活期使用的数据完整性服务联合起来，为在此连接上传送的所有数据单元的来源和完整性提供确认，而且如果使用顺序号，还能另外为数据单元的重复提供检测。具体提供的数据完整性服务有以下 5 种。

（1）可恢复的连接完整性，该服务对一个连接上的所有用户的数据完整性提供保障了，而且对任何服务数据单元的修改、插入、删除或重放都可使之复原。

（2）无恢复的连接完整性，该服务除了不具备恢复功能，其余同前。

（3）选择字段的连接完整性，该服务提供在连接上传送的选择字段的完整性，确定所选字段是否已被修改、插入、删除或重放。

（4）无连接完整性，该服务提供单个无连接的数据单元的完整性，能确定收到的数据单元是否已被修改。另外，在一定程度上也能提供对重演的检测。这种服务由（N）层提供时，对发出请求的（$N+1$）实体提供完整性保证。

（5）选择字段无连接完整性，该服务提供单个无连接数据单元中各个选择字段的完整性，能确定选择字段是否被修改。

数据完整性与保密性是有区别的。假设源主机和目的主机分别是自动取款机和银行，如果有人要通过搭线窃听获得用户的账号及密码，这属于保密性问题。如果客户要修改 ATM 和银行之间的信息传输，使原本 1000 元的交易让银行只划走 100 元，这就属于数据完整性问题。

保护数据完整性与保密性可以采用加密技术实现，其区别在于加密在 OSI 模型的哪一个层次上进行。在应用层的一个应用进程与另一个主机的应用进程通信时，数据到达表示层时进行加密，直到目的主机的表示层整个网络传输过程中都是密文的方式称为端对端加密。在信息流离开主机时加密从而隐藏整个信息流的特性，可在网络或子网节点解密后进行路由选择的加密方法称为链路加密。链路加密能够保证数据完整性，端对端加密能够保证数据保密性。

5. 禁止否认服务

禁止否认服务用来防止数据发送方发送数据后否认自己发送过数据，或接收方接收数据后否认自己收到过数据。该服务由以下两种服务组成。

（1）不得否认发送：这种服务向数据接收方提供数据源的证据，从而可防止发送者否认发送过这个数据或否认它的内容。

（2）不得否认接收：这种服务向数据发送者提供数据已交付给接收者的证据，因而接收者事后不能否认曾收到此数据。

上面这两种服务是一种数字签名服务，服务中必须注意的一个问题是以前截获信息流的重放。这种技术通常被非授权的主机用来欺骗目的主机，即信息来自合法的主机。

6. 可记账性服务（Accountability）

这一功能要求系统保留一个日志文件，与安全相关的事件记在日志文件中，以便于事后调查和分析，追查有关责任者，发现系统安全的弱点。

二、安全机制的种类

为实现上述各种服务，安全体系结构建议采用以下 8 种安全机制。

1. 加密机制

加密是提供数据保密的最常用的方法，既能为单个数据提供机密性，也能为通信业务流提供机密性，并且还对下面所述的一些别的安全机制起补充作用。加密算法按密码体制可分为序列密码算法和分组密码算法两种，按密钥类型可分为对称密钥算法和非对称密钥算法两种。对称密钥算法知道加密密钥也就知道解密密钥，反之亦然；非对称密钥算法知道了加密密钥并不意味着也知道解密密钥，反之亦然。用加密的方法与其他技术相结合，可以提供数据的保密性和完整性。除了对话层不提供加密保护，加密可在其他各层上进行。与加密机制伴随而来的是密钥管理机制。

2. 数字签名机制

数字签名是解决网络通信中特有的安全问题的有效方法。当通信双方发生下列情况时，产生如下安全问题：

（1）否认，发送者事后不承认自己发送过某份文件；

（2）伪造，接收者伪造一份文件，声称它来自发送者；

（3）冒充，网上的某个用户冒充另一个用户接收或发送信息；

（4）篡改，接收者对收到的信息进行部分篡改。

数字签名机制包括对数据单元签名和验证签名的数据单元两个过程。签名过程涉及使用签名者的私有信息作为私钥，或对数据单元进行加密，或产生出该数据单元的一个密码校验值；验证过程涉及使用公开的规程与信息来决定该签名是不是用签名者的私有信息产生的。签名机制的本质特征是该签名为签名者独有，只有私有信息的唯一拥有者才能产生这个签名，它能在任何时候从第三方得到证明。也就是说，数字签名必须具有可证实性（Authentic）、不可否认性（Repudiated）、不可伪造性（Unforgeable）和不可重用性（Reusable）。

3. 访问控制机制

访问控制机制指按事先确定的规则决定主体对客体的访问是否合法。当一个主体，试图非法使用一个未经授权的客体时，该机制将拒绝这一企图，并附带向审计跟踪系统报告这一事件。审计跟踪系统将产生报警信号或形成部分追踪审计信息。对于无连接数据传输，发给发送者的拒绝访问的通知，只能作为强加于原发的访问控制结果而被提供。

访问控制机制建立在下述的一种或多种手段之上。访问控制信息库，它有对等实体的访问权限，由授权中心或正被访问的那个实体保存；鉴别信息，如口令、权力，对它的占有和出示便证明有权访问由该信息所规定的实体或资源；安全标记，可用来表示同意或拒绝访问，通常根据安全策略而定；试图访问的时间；试图访问的路由；访问持续期。网络上的审计控制机制类似于单个计算机系统上的访问控制机制。

4. 数据完整性机制

数据完整性包括两种形式：单个数据单元或字段的完整性以及数据单元流或字段流的完整性。一般来说，用来提供这两种类型完整性服务的机制是不相同的，尽管没有第一类完整性服务，第二类服务也无法提供。

决定单个数据单元的完整性涉及两个过程：一个在发送实体上，一个在接收实体上。保证数据单元完整性的一般方法是，发送实体在数据单元上加一个标记，这个标记是数据本身的信息签名函数，如 Hash 函数。接收实体把自己产生的标记与接收的标记相比较，以确定传输过程中数据是否被修改过。

单靠这种机制不能防止单个数据单元的重演。在网络体系结构的适当层上，应检测可能在本层或较高层上导致恢复作用的操作。对于连接方式的数据传送，保护数据单元序列的完整性还另外需要某种明显的排序形式。数据单元序列的完整性是要求序列编号的连线性和时间标记的正确性，以防止假冒、丢失、重发、插入或修改数据序列。

5. 交换鉴别机制

交换鉴别是以交换信息的方式来确认实体身份的机制。用于交换鉴别的技术如下。

（1）口令，由发送方实体提供，接收方实体检测。

（2）密码技术，相交换的数据加密，只有合法用户才能解密，从而得出有意义的明文。许多情况下，这种技术需要与时间标记和同步时钟、双方或三方"握手"协议、数字签名和公证机构等技术一起使用，以防止重演和否认问题的发生。

（3）利用实体的特征或所有权，如指纹识别、声音识别和身份卡。这种机制可设置在（N）层以提供对等实体鉴别。如果在鉴别实体时得到否定的结果，就会导致连接的拒绝或终止，可能在安全审计跟踪中增加一个记录，也可能给安全管理中心一个报告。

6. 业务流量填充机制

通信业务填充机制主要是对抗非法者在线路上监听数据并对其进行流量和流向分析。这种机制只有在通信业务填充受到机密服务保护时才是有效的。采用的方法一般由保密装置在无信息传输时，连续发出伪随机码，使得非法者不知道哪些是有用信息、哪些是无用信息。

7. 路由控制机制

一个大型网络中，从源节点到目的节点可能有多条线路可以到达，有些线路可能是安全的，而另一些线路是不安全的。路由控制机制可使信息发送者动态地或预定地选择特殊的路由，以便只使用物理上安全的子网络、中继站或链路，从而保证数据安全。

检测到持续的攻击时，端系统可指示网络服务的提供者，经不同的路由建立连接，带有某些安全标记的数据，可被禁止通过某些子网络、中继站或链路。

8. 公证机制

一个大型网络中有许多节点或终端，使用这个网络时并不是所有所谓用户是可信的，同时也可能由于系统故障使信息丢失、迟到，这容易引起责任问题。为了解决这个问题，需要有一个各方都信任的实体——公证机构，如同一个国家设立的公证机构一样，提供公证服务，仲裁出现的问题。

公证保证是由第三方公证人提供的。公证人为通信实体所信任，并掌握必要信息，以一种可证实方式提供所需的保证。每个通信实例可使用数字签名、加密和完整性机制以适应公证人提供的服务。当公证机制被用到时，数据便在参与通信的实体之间，经由受保护的通信实例和公证方进行通信。一旦引入公证机制，通信双方进行数据通信时必须经过这个机构来转换，以确保公证机构能得到必要的信息，供以后仲裁。

三、服务、机制的层配置

OSI 参考模型是一种层次结构，某种安全服务由某些层支持更有效，因此存在一个安全服务的层配置问题。为了解决安全服务、安全机制的层配置问题，需要用到下列原则。

实现一种服务的不同方法越少越好；在多个层上提供安全服务来建立安全系统是可取的；避免破坏层的独立性；只要一个实体依赖于较低层的实体提供的安全机制，那么任何中间层应该按不违反安全的方式操作；只要可能，应以不排除作为自容纳模块起作用的方法来定义一个层的附加安全功能。

下面描述在 OSI 基本参考模型的框架内提供的安全服务，并简要说明它们的实现方式。除非特别说明，安全服务由运行在该层的安全机制来提供。多数的层提供一定的安全服务。不过，不但能从它们本身获得安全服务，而且可以使用较低层中提供的安全服务。

1. 物理层

（1）服务。物理层能够单独或联合其他层提供连接机密性和通信业务流机密性的安全服务。通信业务流机密性有完全通信业务流的机密性和有限通信业务流的机密性两种形式，前者只在某些情况下提供，例如双向同时、同步、点对点传输，后者能为其他传输类型而提供，如异步传输物理层的安全服务只限于对付被动威胁，能应用于点对点或多对等实体通信。

（2）机制。物理层上主要的安全机制是数据流加密，它借助一个操作透明的加密设备来提供。物理层保护的目标是整个物理服务数据比特流以及提供通信业务流的机密性。

2．数据链路层

（1）服务。数据链路层提供下列的安全服务：连接机密性、无连接机密性。

（2）机制。数据链路层中的安全服务由加密机制来提供。

3．网络层

（1）服务。网络层提供下列安全服务：数据原发鉴别，对等实体鉴别；访问控制；连接机密性，无连接机密性，通信业务流机密性；无连接完整性，不带恢复的连接完整性。这些安全服务可以由网络层单独提供，也可以联合其他功能层一起提供。

（2）机制。网络层的安全服务由以下机制来提供：数据原发鉴别服务由加密或签名机制提供；对等实体鉴别服务由密码鉴别交换、受保护口令交换与签名机制等来提供；访问控制服务由特定的访问控制机制来提供；连接机密性服务由加密机制和路由选择控制机制提供；无连接机密性服务由加密机制与路由选择控制机制提供；通信业务流保密服务由通信业务填充机制和路由选择控制机制来提供；无连接完整性服务通过使用数据完整性机制和加密机制来提供；不带恢复的连接完整性服务通过数据完整性机制和加密机制来提供。

4．运输层

（1）服务。运输层上单独或联合其他层提供下列的安全服务：数据原发鉴别，对等实体鉴别；访问控制；连接机密性，无连接机密性；带恢复的连接完整性，不带恢复的连接完整性，无连接完整性。

（2）机制。运输层的安全服务由以下机制来提供：数据原发鉴别服务由加密或签名机制提供；对等实体鉴别服务是由密码鉴别交换、受保护口令交换与签名机制等提供；访问控制服务通过特定的访问控制机制来提供；连接机密性服务由加密机制提供；无连接机密性服务由加密机制提供；带恢复的连接完整性服务由数据完整性机制和加密机制提供；不带恢复的连接完整性服务由数据完整性机制和加密机制提供；无连接完整性服务由数据完整性机制和加密机制提供。

5．会话层

（1）服务。表示层提供下列的安全服务：对等实体鉴别，数据原发鉴别；连接机密性，无连接机密性，选择字段机密性，通信业务流机密性；带恢复的连接完整性，不带恢复的连接完整性，选择字段连接完整性，无连接完整性；数据原发证明的抗抵赖，交付证明的抗抵赖。

（2）机制。表示层的安全服务由下列安全机制来提供：对等实体鉴别服务能够由语法变换机制提供；数据原发鉴别服务能够由加密或签名机制提供；连接机密性服务能够由加密机制提供；无连接机密性服务能够由加密机制提供；选择字段机密性服务能够由加密机制提供；通信业务流机密性服务能够由加密机制提供；带恢复的连接完整性能够由数据完整性机制和加密机制配合提供；不带恢复的连接完整性服务能够由数据完整性机制和加密机制配合提供；选择字段连接完整性服务能够由数据完整性机制和加密机制配合提供；无连接完整性服务能够由数据完整性机制和加密机制配合提供；选择字段无连接完整性服务能够由数据完整性机制和加密机制配合提供；数据原发证明的抗抵赖服务能够由数据完整性、签名与公证机制的适当结合来提供；交付证明的抗抵赖服务能够由数据完整性、签名与公证机制的适当结合来提供。

6. 表示层

（1）服务。表示层提供下列的安全服务：对等实体鉴别，数据原发鉴别；连接机密性，无连接机密性，选择字段机密性，通信业务流机密性；带恢复的连接完整性，不带恢复的连接完整性；选择字段连接完整性，无连接完整性，选择字段无连接完整性；数据原发证明的抗抵赖，交付证明的抗抵赖。

（2）机制。表示层的安全服务由以下机制来提供：对等实体鉴别服务能够由语法变换机制提供；数据原发鉴别服务能够由加密或签名机制提供；连接机密性服务能够由加密机制提供；无连接机密性服务能够由加密机制提供；选择字段机密性服务能够由加密机制提供；通信业务流机密性服务能够由加密机制提供；带恢复的连接完整性能够由数据完整性机制和加密机制配合提供；不带恢复的连接完整性服务能够由数据完整性机制和加密机制配合提供；选择字段连接完整性服务能够由数据完整性机制和加密机制配合提供；无连接完整性服务能够由数据完整性机制和加密机制配合提供；选择字段无连接完整性服务能够由数据完整性机制和加密机制配合提供；数据原发证明的抗抵赖服务能够由数据完整性、签名与公证机制的适当结合来提供；交付证明的抗抵赖服务能够由数据完整性、签名与公证机制的适当结合来提供。

7. 应用层

（1）服务。应用层单独或联合其他层提供下列的安全服务：对等实体鉴别，数据原发鉴别；访问控制；连接机密性，无连接机密性，选择字段机密性，通信业务流机密性；带恢复的连接完整性，不带恢复的连接完整性，选择字段连接完整性，无连接完整性，选择字段无连接完整性；数据原发证明的抗抵赖，交付证明的抗抵赖。

（2）机制。应用层中的安全服务由下列机制来提供：对等实体鉴别服务能够通过在应用实体之间传送的鉴别信息来提供，这些信息受到表示层或较低层的加密机制的保护；数据原发鉴别服务能够通过使用签名机制或较低层的加密机制来提供；访问控制服务由在应用层中的访问控制机制与在较低层的访问控制机制联合起来提供；连接机密性服务能够通过使用一个较低层的加密机制提供；无连接机密性服务能够通过使用一个较低层的加密机制提供；选择字段机密性服务能够通过使用在表示层上的加密机制提供；通信业务流机密性服务能够通过使用在应用层上的通信业务填充机制并配合一个较低层上的机密性服务提供；带恢复的连接完整性服务能够通过使用一个较低层的数据完整性机制提供；不带恢复的连接完整性服务能够通过使用一个较低层的数据完整性机制提供；选择字段连接完整性服务能够通过使用表示层上的数据完整性机制提供，无连接完整性服务能够通过使用一个较低层的数据完整性机制提供；选择字段无连接完整性服务能够通过使用表示层上的数据完整性机制（有时配合上加密机制）提供；数据原发证明的抗抵赖服务能够通过签名机制与较低层的数据完整性机制的适当结合来提供，并与第三方公证相配合；交付证明的抗抵赖服务能够通过签名机制与较低层数据完整性机制的适当结合来提供，并与第三方公证相配合。

如果一种公证机制被用来提供抗抵赖服务，它将作为可信任的第三方起作用。为了解决纠纷，它可以由一个用数据单元的传送形式中继的数据单元记录，可以使用从较低层提供的保护服务。如果从网络安全服务的角度来说，OSI 模型各层配置的服务有对等实体鉴别服务、数据原发鉴别服务、访问控制服务、有连接用户数据的机密性、无连接用户数据的机密性、用户数据和选择字段的机密性、通信业务流机密性、有连接带差错恢复用户数据的完整性、有连接无差错恢复用户数据的完整性、有连接不带恢复用户数据中选择字段的完整性、无连接用户数据的完整性、无连接选择字段的完整性、抗抵赖。

第三节　安全策略

计算机网络安全的整个领域既复杂又广泛。恰当的安全策略应把注意力集中到网络管理者或使用者最关注的那些方面。也就是说，安全策略应该在实质上表明安全范围内什么是允许的，什么是不允许的。

策略通常是一般性的规范，只提出相应的重点，而不确切地说明如何达到所要的结果。因此，策略属于安全技术规范的最高一级。如何实现策略与具体应用的紧密结合，在开始阶段是完全不清楚的。一般来讲，好的办法是让此策略经受一个不断精确化的改进过程，每个阶段根据实际应用的具体实施增加更多的细节。

一、安全策略的分类

安全策略分为基于身份的安全策略和基于规则的安全策略两种。

基于身份的安全策略是过滤对数据或资源的访问。基于身份的策略有两种执行方法，这取决于信息的访问权是为访问者所拥有，还是为被访问数据所拥有。若访问权为访问者所有，典型的做法为特权标识或特殊授权，即仅为用户及相应活动进程进行授权。若访问权为被访问数据所有则可以采用访问控制表（ACL）。这两种情况中，数据项的大小有很大的变化。数据按权力命名，也可以带有自己的 ACL。

基于规则的安全策略是指建立在特定的、个体化属性之上的授权准则，授权通常依赖于敏感性。在一个安全系统中，数据或资源应该标注安全标记，而且用户活动应该得到相应的安全标记。标记的概念在通信中非常重要。标记可以附带属性指示其敏感性，设置定时与定位性质，说明处理与分配的特性，以及提出对终端的特定要求。带有属性的标记有很多形式，包括发起通信的进程与实体、响应通信的进程与实体、通信期间要移动的数据项、通信期间用到的信道和其他资源。

安全策略必须指明属性的使用方式，从而提供必要的安全性能。为了对特别标记的属性建立适当的安全措施，还需要进行协商。当安全标记同时附加给访问进程和被访问数据时，应用基于身份访问控制所需的附加信息也应该作为与之相关的标记。在鉴别时，需要识别发起和响应通信实例的进程或实体，特别是它们带有的属性，所以安全管理信息库（SMIB）应包含足够的信息来说明这些属性。

当安全策略是建立在访问数据用户的身份之上时，安全标记应该包含该用户的身份信息。用于特定标记的规则应该在安全管理信息库中的某安全策略中得到体现，必要情况下还应与终端协商。

通信事例中数据传递时，每个数据项都与其标记紧紧地结合在一起，在某些基于规则的实例中，还要求将标记做成数据项的一个特别部分，一同完成交付应用。同时，利用数据项完整性技术保证数据项与标记的准确性以及耦合性。这些属性的最终目的是为 OSI 基本参考模型数据链路层中的路由选择控制功能所使用。

基于身份和基于规则的安全策略都建立在授权概念之上，这是因为所有威胁都与授权行为或非授权行为有关。在安全策略中包含有对"什么构成授权"的说明，即使是一般性的安全策略，也应明确说明"未经适当授权的实体，信息不可以给予、不可以被访问、不允许引用、任何资源也不得为其所用"。基于身份的安全策略，通常是一组针对一般属性或敏感实体的规则，基于规则的策略则涉及在特定的、个体化属性之上建立授权准则。

需要说明的是，部分属性与应用实体的关联是稳定不变的，也存在一些属性可以传送给另外的实体，如权力的移交。因此，授权服务分为行政管理强加的授权服务与动态选取的授权服务两种类型。

一个安全策略将确定系统安全要素，这些要素的共同特征是具有可用性和有效性，此外还需在合适时对系统安全要素进行选择。

二、安全策略的配置

开放式网络环境下用户的合法利益通常受到两种方式的侵害：主动攻击和被动攻击。主动攻击包括对用户信息的篡改、删除、伪造，对用户身份的冒充、对合法用户访问的阻止；被动攻击包括对用户信息的窃取、对信息流量的分析。根据用户对安全的需求可以采用以下保护方式。

（1）身份认证。检验用户的身份是否合法，防止身份冒充，对用户实施访问控制。

（2）数据完整性鉴别。防止用户数据被伪造、修改和删除。

（3）信息保密。防止用户的信息被泄露、窃取，保护用户的隐私。

（4）数字签名。防止用户否认对数据所做的处理。

（5）访问控制。对用户的访问权限进行控制。

（6）不可否认性，也称不可否认性，即防止对数据操作的否认。

三、安全策略的实现原则

根据用户具体的安全需求，开放式网络环境下安全策略的实现必须遵循以下原则。

1. 层次性

同样的安全策略可以在不同的网络协议层中实现，但实现的效果不同，必须根据用户对安全的需要决定，如表 3-1 所示。

表 3-1　安全策略在协议各层的应用

协议堆栈层	针对的实体	可使用的安全策略	用途
应用层	用户或具体的服务程序	数字签名 / 访问控制 / 身份认证 / 消息完整性验证 / 信息加密	防止用户身份被冒充，数据被篡改泄露；对用户权限进行控制
TCP/IP 层	端进程	身份认证 / 消息完整性验证 / 消息加密 / 访问控制	防止非法命令的执行；防止数据被篡改泄露
IP 层	主机	身份认证 / 数据加密 / 数据完整性验证 / 访问控制	防止对数据被篡改窃取；防止非法站点的访问
网络接口层	端系统	数据加密	防止消息被窃取

从表 3-1 中看出，数字签名只能在应用层实现，因为它的目的是防止用户对信息访问的抵赖；而一身份认证、信息完整性验证和访问控制可以应用在许多层，从上到下保护的力度、作用的范围逐渐增大。信息加密根据用户的需要应用在任何一层。如果要针对某一部分数据，而不是所有的数据加密，则应当考虑在应用层实现数据加密策略。如果要对终端输出的所有数据加密，则应当在网络接口层或 IP 层实现数据加密的策略。安全策略分层应用有利于具体环境下安全保护的实施，节省不必要的开销。

2. 独立性

实施安全策略所采用的密钥体制、证书管理模式、密钥管理方法、数据加密算法和身份认证方法应独立于整个安全体系结构。不同的主机、不同的应用实体和不同的协议堆栈层次采用不同的实现方法。终端之间可通过安全协商来建立一致的安全策略和协作方式。

3. 多样性

多个用户、进程或主机可针对某一个用户、进程或主机使用同样的安全策略；某一个用户、进程或主机也可以对多个用户、进程或主机建立不同的安全策略。可以同时验证用户、进程和主机的身份，对不同层次都实现访问控制；也可以只对某一层实现访问控制。如为了保持 IP 协议的动态路由、负载自动平衡和网络重构的特性，必须保证每一个数据报是独立的、可自由选路的。因此，对 IP 层进行安全保护时，不能限制数据报的源和目的地址为某个固定值。如果中间节点是防火墙的堡垒主机，那么终端所增加的安全策略不能影响防火墙原有的安全策略。安全策略的实施应考虑实际的网络特性和环境，灵活多样地应用于网络协议堆栈中。

4. 可管理性

终端中采用的安全策略应该是可配置的。要向用户和管理人员提供方便、简捷、一致的管理接口。管理分为手工管理和自动管理，而在 Internet 大规模网络环境中应采用自动管理的方式。

5. 安全性

安全策略是一个整体概念，在不同层次上采用的安全策略不能相互矛盾或颠倒次序，造成安全漏洞。例如，为了提供强完整性保护，数据加密要在求取消息摘要之后进行。访问控制和身份认证是相辅相成的。只有身份认证合法后，才能实施有效的访问控制。数据完整性和身份认证也是相辅相成的，单独实现其中一种安全策略没有太大意义。

四、安全策略的实现框架

安全策略的实现涉及以下几个主要部分。

（1）证书管理，主要是指公开密钥证书的产生、分配、更新和验证。公开密钥证书用于身份认证、数字签名和后继会话密钥的生成。证书管理的实质是终端系统通过可信的第三方建立相互之间的信任关系，因此证书管理是实现安全策略的基础。

（2）密钥管理，包括密钥的产生、协商、交换和更新。目的是在通信的终端系统之间建立实现安全策略所需的共享密钥。密钥管理涉及不同的密钥体制、不同的密钥协商协议、不同的密钥更新方法。

（3）安全协作，是在不同的终端系统之间协商建立共同采用的安全策略，包括安全策略实施所在层次，具体采用的认证、加密算法和步骤，如何处理差错。

（4）安全算法实现，具体算法的实现，如 DES、RSA。

（5）安全策略数据库，保存与具体建立的安全策略有关的状态、变量、指针。证书管理、密钥管理和安全策略的指定一般都是通过应用层提供的管理接口来和用户及安全策略数据库打交道的。安全协作可在不同的层次之间进行。根据协商建立的安全策略，具体的安全实现可作用于任何一层。通过查询安全策略数据库来决定如何处理每个接收和发送的消息或数据报。

五、安全策略的实现步骤

开放式网络环境下实现安全策略的步骤如下。

1. 获取必要的证书

为了和其他用户通信和建立安全协作，首先要建立必要的信任关系。在 Internet 上管理证书主要有两种方式。一种是 PEM 集中式层次 CA 管理模式，它是通过树形分层的 CA

来分配和验证证书。另一种是 PGP 分散式 Web 管理模式，它没有固定的 CA 来分配和验证证书，证书的信任关系不依赖于某个组织，而是分散的个人。PGP 模式类似于现有的 Internet 网络结构，但是它的安全性和可信性不能完全保证。PEM 模式能提供彻底的身份认证，但是它的组织结构目前还不适用于 Internet 这样的规模。目前，SSL、IPSEC 等安全协议都是基于 PEM 证书管理模式的，采用 X.509 证书格式，通过 X.500 目录结构提供证书的存储和分配。从发展趋势来看，PEM 证书管理模式必然会被普遍采用。

2. 密钥协商和管理

获取必要的证书后，需要在端系统之间建立共享的会话密钥，通常采用两种方法。一种是采用基于 Diffie-Hellman 算法的密钥协商协议来建立共享的密钥。这种方式建立的密钥作用范围有限，但是密钥保持了向前保密特性（PFS）。由于这种密钥是双方协商建立起来的，因此不能用于数字签名算法中。另一种是采用 RSA 公开密钥体制下的密钥交换协议来建立共享密钥。密钥的建立和身份认证常常是同时完成的。

3. 身份认证

身份认证主要用于数字签名和建立共享密钥。

4. 安全协作的建立

通过一定的协作管理协议来洽谈，通信双方共同采用的密钥管理方式、具体采用的算法、安全策略的应用范围。安全协作包括了密钥协商及管理、身份认证。不同的用户、进程和主机之间可建立不同的安全协作方式。

5. 安全的实现

在安全协作的基础上实现具体的安全策略。具体的实现可作用在每一个协议层。各层之间是相互独立的，但是它们要遵循一致的安全策略。

当用户的安全策略设置完成后，终端系统应该能自动完成证书获取、身份认证、密钥管理和协商、安全协作的建立和安全策略的具体实现等步骤。尽量保持原有系统和网络的特性，尤其要减少用户对安全实现细节的干预。在保证安全的前提下，尽量在网络协议的下层实现安全策略，这样做有两个优点。

（1）安全策略的实现独立于上层的应用程序，可为不同的应用和服务提供安全保证而不必修改原有的程序。

（2）可及时发现外来的攻击和破坏，减少不安全因素向上层协议的传播，提高策略实现的效率。

第四节　安全管理

为保证网络安全、可靠地运行，必须有网络管理。网络管理的主要任务是对网络资源、网络性能和密钥进行管理，对访问进行控制，对网络进行监视，负责审计日志和数据备份。

1. 人员管理

提高网络应用系统安全性的方向是增加技术因素，减少人为因素。但是人为因素不可能完全消除，因此对人员的管理也是一个非常重要的环节。应当结合机房、硬件、软件、数据和网络各个方面的安全问题，对工作人员进行安全教育，提高工作人员的保密观念；加强业务、技术的培训，提高操作技能；教育工作人员严格遵守操作规程和各项保密规定，防止人为安全事故的发生。

2. 密钥管理

密钥管理是网络安全的关键。目前，公认有效的方法是通过密钥分配中心 KDC（Key Distributed Center）来管理和分配密钥，所有用户的公开密钥都由 KDC 来进行管理保存，每个用户只保存自己的私有密钥 Sk 和 KDC 的公开密钥 Pk。当用户需要与其他用户联系时，可以通过 KDC 来获得其他用户的公开密钥。

在本系统中，KDC 的作用由各局域网的服务器来完成。各用户公开密钥保存在一个加密文件中，当用户需要时，根据用户的身份判断其能否得到该密钥。

3. 审计日志

网络操作系统及网络数据库系统都应具有审计功能。产生的审计日志主要由网络管理人员来进行检查，从而及时掌握网络性能及网络资源的运行情况，及时发现错误，纠正错误，对网络进行进一步完善。

4. 数据备份

数据备份是增加系统可靠性的重要环节。由网络管理人员定期对信息进行备份，当系统瘫痪时，将损失降低到最小；当系统修复时，及时恢复数据。

5. 防病毒

防病毒是计算机安全的一项重要内容。防病毒的第一步是加强防病毒观念，因此必须提高每一位工作人员的防病毒意识，减少病毒侵入的机会；同时利用杀毒软件及时消灭病毒，防止病毒入侵和系统崩溃。

如何保证网络应用系统的安全是复杂的问题。我们必须认识到没有绝对安全的网络这一事实，任何一种网络安全技术也不能完全解决网络安全问题，因此我们只能综合采用各种安全技术来减少网络攻击风险。同时还要考虑一些非技术因素，如制定法规，提高网络管理使用人员的安全意识，设置一些切实可行的防范措施。

第四章 数据库与数据安全技术

第一节 数据库安全概述

保证网络系统中数据安全的主要任务就是使数据免受各种因素的影响，保护数据的完整性、保密性和可用性。人为的错误、硬盘的损毁、计算机病毒、自然灾难等都有可能造成数据库中数据的丢失，给企事业单位造成无可估量的损失。例如，如果丢失了系统文件、客户资料、技术文档、人事档案文件、财务账目文件等，企事业单位的业务将难以正常进行。因此，所有的企事业单位管理者都应采取有效措施保护数据库，使得灾难发生后，能够尽快地恢复系统中的数据，恢复系统的正常运行。

为了保护数据安全，可以采用很多安全技术和措施。这些技术和措施主要有数据完整性技术、数据备份和恢复技术、数据加密技术、访问控制技术、用户身份验证技术、数据真伪鉴别技术、并发控制技术等。

一、数据库安全的概念

数据库安全是指数据库的任何部分都没受到侵害，或没受到未经授权的存取和修改。数据库安全性问题一直是数据库管理员所关心的问题。

1. 数据库安全

数据库就是一种结构化的数据仓库。人们时刻都在和数据打交道，如存储在个人掌上计算机（PDA）中的数据、家庭预算的电子数据表等。对于少量、简单的数据，如果与其他数据之间的关联较少或没有关联，则可将它们简单地存放在文件中。普通记录文件没有系统结构来系统地反映数据间的复杂关系，也不能强制定义个别数据对象。但是企业数据都是相关联的，不可能使用普通的记录文件来管理大量的、复杂的系列数据，比如银行的客户数据，或者生产厂商的生产控制数据等。

数据库安全主要包括数据库系统的安全性和数据库数据的安全性两层含义。

（1）第一层含义是数据库系统的安全性。数据库系统安全性是指在系统级控制数据库的存取和使用的机制，应尽可能地堵住潜在的各种漏洞，防止非法用户利用这些漏洞侵入数据库系统；保证数据库系统不因软硬件故障及灾害的影响而不能正常运行。数据库系统安全包括：

①硬件运行安全；

②物理控制安全；

③操作系统安全；

④用户有连接数据库的授权；

⑤灾害、故障恢复。

（2）第二层含义是数据库数据的安全性。数据库数据安全性是指在对象级控制数据库的存取和使用的机制，哪些用户可存取指定的模式对象及在对象上允许有哪些操作类型。数据库数据安全包括：

①有效的用户名／密码鉴别；

②用户访问权限控制；

③数据存取权限、方式控制；

④审计跟踪；

⑤数据加密；

⑥防止电磁信息泄露。

数据库数据的安全措施应能确保在数据库系统关闭后，当数据库数据存储媒体被破坏或当数据库用户误操作时，数据库数据信息不会丢失。对于数据库数据的安全问题，数据库管理员可以采用系统双机热备份、数据库的备份和恢复、数据加密、访问控制等措施。

2. 数据库安全管理原则

一个强大的数据库安全系统应当确保其中信息的安全性，并对其进行有效的管理控制。下面几项数据库管理规则有助于企业在安全规则中实现对数据库的安全保护。

（1）管理细分和委派原则。在数据库工作环境中，数据库管理员一般都是独立执行数据库的管理和其他事务工作。一旦出现岗位查换，将带来一连串的问题并导致效率低下。通过管理责任细分和任务委派，数据库管理员可从常规事务中解脱出来，更多地关注解决数据库执行效率及与管理相关的重要问题，从而保证任务的高效完成。企业应设法通过功能和可信赖的用户群进一步细分数据库管理的责任和角色。

（2）最小权限原则。企业必须本着"最小权限"原则，从需求和工作职能两方面严格限制对数据库的访问。通过角色的合理运用，"最小权限"可确保数据库功能限制和特定数据的访问。

（3）账号安全原则。对于每一个数据库连接来说，用户账号都是必需的。账号应遵循传统的用户账号管理方法来进行安全管理，包括密码的设定和更改、账号锁定功能、对数据提供有限的访问权限、禁止休眠状态的账户、设置账户的生命周期等。

（4）有效审计原则。数据库审计是数据库安全的基本要求，它可用来监视各用户对数据库施加的操作。企业应针对自己的应用和数据库活动定义审计策略。条件允许的地方可采取智能审计，这样不仅能节约时间，而且能减少执行审计的范围和对象。通过智能限制日志大小，还能突出更加关键的安全事件。

二、数据库管理系统及特性

1. 数据库管理系统简介

数据库管理系统（DBMS）已经发展了40多年。人们提出了许多数据模型，并已实现，其中比较重要的是关系模型。在关系型数据库中，数据项保存在行中，文件就像是一个表。关系被描述成不同数据表间的匹配关系。

早在1980年，数据库市场就被关系型数据库管理系统所占领。这个模型基于一个可靠的基础，可以简单并恰当地将数据项描述成为表（table）中的记录行（raw）。关系模型第一次广泛推行是在1980年，由于当时一种标准的数据库访问程序语言被开发，这种语言被称作结构化查询语言（SQL）。今天，成千上万使用关系型数据库的应用程序已经被开发出来，如跟踪客户端处理的银行系统、仓库货物管理系统、客户关系管理（CRM）系统和人力资源管理系统等。

由于数据库保证了数据的完整性，企业通常将他们的关键业务数据存放在数据库中，保护数据库安全、避免错误和防止数据库故障已经成为企业所关注的重点。

2. 数据库管理系统的安全功能

DBMS是专门负责数据库管理和维护的计算机软件系统。它是数据库系统的核心，不仅负责数据库的维护工作，还能保护数据库的安全性和完整性。DBMS是近似于文件系统的软件系统，通过它，应用程序和用户可以取得所需的数据。然而，与文件系统不同，DBMS定义了所管理的数据之间的结构和约束关系，且提供了一些基本的数据管理和安全功能。

（1）数据的安全性。

在网络应用上，数据库必须是一个可以存储数据的安全地方。DBMS能够提供有效的备份和恢复功能，以确保在故障和错误发生后，数据能够尽快地恢复并应用。对于一个企事业单位来说，把关键的和重要的数据存放在数据库中，这就要求DBMS必须能够防止未授权的数据访问。

只有数据库管理员对数据库中的数据拥有完全的操作权限，并可以规定各用户的权限，DBMS保证对数据的存取方法是唯一的。每当用户想要存取敏感数据时，DBMS就进行安全性检查。在数据库中，对数据进行各种类型的操作（检索、修改、删除等）时，DBMS都可以对其实施不同的安全检查。

（2）数据的共享性。

一个数据库中的数据不仅可以为同一企业或组织内部的各个部门所共享，也可供不同组织、不同地区甚至不同国家的多个应用和用户同时进行访问，而且还要不影响数据的安全性和完整性，这就是数据共享。数据共享是数据库系统的目的，也是它的一个重要特点。数据库中数据的共享主要体现在以下方面：

①不同的应用程序可以使用同一个数据库；

②不同的应用程序可以在同一时刻存取同一个数据；

③数据库中的数据不但可供现有的应用程序共享，还可为新开发的应用程序使用；

④应用程序可用不同的程序设计语言编写，它们可以访问同一个数据库。

（3）数据的结构化。

基于文件的数据的主要优势就在于它利用了数据结构。数据库中的文件相互联系，并在整体上服从一定的结构形式。数据库具有复杂的结构，不仅因为它拥有大量的数据，同时也因为在数据之间和文件之间存在着种种联系。数据库的结构使开发者避免了针对每一个应用都需要重新定义数据逻辑关系的过程。

（4）数据的独立性。

数据的独立性就是数据与应用程序之间不存在相互依赖关系，也就是数据的逻辑结构、存储结构和存取方法等不因应用程序的修改而改变，反之亦然。从某种意义上讲，一个DBMS存在的理由就是为了在数据组织和用户的应用之间提供某种程度的独立性。数据库系统的数据独立性可分为物理独立性和逻辑独立性两方面。

①物理独立性。数据库的物理结构的变化不影响数据库的应用结构，从而也就不影响其相应的应用程序。这里的物理结构是指数据库的物理位置、物理设备等。

②逻辑独立性。数据库逻辑结构的变化不影响用户的应用程序，修改或增加数据类型、改变各表之间的联系等都不会导致应用程序的修改。

以上两种数据独立性都要依靠DBMS来实现。到目前为止，物理独立性已经实现，但逻辑独立性实现起来非常困难。因为数据结构一旦发生变化，一般情况下，相应的应用程序都要进行部分修改。

（5）其他安全功能。

DBMS除了具有一些基本的数据库管理功能，在安全性方面，它还具有以下功能：

①保证数据的完整性，抵御一定程度的物理破坏，能维护和提交数据库内容；

②实施并发控制，避免数据的不一致性；

③数据库的数据备份与数据恢复；

④能识别用户，分配授权和进行访问控制，包括用户的身份识别和验证。

3. 数据库事务

"事务"是数据库中的一个重要概念，是一系列操作过程的集合，也是数据库数据操作的并发控制单位。一个"事务"就是一次活动所引起的一系列数据库操作。例如，一个会计"事务"可能是由读取借方数据、减去借方记录中的借款数量、重写借方记录、读取贷方记录、在贷方记录上的数量加上从借方扣除的数量、重写货方记录、写一条单独的记录来描述这次操作以便日后审计等操作组成。这些操作组成了一个"事务"，描述了一个业务动作。无论借方的动作还是贷方的动作，哪一个没有被执行，数据库都不会反映该业务执行的正确性。

DBMS 在数据库操作时对"事务"进行定义，或者一个"事务"应用的全部操作结果都反映在数据库中（全部完成），或者就一点都没有反映在数据库中（全部撤除）。数据库回到该次事务操作的初始状态。这就是说，一个数据库"事务"序列中的所有操作只有两种结果：全部执行和全部撤除。因此，"事务"是不可分割的单位。

上述会计"事务"例子包含了两个数据库操作：从借方数据中扣除资金，以及在贷方记录中加入这部分资金。如果系统在执行该"事务"的过程中崩溃，而此时已修改完毕借方数据，但还没有修改贷方数据，资金就会在此时物化。如果把这两个步骤合并成一个事务命令，这在数据库系统执行时，或者全部完成，或者一点都不完成。当只完成一部分时，系统是不会对已做的操作予以响应的。

三、数据库系统的缺陷和威胁

大多数企业、组织以及政府部门的电子数据都保存在各种数据库中。他们用这些数据库保存一些敏感信息，比如员工薪水、医疗记录、员工个人资料等。数据库服务器还掌握着敏感的金融数据，包括交易记录、商业事务和账号数据，战略上的或者专业的信息，比如专利和工程数据甚至市场计划等应该保护起来，防止竞争者和其他非法者获取资料。

1. 数据库系统的缺陷

常见的数据库的安全漏洞和缺陷有以下几种。

（1）数据库应用程序通常都同操作系统的最高管理员密切相关。比如，Oracle 和 SQLServer 数据库系统都涉及用户账号和密码、认证系统、授权模块和数据对象的许可控制内置命令（存储过程）、特定的脚本和程序语言、中间件、网络协议、补丁和服务包、数据库管理和开发工具等。许多数据库系统管理员都把全部精力投入管理这些复杂的系统中。安全漏洞和不当的配置通常会造成严重的后果，且都难以发现。

（2）人们对数据库安全的忽视。人们认为只要把网络和操作系统的安全搞好了，所有的应用程序也就安全了。现在的数据库系统都有很多方面被误用或者有漏洞影响到安全，而且常用的关系型数据库都是"端口"型的，这就表示任何人都能够绕过操作系统的安全机制，利用分析工具连接到数据库上。

（3）部分数据库机制威胁网络低层安全。比如，某公司的数据库里面保存着所有技术文档、手册和白皮书，但却不重视数据库的安全。这样，即使运行在一个非常安全的操作系统上，入侵者也能很容易通过数据库获得操作系统权限。这些存储过程能提供一些执行操作系统命令的接口，而且能访问所有的系统，如果该数据库服务器还同其他服务器建立着信任关系，入侵者就能够对整个系统产生严重的安全威胁。因此，少数数据库安全漏洞不仅威胁数据库的安全，也威胁到操作系统和其他可信任系统的安全。

（4）安全特性缺陷。大多数关系型数据库已经存在 10 多年了，都是成熟的产品。但 IT 业界和安全专家对网络和操作系统要求的许多安全特性在多数关系数据库上还没有被使用。

（5）数据库账号密码容易泄露。多数数据库提供的基本安全特性，都没有相应机制限制用户必须选择难破译的密码。许多系统密码都能给入侵者访问数据库的机会，更有甚者，有些密码就储存在操作系统的普通文本文件中。

（6）操作系统后门。多数数据库系统都有一些特性，来满足数据库管理员的需要，这些也成为数据库主机操作系统的后门。

2. 数据库系统的威胁形式

对数据库构成的威胁主要有篡改、损坏和窃取 3 种表现形式。

（1）篡改。所谓篡改，指的是对数据库中的数据未经授权进行的修改，使其失去原来的真实性。篡改的形式具有多样性，但有一点是明确的，就是在造成影响之前很难发现它。篡改是由于人为因素而产生的。一般来说，发生这种人为威胁的原因主要有个人利益驱动、隐藏证据、恶作剧和无知等。

（2）损坏。网络系统中数据的损坏是数据库安全性所面临的一个威胁，其表现形式是表和整个数据库部分或全部被删除、移走或破坏。产生这种威胁的原因主要有破坏、恶作剧和病毒。破坏往往都带有明确的作案动机；恶作剧者往往是出于爱好或好奇而给数据造成损坏；计算机病毒不仅对系统文件进行破坏，也对数据文件进行破坏。

（3）窃取。窃取一般是对敏感数据进行的。窃取的手法除了将数据复制到软盘之类的可移动介质上，也可以把数据打印后取走。导致窃取威胁的因素有工商业间谍、不满和要离开的员工、被窃的数据可能比想象中的更有价值等。

3. 数据库系统威胁的来源

数据库安全的威胁主要来自以下几个方面。

（1）物理和环境的因素，如物理设备的损坏、设备的机械和电气故障、火灾、水灾以及磁盘磁带丢失等。

（2）事务内部故障。数据库"事务"是指数据操作的并发控制单位，是一个不可分割的操作序列。数据库事务内部的故障多发生于数据的不一致性，主要表现有丢失、修改、不能重复读、无用数据的读出。

（3）系统故障。系统故障又叫软故障，是指系统突然停止运行时造成的数据库故障。这些故障不破坏数据库，但影响正在运行的所有事务，因为缓冲区中的内容会全部丢失，运行的事务将非正常终止，从而造成数据库处于一种不正确的状态。

（4）介质故障。介质故障又称硬故障，主要指外存储器故障，如磁盘磁头碰撞、瞬时的强磁场干扰等。这类故障会破坏数据库或部分数据库，并影响正在使用数据库的所有事务。

（5）并发事件。在数据库实现多用户共享数据时，可能由于多个用户同时对一组数据的不同访问而使数据出现不一致现象。

（6）人为破坏。某些人为了某种目的，故意破坏数据库。

（7）病毒与黑客。病毒可破坏计算机中的数据，使计算机处于不正确或瘫痪状态；黑客是一些精通计算机网络和软、硬件的计算机操作者，他们往往利用非法手段取得相关授权，非法地读取甚至修改其他计算机数据。黑客的攻击和系统病毒发作可破坏数据保密性和数据完整性。

（8）未经授权非法访问或非法修改数据库的信息，窃取数据库数据或使数据失去真实性。

（9）对数据不正确的访问引起数据库中数据的错误。

（10）网络及数据库的安全级别不能满足应用的要求。

网络和数据库的设置错误和管理混乱造成越权访问以及越权使用数据。

第二节　数据库的安全特性

为了保证数据库数据的安全可靠和正确有效，DBMS 必须提供统一的数据保护功能。数据保护也称为数据控制，主要包括数据库的安全性、完整性、并发控制和恢复。下面以多用户数据库系统 Oracle 为例，阐述数据库的安全特性。

一、数据库的安全性

数据库的安全性是指保护数据库以防止不合法的使用所造成的数据泄露、更改或破坏。在数据库系统中有大量的计算机系统数据集中存放，为许多用户所共享，这样就使安全问题更为突出。在一般计算机系统中，安全措施是逐级设置的。

（一）数据库的存取控制

在数据库存储一级可采用密码技术，若物理存储设备失窃，它能起到保密作用。在数据库系统中可提供数据存取控制，来实施该级的数据保护。

1. 数据库的安全机制

多用户数据库系统（如 Oracle）提供的安全机制可做到：

（1）防止非授权的数据库存取；

（2）防止非授权对模式对象的存取；

（3）控制磁盘使用；

（4）控制系统资源使用；

（5）审计用户动作。

在 Oracle 服务器上提供了一种任意存取控制，是一种基于特权限制信息存取的方法。

用户要存取某一对象必须有相应的特权授予该用户。已授权的用户可任意地授权给其他用户。

Oracle 保护信息的方法采用任意存取控制来控制全部用户对命名对象的存取。用户对对象的存取受特权控制，一种特权是存取一个命名对象的许可，为一种规定格式。

2. 模式和用户机制

Oracle 使用多种不同的机制管理数据库安全性，其中有模式和用户两种机制。

（1）模式机制。模式为模式对象的集合，模式对象为表、视图、过程和包等。

（2）用户机制。每一个 Oracle 数据库都有一组合法的用户，可运行一个数据库应用和使用该用户连接到定义该用户的数据库。当建立一个数据库用户时，对该用户建立一个相应的模式，模式名与用户名相同。一旦用户连接一个数据库，该用户就可存取相应模式中的全部对象，一个用户仅与同名的模式相联系，所以用户和模式是类似的。

（二）特权和角色

1. 特权

特权是执行一种特殊类型的 SQL 语句或存取另一用户的对象的权力，有系统特权和对象特权两类。

（1）系统特权。系统特权是执行一种特殊动作或者在对象类型上执行一种特殊动作的权力。系统特权可授权给用户或角色。系统可将授予用户的系统特权授予其他用户或角色，同样，系统也可从那些被授权的用户或角色中收回系统特权。

（2）对象特权。对象特权是指在表、视图、序列、过程、函数或包上执行特殊动作的权力。对于不同类型的对象，有不同类型的对象特权。

2. 角色

角色是相关特权的命名组。数据库系统利用角色可更容易地进行特权管理。

（1）角色管理的优点。

①减少特权管理。

②动态特权管理。

③特权的选择可用性。

④应用可知性。

专门的应用安全性。

一般建立角色有两个目的：一是为数据库应用管理特权，二是为用户组管理特权。相应的角色分别称为应用角色和用户角色。

①应用角色是系统授予的运行一组数据库应用所需的全部特权。一个应用角色可授给其他角色或指定用户。一个应用可有几种不同角色，具有不同特权组的每一个角色在使用应用时可进行不同的数据存取。

②用户角色是为具有公开特权需求的一组数据库用户而建立的。

（2）数据库角色的功能。

①一个角色可被授予系统特权或对象特权。

②一个角色可授权给其他角色，但不能循环授权。

③任何角色可授权给任何数据库用户。

④授权给一个用户的每一角色可以是可用的，也可是不可用的。

⑤一个间接授权角色（授权给另一角色的角色）对一个用户可明确其可用或不可用。

⑥在一个数据库中，每一个角色名都是唯一的。

（三）审计

审计是对选定的用户动作的监控和记录，通常用于审查可疑的活动、监视和收集关于指定数据库活动的数据。

1.Oracle 支持的 3 种审计类型

（1）语句审计。语句审计是指对某种类型的 SQL 语句进行的审计，不涉及具体的对象。这种审计既可对系统的所有用户进行，也可对部分用户进行。

（2）特权审计。特权审计是指对执行相应动作的系统特权进行的审计，不涉及具体对象。这种审计也是既可对系统的所有用户进行，也可对部分用户进行。

（3）对象审计。对象审计是指对特殊模式对象的访问情况进行审计，不涉及具体用户，是监控有对象特权的 SQL 语句。

2.Oracle 允许的审计选择范围

（1）审计语句的成功执行、不成功执行，或两者都包括。

（2）对每一用户会话审计语句的执行审计一次或对语句每次执行审计一次。

（3）审计全部用户或指定用户的活动。

当数据库的审计是可能时，在语句执行阶段产生审计记录。审计记录包含审计的操作、用户执行的操作、操作的日期和时间等信息。审计记录可存放于数据字典表（称为审计记录）或操作系统审计记录中。

二、数据库的完整性

数据库的完整性是指保护数据库数据的正确性和一致性，它反映了现实中实体的本来面貌。数据库系统要提供保护数据完整性的功能。系统用一定的机制检查数据库中的数据是否满足完整性约束条件。

（一）完整性约束

1.完整性约束条件

完整性约束条件是作为模式的一部分，具有定义数据完整性约束条件功能和检查数据完整性约束条件方法的数据库系统可实现对数据完整性的约束。

完整性约束有数值类型与值域的完整性约束、关键字的约束、数据联系（结构）的约束等。这些约束都是在稳定状态下必须满足的条件，称作静态约束。相应地还有动态约束，指数据库中的数据从一种状态变为另一种状态时，新旧数值之间的约束，例如更新人的年龄时，新值不能小于旧值等。

2. 完整性约束的优点

利用完整性约束实施数据完整性规则有以下优点。

（1）定义或更改表时，不需要程序设计，便可很容易地编写程序并可消除程序性错误，其功能由 Oracle 控制。

（2）对表所定义的完整性约束被存储在数据字典中，所以由任何应用进入的数据都必须遵守与表相关联的完整性约束。

（3）具有最大的开发能力。当由完整性约束所实施的事务规则改变时，管理员只需改变完整性约束的定义，所有应用自动地遵守所修改的约束。

（4）完整性约束存储在数据字典中，数据库应用可利用这些信息，在 SQL 语句执行之前或 Oracle 检查之前，就可立即反馈信息。

（5）完整性约束说明的语义被清楚地定义，对于每一指定的说明规则可实现性能优化。

（二）数据库触发器

1. 触发器的定义

数据库触发器是使用非说明方法实施的数据单元操作过程。利用数据库触发器可定义和实施任何类型的完整性规则。

Oracle 允许定义过程，当对相关的表进行 insert、update 或 delete 语句操作时，这些过程被隐式地执行，这些过程就称为数据库触发器。触发器类似于存储过程，可包含 SQL 语句和 PUSQL 语句，并可调用其他的存储过程。过程与触发器的差别在于其调用方法：过程由用户或应用显式地执行，而触发器是由一个激发语句（insert、update、delete）发出而由 Oracle 隐式地触发。一个数据库应用可隐式地触发存储在数据库中的多个触发器。

2. 触发器的组成

一个触发器由三部分组成：触发事件或语句、触发限制和触发器动作。触发事件或语句是指引起激发触发器的 SQL 语句，可为对一个指定表的 insert、update 语句。触发限制是指定一个布尔表达式，当触发器激发时该布尔表达式必须为真。触发器作为过程，是 PLSQL 块，当触发语句发出、触发限制计算为真时该过程被执行。

3. 触发器的功能

在许多情况中触发器补充 Oracle 的标准功能，提供高度专用的数据库管理系统。一般触发器用于实现以下目的：

（1）自动地生成导出列值；

（2）实施复杂的安全审核；

（3）在分布式数据库中实施跨节点的完整性引用：

（4）实施复杂的事务规则；

（5）提供透明的事件记录；

（6）提供高级的审计：

（7）收集表存取的统计信息。

三、数据库的并发控制

数据库是一种共享资源库，可为多个应用程序所共享。许多情况下，由于应用程序涉及的数据量可能很大，常常会涉及输入 / 输出的交换。为了有效利用数据库资源，可能多个程序或一个程序的多个进程并行地运行，这就是数据库的并发操作。

在多用户数据库环境中，多个用户程序可并行地存取数据。并发控制是指在多用户的环境下，对数据库的并行操作进行规范的机制，其目的是避免数据的丢失修改、无效数据的读出与不可重复读数据等，从而保证数据的正确性与一致性。并发控制在多用户的模式下是十分重要的，但这一点经常被一些数据库应用人员忽视，而且因为并发控制的层次和类型非常丰富和复杂，有时使人在选择时比较迷惑，不清楚衡量并发控制的原则和途径。

（一）一致性和实时性

一致性的数据库就是指并发数据处理响应过程已完成的数据库。例如，一个会计数据库，当它的记入借方与相应的贷方记录相匹配的情况下，它就是数据一致的。

一个实时的数据库就是指所有的事务全部执行完毕后才响应。如果一个正在运行数据库管理的系统出现了故障而不能继续进行数据处理，原来事务的处理结果还存在缓存中而没有写入磁盘文件中，当系统重新启动时，系统数据就是非实时性的。

数据库日志用来在故障发生后恢复数据库时保证数据库的一致性和实时性。

（二）数据的不一致现象

事务并发控制不当，可能会产生丢失修改、无效数据的读出、不可重复读等数据不一致现象。

1. 丢失修改

丢失数据是指一个事务的修改覆盖了另一个事务的修改，使前一个修改丢失。比如，两个事务 T1 和 T2 读入同一数据，T2 提交的结果破坏了 TI 提交的数据，使 TI 对数据库的修改丢失，造成数据库中的数据错误。

2. 无效数据的读出

无效数据的读出是指不正确数据的读出。比如，事务 T1 将某一值修改，然后事务 T2 读该值，此后 T1 由于某种原因撤销对该值的修改，这样就造成 T2 读取的数据是无效的。

3. 不可重复读

在一个事务范围内，两个相同的查询却返回了不同数据，这是由于查询时系统中其他事务修改的提交而引起的。比如，事务 T1 读取某一数据，事务 T2 读取并修改了该数据，

T1 为了对读取值进行检验而再次读取该数据，便得到了不同结果。

但在应用中为了并发度的提高，可以容忍一些不一致现象。例如，大多数业务经适当的调整后可以容忍不可重复读。当今流行的关系数据库系统（如 Oracle、SQL Server 等）是通过事务隔离与封锁机制来定义并发控制所要达到的目标的，根据其提供的协议，几乎可以得到任何类型的合理的并发控制方式。

并发控制数据库中的数据资源必须具有共享属性。为了充分利用数据库资源，应允许多个用户并行操作数据库。数据库必须能对这种并行操作进行控制，以保证数据在不同的用户使用时的一致性。

（三）并发控制的实现

并发控制的实现途径有多种，如果 DBMS 支持，当然最好是运用其自身的并发控制能力。如果系统不能提供这样的功能，可以借助开发工具的支持，还可以考虑调整数据库应用程序，有的时候可以通过调整工作模式来避开这种会影响效率的并发操作。

并发控制能力是指多用户在同一时间对相同数据同时访问的能力。一般的关系型数据库都具有并发控制能力，但是这种并发功能也会对数据的一致性带来危险。试想，若有两个用户都试图访问某个银行用户的记录，并同时要求修改该用户的存款余额时，情况将会怎样呢？

四、数据库的恢复

当我们使用一个数据库时，总希望数据库的内容是可靠的、正确的，但由于计算机系统的故障（硬件故障、软件故障、网络故障、进程故障和系统故障等）影响数据库系统的操作，影响数据库中数据的正确性，甚至破坏数据库，使数据库中数据全部或部分丢失。因此，当发生上述故障后，希望能尽快恢复到原数据库状态或重新建立一个完整的数据库，该处理称为数据库恢复。数据库恢复子系统是数据库管理系统的一个重要组成部分。具体的恢复处理因发生的故障类型所影响的情况和结果而变化。

（一）操作系统备份

不管为 Oracle 数据库设计怎样的恢复模式，数据库数据文件、日志文件和控制文件的操作系统备份都是绝对需要的，它是保护介质故障的策略。操作系统备份分为完全备份和部分备份。

1. 完全备份

完全备份将构成 Oracle 数据库的全部数据库文件、在线日志文件和控制文件的一个操作系统备份。一个完全备份在数据库正常关闭之后进行，不能在实例故障后进行。此时，所有构成数据库的全部文件是关闭的，并与当前状态相一致。在数据库打开时不能进行完全备份。由完全备份得到的数据文件在任何类型的介质恢复模式中都是有用的。

2. 部分备份

部分备份是除完全备份外的任何操作系统备份，可在数据库打开或关闭状态下进行。如单个表空间中全部数据文件的备份、单个数据文件的备份和控制文件的备份。部分备份仅对在归档日志方式下运行数据库有用，数据文件可由部分备份恢复，在恢复过程中与数据库其他部分一致。

通过正规备份，并且快速地将备份介质运送到安全地方，数据库就能够在大多数的灾难中得到恢复。恢复是文件的使用是从一个基点的数据库映像开始，得到一些综合的备份和日志。

由于不可预知的物理灾难，一个完全的数据库恢复（重应用日志）可以使数据库映像恢复到尽可能接近灾难发生的时间点的状态。对于逻辑灾难，如人为破坏或者应用故障等，数据库映像应该恢复到错误发生前的那一点。

在一个数据库的完全恢复过程中，基点后所有日志中的事务被重新应用，所以结果就是一个数据库映像反映所有在灾难前已接受的事务，而没有被接受的事务则不被反映。数据库可以恢复到错误发生前的最后一个时刻。

（二）介质故障的恢复

介质故障是当一个文件、文件的一部分或一块磁盘不能读／写时出现的故障。介质故障的恢复有以下两种形式，由数据库运行的归档方式决定。

1. 完全介质恢复

完全介质恢复可恢复全部丢失的修改。仅当所有必要的日志可用时才可能这样做。可使用不同类型的完全介质恢复，这要取决于损坏的文件和数据库的可用性。

（1）关闭数据库的恢复。当数据库可被装配但是关闭时，完全不能正常使用，此时可进行全部的或单个损坏数据文件的完全介质恢复。

（2）打开数据库的离线表空间的恢复。当数据库是打开的，完全介质恢复可以处理。未损的数据库表空间在线时可以使用，而当受损空间离线时，其所有数据文件可作为完全介质恢复的单位。

（3）打开数据库的离线表空间的单个数据文件的恢复。当数据库是打开状态，完全介质恢复可以对其处理。未损的数据库表空间处于在线状态时，也可以使用完全介质恢复，而受损的表空间处于离线状态时，该表空间指定的单个受损数据文件可被恢复。

（4）使用备份控制文件的恢复。当控制文件的所有复制由于磁盘故障而受损时，可使用备份控制文件进行完全介质恢复而不丢失数据。

2. 不完全介质恢复

不完全介质恢复是在完全介质恢复不可能或不要求时进行的介质恢复。可使用不同类型的不完全介质恢复，重构受损的数据库，使其恢复到介质故障前或用户出错前事务的一致性状态。

根据具体受损数据的不同，可采用不同的不完全介质恢复。

（1）基于撤销的不完全介质恢复。在某种情况，不完全介质恢复必须被控制，数据库管理员可撤销在指定点的操作。可在一个或多个日志组（在线的或归档的）已被介质故障所破坏，不能用于恢复过程时使用基于撤销的恢复。介质恢复必须控制，在使用最近的、未受损的日志组于数据文件后中止恢复操作。

（2）基于时间和基于修改的恢复。如果数据库管理员希望恢复到过去的某个指定点，不完全介质恢复是理想的。当用户意外地删除一个表，并注意到错误提交的估计时间，数据库管理员可立即关闭数据库，利用基于时间的恢复，恢复到用户错误之前的时刻。当出现系统故障而使一个在线日志文件的部分被破坏时，所有活动的日志文件突然不能使用，实例被中止，此时需要利用基于修改的介质恢复。在这两种情况下，不完全介质恢复的终点可由时间点或系统修改号（SCN）来指定。

第三节　数据库的安全保护

目前，计算机大批量数据存储的安全问题、敏感数据的防窃取和防篡改问题越来越引起人们的重视。数据库系统作为计算机信息系统的核心部件，数据库文件作为信息的聚集体，其安全性是非常重要的。因此，对数据库数据和文件进行安全保护是非常必要的。

一、数据库的安全保护层次

数据库系统的安全除依赖其内部的安全机制外，还与外部网络环境、应用环境、从业人员素质等因素有关，因此，从广义上讲，数据库系统的安全框架可以划分为 3 个层次：网络系统层次、操作系统层次、数据库管理系统层次。

（一）网络系统层次安全

从广义上讲，数据库的安全首先依赖于网络系统。随着 Internet 的发展和普及，越来越多的公司将其核心业务向互联网转移，各种基于网络的数据库应用系统纷纷涌现，面向网络用户提供各种信息服务。可以说，网络系统是数据库应用的外部环境和基础，数据库系统要发挥其强大的作用也离不开网络系统的支持，数据库系统的用户（如异地用户、分布式用户）也要通过网络才能访问数据库的数据。网络系统的安全是数据库安全的第一道屏障，外部入侵首先就是从入侵网络系统开始的。网络入侵试图破坏信息系统的完整性、保密性或可信任的任何网络活动的集合。

网络系统开放式环境面临的威胁主要有欺骗、重发、报文修改、拒绝服务、陷阱门、特洛伊木马，应用软件攻击等。这些安全威胁是无时、无处不在的，因此必须采取有效措施来保障系统安全。

（二）操作系统层次安全

操作系统是大型数据库系统的运行平台。为数据库系统提供了一定程度的安全保护。目前操作系统平台大多为 Windows NT 和 UNIX 安全级别通常为 C2 级，主要安全技术有访问控制安全策略、系统漏洞分析与防范、操作系统安全管理等。

访问控制安全策略用于配置本地计算机的安全设置，包括密码策略、账户策略、审核策略、IP 安全策略、用户权限分配、资源属性设置等，具体可以体现在用户账户、密码、访问权限、审计等方面。

（三）数据库管理系统层次安全

数据库系统的安全性很大程度上依赖于 DBMS。如果 DBMS 的安全性机制非常完善，则数据库系统的安全性能就好。目前市场上流行的是关系型数据库管理系统，其安全性功能较弱，这就导致数据库系统的安全性存在一定的威胁。

由于数据库系统在操作系统下都是以文件形式进行管理的，因此入侵者可以直接利用操作系统漏洞窃取数据库文件，或者直接利用操作系统工具非法伪造、篡改数据库文件内容。数据库管理系统层次安全技术主要用来解决这些问题，即当前面两个层次已经被突破的情况下，仍能保障数据库数据的安全，这就要求数据库管理系统必须有一套强有力的安全机制。采取对数据库文件进行加密处理是解决该层次安全的有效方法。因此，即使数据不慎泄露或者丢失，也难以被人破译和阅读。

二、数据库的审计

对于数据库系统，数据的使用、记录和审计是同时进行的。审计的主要任务是对应用程序或用户使用数据库资源的情况进行记录和审查，一旦出现问题，审计人员对审计事件记录进行分析，查出原因。因此，数据库审计可作为保证数据库安全的一种补救措施。

安全系统的审计过程是记录、检查和回顾系统安全相关行为的过程。通过对审计记录的分析，可以明确责任个体，追查违反安全策略的违规行为。审计过程不可省略，审计记录也不可更改或删除。

由于审计行为将影响 DBMS 的存取速度和反馈时间，因此，必须综合考虑安全性系统性能，按需要提供配置审计事件的机制，以允许数据库管理员根据具体系统的安全性和性能需求做出选择。这些可由多种方法实现，如扩充、打开/关闭审计的 SQL 语句，或使用审计掩码。数据库审计有用户审计和系统审计两种方式。

（1）用户审计。进行用户审计时，DBMS 的审计系统记录下所有对表和视图进行访问的企图，以及每次操作的用户名、时间、操作代码等信息。这些信息一般都被记录在数据字典中，利用这些信息可以进行审计分析。

（2）系统审计。系统审计由系统管理员进行，其审计内容主要是系统一级命令及数据库客体的使用情况。

数据库系统的审计工作主要包括设备安全审计、操作审计，应用审计和攻击审计等方面。设备安全审计主要审查系统资源的安全策略、安全保护措施和故障恢复计划等；操作审计是对系统的各种操作进行记录和分析；应用审计是审计建立于数据库上整个应用系统的功能、控制逻辑和数据流是否正确；攻击审计是指对已发生的攻击性操作和危害系统安全的事件进行检查和审计。

常用的审计技术有静态分析系统技术、运行验证技术和运行结果验证技术等。为了真正达到审计目的，必须对记录了数据库系统中所发生过的事件的审计数据提供查询和分析手段。具体而言，审计分析要解决特权用户的身份鉴别、审计数据的查询、审计数据的格式、审计分析工具的开发等问题。

三、数据库的加密保护

大型 DBMS 的运行平台（如 Windows NT 和 UNIX）一般都具有用户注册、用户识别、任意存取控制（DAC）、审计等安全功能。虽然 DBMS 在操作系统的基础上增加了不少安全措施（例如基于权限的访问控制等），但操作系统和 DBMS 对数据库文件本身仍然缺乏有效的保护措施。有经验的网上黑客也会绕过一些防范措施。直接利用操作系统工具窃取或篡改数据库文件内容，这种隐患被称为通向 DBMS 的"隐秘通道"，它所带来的危害一般数据库用户难以觉察。在传统的数据库系统中，数据库管理员的权力很大，既负责各项系统的管理工作（例如资源分配、用户授权、系统审计等），又可以查询数据库中的一切信息。为此，不少系统以各种手段来削弱系统管理员的权力。

对数据库中存储的数据进行加密是一种保护数据库数据安全的有效方法。数据库的数据加密一般是在通用的数据库管理系统之上，增加一些加密／解密控件，来完成对数据本身的控制。

与一般通信中加密的情况不同，数据库的数据加密通常不是对数据文件加密，而是对记录的字段加密。当然，在数据备份到离线的介质上送到异地保存时，也有必要对整个数据文件加密。实现数据库加密以后，各用户（或用户组）的数据由用户使用自己的密钥加密，数据库管理员对获得的信息无法随意进行解密，从而保证了用户信息的安全。另外，通过加密，数据库的备份内容成为密文，从而能减少因备份介质失窃或丢失而造成的损失。由此可见，数据库加密对于企业内部安全管理，也是不可或缺的。

也许有人认为，对数据库加密后会严重影响数据库系统的效率，使系统不堪重负。事实并非如此。如果在数据库客户端进行数据加／解密运算，对数据库服务器的负载及系统运行几乎没有影响。比如，在普通 PC 机上，用纯软件实现 DES 加密算法的速度超过200KB/s，如果对一篇 1 万个汉字的文章进行加密，其加密／解密时间仅需 1/10s，这种时间延迟用户几乎无感觉。目前，加密卡的加密／解密速度一般为 1Mbit/s，对中小型数据库系统来说，这个速度即使在服务器端进行数据的加密／解密运算也是可行的，因为一般的关系型数据项都不会太长。

（一）数据库加密的要求

一个良好的数据库加密系统应该满足以下一些基本要求。

1. 字段加密

在目前条件下，加密/解密的粒度是每个记录的字段数据。如果以文件或列为单位进行加密，必然会形成密钥的反复使用，从而降低加密系统的可靠性，或者因加密/解密时间过长而无法使用。只有以记录的字段数据为单位进行加密/解密，才能适应数据库操作，同时进行有效的密钥管理并完成"一次一密钥"的密码操作。

2. 密钥动态管理

数据库客体之间隐含着复杂的逻辑关系，一个逻辑结构可能对应着多个数据库物理客体，所以数据库加密不仅密钥量大，而且组织和存储工作较复杂，需要对密钥实行动态管理。

3. 合理处理数据

合理处理数据包括几方面的内容。首先要恰当处理数据类型，否则 DBMS 将会因加密后的数据不符合定义的数据类型而拒绝加载；其次，需要处理数据的存储问题，实现数据库加密后，应基本上不增加空间开销。在目前条件下，数据库关系运算中的匹配字段（如表间连接码、索引字段等）数据不宜加密。

4. 不影响合法用户的操作

要求加密系统对数据操作响应的时间尽量短。在现阶段，平均延迟时间不应超过 1/10s。此外，对数据库的合法用户来说，数据的录入、修改和检索操作应该是透明的，不需要考虑数据的加密/解密问题。

（二）数据库加密的有关问题

数据库加密系统首先要解决系统本身的安全性和可靠性问题，在这方面，可以采用以下几项安全措施。

1. 在用户进入系统时进行两级安全控制

这种控制可以采用多种方式，包括设置数据库用户名和密码，或者利用 IC 卡读写器、指纹识别器进行用户身份认证。

2. 防止非法复制

对于纯软件系统，可以采用软指纹技术防止非法复制。当然，如果每台客户机上都安装加密卡等硬部件，安全性会更好。此外，还应该保留数据库原有的安全措施，如权限控制、备份/恢复和审计控制等。

3. 安全的数据抽取方式

数据库加密系统提供两种数据库中卸出和装入加密数据的方式。

（1）密文方式卸出。这种卸出方式不解密，卸出的数据还是密文，在这种模式下，可直接使用 DBMS 提供的卸出/装入工具。

（2）明文方式卸出。这种卸出方式需要解密，卸出的数据是明文，在这种模式下，可利用系统专用工具先进行数据转换，再使用 DBMS 提供的卸出／装入工具完成。

数据库加密系统将用户对数据库信息具体的加密要求记载在加密字典中，加密字典是数据库加密系统的基础信息，通过调用数据库加密／解密引擎实现对数据库表的加密、解密及数据转换等功能。数据库信息的加密／解密处理是在后台完成的，对数据库服务器是透明的。

加密字典管理程序是管理加密字典的实用程序，是数据库管理员变更加密要求的工具。加密字典管理程序通过数据库加密／解密引擎实现对数据库表的加密、解密及数据转换等功能，此时，它作为一个特殊客户来使用数据库加密／解密引擎。

数据库加密／解密引擎是数据库加密系统的核心部件，它位于应用程序与数据库服务器之间，负责在后台完成数据库信息的加密／解密处理，对应用开发人员和操作人员来说是透明的。

数据加密／解密引擎没有操作界面，在需要时由操作系统自动加载并驻留在内存中，通过内部接口与加密字典管理程序和用户应用程序通信。

数据库加密／解密引擎由三大模块组成：数据库接口模块、用户接口模块和加密／解密处理模块。其中，数据库接口模块的主要工作是接受用户的操作请求，并传递给加密／解密处理模块；此外还要代替加密／解密处理模块去访问数据库服务器，并完成外部接口参数与加密／解密引擎内部数据结构之间的转换。加密／解密处理模块完成数据库加密／解密引擎的初始化、内部专用命令的处理、加密字典信息的检索、加密字典缓冲区的管理、SQL 命令的加密交换、查询结果的解密处理以及加密／解密算法的实现等功能，另外还包括一些公用的辅助函数。

按以上方式实现的数据库加密系统具有很多优点。

①系统对数据库的最终用户完全透明，数据库管理员可以指定需要加密的数据并根据需要进行明文和密文的转换。

②系统完全独立于数据库应用系统，不需要改动数据库应用系统就能实现加密功能，同时系统采用了分组加密法和二级密钥管理，实现了"一次一密钥"加密。

③系统在客户端进行数据加密／解密运算，不会影响数据库服务器的系统效率，数据加密／解密运算基本，无延迟感觉。

数据库加密系统能够有效地保证数据的安全，即使黑客窃取了关键数据，仍然难以得到所需的信息，因为所有的数据都经过了加密。另外，数据库加密以后，可以设定不需要了解数据内容的系统管理员不能见到明文，这样可大大提高关键性数据的安全性。

第四节　数据的完整性

一、影响数据完整性的因素

数据完整性的目的就是保证网络数据库系统数据处于一种完整或未被损坏的状态。数据完整性意味着数据不会由于有意或无意的事件而被改变或丢失。相反，数据完整性的丧失，就意味着发生了导致数据被改变或丢失的事件。为此，应首先检查造成数据完整性被破坏的原因，以便采取适当的方法予以解决，从而提高数据完整性的程度。通常，影响数据完整性的主要因素有硬件故障、软件故障、网络故障、人为威胁和意外灾难等。另外，系统数据库中的数据和存储在硬盘、光盘、软盘中的数据，由于各种因素影响而失效（失去原数据功能），这也是影响数据完整性的一个方面。

（一）硬件故障

常见的影响数据完整性的主要硬件故障有硬盘故障、控制器故障、电源故障和存储器故障等。

（1）计算机系统运行过程中最常见的问题是硬盘故障。硬盘是一种很重要的设备，用户的文件系统、数据和软件等都存放在硬盘上。虽然每个硬盘都有一个平均无故障时间，但这并不意味着硬盘在这段时间内不会出问题。每次硬盘出现问题时，用户最着急的并非硬盘本身的价值，而是硬盘上存放的数据。

（2）I/O控制器也可引起用户的数据丢失。因为I/O控制器有可能在某次读写过程中将硬盘上的数据删除或覆盖。这样的事情其实比硬盘故障更严重，因为硬盘出现故障时还有可能通过修复措施挽救硬盘上的数据，但如果数据完全被删除了，就没有办法恢复了。虽然I/O控制器故障发生概率很小，但它毕竟存在。

（3）电源故障也是数据丢失的一种原因。由于电源故障可能来自外部电源停止供电或内部供电问题等原因，所以系统断电是不可预计的。系统突然断电时，某些存储器中的数据将会丢失。

（4）硬盘、光盘、软盘等外存储器经常由于磕碰、振动或其他因素影响使得存储介质表面损坏或出现其他故障，而使数据丢失或无法读出，这些数据就失去了完整性或可用性。除此以外，设备和其他备份的故障、芯片和主板故障也会引起数据的丢失。

（二）软件故障

软件故障也是威胁数据完整性的一个重要因素。常见的软件故障有软件错误、文件损坏、数据交换错误、容量错误和操作系统错误等。

软件具有安全漏洞是个常见的问题。有的软件出错时，会对用户数据造成损坏，最可怕的事件是以超级用户权限运行的程序发生错误时，会把整个硬盘从根区开始删除。在应用程序之间交换数据是常有的事。当文件转换过程生成的新文件不具有正确的格式时，数据的完整性将受到威胁。

软件运行不正常的另一个原因在于资源容量达到极限。如果磁盘根区被占满，将使操作系统运行不正常，引起应用程序出错，从而导致数据丢失。

操作系统普遍存在漏洞，这是众所周知的。此外，系统的应用程序接口（API）被开发商用来为最终用户提供服务，如果这些 API 工作不正常，就会破坏数据。

（三）网络故障

网络故障通常由网卡和驱动程序问题、网络连接问题等引起。

网卡和驱动程序实际上是不可分割的，多数情况下，网卡和驱动程序故障并不损坏数据，只造成使用者无法访问数据。但当网络服务器网卡发生故障时，服务器通常会停止运行，这就很难确保被打开的那些数据文件是否被损坏。

网络中数据传输过程中，往往会由于互联设备（如路由器、网桥）的缓冲容量不够大而引起数据传输阻塞现象，从而导致数据包丢失。相反，这些互联设备也可能有较大的缓冲区，由于调动这么大的信息流量造成的时延有可能会导致会话超时。此外，不正确的网络布线，也会影响到数据的完整性。

（四）人为威胁

人为活动对数据完整性造成的影响是多方面的。人为威胁使数据丢失或改变是操作数据的用户本身造成的。分布式系统中最薄弱的环节就是操作人员。人类易犯错误的天性是许多难以解释的错误发生的原因，比如意外事故、缺乏经验、工作压力、蓄意的报复破坏和窃取等。

（五）灾难性事件

通常所说的灾难性事件有火灾、水灾、风暴、工业事故、蓄意破坏和恐怖袭击等。灾难性事件对数据完整性有相当大的威胁。比如，美国的"911"事件，很多大公司和机构的数据完全被毁坏。如果没有做好备份，这些损失是巨大的。

灾难性事件对数据完整性之所以能造成严重的威胁，原因是灾难本身难以预料，特别是那些工业事件和恐怖袭击。另外，灾难所破坏的是包含数据在内的物理载体本身，所以灾难基本上会将所有的数据全部毁灭。

二、保证数据完整性的方法

（一）数据完整性措施

最常用的保证数据完整性的措施是容错技术。常用的恢复数据完整性和防止数据丢失的容错技术有备份和镜像、归档和分级存储管理、转储、奇偶检验和突发事件的恢复计划等。容错的基本思想是在正常系统基础上利用外加资源（软硬件冗余）来达到消除低故障的影响这一目的，从而可自动地恢复系统或达到安全停机的目的。也就是说，容错是以牺牲软硬件成本为代价达到保证系统的可靠性，如双机热备份系统。

目前，容错技术将向以下方向发展：应用芯片技术容错、软件可靠性技术、高性能的分布式容错系统、综合性容错方法的研究等。

（二）容错系统的实现方法

常用的实现容错系统的方法有空闲备件、负载平衡、镜像、冗余系统配件等。

1. 空闲备件

空闲备件是指在系统中配置一个处于空闲状态的备用部件，它是提供容错的一条途径。当原部件出现故障时，该部件就取代原部件的功能。该容错类型的一个简单例子是将一个旧的低速打印机连在系统上，但只在当前使用的打印机出现故障时再使用该打印机，即该打印机就是系统打印机的一个空闲备件。

空闲备件在原部件起故障时作用，但与原部件不一定相同。

2. 负载平衡

另一个提供容错的途径是使两个部件共同承担一项任务，一旦其中一个出现故障，另一个部件就将两者的负载全部承担下来。这种方法通常在使用双电源的服务器系统中采用，如一个电源出现故障，另一个电源就承担原来两倍的负载。网络系统中常见的负载平衡是对称多处理。

在对称多处理中，系统中的每一个处理器都能执行系统中的任何工作，即这种系统努力在不同的处理器之间保持负载平衡。由于该原因，对称多处理具有在 CPU 级别上提供容错的能力。

3. 镜像

镜像技术是一种在系统容错中常用的方法。在镜像技术中，两个等同的系统完成相同的任务。如果其中一个系统出现故障，另一个系统则继续工作。这种方法通常用于磁盘子系统中。两个磁盘控制器可在同样型号磁盘的相同扇区内写入相同的内容。Net Ware 系统的 SFT 是一个典型的镜像技术，镜像要求两个系统完全相同且完成同一个任务。

4. 冗余系统配件

冗余系统配件是指在系统中增加一些冗余配件，以增强系统故障的容错性。通常增加的冗余系统配件有电源、I/O 设备和通道、主处理器等。

第五节　数据恢复

在日常工作中，人为操作错误、系统软件或应用软件缺陷、硬件损毁、计算机病毒、黑客攻击、突然断电、意外宕机、自然灾害等诸多因素都有可能造成计算机中数据的丢失，给企业造成无法估量的损失。数据的丢失极有可能演变成一场灭顶之灾。因此，数据备份与恢复对企业来说显得格外重要。

一、数据备份

1.数据备份的概念

数据备份就是指为防止系统出现操作失误或系统故障导致数据丢失，而将全系统或部分数据集合从应用主机的硬盘或阵列中复制到其他存储介质上的过程。计算机系统中的数据备份，通常是指将存储在计算机系统中的数据复制到磁带、磁盘、光盘等存储介质上，在计算机以外的地方另行保管。这样，当计算机系统设备发生故障或发生其他威胁数据安全的灾害时，能及时从备份的介质上恢复正确的数据。

数据备份的目的就是在系统数据崩溃时能够快速地恢复数据，使系统迅速恢复运行，那么就必须保证备份数据和源数据的一致性和完整性。消除系统使用者的后顾之忧，其关键在于保障系统的高可用性，即操作失误或系统故障发生后，能够保障系统的正常运行。

如果没有了数据，一切的恢复都是不可能实现的，因此备份是一切灾难恢复的基石。从这个意义上说，任何灾难恢复系统实际上都是建立在备份基础上的。现在不少企业也意识到了这一点，并采取了系统定期检测与维护，双机热备份，磁盘镜像或容错、备份磁带异地存放、关键部件冗余等多种预防措施。这些措施一般能够进行数据备份，并且在系统发生故障后能够快速进行系统恢复。

数据备份和恢复系统通过将计算机系统中的数据进行备份和脱机保存后，当系统中的数据因任何原因丢失、混乱或出错时，即可将原备份的数据从备份介质中恢复系统，使系统重新工作。数据备份与恢复系统是数据保护措施中最直接、最有效、最经济的方案，也是任何计算机信息系统不可缺少的一部分。

数据备份能够用一种增加数据存储代价的方法保护数据安全，它对于拥有重要数据的大企事业单位是非常重要的，因此数据备份和恢复通常是大中型企事业网络系统管理员每天必做的工作之一；对于个人计算机用户，数据备份也是非常必要的。

传统的数据备份主要是采用数据内置或外置的磁带机进行冷备份。一般来说，各种操作系统都附带了备份程序。但是随着数据的不断增加和系统要求的不断提高，附带的备份程序根本无法满足需求。要想对数据进行可靠的备份，必须选择专门的备份软、硬件，并制定相应的备份及恢复方案。

目前比较常用的数据备份有如下几种。

（1）本地磁带备份：利用大容量磁带备份数据。

（2）本地可移动存储器备份：利用大容量等价软盘驱动器、可移动等价硬盘驱动器，一次性备份大量数据

（3）本地可移动硬盘备份：利用可移动硬盘备份大量的数据。

（4）本机多硬盘备份：在本机内装有多块硬盘，利用除安装和运行操作系统和应用程序的一块或多块硬盘外的其余硬盘进行数据备份。

（5）远程磁带库、光盘库备份：将数据传送到远程备份中心制作完整的备份磁带或光盘。

（6）远程关键数据加磁带备份：采用磁带备份数据，生产机实时向备份机发送关键数据。

（7）远程数据库备份：在与主数据库所在生产机相分离的备份机上建立主数据库的一个备份。

（8）网络数据镜像：对生产系统的数据库数据和所需跟踪的重要目标文件的更新进行监控与跟踪，并将更新日志实时通过网络传送到备份系统，备份系统则根据日志对磁盘进行更新。

（9）远程镜像磁盘：通过高速光纤通道线路和磁盘控制技术将镜像磁盘延伸到远离生产机的地方，镜像磁盘数据与主磁盘数据完全一致，更新方式为同步或异步。

2. 数据备份的类型

按数据备份时数据库状态的不同可分为冷备份、热备份和逻辑备份等类型。

（1）冷备份。冷备份是指在关闭数据库的状态下进行的数据库完全备份。备份内容包括所有的数据文件、控制文件、联机日志文件等。因此，在进行冷备份时数据库将不能被访问。冷备份通常只采用完全备份。

（2）热备份。热备份是指在数据库处于运行状态下，对数据文件和控制文件进行的备份。使用热备份必须将数据库运行在归档方式下，因此，在进行热备份的同时可以进行正常的数据库的各种操作。

（3）逻辑备份。逻辑备份是最简单的备份方法，可按数据库中某个表、某个用户或整个数据库进行导出。使用这种方法，数据库必须处于打开状态，而且如果数据库不是在运行状态将不能保证导出数据的一致性。

3. 数据备份策略

需要进行数据备份的部门都要先制定数据备份策略。数据备份策略包括确定备份的数据内容（如进行完全备份、增量备份、差别备份还是按需备份）、备份类型（如采用冷备份还是热备份）、备份周期（如以月、周、日还是小时为备份周期）、备份方式（如采用手工备份还是自动备份）、备份介质（如以光盘、硬盘，磁带还是优盘做备份介质）和备份介质的存放等。下面是不同数据内容的几种备份方式。

（1）完全备份。所谓完全备份，就是按备份周期（如一天）对整个系统所有的文件（数据）进行备份。这种备份方式比较流行，也是克服系统数据不安全的最简单方法，操作起来也很方便。有了完全备份，网络管理员可清楚地知道从备份之日起便可恢复网络系统的所有信息，恢复操作也可一次性完成。如发现数据丢失时，只要用一盘故障发生前一天备份的磁带，即可恢复丢失的数据。

但这种方式的不足之处是，由于每天都对系统进行完全备份，在备份数据中必定有大量的内容是重复的，这些重复的数据占用了大量的磁带空间，这对用户来说就意味着增加成本；另外，由于进行完全备份时需要备份的数据量相当大，因此备份所需时间较长。对于那些业务繁忙、备份时间有限的单位来说，选择这种备份策略是不合适的。

（2）增量备份。所谓增量备份，就是指每次备份的数据只是相当于上一次备份后增加的和修改过的内容，即备份的都是已更新过的数据。比如，系统在星期日做了一次完全备份，然后在以后的六天里每天只对当天新的或被修改过的数据进行备份。这种备份的优点很明显，没有或减少了重复的备份数据，既节省了存储介质空间，又缩短了备份时间。但它的缺点是恢复数据过程比较麻烦，不可能一次性地完成整体的恢复。

（3）差别备份。差别备份也是在完全备份后将新增加或修改过的数据进行备份，但它与增量备份的区别是每次备份都把上次完全备份后更新过的数据进行备份。比如，星期日进行完全备份后，其余六天中的每一天都将当天所有与星期日完全备份时不同的数据进行备份。差别备份可节省备份时间和存储介质空间，只需两盘磁带（星期日备份磁带和故障发生前一天的备份磁带）即可恢复数据。差别备份兼具了完全备份发生数据丢失时恢复数据较方便和增量备份节省存储介质空间及备份时间的优点。

完全备份所需的时间最长，占用存储介质容量最大，但数据恢复时间最短，操作最方便，当系统数据量不大时该备份方式最可靠；但当数据量增大时，很难每天都做完全备份，可选择周末做完全备份，在其他时间采用所用时间最少的增量备份或时间介于两者之间的差别备份。在实际备份应用中。通常也是根据具体情况，采用这几种备份方式的组合，如年底做完全备份、月底做完全备份、周末做完全备份，而每天做增量备份或差别备份。

（4）按需备份。除以上备份方式外，还可采用对随时所需数据进行备份的方式进行数据备份。所谓按需备份，就是指除正常备份外，额外进行的备份操作。额外备份可以有许多理由，比如，只想备份很少几个文件或目录，备份服务器上所有的必需信息，以便进行更安全的升级等。这样的备份在实际中经常遇到，它可弥补冗余管理或长期转储的日常备份的不足。

二、数据恢复

数据恢复是指将备份到存储介质上的数据再恢复到计算机系统中，它与数据备份是一个相反的过程。

数据恢复措施在整个数据安全保护中占有相当重要的地位，因为它关系到系统在经历灾难后能否迅速恢复运行。

通常，在遇到下列情况时应使用数据恢复功能进行数据恢复：当硬盘数据被破坏时；当需要查询以往年份的历史数据，而这些数据已从现系统上清除时；当系统需要从一台计算机转移到另一台计算机上运行时，可将使用的相关数据恢复到新计算机的硬盘上。

1. 恢复数据时的注意事项

（1）由于恢复数据是覆盖性的，不正确的恢复可能破坏硬盘中的最新数据，因此在进行数据恢复时，应先将硬盘数据备份。

（2）进行恢复操作时，用户应指明恢复何年何月的数据。当开始恢复数据时，系统首先识别备份介质上标识的备份日期是否与用户选择的日期相同，如果不同，将提醒用户更换备份介质。

（3）由于数据恢复工作比较重要，容易错把系统上的最新数据变成备份盘上的旧数据，因此应指定少数人进行此项操作。

（4）不要在恢复过程中关机、关电源或重新启动机器。

（5）不要在恢复过程中打开驱动器开关或抽出软盘、光盘，除非系统提示换盘。

2. 数据恢复的类型

一般来说，数据恢复操作比数据备份操作更容易出问题。数据备份只是将信息从磁盘复制出来，面数据恢复则要在目标系统上创建文件。在创建文件时会出现许多差错，如超过容量限制、权限问题和文件覆盖错误等。数据备份操作不需知道太多的系统信息，只需复制指定信息就可以了，而数据恢复操作则需要知道哪些文件需要恢复，哪些文件不需要恢复等。

数据恢复操作通常可分为 3 类：全盘恢复、个别文件恢复和重定向恢复。

（1）全盘恢复。全盘恢复就是将备份到介质上的指定系统信息全部转储到它们原来的地方。全盘恢复一般应用在服务器发生意外灾难时导致数据全部丢失、系统崩溃或是有计划的系统升级、系统重组等，也称为系统恢复。

（2）个别文件恢复。个别文件恢复就是将个别已备份的最新版文件恢复到原来的地方。对大多数备份来说，这是一种相对简单的操作。个别文件恢复要比全盘恢复常用得多。利用网络备份系统的恢复功能，很容易恢复受损的个别文件（数据）。需要时只要浏览备份数据库或目录，找到该文件（数据），启动恢复功能，系统将自动驱动存储设备。加载相应的存储媒体，恢复指定文件（数据）。

（3）重定向恢复。重定向恢复是将备份的文件（数据）恢复到另一个不同的位置或系统上去，而不是做备份操作时它们所在的位置。重定向恢复可以是整个系统恢复，也可以是个别文件恢复。重定向恢复时需要慎重考虑，要确保系统或文件恢复后的可用性。

第六节　网络备份系统

一、单机备份和网络备份

数据备份对使用计算机的人来说并不陌生，每个人都可能做过一些重要文件的备份。早期的数据备份通常是采用单个主机内置或外置的磁带机或磁盘机对数据进行冷备份。这种单机式备份在数据量不大、操作系统简单、服务器数量少的情况下，是一种既经济又简单实用的备份手段。但随着网络技术的发展和广泛应用，以及数据量爆炸性地增长，单机备份方式越来越不适应网络系统环境，并产生了诸多不利影响，比如：

（1）数据分散在不同机器、不同应用上，管理分散，安全得不到保障；

（2）难以实现数据库数据的高效热备份；

（3）备份时不能离开维护人员，工作效率低；

（4）存储介质管理难度大；

（5）数据丢失现象难以避免；

（6）灾难给系统重建和业务数据运作带来困难。

网络系统备份不仅备份系统中的数据，还可备份系统中的应用程序、数据库系统、用户设置、系统参数等信息，以便迅速恢复整个系统。网络系统备份是全方位多层次的备份，但并非所有情况下都要备份系统信息，因为有些应用只需将系统中的重要数据进行备份即可。数据备份主要是进行系统中重要数据（特别是数据库）的备份。

在备份过程中，如果只管理一台计算机，进行单机备份，那么备份事件就很简单。但如果管理多台计算机或一个网段，甚至整个企业网，备份就是一件非常复杂的事情。数据备份的核心是数据库备份，流行的数据库系统（如 Oracle）均有自己的数据库备份工具，但它们不能实现自动备份，只能将数据备份到磁带机或硬盘上，而不能驱动磁带库等自动加载设备。

采用具有自动加载功能的磁带库硬件产品与数据库在线备份功能的自动备份软件，即可满足用户的要求。目前，流行的备份软件都具有自动定时备份管理、备份介质自动管理、数据库在线备份管理等功能。Legato 公司的 Net Worker 和 Verias 公司的 Net Backup 系统可跨平台进行网络数据的自动备份管理，可实现备份系统的分布式处理、集中式管理；备份机器分组管理、备份介质分组管理、备份数据分类分组管理及备份介质自动重复使用等多项功能。备份的数据可在每个备份客户机上按需恢复，也可在同平台上按用户权限交叉恢复，而备份操作可采用集中自动执行或手动执行。

理想的备份系统应该是全方位的、多层次的。比如，使用网络存储备份系统和硬件容错相结合的方式，就可以恢复由于硬件故障、软件故障或人为错误造成的损坏。这种结合方式构成了对系统软硬件的多级保护，既可以防止物理损坏，还能较好地防止逻辑损坏。网络备份系统的功能是尽可能快地全面恢复运行计算机系统所需的数据和系统信息。网络备份系统对整个网络的数据进行管理。网络备份系统既要能在由于系统或人为故障造成系统数据损坏或丢失后，及时地实现数据的恢复，又要能在发生地域灾难时，及时地在本地或异地实现数据及整个系统的灾难恢复。

网络备份实际上不仅仅是指网络上各计算机的文件备份，而是包括了整个网络系统的一套备份体系。该体系包括文件备份和恢复、数据库备份和恢复、系统灾难恢复和备份任务管理等。

二、网络备份系统的组成

所有的数据可以备份到与备份服务器或应用服务器相连的一台备份介质中。一个网络备份系统由目标、工具、存储设备和通道4个部件组成。

（1）目标是指被备份或恢复的系统。一个完整的自动备份系统，在目标中都要运行一个备份客户程序。该程序允许远程对目标进行相应的文件操作，这样可以实现集中式、全自动备份的功能。

（2）工具是执行备份或恢复任务的系统。工具提供一个集中管理控制平台，管理员可以利用该平台去配置整个网络备份系统。通常所说的网络备份服务器就是一种工具。

（3）存储设备就是备份的数据被保存的地方，通常有磁带、磁盘等。存储设备和工具可以在一台机器中，也可以在不同的机器中。

（4）通道是指将存储设备与网络计算机连接在一起的线路和接口等，其作用就是作为目标、工具与存储设备之间的逻辑通路，为备份数据或恢复数据提供通道。

网络备份系统可实现备份和恢复两个过程。前者就是利用工具将目标备份到存储设备中，后者是利用工具将存储设备中的数据恢复到目标中。

一个完整的网络备份系统包括备份计划、备份管理及操作员、网络管理系统、主机系统、目标系统、工具系统、存储设备及其启动程序、通道和外围设备等。实际的网络备份系统通常是由物理主机系统、逻辑主机系统、I/O总线、外圈设备、设备驱动程序、备份存储介质、备份计划文档、操作执行者、物理目标系统、逻辑目标系统、网络连接、网络协议等组成。

三、网络备份系统方案

在谈到数据备份时，有人总认为只要将数据复制后保存起来，就可以确保数据的安全了，其实这是对备份的误解，因为资料、数据的复制根本无法完成对历史记录的追踪，也无法留下系统信息，这样做只能是在系统完好的情况下，将部分数据进行恢复。

实际上，备份不仅只是数据的保护，其最终目的是在系统遇到人为或自然灾难时，能够通过备份内容对系统进行有效恢复。所以，在考虑备份选择时，应该不仅只是消除传统输入复杂程序或手动备份的麻烦，更要能实现自动化及跨平台的备份，满足用户的全面需求。因此，备份不等于单纯的复制，管理也是备份重要的组成部分。管理包括备份的可计划性、磁带机的自动化操作、历史记录的保存以及日志记录等。正是有了这些先进的管理功能，在恢复数据时才能掌握系统信息和历史记录，使备份真正实现轻松和可靠。一个完整的网络备份和灾难恢复方案应包括备份硬件、备份软件、备份计划和灾难恢复计划4个部分。

1. 备份硬件

一般说来，丢失数据有3种可能：人为的错误、漏洞与病毒影响、设备失灵。目前比较流行的硬件备份解决方法包括硬盘存储、光学介质/磁带机存储备份技术。与磁带机存储技术和光学介质备份相比，硬盘存储所需费用是极其昂贵的。磁盘存储技术虽然可以提供容错性解决方案，但容错却不能抵御用户的错误和病毒。因此，在大容量数据备份方面，采用硬盘作为备份介质并不是最佳选择。

与硬盘备份相比，虽然光学介质备份提供比较经济的存储解决方案，但它们所用的访问时间要比硬盘多几倍，并且容量相对较小。当备份大容量数据时，所需光盘数量多。虽然保存的时间较长，但整体可靠性较低，所以光学介质也不是大容量数据备份的最佳选择。利用磁带机进行大容量的信息备份具有容量大、可灵活配置、速度相对适中、介质保存长久（存储时间超过30年）、成本较低、数据安全性高、可实现无人操作的自动备份等优势。所以一般来说，磁带设备是大容量网络备份用户的主要选择。

2. 备份软件

可能大多数用户还没有意识到备份软件的重要性，其重要原因是许多人对备份知识和备份手段缺乏了解。他们所知道的备份软件无非是网络操作系统附带提供的备份功能，对如何正确使用专业的备份软件却知之甚少。

备份软件主要分为两大类：一是各个操作系统在操作系统软件内附带的备份功能（如Net Ware操作系统的Bercup功能、NT操作系统的NT Backup等）；二是各个专业厂商提供的全面的专业备份软件。

对于备份软件的要求，不仅要注重其使用方便、自动化程度高，还要有好的扩展性和灵活性。同时，跨平台的网络数据备份软件能满足用户在数据保护、系统恢复和病毒防护方面的支持。一个专业的备份软件配合高性能的备份设备，能够使遭损坏的系统迅速得以恢复。

3. 备份计划

灾难恢复的先决条件是要做好备份策略及恢复计划。日常备份计划描述每天的备份以什么方式进行、使用什么介质、什么时间进行以及系统备份方案的具体实施细则。在计划制订完毕后，应严格按照程序进行日常备份，否则将无法达到备份的目的。在备份计划中，数据备份方式的选择是主要的。目前的备份方式主要有完全备份、增量备份和差别备份。用户根据自身业务对备份内容和灾难恢复的要求，应该进行不同的选择，亦可以将这几种备份方式进行组合应用，以得到更好的效果。

4. 灾难恢复计划

灾难恢复措施在整个备份中占有相当重要的地位，因为它关系到系统、软件与数据在经历灾难后能否快速、准确地恢复。全盘恢复一般应用在服务器发生意外灾难，导致数据全部丢失、系统崩溃或是有计划的系统升级、系统重组等情况，也称为系统恢复。此外，有些厂商还推出了拥有单健恢复功能的磁带机，只需用系统盘引导机器启动，将磁带插入磁带机，按一个按键即可恢复整个系统。

第七节　数据容灾

对于 IT 而言，容灾系统就是为计算机信息系统提供的一个能应付各种灾难的环境。当计算机系统在遭受如火灾、水灾、地震、战争等不可抗拒的灾难和意外时，容灾系统将保证用户数据的安全性（数据容灾）。甚至，一个更加完善的容灾系统还能提供不间断的应用服务（应用容灾）。可以说，容灾系统是存储应用的最高境界。

一、数据容灾概述

1. 容灾系统和容灾备份

这里所说的"灾"具体是指计算机网络系统遇到的自然灾难（洪水、飓风、地震）、外在事件（电力或通信中断）、技术失灵及设备受损（火灾）等。容灾（或容灾备份）就是指计算机网络系统在遇到这些灾难时仍能保证系统数据的完整性、可用性和系统正常运行。对于那些业务不能中断的用户和行业（如银行、证券、电信等），因为其关键业务的特殊性，必须有相应的容灾系统进行防护。保持业务的连续性是当今企业用户需要考虑的一个极为重要的问题，而容灾的目的就是保证关键业务的可靠运行。利用容灾系统，用户把关键数据存放在异地，当生产中心发生灾难时，备份中心可以很快将系统接管并运行起来。

从概念上讲，容灾备份是指通过技术和管理的途径，确保在灾难发生后，企事业单位的关键数据、数据处理系统和业务在短时间内能够恢复。因此，在实施容灾备份项目之前，企事业单位首先要分析哪些数据最重要，哪些数据要做备份、容灾，这些数据价值多少。再决定采用何种形式的容灾备份。

在欧美发达国家，企业对容灾备份的投入相对是较高的。据国外权威机构调查，2002年，全球 200 家大型企业用于容灾备份的资金占企业 IT 支出的 2%～4%，而当年关于容灾备份的支出则是 2000 年的 3 倍。在国内，越来越多的企业已经意识到存储信息的重要性，正处于从数据分散存储向集中存储转变的过程，开始投资搭建存储系统，但还有许多企业没有意识到容灾备份是信息存储的一个重要环节。

目前国内专门提供容灾服务的备份中心还处于起步阶段，虽然有一些由电信企业提供的容灾备份中心，但由于大部分企业对容灾备份中心及提供的服务并不了解，因而利用率不高。现在，容灾备份的技术和市场正处于一个快速发展的阶段。据权威机构研究表明，亚太地区（不包括日本）容灾备份市场每年增幅达 20%，到 2006 年将达到 13 亿美元，而中国市场每年的增幅将达到 46%，是一个尚待开采的"金矿"。在此契机下，国家已将容灾备份作为今后信息发展规划中的一个重点，各地方和行业准备或已建立起一些容灾备份中心。这不仅可以为大型企业和部门提供容灾服务，也可以为大量的中小企业提供不同需求的容灾服务。

2. 数据容灾与数据备份的关系

许多用户对经常听到的数据容灾这种说法不理解，把数据容灾与数据备份等同起来，其实这是错误的，至少是不全面的。

备份与容灾不是等同的关系，而是两个"交集"，中间有大部分的重合关系。多数容灾工作可由备份来完成，但容灾还包括网络等其他部分，而且只有容灾才能保证业务的连续性。所以说，如果对容灾的要求高，仅仅依赖备份是不够的。但目前，国内很多客户、系统集成商认为，容灾就是买两套存储设备连接起来，这是片面的。

数据容灾与数据备份的关系主要体现在以下几个方面。

（1）数据备份是数据容灾的基础。

数据备份是数据高可用性的一道安全防线。虽然它也算一种容灾方案，但这样的容灾能力非常有限，因为传统的备份主要是采用数据内置或外置的磁带机进行冷备份，备份磁带同时也在机房中统一管理，一旦整个机房出现了灾难（如火灾、盗窃和地震等）。这些备份磁带也将随之销毁，所存储的磁带备份将起不到任何容灾作用。

（2）容灾不是简单备份。

显然，容灾备份不等同于一般意义上的业务数据备份与恢复。数据备份与恢复只是容灾备份中的一个方面。容灾备份系统还包括最大范围地容灾、最大限度地减少数据丢失，实时切换、短时间恢复等多项内容。可以说，容灾备份正在成为保护企事业单位关键数据的一种有效手段。容灾备份系统的核心技术是数据复制。

真正的数据容灾就是要避免传统冷备份所具有的先天不足，要能在灾难发生时，全面、及时地恢复整个系统。容灾按其容灾能力的高低可分为多个层次，例如国际标准 SHARE 定义的容灾系统有 7 个层次：从最简单的仅在本地进行磁带备份，到将备份的磁带存储在异地，再到建立应用系统实时切换的异地备份系统，恢复时间是几天／几小时，甚至到分钟级、秒级或零数据丢失等。

无论采用哪种容灾方案，数据备份还是最基础的，没有备份的数据，任何容灾方案都没有现实意义。但光有备份是不够的，容灾也必不可少。

（3）容灾不仅仅是技术。

容实不仅仅是一项技术，更是一项工程。目前很多客户还停留在对容灾技术的关注上，而对容灾的流程、规范及其具体措施还不太清楚，也从不对容灾方案的可行性进行评估，认为只要建立了容灾方案即可放心了，其实这是具有很大风险的。特别是在一些中小企事业单位中，认为自己的企事业单位为了数据备份和容灾，年年花费了大量的人力和财力，结果几年下来根本就没有发生任何大的灾难，于是放松了警惕，可一旦发生了灾难，将损失巨大。这一点国外的跨国公司就做得非常好，尽管几年下来的确未出现大的灾难，备份了那么多磁带，几乎没有派上任何用场，但仍一如既往、非常认真地做好每一步，并且基本上每月都有对现行容灾方案的可行性进行评估，进行实地演练。

3. 数据容灾的等级

设计一个容灾备份系统，需要考虑多方面的因素，如备份/恢复数据量的大小、应用数据中心和备援数据中心之间的距离和数据传输方式、灾难发生时所要求的恢复速度备份中心的管理及投入等。根据这些因素和不同的应用场合，常见的容灾备份可分为以下4个等级。

（1）第0级：本地复制、本地保存的冷备份。

第0级容灾备份，实际上就是上面所指的数据备份。它的容灾恢复能力最弱，只在本地进行数据备份，并且备份的数据磁带保存在本地，没有送往异地。在这种容灾方案中，最常用的设备就是磁带机，当然根据实际需要可以是手工加载磁带机，也可以是自动加载磁带机。

（2）第1级：本地复制、异地保存的冷备份。

常见到一些公司为了避免备份磁带因机房安全问题而出现磁带被盗、被毁的情况，把备份磁带，特别是月以上的备份磁带放入专门的保险柜，甚至租用银行的专门保险箱来存放这些备份磁带。但这还不能说是万无一失的，原因就是，一般这些保管磁带的地点与所在公司在同一城市中，万一出现了地震、战争之类的灾难，这些备份磁带还是难逃厄运。

（3）第2级：热备份站点备份。

第2级是指在异地建立一个热备份点，通过网络进行数据备份，也就是通过网络以同步或异步方式，把主站点的数据复制到备份站点。备份站点一般只备份数据，不承担其他业务。当出现灾难时，备份站点接替主站点的业务，从而维护业务系统运行的连续性。

这种异地远程数据容灾方案的容灾地点通常要选择在距离本地不小于20km的区域，采用与本地磁盘阵列相同的配置，通过光纤以冗余方式接入到SAN（存储区域网）网络中，实现本地关键应用数据的实时同步复制。在本地数据及整个应用系统出现灾难时，系统至少在异地保存有一份可用的关键业务的备份数据。该数据是本地数据的完全实时复制。对于较大的企事业单位网络来说，建立的数据容灾系统由主数据中心和备份数据中心组成。其中，主数据中心采用高可靠性集群解决方案设计，备份数据中心与主数据中心通过光纤相连接。数据存储在主数据中心的存储磁盘阵列中。同时，在异地备份数据中心配置相同结构的存储磁盘阵列和一台或多台备份服务器。通过专用的灾难恢复软件可以自动实现主数据中心的存储数据与备份数据中心，数据的实时完全备份。在主数据中心，按照用户要求，还可以配置磁带备份服务器，用来安装备份软件和磁带库。备份服务器直接连接到存储阵列和磁带库，控制系统的数据的磁带备份。

（4）第3级：活动互援备份

活动互援备份异地容灾方案与前面介绍的热备份站点备份方案差不多，其中的备份数据中心就是备援数据中心。不同的只是主、从系统的关系不再是固定的，而是互为对方的备份系统。

这两个数据中心系统分别在相隔较远的地方建立，它们都处于工作状态，并进行相互数据备份。当某个数据中心发生灾难时，另一个数据中心接替其工作任务。通常在这两个系统中的光纤设备连接中还提供冗余通道，以备工作通道出现故障时及时接替工作。当然，采取这种容灾方式的主要是资金实力较为雄厚的大型企事业单位。

该级别的容灾备份根据实际要求和投入资金的多少，可有两种实现形式。

①两个数据中心之间只限于关键数据的相互备份。

②两个数据中心之间互为镜像。

两个数据中心之间互为镜像可做到零数据丢失，这是目前要求最高的一种容灾备份方式，它要求不管什么灾难发生，系统都能保证数据的安全。所以，它需要配置复杂的管理软件和专用的硬件设备，需要的投资相对是最大的，但恢复速度也是最快的。

以上第2级、第3级两种热备份方式不再是传统的磁带冷备份方式，而是通过SAN等先进的通道技术，把服务器数据同步或异步存储在远程专用存储设备上。在这两种热备份容灾方案中，主要的备份设备包括磁盘阵列、光纤交换机或磁盘机等。

4. 容灾系统

容灾系统包括数据容灾和应用容灾两部分。数据容灾可保证用户数据的完整性、可靠性和一致性，但不能保证服务不中断。应用容灾是在数据容灾的基础上，在异地建立一套完整的与本地生产系统相当的备份应用系统，在灾难时，远程系统迅速接管业务运行，提供不间断的应用服务，让客户的服务请求能够继续。可以说，数据容灾是系统能够正常工作的保障；而应用容灾则是容灾系统建设的目标，它是建立在可靠的数据容灾基础上，通过应用系统、网络系统等各种资源之间的良好协调来实现的。

（1）本地容灾。

本地容灾的主要手段是容错。容错的基本思想就是利用外加资源的冗余技术来达到屏蔽故障、自动恢复系统或安全停机的目的。容错是以牺牲外加资源为代价来提高系统可靠性的。外加资源的形式很多，主要有硬件冗余、时间冗余、信息冗余和软件冗余。容错技术的使用使得容灾系统能恢复大多数的故障，然而当遇到自然灾害及战争等意外时，仅采用本地容灾技术并不能满足要求，这时应考虑采用异地容灾保护措施。在系统设计中，企业一般考虑做数据备份和采用主机集群的结构，因为它们能解决本地数据的安全性和可用性问题。目前人们所关注的容灾，大部分也都只是停留在本地容灾层面上。

（2）异地容灾。

异地容灾是指在相隔较远的异地，建立两套或多套功能相同的系统。当主系统因意外停止工作时，备用系统可以接替工作，保证系统的不间断运行。异地容灾系统采用的主要方法是数据复制，目的是在本地与异地之间确保各系统关键数据和状态参数的一致性。

异地容灾系统具备应付各种灾难特别是区域性与毁灭性灾难的能力，具备较为完善的数据保护与灾难恢复功能，保证灾难降临时数据的完整性及业务的连续性，并在最短时间内恢复业务系统的正常运行，将损失降到最小。其系统一般由生产系统、可接替运行的后备系统、数据备份系统、备用通信线路等部分组成。在正常生产和数据备份状态下，生产系统向备份系统传送需备份的数据。灾难发生后，当系统处于灾难恢复状态时，备份系统将接替生产系统继续运行。此时重要营业终端用户将从生产主机切换到备份中心主机，继续对外营业。

从广义上讲，任何提高系统可用性的努力都可称为容灾，但是现在人们谈及容灾往往只是针对本地容灾而言。但对企业来讲，光有本地容灾是远远不够的，更多应是异地容灾。因此，一套完整的容灾方案应该包括本地容灾和异地容灾系统。另外，容灾系统还必须有有效的管理机制。

二、数据容灾技术

1. 容灾技术概述

容灾系统的核心技术是数据复制，目前主要有同步数据复制和异步数据复制两种。同步数据复制是指通过将本地生产数据以完全同步的方式复制到异地，每一个本地的交易均需等待远程复制的完成方予以释放。异步数据复制是指将本地生产数据以后台方式复制到异地，每一个本地的交易均正常释放，无须等待远程复制的完成。数据复制对数据系统的一致性和可靠性以及系统的应变能力具有举足轻重的作用，它决定着容灾系统的可靠性和可用性。

对数据库系统可采用远程数据库复制技术来实现容灾。这种技术是由数据库系统软件来实现数据库的远程复制和同步。基于数据库的复制方式可分为实时复制、定时复制和存储转发复制，并且在复制过程中，还有自动冲突检测和解决的手段，以保证数据的一致性不受破坏。远程数据库复制对主机的性能有一定影响，可能增加对磁盘存储容量的需求，但系统运行恢复较简单，实时复制方式时数据一致性较好，所以对于一些对数据一致性要求较高、数据修改更新较频繁的应用，可采用基于数据库的容灾备份方案。

目前，业内实施比较多的容灾技术是基于智能存储系统的远程数据复制技术。它是智能存储系统自身实现数据的远程复制和同步，即智能存储系统将对本系统中的存储器操作请求复制到远端的存储系统中并执行，保证数据的一致性。

还可以采用基于逻辑磁盘卷的远程数据复制技术进行容灾。这种技术就是将物理存储设备划分为一个或者多个逻辑磁盘卷（Volume），便于数据的存储规划和管理。逻辑磁盘卷可理解为在物理存储设备和操作系统之间增加一个逻辑存储管理层。基于逻辑磁盘卷的远程数据复制是指根据需要将一个或多个卷进行远程同步或异步复制。该方案通常通过软件来实现，基本配置包括管理软件和远程复制控制管理软件。基于逻辑磁盘卷的远程数据复制因为是基于逻辑存储管理技术，一般与主机系统、物理存储系统设备无关，对物理存储系统自身的管理功能要求不高，有较好的可管理性。

在建立容灾备份系统时会涉及多种技术，具体有 SAN 和 NAS 技术、远程镜像技术、虚拟存储技术、基于 IP 的 SAN 的互联技术、快照技术等。

2.SAN 和 NAS 技术

SAN（Storage Area Network，存储区域网）提供一个存储系统、备份设备和服务器相互联接的架构。它们之间的数据不在以太网络上流通，从而大大提高了以太网络的性能。正由于存储设备与服务器完全分离，用户获得一个与服务器分开的存储管理理念。复制、备份、恢复数据和安全的管理可以以中央的控制和管理手段进行，加上把不同的存储池以网络方式连接，用户可以以任何需要的方式访问数据，并获得更高的数据完整性。

NAS 使用了传统以太网和 IP 协议，当进行文件共享时，则利用 NPS 和 CIFS（Common Internet File System）沟通 NT 和 UNIX 系统。由于 NFS 和 CIFS 都是基于操作系统的文件共享协议，所以 NAS 的性能特点是进行小文件级的共享存取。SAN 以光纤通道交换机和光纤通道协议为主要特征的本质决定了它在性能、距离、管理等方面的诸多优点。而NAS 的部署非常简单，只需与传统交换机连接即可；NAS 的成本较低，因为它的投资仅限于一台 NAS 服务器，而不像 SAN 是整个存储网络，同时，NAS 服务器的价格往往是针对中小企业定位的；NAS 服务器的管理也非常简单，它一般都支持 Web 的客户端管理，对熟悉操作系统的网络管理人员来说，其设置既熟悉又简单。概括来说，SAN 对于高容量块状级数据传输具有明显的优势，而 NAS 则更加适合文件级别上的数据处理。SAN 和NAS 实际上也是能够相互补充的存储技术。

SAN 的高可用性是基于它对灾难恢复、在线备份能力和对冗余存储系统和数据的时效切换能力。NAS 应用成熟的网络结构提供快速的文件存取和高可用性，数据复制等功能可以保护和提供稳固的文件级存储。

3.远程镜像技术

远程镜像技术用于主数据中心和备援数据中心之间的数据备份。两个镜像系统一个叫主镜像系统，另一个叫从镜像系统。按主、从镜像存储系统所处的位置可分为本地镜像和远程镜像。

远程镜像又叫远程复制，是容灾备份的核心技术，同时也是保持远程数据同步和实现灾难恢复的基础。远程镜像按请求镜像的主机是否需要远程镜像站点的确认信息，又可分为同步远程镜像和异步远程镜像。

同步远程镜像（同步复制技术）是指通过远程镜像软件，将本地数据以完全同步的方式复制到异地，每一个本地的 I/O 事务均需等待远程复制的完成确认信息，方可予以释放。同步镜像使远程复制总能与本地机要求复制的内容相匹配。当主站点出现故障时，用户的应用程序切换到备份的替代站点后，被镜像的远程副本可以保证业务继续执行而没有数据的丢失。但同步远程镜像系统存在往返传输造成延时较长的缺点，因此只限于在相对较近的距离上应用。异步远程镜像（异步复制技术）保证在更新远程存储视图前完成向本地存储系统的基本操作，而由本地存储系统提供完成确认信息给请求镜像主机的操作。远程的数据复制是以后台同步的方式进行的，这使本地系统性能受到的影响很小，传输距离（可达 1000 km 以上），对网络带宽要求小。但是，许多远程的从属存储子系统的写操作尚未得到确认，此时某种因素造成数据传输失败时，可能会出现数据的不一致性问题。为了解决这个问题，目前大多采用延迟复制的技术，即在确保本地数据完好无损后进行远程数据更新。

4. 快照技术

远程镜像技术往往同快照技术结合起来实现远程备份，即通过镜像把数据备份到远程存储系统中，再用快照技术把远程存储系统中的信息备份到远程的磁带库、光盘库中。快照是通过软件对要备份的磁盘子系统的数据快速扫描，建立一个要备份数据的快照逻辑单元号 LUN 和快照 cache。在快速扫描时，把备份过程中即将要修改的数据块同时快速复制到快照中。在正常业务进行的同时，利用快照 LUN 实现对原数据的一个完全备份。它可使用户在正常业务不受影响的情况下，实时提取当前在线业务数据。其"备份窗口"接近于零，可大大增加系统业务的连续性，为实现系统真正的 7 天 ×24 小时运转提供了保证。

5. 互联技术

早期的主数据中心和备援数据中心之间的数据备份，主要是基于 SAN 的远程复制（镜像），援即通过光纤通道把两个 SAN 连接起来，进行远程镜像（复制）。当灾难发生时，由备授数据中心替代主数据中心保证系统工作的连续性。这种远程容灾备份方式存在一些缺陷，如实现成本高、设备的互操作性差、跨越的地理距离短（10 km）等，这些因素阻碍了它的进一步推广和应用。目前，出现了多种基于 IP 的 SAN 的远程数据容灾备份技术。它们是利用基于 IP 的 SAN 的互联协议，将主数据中心 SAN 中的信息通过现有的 TCPIP 网络，远程复制到备援中心 SAN 中。当备援中心存储的数据量过大时，可利用快照技术将其备份到磁带库或光盘库中。这种基于 IP 的 SAN 的远程容灾备份，成本低、扩展性好，可以跨越 LAN、MAN 和 WAN，具有广阔的发展前景。

6. 虚拟存储技术

在有些容灾方案中，还采取了虚拟存储技术。虚拟化存储技术在系统弹性和可扩展性上开创了新的局面。存储器池的整个存储容量可以分为多个逻辑卷，并作为虚拟分区进行管理。存储由此成为一种功能而非物理属性，而这正是基于服务器的存储结构存在的主要限制。虚拟存储系统还提供了动态改变逻辑卷大小的功能。事实上，存储卷的容量可以在线随意增加或减少。可以通过在系统中增加或减少物理磁盘的数量来改变集群中逻辑卷的大小。这一功能允许卷的容量随用户的即时要求而动态改变。另外，存储卷能够很容易地改变容量，移动和替换。安装系统时，只需为每个逻辑卷分配最小的容量，并在磁盘上留出剩余的空间。随着业务的发展，可利用剩余空间根据需要扩展逻辑卷，也可以将数据在线从旧驱动器转移到新的驱动器上，而不中断正常服务的运行。

存储虚报化的一个关键优势是它允许异构系统和应用程序共享存储设备，而不管它们位于何处。系统将不再需要在每个分部的服务器上都连接一台磁带设备。

第五章 信息安全事件监测与应急响应

第一节 信息安全事件的简要情况

进入 21 世纪以后，网络安全这一全球性问题骤然变得突出起来。比如，2000 年 Yahoo 等网站遭到大规模拒绝服务攻击，2012 年全球的根域名服务器遭到大规模拒绝服务攻击。红色代码、冲击波（Blaster）、SQL Slammer 等蠕虫事件以及病毒、熊猫烧香、各种木马程序等恶意代码更是造成了大范围的计算机信息系统的破坏。网页篡改、网络假冒等安全事件层出不穷。网上违法有害信息，如网络诈骗、网上谣言、网络虚假新闻的传播和恶意炒作也屡见不鲜。

据国家计算机网络应急技术处理协调中心发布的《2016 年网络安全工作报告》统计，2016 年我国境内被篡改的网站数量按月度统计（来源：CNCERT/CC）从篡改攻击的手段来看，我国被篡改的网站中以植入暗链方式被攻击的超过 90%。从域名类型来看，2016 年我国境内被篡改的网站中，代表商业机构的网站（.com）最多，占 72.3%，其次是网络组织类（.net）网站和政府类（.gov）网站，分别占 7.3% 和 2.8%，非营利组织类（.org）网站和教育机构类（.edu）网站分别占 1.8% 和 0.1%。对比 2015 年，我国政府类网站被篡改比例持续下降，从 2014 年的 4.8%、2015 年的 3.7%，下降至 2016 年的 2.8%。按所报告的事件类型统计，报告较多的是网页篡改、垃圾邮件、网络仿冒和网页恶意代码事件，其中涉及国内政府机构和重要信息系统部门的网页篡改事件、涉及国内外商业机构的网络仿冒类事件和针对互联网企业的拒绝服务攻击类事件的影响最为严重。

另据公安部 2014 年公布的全国信息网络安全状况调查结果显示，在被调查的 7072 家政府、金融证券、教育科研、电信、广电、能源交通、国防和商贸企业等部门和待业的重要信息系统使用单位中，发生网络安全事件的比例为 58%。信息网络安全事件的频频发生，使得互联网的建设者、管理者和使用者还没来得及充分享受网络带来的便利和快乐，就不得不时时刻刻提心吊胆地应对网上出现的各种安全威胁。

虽然信息系统安全等级保护工作可以提高信息系统安全建设的整体水平，可以提高信息安全保障能力，但信息安全事件是不可能完全避免的，随时随地都有可能出现。因此，需要对信息安全事件进行有效管理，做到及时发现、及时报告、及时处理，阻止事态扩展，尽快恢复系统，将事件造成的损害减到最低。因此，需要有对信息安全事件进行监测与响应的管理措施来应对处理信息系统安全事件。

第二节　信息安全事件处理与应急响应的发展

信息化发达国家在信息网络安全事件监测与应急响应上有着较为丰富的经验。美国国防部早在 1989 年就资助卡内基 - 梅隆大学（CMU）的软件工程研究所（SED 建立了世界上第一个计算机应急响应组织（Computer Emergency Response Team，简称 CERT），标志着信息安全由传统的静态保护手段开始转变为完善的动态防护机制。从此，美国各有关部门纷纷开始成立自己的计算机安全事件处理组织，世界上其他国家和地区也逐步成立了相关的应急组织。到 2003 年 8 月为止，全球正式注册的 CERT 已达 188 个。这些应急组织不仅为各自地区和所属行业提供计算机和互联网安全事件的应急响应处理服务，还经常互相沟通和交流，形成了一个专业领域。

1999 年 5 月，我国的教育科研网（CERNET）在清华大学首先成立了应急组织，为中国教育和科研行业的用户提供应急响应服务。2000 年 10 月，国家计算机网络与信息安全管理中心成立了中国计算机网络应急技术处理协调中心（CNCERT/CC），负责协调我国各计算机网络安全事件应急小组，共同处理国家公共电信基础网络上的安全紧急事件，为国家公共电信基础网络、国家主要网络信息应用系统以及关键部门提供计算机网络安全监测、预警、应急、防范等安全服务和技术支持，及时收集、核实、汇总、发布有关互联网安全的权威性信息，组织国内计算机网络安全应急组织进行国际合作和交流。我国应急处理和响应机制虽然起步较晚，但目前也逐步得到了发展壮大，初步形成了互联网应急处理体系框架。

1990 年 11 月，由美国等国家应急组织发起，一些国家的组织参与成立了计算机事件响应与安全工作组论坛（FIRST），目的是使各成员能在安全漏洞、安全技术、安全管理等方面进行交流与合作，以实现信息共享、技术共享，最终达到联合防范计算机网络攻击行为的目标。我国的国家计算机网络应急技术处理协调中心于 2002 年 8 月成为 FIRST 的正式成员。2003 年 3 月，FIRST 的成员已经超过 170 个，遍及美洲、亚洲、欧洲和大洋洲，信息网络安全事件处理及应急响应机制已逐步走向了国际化。

第三节　信息安全事件的概念、类型和特点

目前，国内外对信息安全事件的分类分级有所描述的标准有《信息安全事件管理》（ISO/IEC 18044：2004）、《计算机安全事件处理指南》（NIST SP800-61）、《信息安全管理体系要求》（ISO27001：2005）、《信息技术、安全技术、信息安全事件管理指南》（GB/Z

20985-2007）、《信息技术、安全技术、信息安全事件分类分级指南》（GB/Z 20986-2007）等。

到目前为止，对信息安全事件还没有一个相对一致的确切定义。在《信息安全事件管理》中没有明确给出计算机安全事件的定义，只是对安全事件做出了解释：一个信息安全事件由单个的或一系列的有害或意外信息安全事态组成，它们具有损害业务运作和威胁信息安全的极大的可能性。《信息安全管理体系要求》指出：信息安全事件是指识别出发生的系统、服务或网络事件表明可能违反信息安全策略或使防护措施失效或以前未知的与安全相关的情况。《计算机安全事件处理指南》认为信息安全事件可以看作是对计算机安全策略、使用策略或安全措施的实在威胁或潜在威胁。《信息技术、安全技术、信息安全事件管理指南》对信息安全事件的定义是，信息安全事件是由单个或一系列意外或有害的信息安全事态所组成的，极有可能危害业务运行和威胁信息安全。《信息技术、安全技术、信息安全事件分类分级指南》通过对现有信息安全事件的研究分析，对其特征进行归纳和总结，并参考其他标准，根据现有的一些定义总结出了信息安全事件的定义：由于自然或者人为以及软硬件本身缺陷或故障的原因，对信息系统造成危害，或在信息系统内发生对社会造成负面影响的事件。

在对信息安全事件的定级分类方面，《信息安全事件管理》明确提出应建立用于给事件"定级"的信息安全事件严重性衡量尺度，但没有给出具体的信息安全事件的分类，也没有给出如何确定信息安全事件的级别以及如何描述事件的级别，只是举例描述了信息安全事件及其原因，介绍了拒绝服务、信息收集和未经授权访问 3 种信息安全事件，在附录给出了信息安全事件的负面后果评估和分类的要点指南示例。《计算机安全事件处理指南》针对安全事件处理，特别是对安全事件相关数据的分析以及确定采用哪种方式来响应提供了指南。该指南介绍了安全事件的分类，但明确说明所列出的安全事件分类不是包罗一切的，也不打算对安全事件进行明确分类。

《信息安全事件分类分级指南》规定了信息安全事件的分类分级规范，用于信息安全事件的防范与处置，为事前准备、事中应对、事后处理提供基础指南，可供信息系统的运营和使用组织参考使用。在考虑了信息安全事件发生的原因、表现形式等用以体现事件分类的可操作性后，该指南将信息安全事件分为 7 个基本类别：有害程序事件、网络攻击事件、信息破坏事件、信息内容安全事件、设备设施故障、灾害性事件和其他信息安全事件等。每个基本分类分别包括若干个第二层分类，以便更清晰地对信息安全事件的类别进行说明，突出事件分类的科学性。例如，有害程序事件包括计算机病毒事件、蠕虫事件、木马事件、僵尸网络事件、混合攻击程序事件、网页内嵌恶意代码事件和其他有害程序事件 7 个第二层分类。

为使用户可以根据不同的级别，制定并在需要时启动相应的事件处理流程，指南将信息安全事件划分为 4 级：特别重大事件（Ⅰ级）、重大事件（Ⅱ级）、较大事件（Ⅲ级）和一般事件（Ⅳ）级，并给出了级别划分的主要参考要素：信息系统的重要程度、系统损失和社会影响。在对信息系统的重要程度进行分级描述时，没有对特别重要信息系统、重要信息系统和一般信息系统做出解释。鉴于我国的信息系统安全等级保护制度已经在这方面做出了规定，为与等级保护制度相对应，特别重要信息系统对应于等级保护中的 4 级和 5 级系统，重要信息系统对应 3 级系统，一般信息系统对应 1 级和 2 级系统。

通过对信息安全事件的定级和分类，可以准确判断安全事件的严重程度，有利于迅速采取适当的管理措施来降低事件影响，提高通报和应急处理的效率和效果，同时也有利于对安全事件的统计分析和数据的共享交流。

目前，发生在互联网上的安全事件种类和数量越来越多，呈现出如下特点。

1. 安全漏洞是各种安全威胁的主要根源

安全漏洞发现的数量越来越多，如 2006 年 CNCERT/CC 发布漏洞公告 87 个，同比 2005 年增长了 16%。零日攻击现象增多，如 2006 年出现的"魔波蠕虫"（利用 MS06-040 漏洞）以及利用微软 Word 漏洞（MS06-011 漏洞）进行木马攻击等。

2. 拒绝服务攻击发生频繁

攻击者的攻击目标明确，针对不同网站和用户采用不同的攻击手段，且攻击行为趋利化特点表现明显。对政府类和安全管理相关类网站主要采用篡改网页的攻击形式；对中小企业采用有组织的分布式拒绝服务攻击（DDoS）等手段进行勒索；对于个人用户，利用网络钓鱼（Phishing）和网址嫁接（Pharming）等对金融机构、网上交易等站点进行网络仿冒，在线盗用用户身份和密码等，窃取用户的私有财产。

3. 入侵者难以追踪

有经验的入侵者往往不直接攻击目标，而是利用所掌握的分散在不同网络运营商、不同国家或地区的跳板机发起攻击，使得对真正入侵者的追踪变得十分困难，需要大范围的多方协同配合。

4. 联合攻击成为新的手段

网络蠕虫逐渐发展成为传统病毒、蠕虫和黑客攻击技术的结合体，不仅具有隐蔽性、传染性和破坏性，还具有不依赖于人为操作的自主攻击能力，并在被入侵的主机上安装后门程序。网络蠕虫造成的危害之所以引人关注，是因为新一代网络蠕虫的攻击能力更强，并且和黑客攻击、计算机病毒之间的界限越来越模糊，带来更为严重的多方面的危害。例如，熊猫烧香病毒在 2007 年初出现流行趋势。该病毒具有感染、传播、网络更新、发起分布式拒绝服务攻击（DDoS）等功能。"熊猫烧香"的传播方式同时具备病毒和蠕虫的特性，危害较大。

5. 信息内容安全事件日渐增多

由于公共网络的开放性，网络已成为人们进行思想交流、表达观点、发表看法的重要平台。因此，一些危害国家安全、妨害社会管理、损害公共利益、影响合法权益等违反国家法律法规的违法有害信息时有出现；网上暴力、网上恐怖、网上色情、网上赌博等违法犯罪活动在互联网上仍然十分猖獗；网络传销、网络欺诈等有害信息使群众的切身利益受到严重侵害；贩卖违禁物品、传授恐怖技术、教唆恐怖活动的信息对公共安全构成极大威胁。

第四节　建立信息安全事件监测与响应平台的意义

互联网的出现使得信息安全事件层出不穷，安全事件的许多新特点需要人们对信息安全事件快速做出反应，对信息安全事件要及时发现和及时处理，将事件的损害或影响降到最低限度。

在对信息安全事件的应急响应和处理过程中，最重要的是要及时发现安全事件的发生。其次是要及时抑制和阻止安全事件的继续发展和蔓延，防止危害后果的加重和扩大。再次要设法确保数据恢复和审计评估，达到减少安全事件损害的目的，并为利用行政和法律手段追究相关责任提供帮助。最后是要对发生的信息安全事件进行通报，以起到教育、预防、震慑的作用。

一、应对信息安全事件时，应注意三个方面

（1）及时发现是安全保障的第一要求，也是应急处理的基本前提。

需要对信息系统进行安全事件的监控和预警。为做到及时发现和准确判断，应该尽可能地了解全局的情况。但是局部的数据往往也会反映事件的真实本质。例如，网管人员发现网络流量异常既可能是正常的业务需求造成的，也可能是由于病毒传播或黑客攻击造成的。

（2）确保恢复是安全保障的第一目标。

应急处理的两个根本性目标是确保恢复、追究责任。除非是"事后"处理的事件，否则应急处理人员首先要解决的问题是如何确保受影响的系统恢复正常功能，或将网上违法有害信息造成的影响降低到最低限度。追究责任涉及法律问题，由司法部门来执行，一般用户单位或第三方支援的应急处理人员主要起配合分析的作用，因为展开这样的调查通常需要得到司法许可。

（3）建立应急组织和应急体系，这是网络安全保障的必要条件。

当前网络安全事件的特点决定了单一的应急组织已经不能从容应对当今的网络安全威胁。在缺乏体系保障的情况下，单个组织无法处理管理范围之外的攻击来源，而不得不把自己层层保护起来，最终造成自己的网络被"隔离"。只有在同一个应急体系下，多个组织协同配合，分别处理各自范围内的攻击源，整个网络才能有效运转。

二、建立信息安全事件监测与响应平台的意义

（1）从整体与管理的角度去考虑信息系统安全问题。

虽然大多数信息系统的主管单位都制定了自己的管理措施和应急处理的方案，采用了

一些网络安全产品，如防火墙、入侵检测系统和防病毒软件，在一定程度上保障了信息网络的安全，但这些系统之间往往缺乏相互联系，有的彼此完全分割，对系统中发生的安全事件如网络攻击事件、信息内容安全事件等缺乏相互沟通和相互交流，这些系统中安全产品的使用也是相互孤立的，每个系统的管理监测都是相对独立的。因此，需要从整体与管理的角度去考虑信息系统安全问题，建立一个信息网络安全事件监测及应急响应平台，统一管理信息安全事件的监测设备，减少重复警报的数量，全面掌握网上安全状况，充分发挥各信息系统安全设备的作用，进一步加强网络安全监管和网络安全秩序的维护。

（2）对信息安全事件的监测和响应是技术措施更是管理措施。

信息安全事件通常涉及国家、组织、部门，甚至个人，包括公安、国家安全、国家保密、信息产业、宣传、文化、广电、新闻出版、教育、信息系统主管部门、信息系统运营单位、公民、法人和其他组织等。建立信息安全事件监测与响应平台的一个重要作用就是组织、协调上述有关组织、部门或个人按照各自的职责分工，积极参与、妥善应对信息系统安全事件，通过监测、预警、预控、预防、应急处理、评估、恢复等措施，防止可能发生的安全事件和处理已经发生的事件，达到减少损失、化解风险的目的。

第五节　信息安全事件监测与应急响应平台

网络安全威胁是客观存在的，但其风险是可以控制乃至规避的。信息安全事件的处理应坚持"积极防御、综合防范"的方针，既要采取有效措施保障信息系统的系统安全和数据安全，又要保证信息系统中信息内容的安全。虽然绝大多数信息系统都采取了一些网络安全产品如防火墙、入侵检测系统和防病毒软件，在一定程度上保障了信息网络的安全，但从整体与管理的角度去考虑信息系统安全问题，建立一个信息网络安全事件监测及应急响应系统，培养一支具有安全事件应急处理技术能力的人员队伍，对进一步加强网络安全监管和维护网络安全秩序具有非常重要的意义，是十分必要的。

2005 年 3 月，作者提出的研究信息网络安全事件监测及应急处置系统的方案得到浙江省科技厅批准，作为省"十一五"重点科研攻关项目。该系统主要负责信息安全事件的监测、响应、处置、通报和应急联动等。研究该系统的目的在于，建立省级计算机网络应急处置的技术支持与信息发布平台，对重要信息系统的安全状况进行有效监测、实时报警和集中管理，形成一个网络安全监测和报警系统；为前端监测设备研究一种效率较高、相对可靠实用的检测算法；促进省内计算机网络应急处置工作的交流与合作；通过对互联网上安全事件的预防、发现和及时处置，发动群众和动员社会力量来共同应对网络安全事件；作为全省计算机网络应急处置的指挥调度中心，为应急处置工作提供决策支持。

系统主要有三大功能模块：监测采集模块、监测分析模块、应急响应模块。前端监测采集模块是由一系列前端监测设备组成的，对应于不同类别的信息安全事件有不同的监测设备，它们是监测与响应平台最基础的设备。这些监测设备对需要监测的信息系统或网络关键节点进行远程监测，发现并收集网络攻击、垃圾邮件、违法信息、病毒等多种危害信息系统安全的数据，传送到监测分析模块供管理人员分析判断。

安全管理人员通过监测分析模块中的管理接口对信息系统中的前端监测设备进行统一控制和调度，根据前端设备对信息系统或网络关键节点进行不间断观测获取的数据与知识库进行比较，充分参考专家提供的知识和经验进行推理和判断，对网络中发生的异常情况或已经发生的网络安全事件及时迅速地向信息系统管理单位发出警报或提出应对策略和措施，以利于这些单位能及时地进行响应和处置，这种及时性对信息安全来说是非常重要的。与此同时，向应急响应模块传送有关情况以便采取进一步的措施。监测分析模块主要由以下几部分组成：知识库，用于存储信息安全的专门知识，包括事实、可行操作与规则等；综合数据库，用于存储信息安全领域或信息安全习题的初始数据和推理过程中得到的中间数据，如网站备案库、用户地址库、法律法规条款库等；推理机，用于记忆所采用的规则和控制策略的程序，根据知识进行推理和导出论坛；解释器，向用户解释专家系统的行为，包括解释推理结论的正确性以及系统输出其他候选解的原因；接口，使系统和用户进行对话，用户能够输入必要的数据、提出问题和了解推理过程及推理结果等，系统则通过接口回答用户提出的问题并进行必要的解释。

应急响应模块将专家系统发出的警报或提出的应对策略与相关单位，如应急响应组织、执法部门、通信部门、软件供应商、新闻媒体等进行共享，再由这些部门提出相应的措施并反馈给相关信息系统的管理单位，对这些单位提出具体要求，共同做好数据恢复、事件追踪、事件通报、宣传教育等应急响应工作，以实现信息安全事件响应的多部门联动。

笔者主要研发完成了以下几个系统并于 2006 年 9 月通过省级鉴定。基于主机的入侵检测系统，基于主机的入侵检测报警系统采用基于服务器状态检测和日志分析技术，采集、比对、分析和判别各种可疑入侵行为并记录和自动报警。主要完成了文件访问监测、注册表监测、进程监测、系统资源监测和端口开放监测功能，并用层次化多元素融合入侵检测技术实现了对主机的入侵监测。网关级有害信息过滤及报警系统，网关级的违法信息过滤及报警系统，重点实现对上网服务场所等前端违法信息的监测和过滤。监测与响应中心平台，包括监测分析系统和应急响应系统两大模块，主要负责对前端收集的数据进行分析，提出解决方案并同时分发到前端信息系统和与信息安全事件有关的部门。

一、基于主机的入侵检测系统

网络入侵监测系统与应急响应中心平台之间采用 C/S 架构，由安装在监测与应急响应中心平台的主控端和部署在各被保护主机上的网络入侵监测设备（Agent 端）构成整个系统。

网络入侵监测系统在功能实现上由 3 个子模块组成，分别是状态监测模块、入侵检测模块和通信接口模块。系统的最底层是状态监测模块，负责监测系统的各项安全要素。该模块将网络入侵、网络攻击、病毒感染、木马活动等发生变化的这些安全要素捕获并记录进日志后提交给入侵检测模块。状态监测模块监测的安全要素包括文件操作、注册表操作、进程的状态、网络连接和端口状态、CPU 状态、系统内存状态。

系统的第二层是入侵检测模块，它在接收到底层监测模块传来的数据后，采用一定的算法将它们与特定的知识库比较，从而检测出影响系统安全的行为。在检测出特定事件后，该模块会将此事件传送到通信接口模块。

通信接口模块是一个功能相对独立的模块，它是 Agent 端与控制端发生通信的途径和通道。该模块一方面接收从控制端传来的配置信息或查询命令，另一方面还会主动依据所配置的策略向监测与应急响应中心平台报告消息、事件和处置结果。

为简单起见，下面只列举对文件、注册表和进程进行监测的分析。

（一）Windows 文件系统监测

对 Windows 文件操作的监测可以采用虚拟设备挂接方式，即编写一个自定义的虚设备驱动，插入图 5-1 中虚线框表示的位置，用来监测所有的文件操作。

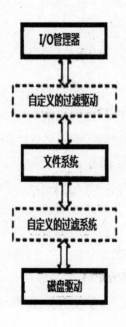

图 5-1　虚设备驱动的插入位置

首先调用 Ob Reference Object By Handle 函数取得文件系统的句柄，再通过调用 Io Get Related Device Object 函数从文件系统的句柄中得到相关的磁盘驱动设备的句柄，通过 Io Create Device 创建自己的虚拟设备对象，然后调用 Io Get Device Object Pointer 来得到磁盘驱动设备对象的指针，最后通过 Io Attach Device By Pointer 将自己的设备放到设备堆栈上成为一个过滤器。这样，被监视的磁盘驱动设备的每个操作请求（IRP）都会先发往这个虚拟设备，再由虚拟设备发往真实的磁盘驱动设备，操作完成后的返回值也会被发往虚拟设备。通过这个"自定义驱动"就可以对文件的操作请求可以进行监测，因而可以得到所有的文件操作信息。

内核态的"自定义驱动"与用户态的监测程序之间的通信采取原始的 Device Io Control 被动通信方式，即由 ring3 层的用户程序周期性的发出 Device Io Control 控制驱动，来与内核驱动进行单向通信，请求返回截获的数据。综合考虑文件系统的吞吐量和系统效率，在 P4-2.4G CPU，512M 内存的实验电脑中采用 500ms 周期，效果较好。

（二）Windows 注册表监测技术

在对注册表操作进行拦截使用拦截系统调用的方式。当用户态的应用程序在注册表中创建一个新项目的时候，就会调用 Advapi32.dll 中的 Reg CreateKey 函数、Reg Create Key 函数检查传进来的参数是否有效并将它们都转换成 Unicode 码，接着调用 Ntdll.dll 中的 Nt Create Key 函数。Nt Create Key 函数最后触发 INT 2E 中断指令，从用户态进入内核态。进入内核态后，系统调用 Ki System Service 函数在中断描述表（IDT）中查找相应的系统服务指针，这个指针指向函数 Zw Create Key，然后调用这个服务函数。

在系统内核中，有两张系统报务调度表，分别是 Ke Service Descriptor Table 和 Ke Service Descriptor Table Shadow。要实现对注册表操作的监测，就需要将系统服务调度表中的一个 Native API 地址进行替换，使它指向自定义的监测函数。

（三）Windows 进程监测技术

在 Windows NT 中，创建进程列表使用 PSAPI 函数，这些函数在 PSAPL.DLL 中，通过调用这些函数可以很方便地取得系统进程的所有信息，例如进程名、进程 ID、父进程 ID、进程优先级、映射到进程空间的模块列表等。

1.Enum Processes

该函数是获取进程列表信息的最核心的一个函数，该函数的声明如下。

BOOL Enum Processes(DWORD Ipid Process，DWORD cb，DWORD cbNeeded)，Enum Processes 函数带 3 个参数，DWORD 类型的进程 ID 数组指针 IPID Process、进程 ID 数组的大小 cb、返回数组所用的内存大小 cb Needed，在 Ipid Process 数组中保存着系统中每一个进程的 ID，进程的个数为 nProcess=cb Needed/sizeof(DWORD)。如果想要获取某个进程的详细情况，必须首先获取这个进程的句柄，调用函数 Open Process，得到进程句柄 h Process：

H Process=Open Process

（ PROCESS_QUERY_INFORMATION PROCESS_VM_READ，FALSE Ipid Proces ）

2.Enum Process Modules

这个函数用来枚举进程模块，该函数的声明如下。

BOOL Enum Process Modules hProcess，&h Module，sizeof(h Module，&cb Needed）

Enum Process Modules 函数带有 4 个参数：h Process 为进程句柄；h Module 为模块句柄数组，该数组的第一个元素对应于这个进程模块的可执行文件；sizeof(h Module) 为模块句柄数组的大小（字节）；cb Needed 为存储所有模块句柄所需要的字节数。

3.Get Module File Name Ex 或 Get Module Base Name

这两个函数分别用来获取模块的全路径名或仅仅是进程可执行的模块名，函数的声明如下：

DWORD Get Module File Name Ex(h Process，h Module，Ip File Name，n Size)

DWORD Get Module Base Name(h Process，h Module，Ip Base Name，n Size)

Get Module File Name Ex 有 4 个参数，分别是：h Process 为进程句柄；hModule 为进程的模块句柄：Ip File Name 存放模块的全路径名，Ip Base Name 为存放模块名：n Size 为 Ip File Name 或 Ip Base Name 为缓冲区的大小（字符）。

要实现获得系统的所有运行进程和每个运行进程所调用模块的信息，实际上只要使用两重循环，外循环获取系统的所有进程列表，内循环获取每个进程所调用模块列表。

通过上面的流程，就实现了对进程的监测。在具体实践中，系统进程列表每间隔 500 ms 刷新 1 次，基本满足需求。

（四）层次化多元素融合入侵检测技术

一个入侵检测算法在技术实现方面有很多细节特征。比如，检测时间、数据处理的粒度、数据内容和来源、响应方式、数据收集点等，这些特征是区别检测算法的关键。本节主要实现了一种检测时间 <1000ms、处理粒度为 500ms 左右、主动响应的检测算法，由于其在实现过程中突出了多安全要素融合的特征和采用分层过滤检测的思想来提高检测效率，故称为层次化多元素融合入侵检测算法。

本算法是网络入侵监测系统的核心算法，目的是为"网络入侵监测模块"提供一种效率较高、占用系统资源较少、误报率较低、相对可靠实用的检测算法，用作"信息网络安全事件监测及应急处置系统"的前端子系统，主要应用于服务器、堡垒主机等核心主机。这些主机的特点是在拥有一个相对稳定的安全要素状态集，即在正常状态下其进程、端口、注册表系统等安全要素的状态很少变化，对系统文件的修改更少。例如，常见的 WEB 服务器，在稳定服务的情况下，系统中只有若干事先可以判断认定的进程，只开放若干服务端口，除此之外增加的不明进程、开放的额外端口都可判定为发生入侵攻击行为，系统进入不安全状态。"非我即敌"就是本算法的基本思想，在这种检测思想中，存在的主要问题一个是不能全面掌握安全要素的合理正确的状态，导致对操作的误判，即误报率的问题；另一个是要对捕获的所有安全要素状态数据进行缓存和操作，算法的时空效率问题。

该算法提高效率最有效的手段，就是在正常情况下二层检测模块处于休眠状态，只有在一层检测算法检测到敏感数据而需要进一步对数据进行判定的时候才被激活。

1. 一层检测算法

在实际实现过程中，还有一个敏感状态数据集 M，按不同的安全要素分为 4 个子集，分别是进程敏感状态数据子集 Mp，文件敏感状态数据子集 Mf，注册表敏感状态数据子集 Mr，端口敏感状态数据子集 Mo。CPU 数据和内存数据在一层没有使用。

在一层检测算法中检测到的敏感数据分三级操作。一级，可充分判定为入侵，直接报警。二级，需要激活二层检测模块进行进一步详细判断。三级为记录测试级，是为了研究和测试用。

2. 二层检测算法

首先从输入队列中取出传入的状态数据，然后从中分离出产生该状态信息的进程，即目标进程，再从安全要素状态数据集中取出目标进程的数据子集 Spi。从可信任状态集 P 中取出第一条进程状态描述，Fi({Sj}) 根据输入的状态数据进行判断，如果该条进程状态描述的 Sj 中没有包含输入的状态数据 S，则放弃比较，取下一条进程状态描述；如果该条描述的 Fi({Sj}) 中含有输入的状态数据，则取出所有的 Sj，检测每一个 Sj 是否都存在于目标进程的数据子集 Spi 中且符合 Fi 描述的逻辑关系，如是则判定为安全操作，结束检测；否则继续取下一条 Fi({Sj}) 进行检测。若可信任状态集 P 中的每一条 Fi({Sj}) 均不能证实该输入的状态数据为安全操作，则判定为入侵破坏事件发生，激活通信模块报警，结束二层检测。

二、网关级有害信息过滤及报警系统

研究网关级有害信息过滤及报警系统的目的是对信息系统中的违法有害信息进行监测和过滤，防止这些信息的进一步扩散和传播。

1. 系统结构

网关级有害信息过滤及报警系统是信息安全事件监测与响应平台中监测采集模块中的子系统第二部分，由网络通信管理模块、网络数据处理模块和系统配置管理模块组成，由系统守护进程对以上 3 个模块的运行状况进行监控。

2. 系统工作描述

系统的工作流程为如下。

首先进行初始化，从配置文件 "Device.ini" 中获取网络的 IP 信息和设备 ID 号，初始化网络 SOCKET。根据 keyword.txt 文件创建关键字数据链，根据 blacklist.txt 文件创建非法 URL 数据链，将关键字和非法 URL 放入数据链中可使匹配在内存中进行，以提高匹配速度。接着创建数据包捕获、非法 URL 判断、关键字匹配等线程。

数据包捕获程序捕获网络数据报文，对网络协议进行解析，提取网络有效数据。非法 URL 判断程序提取出的 URL 与数据链中的非法 URL 进行比对，决定是否对此 URL 进行过滤操作。关键字匹配程序对提取的网络有效数据进行关键字匹配，形成报警信息包向监测分析模块报送。关键字策略文件、数据包过滤黑名单文件由后台监测分析模块发送至前端监测采集模块。

三、监测与响应中心平台

监测与响应中心平台由监测分析系统和应急响应系统两大模块组成，接收前端入侵监测和网关级有害信息过滤及报警等系统的报警，同时也接收电话、电邮等人工报警，对接收到的报警信息进行分析、判断，对其中的信息安全事件进行应急响应和指挥调度。监测与响应中心平台采用 JAVA 2 平台，Tomcat 作为 Serlvet 容器和 Web 服务器。为保证系统运行安全，Web 服务器采用了 SSL 通信协议和 IP 地址过滤策略。整套系统采用 B/S 结构，界面用 Dreamweaver 书写，内部逻辑处理采用 java Bean 组件，在 jsp 页面中进行调用。中心平台的后台采用 SQL Server 2000 数据库服务器，报警数据经过一个接口程序上报到数据库中，这个接口程序主要负责接受报警数据，数据库管理和前端升级等功能。数据库查询语句都做了相应优化，使得查询效率更高。

监测与响应中心平台实现的任务主要有两个。一是对前端监测设备传来的行为数据进行正确的判断，判断是不是安全事件并做出适当的响应。二是向系统的运营使用单位，向有关的应急响应部门，如通信部门、执法部门、应急响应组织、软件商、媒体等传达监测情况和响应策略。为完成这些任务，监测与响应中心平台系统的主要功能包括响应策略生成、信息查询、策略下发、用户管理、系统维护、情况通报等。响应策略生成程序对前端监测到的数据与知识库进行比较，结合综合数据库中的有关数据，通过推理机推导出相应的响应策略；信息查询提供了对报警信息、有关数据库内容的查询功能，在主页面上显示报警信息情况，当点击详情时显示信息摘要、信息类型和前端设备号等项目；策略下发是下发前端设备需要进行匹配的那些关键字、要过滤的黑名单和前端设备的升级等用户管理提供系统用户的添加、删除和更新等操作；情况通报是将监测到的安全事件的有关情况和响应策略通过网络或其他通信工具传送到相关的单位和部门。

第六节　信息系统安全事件的应急管理

通过上面的信息安全事件监测与应急响应平台，可以对信息系统安全事件进行预警、发现、处置等活动。为更好地管理信息安全事件，充分发挥监测和响应平台的作用，必须采取以下两项管理措施。

（1）制订信息安全事件应急管理预案。信息系统安全事件应急管理预案是被用作应对安全事件的活动指南，对报警信息进行响应，分析判断报警信息是否为信息安全事件，对信息安全事件进行应急管理，总结经验教训并改进管理方法。制订应急预案的目的是阻止安全事件的发生和发展，并在安全事件发生后尽量减少事件造成的损失和影响。

（2）成立信息安全事件响应组织，建立应急联动体系。该组织由与信息安全事件有关的单位、组织或专家组成，如通信管理部门、行业主管部门、宣传部门、司法部门、信息安全专家、行政管理人员等。在这个组织中，具备适当技能且可信的成员组成一个信息安全事件响应组，负责处理与信息安全事件相关的全部工作。

一、信息系统安全事件应急预案

信息系统安全事件应急预案是为降低信息安全事件的危害后果，以信息安全事件的后果预测为依据而预先制订的事件控制和处置方案。制订应急预案的好处是，提高安全保障水平，减少安全事件所导致的破坏和损失，强调对安全事件的预防，规范安全事件的处理程序，有利于资源的合理利用，增强信息安全意识等。

应急预案的制订要讲究科学性，要在调查研究的基础上进行分析论证，要设定应急处置的目标、规程、措施等。应急预案的制订还要有一定的预见性，对本地信息系统的总体状况、可能发生的信息安全事件、事件发生后的可能发展方向等有超前的预见，以保证预案的协调有序、高效严密。应急预案中的所有措施都应该是主动的而不能是被动的，应遵循早发现、早报告、早控制、早解决的原则。应急预案的制订要体现一定的协调性，要保证信息畅通、反应灵敏、快速联动，保证应急联动体系能很好地发挥作用。预案的编制过程要按照编制—实施—评审—演练—修改的模式进行。

（一）预案编制

应急预案规定了行动的具体内容和目标，以及为实现这些目标所做的工作安排。信息安全事件预案的制订应包括以下一些内容。

（1）报警信息的发现报告程序。对信息安全事件发生后应当收集哪些信息，如何进行报告等进行规定。

（2）报警信息的评估决策程序。规定具体的确认安全事件的方法，进行事件类型和等级判断，确定事件的知晓范围，确定应急响应人员，选择应急响应措施。

（3）应急响应处理程序。按事件类型、事件等级以及事件的可控状态规定应采取的工作程序和措施。

（4）事件结束后的评审程序。确定如何对信息安全事件的经验教训进行总结，确定如何对安全事件监测和响应的整个过程的有效性进行评审，规定所有的监测和响应活动如何进行记录备案等。

（5）情况通报或上报。规定相关处置过程中是否需要通报和上报以及向谁报告，规定需要向外界通报的内容和范围。

（6）明确参与事件处置的组织或个人的授权范围和责任。

（7）明确起动应急响应联动体系的时机。

（二）预案实施

预案编制完成后，要对预案的各个环节进行检查和实施，查找在管理信息安全事件过程中可能出现的潜在缺陷和不足之处。预案的实施包括宣传、培训、演练等，因为对信息安全事件的管理不仅涉及技术问题而且涉及人的问题，参与信息安全事件处理的人员必须熟悉发现、报告、应急响应的所有规程。

（三）预案评审

为保证预案的科学合理以及尽可能与实际情况相符，预案必须经过评审。预案评审的内容主要有预案包含的内容是否全面，应急人员和应急机构的职责是否明确，应急联动体系及运行机制是否可行等。

（四）预案演练

预案与安全事件发生的具体情况是有差距的，在实际应用中可能会有一些意想不到的情况发生。定期或不定期进行预案的演练，可以检验和完善预案。制订好了的应急预案切忌只有文字表述，或者只是应付上级检查，不宣传、不培训、不预演。

（五）预案修改

对预案实施、评审或演练中发现的问题及时进行修改，完善应急预案。信息安全事件应急响应组织可以结合上述监测和响应平台的功能制订信息安全事件的应急预案，各相关组织、部门也应制订针对本部门、本系统的信息安全事件应急预案，所有的预案构成一个完整的信息系统安全事件应急预案体系。

二、信息系统安全事件应急联动体系

信息系统安全事件的发生具有以下一些特点。

（一）系统的关联性

信息系统安全事件的发生与系统类型和系统环境有很大关系，如网络仿冒事件往往是针对网上交易和网上银行的站点，违法有害信息大多出现在互联网数据中心（IDC）出租空间中。

（二）发生的突然性

虽然事件隐患可能早已存在，但事件的真正发生却要有一定的条件激发，这不是系统管理者所能预料和控制的。

（三）影响的广泛性

一是传播快，如互联网上的违法有害信息一出现，马上就可以传遍全球。

二是影响深，如网上的谣言可能会大范围传播并给人们造成很大的心理压力，为社会稳定平添一种不安定因素。

（四）信息不充分

如对发动网络攻击者相关信息的收集很难做到及时、充分和准确，因为攻击者可以通过跳板、僵尸网络或新型计算机病毒发动攻击。被攻击的系统是受害者，而其他的许多参与攻击的系统则是被利用者，也是受害者。一旦这些受侵害或受利用系统数量庞大，相关信息就很难进行收集或收集整齐。

由于信息系统安全事件的上述特点，信息系统安全事件发生后往往牵涉多个单位、部门甚至于个人，需要协调多个部门或单位共享安全信息、共对安全事件，以保证应急响应措施能够及时有效地发挥作用。这些单位或部门包括信息安全事件响应组织、国家行政部门、执法部门等，一般情况下，这种协调既费时又费力，往往会错过最佳处理时机，使事件不能得到及时有效的处置。因此，建立信息系统安全事件应急响应的联动体系是十分必要的。

信息安全事件应急响应联动体系由信息安全事件响应组织负责建立，应急联动指挥中心就设在监测与响应中心平台所在地。这样就可以采用统一的指挥调度系统，统一指挥、协调作战，使不同部门、不同组织之间可以互通互联、信息共享、快速反应、及时配合，避免权责不明、扯皮推诿的现象发生，真正实现信息系统安全事件快速响应的目标，达到维护国家安全和社会稳定、维护社会主义市场经济和社会管理程序以及保护个人、法人和其他组织的人身、财产等合法权利的目的。在应急联动体系中，应急响应指挥中心负责协调指挥工作，相关部门或个人根据指挥中心的调度分别完成各自的工作。

1. 根据信息系统安全事件发生的周期，应急联动体系要具备的功能

（1）预防预警功能。信息系统安全事件管理的原则是以预防发生为主，因此需要做到以下几点。第一，帮助信息系统采取安全管理措施和安全技术措施，如制定安全策略、实行安全等级保护、安装防病毒软件和入侵检测工具等。第二，做好宣传教育工作。教育是最好的防范安全事件的方法。通过教育，一是可以提高危机意识和安全意识，二是可以掌握必要的安全知识和安全技能，三是可以提高对安全事件的敏感度，做到及时发现、及时处置。第三，开展模拟演练。比如，开展防火、防震演习，网络攻防演习，信息内容安全巡查演习等。第四，做好预警工作。在信息系统中要安装必需的前端探测设备，收集与信息系统安全有关的信息，开展经常性的信息研判。第五，必要的物资准备。

（2）应急响应功能。当信息系统发生安全事件时，应能很快确定事件性质，迅速采取应对措施，设法将事件的影响控制在最小范围内。

（3）善后处理功能。在安全事件结束后，对事件中出现的现象、数据收集和整理好，提高监测能力和响应能力，总结应急联动体系在突发事件状态下管理活动的经验与教训，完善应急管理体系的功能，从而增强未来对事件的防范和抵御能力。

2. 安全事件应急联动体系在工作时，必须遵循的原则

（1）依法原则。信息安全事件应急联动体系通常涉及国家、组织、部门，甚至个人，

包括公安、国家安全、国家保密、信息产业、宣传、文化、广电、新闻出版、教育、信息系统主管部门、信息系统运营单位，公民、法人和其他组织等，它们在信息安全事件的监测和应急响应中有着不同的职责。例如，国家通过制定统一的信息安全法律、规范和技术标准，组织公民、法人和其他组织对信息系统安全事件进行监测和响应；信息安全监管部门按照"分工负责、密切配合"的原则负责监督、检查、指导信息系统主管部门、运营单位按照"谁主管、谁负责，谁运营、谁负责"的原则开展工作，并接受信息安全监管部门的监管。

信息系统中往往含有大量的信息资产或个人隐私，应急联动体系在工作时，必须保证这些资产或隐私不受侵犯，参与应急联动的组织、部门甚至个人在信息安全事件的监测和应急响应中应当严格遵守各自不同的职责，在自己的职责范围内完成联动体系分派的任务，不得超越法律法规所规定的职权范围。

（2）公益原则。应急联动体系的工作是以维护国家安全和社会秩序、公共利益以及公民、法人和其他组织的合法权益为目标的，任何单位或个人不得谋取非法利益。

三、信息系统安全事件应急联动工作机制

应急联动体系在处理信息系统安全事件时，主要是做好以下几项工作。

（一）接警

应急响应指挥中心负责监测接收前端监测设备的报警或接受群众举报，收集有关信息安全报警的信息，并在第一时间将这些异常信息报告给信息安全事件响应组。

（二）分析

信息安全事件响应组织对获取的报警信息进行初步判断，确定是否是信息安全事件，如果是信息安全事件，则立即进行响应，否则按误报处理。

（三）决策

应急响应人员立即对事件的性质和严重程度进行分析判断，然后根据事件的类型和等级确定应急响应等级、决定处理事件的人员、决定通报或报告的范围，最后决定启动哪一种应急方案。

（四）响应

根据应急响应方案，采取相应的处置措施。事件响应是应急处理的核心部分，主要包括以下内容。

（1）根据事件的严重程度和影响程度，向用户或相关部门进行通知或通报。对于事件等级较低、处理比较简单的事件，由监测分析模块直接向用户进行通知。

（2）阻止事件的继续危害。对于高风险、大范围等严重安全事件，立即采取行动遏制事件的进一步发展，如采取关闭系统、切断攻击者的连接、停止特定程序的运行、启动安

全防御系统等措施；对于低风险、小范围的不太严重的安全事件，则可提供相关的技术支持，采取局部响应措施。目标是阻止事态的扩大和蔓延。

（3）修复受损系统，通过应用针对已知脆弱性的补丁或禁用易遭受破坏的要素，将受影响的系统、服务或网络恢复到安全运行状态，包括软硬件系统的恢复和数据恢复。

（4）进一步调查，确定事件原因和其他详细信息。对身份认证系统、访问控制系统、入侵检测系统、安全审计系统等安全部件的日志及其他安全信息进行检查，同时维护相关的日志记录，用于事后调查、司法取证或事件重现。

（五）善后

当信息安全事件结束后，继续跟踪系统恢复以后的安全状况；对事件产生的影响和响应效果进行评估；评审和总结信息安全事件的经验教训并形成文件；制订加强和改进信息系统安全方案；改进管理措施和管理方案；更新和改进监测与响应平台的有关数据库或算法；向公众或用户发布信息，向上级进行报告。必要时，进入司法程序，进行进一步的调查取证，对违法犯罪行为进行打击。对外发布的信息内容包括以下几项，硬件设备、操作系统、应用程序、协议的安全漏洞、安全隐患及攻击手法；系统的安全补丁、升级版本或解决方案；病毒、蠕虫程序的描述、特征及解决方法；安全系统、安全产品、安全技术的介绍、评测及升级；其他安全相关信息。

信息系统安全事件的管理工作涉及的有关部门和个人要按照上述应急联动体系的要求，根据信息安全事件预案制订的内容，严格遵照应急联动工作机制所规定的程序和步骤，有条不紊地做好信息安全事件的应急响应工作，将事件的损害和影响减少到最小。

第六章　信息内容安全巡查管理

第一节　通用搜索引擎

随着 Internet 技术的迅猛发展，互联网用户及网络资源每年都以指数级规律增长，新应用层出不穷，信息越来越多。根据 Netcraft 的调查，2006 年 11 月，全球网站数量高达 101435253 个，比上一年增加了 2740 万，主要是博客网站和小型商业网站的增加。另据 CNNIC 调查，到 2006 年年底，不包括以 EDU、CN 结尾的网站，我国网站总数为 843000 个，网页数为 44.7 亿个，平均每个网站的网页数为 5057 个。

WWW（World Wide Web）技术以其表达直观、内容丰富和使用方便等特点得以迅猛发展，已逐渐成为 Internet 上最重要的信息发布和传输方式。然而 Web 信息的急速膨胀，在给人们提供丰富资源的同时，又给人们在如何有效使用方面带来巨大的挑战。这些信息缺乏合理有效的组织，使得许多用户面对浩瀚的信息海洋显得手足无措，无法准确地获取自己所需要的信息。通过浏览网页获取有用信息的方法效率极其低下，必须有一种快捷方便的方法来提高获取信息的效率，因此，搜索引擎（Search Engine）技术应运而生。搜索引擎的出现大大增强了人们查询和收集信息的能力，可以帮助人们从网上迅速找到所需要的信息。早期的 Internet 检索工具有针对 FTP 资源的，针对 Gopher 资源的 Veronica 和 Jughead，以及针对整个 Internet 网上文本信息资源的 WAIS 等。随着 www 的发展，针对 www 资源的各种检索工具已成为网络检索工具的主流，比较著名的有 Google、Inforseek、AltaVista、Lycos 以及 Baidu 等。目前，我国有 51.5% 的网民经常使用搜索引擎，在"网民经常使用的网络服务"调查中排名第三位。

一、通用搜索引擎的发展历史

搜索引擎的出现是由于人们越来越需要依靠计算机来查找他们所需要的信息，与计算机硬件速度和计算机网络、信息技术的发展密切相关。现代意义上的搜索引擎的发展基本上经历了以下几个过程。

1990 年，加拿大 McGill University 的学生 Alan Emtage 发明了 Archie 用于 FTP 主机的文件搜索。虽然当时的 World Wide Web 还未出现，但网络中文件的传输还是相当频繁的，而且大量的文件散布在各个分散的 FTP 主机中，查询起来非常不便。有了 Archie，当用户要求寻找某个文件时，用户只要输入正确的文件名，Archie 系统就会在联网的 FTP 主机上查找，最终提供能下载文件的 FTP 地址列表。Archie 还不是真正意义上的搜索引擎，这一时期可以称为搜索的原生态时期。

随着互联网的迅速发展，检索所有新出现的网页变得越来越困难。这时一个新的理念出现了：既然所有网页都可能有连向其他网站的链接，那么从跟踪一个网站的链接开始，就有可能检索整个互联网。到 1993 年年底，一些基于此原理的搜索引擎开始纷纷涌现。其中以 Scotland 大学的 Jump Station 系统、Colorado 大学的 The World Wide Web Worm 系统及 Repository-BasedSofware Engineering（RBSE）系统最负盛名。

1994 年，Michael Mauldin 将 John Leavitt 的蜘蛛程序接入其索引程序中，创建了大家现在熟知的 Lycos，实现了搜索关键词与搜索信息相关性排序，提供了前缀匹配和字符相近限制、网页自动摘要等功能。斯坦福（Stanford）大学的两名博士生，David Filo 和美籍华人杨致远（Gerry Yang）共同创办了超级目录索引 Yahoo，支持简单的数据库搜索，并成功地使搜索引擎的概念商业化。以 Yahoo 和 AltaVista 为代表的互联网信息通用搜索引擎为第一代搜索引擎。

1998 年，Stanford 大学博士生 Larry Page 创办了 Google，再一次改写了搜索引擎的发展史，使搜索引擎进入了第二代。Google 使用了 Page Rank（网页分级）技术，在动态摘要、DailyRefresh、多文档格式支持、多语言支持等方面集成搜索。

随着国外搜索引擎的全面使用，国内的中文搜索引擎也得到了极大的发展，如百度、搜狗等。这些中文搜索引擎具备了以下功能：同时提供目录导航和页面全文搜索，提供简繁体的自动转换，而使用户可以在一种汉字环境中浏览简体和繁体页面，提供中文的按词全文检索从而提高查准率。

随着互联网的迅速发展，人们对搜索的需求已经不再是能提供多少包含了"关键词"的网页了，而是能不能以最快的方式提供最有价值的信息，并能弥补用户在关键词描述方面的欠缺，即利用智能技术在自动学习的基础之上，完成对网站信息资料的自动搜索与抽取工作，这将是以人为本的第三代智能搜索技术。

二、通用搜索引擎的一般原理

搜索引擎的基本设计思想是，使用 robot 来遍历 Web，将 Web 上分布的信息下载到本地网页数据库；对页面内容建立索引；根据用户提出的检索请求，检查索引找出匹配的页面（或链接）并返回给用户。一般的网络搜索引擎是由搜索器（Spider）、索引器（Index）、检索器（Query Interface）三部分组成的。

三、搜索引擎的分类

搜索引擎就是 WWW 网络环境中的一套信息检索系统，搜索引擎技术来源于信息检索。根据搜索引擎的工作方式，搜索引擎通常可以分成三大类。

（一）目录式搜索引擎

把因特网中的资源收集起来，由分类专家将信息按照主题分成若干个不同的目录大类，每一个大类再一层层地分成若干个目录小类，人们要找自己想要的信息可按信息的分类一层层进入从而找到自己想要的信息。这类搜索引擎的优点是结构清晰、准确度高、便于浏览，缺点是需要人工参与、速度慢、查全率不高，并且不能及时地对网上信息进行实时监控。这类引擎的典型代表有 Yahoo、搜狐等。

（二）全文搜索引擎

由一个称为蜘蛛（Spider）的机器人程序以某种搜索策略自动地在互联网中力求对所有数据进行检索收集，搜集到的信息建立索引后由检索器根据用户的查询输入进行检索查询，并将查询结果返回给用户。该类搜索引擎的优点是覆盖面广、信息量大、无须人工干预，缺点是返回信息过多，用户必须从结果中进行筛选，在安全性及所导致的网络负载及服务器负载等方面也有很多不足。这类搜索引擎的代表有 Google、Inforseek、Lycos、百度、中搜、搜狗等。

（三）元搜索引擎

元搜索引擎没有自己的资源库和机器人程序，它充当一个中间代理的角色，将用户的查询请求翻译成相应搜索引擎的查询语法，向多个搜索引擎发送查询请求，对反馈结果进行重复排除和重新排序，最后将整理之后的信息作为自己的查询结果返回给用户。元搜索引擎的搜索范围大、查全率高，信息量大且查准率也并不低。这类搜索引擎的代表有 InfoSpace、Dogpile 等。

如果按照搜索引擎检索信息方式来分，可以分为布尔逻辑模型、模糊逻辑模型、向量空间模型及概率模型等。

（1）布尔逻辑模型是最简单的检索模型。标准的布尔逻辑模型是二元逻辑。所检索的页面要么与所键入的关键词相关，要么无关。检索结果一般不进行相关性排序。

（2）模糊逻辑模型是为了克服布尔逻辑模型检索结果无序性而采用的检索模型。在检索结果处理中使用了模糊逻辑运算，将所检索的数据库页面信息与所键入的关键词进行模糊逻辑比较，按照相关的优先次序排列检索结果。

（3）向量空间模型不仅可以方便地产生有效的检索结果，而且能提供相关页面的文摘，并进行结果分类，为用户提供准确的信息。

（4）概率模型是利用相关反馈的归纳学习，获取匹配函数。

第二节　专用搜索引擎

通用的搜索引擎如 Google、百度等对查询结果基本上都采用了按照 Web 文档内容与查询关键词的相似度进行排序的方法。这种方法考虑用户提交的查询关键词在文档中的出现情况，例如词条频率、逆文档频率和词条位置等因素。但是，由于用户常常不善于表达与所查文档相匹配的关键词，检索结果不理想。仅仅给一个或几个关键词而不结合其他补充信息是无法准确分析用户要求的，搜索结果往往是一堆垃圾。

随着互联网信息的爆炸性增长，通用信息搜索引擎已无法满足互联网用户的信息检索需求，利用现有的通用搜索引擎进行搜索的查全率和查准率的保证是一个很大问题，为此，人们开始建立针对某一类型或某一专题的特定内容搜索引擎，与前面介绍的那些通用搜索引擎相比，这些专业信息领域的搜索引擎，能够帮助用户更容易找到自己所需要的信息资料。许多基于特定领域的专用搜索引擎得到了较大发展。

专用搜索引擎或垂直搜索引擎是针对某一个行业的专用搜索引擎，是搜索引擎的细分和延伸，是对网页库中的某类专门的信息进行一次整合，定向分字段抽取出需要的数据进行进一步的加工处理，如去重、分类等，在分词、索引后再以搜索的方式返回给用户，满足用户的需求。它和通用的网页搜索引擎的最大区别是对网页信息进行了结构化信息抽取，也就是将网页的非结构化数据抽取成特定的结构化信息数据。普通的网页搜索是以网页为最小单位，而专用搜索是以结构化数据为最小单位。

专用搜索引擎的应用方向很多，企业库搜索、供求信息搜索引擎、购物搜索、房产搜索、人才搜索、地图搜索、mp3 搜索、图片搜索等几乎各行各业各类信息都可以进一步细化成各类的垂直搜索引擎。以下就是几个专业信息搜索引擎实例，如 Deadliner 提供会议信息的搜索，Newstracker、Moreover 搜索最新新闻信息，Indeed 搜索招聘信息，travelfinders 搜索旅游信息等。

尽管搜索引擎能给人们在搜索互联网信息时提供极大的方便，但在一些特定的使用场合，如在一定范围内及时搜索信息方面，前面所说的搜索引擎因搜索范围过大、信息更新不及时而引起的搜索效率不高的问题就更加突出了。

中国互联网络信息中心（CNNIC）的报告称，用户认为在互联网上查询信息时遇到的主要问题有重复信息太多（44.6%）、信息太陈旧更新缓慢（27.5%）、得到的有用信息太少（10.7%）、信息查找不方便（10.2%）。因此，需要有一种专用的互联网信息巡查系统用在一个特定的地理范围内，搜索互联网上最新的特定内容。

第三节　信息内容安全巡查系统

一、问题的提出

虽然《全国人民代表大会常务委员会关于维护互联网安全的决定》《互联网信息服务管理办法》（国务院第 292 号令）和《计算机信息网络国际联网安全保护管理办法》（公安部第 33 号令）等法律法规对信息内容的安全都有明确的规定，但互联网上信息内容安全事件时有发生，网上诈骗、赌博、虚假药品广告、色情、恐怖等违法信息时有出现。国务院关于《互联网信息服务管理办法》第十八条规定：新闻、出版、教育、卫生、药品监督管理、工商行政管理和公安、国家安全等有关主管部门，在各自的职责范围内全面对互联网信息内容实施监督管理。因此，上述互联网信息安全管理部门需要对辖区内网站上的内容进行检索、发现、收集和汇总，对出现的违法信息及时进行处理。

目前一些常见的网络内容监控软件大都是被动的工作模式，通常在应用层网关运行，当发现非法词汇时将包含该词汇的网页屏蔽。这一类型的软件可以对网页的违法信息进行过滤，使用户免受违法信息的影响，但是无法得到违法信息的来源，不能进行整体网络的监控。

虽说可以通过设立举报网站、公布举报电话（E-mail 或 QQ 等）和人工浏览的方法来获取网上的违法信息，但更主动有效的方法是利用搜索引擎来进行网上搜索。由于通用搜索引擎存在搜索范围过于广阔而且内容更新周期相对较长的问题，因此，需要有一个能够高效检索指定网站（如指定区域内网站）上特定信息（如违法信息）的专用搜索引擎作为网上特定信息的巡查工具，将网上的违法信息自动地汇集到管理者的计算机上，大大提高工作效率。

二、巡查系统的工作流程

本节的巡查系统是依据特定内容（如违法信息）对一些指定网站进行连续跟踪搜索，最根本的环节有两点。一是对关键词进行精确匹配，不管这些关键词在文档中出现的频率和顺序；二是搜索只在指定的网站内进行，这些指定的网站通常只是本地网站。因此，本巡查系统并不像通用搜索引擎那样对搜索结果进行索引排序，同时，对文档中的超链接进行属地判断，对不属于指定网站的链接弃用。

（1）将需要进行搜索的网站主页 URL 存入源地址库（至少包含一个 URL），作为搜索的起始点。设定与特定内容有关的关键词，按一定的逻辑关系形成一组关键词过滤规则集。

（2）从源地址库中依照顺序取出每一个 URL 地址，对相应的网页内容进行解析。找出网页内的所有文本超链接并进行判断，是站内链接就存入链接地址库，是站外链接则丢弃；同时抽取出该页面文档的主要文本信息并与设定的关键词过滤规则进行比较，将满足条件的 URL 网页的标题、主要文本信息和该页的存入搜索结果数据库并在系统中显示出来。

（3）当源地址库中的 URL 搜索完毕后，转向处理链接地址库。对上一步得到的链接地址库中的每一个链接重复进行与上一步类似的操作，直到链接地址库中所有链接对应的网页都被处理完毕。

（4）对系统中显示的搜索结果进行选择，符合要求的下载使用，不符合要求的则删除。

（5）当所有给定的网站搜索完成后，暂停一段时间，重新按上述步骤自动进行第二次搜索。如此循环下去，直到系统由人工干预来终止。

当系统终端上显示的文档标题或 URL 数量达到一个限定值（如 10000 条）而未能及时进行人工处理时，系统进入等待状态，暂停搜索工作。内部超链接存入链接地址库和搜索结果存入结果库时按进行唯一性判断，如果库中已经存在要存入的数据，则新数据不再存入，这一点在图中没有标出。

为提高搜索效率，减轻网络负荷，在处理每一个链接地址对应的网页内容之前，首先检查该网页的更新时间，如果这个时间早于上次搜索的时间，则不对该网页进行进一步的处理，直接跳过而转向处理下一个 URL。

对所有的选定网站进行完一次搜索后，暂停一段时间再进行下一次的搜索，以保证网站更新信息的及时获取。这个暂停时间间隔可以是一个固定的值，也可以是一个变化的值，本书采用的是后一种方法。根据大多数网站进行网页内容更新的大致时间分布来设定暂停间隔。在网站内容更新最频繁的时间段，可将暂停时间间隔设得小一些（如一个小时），在网站内容更新较频繁的时间段，则将暂停时间间隔设得长一些（如两个小时），而在其他时间段就将暂停时间间隔设得更长一些（如四个小时）。这样既可以保证网站上更新内容的及时获取，又可减轻网络负载。

三、巡查系统的特点

本系统与传统的通用搜索引擎相比，主要有以下几个特点。

（1）对网站的搜索只在网站内进行，对与外网站的链接不进行搜索，这样做可以保证本系统只巡查一些指定的网站，如本地网站等。

（2）对那些满足过滤词规则的网页并不立即下载存储到本地计算机中，而是将相关的 URL、主要文本信息和网页主题存入结果数据库并显示到本地计算机中，以节省存储资源。

（3）对站内链接进行内容更新判断。如果该链接网页内容没有更新，即网页更新时间早于上次搜索的时间，则系统自动跳过该链接，不再进行站内链接和主要文本信息抽取以及进行关键词规则匹配等，以提高工作效率和减轻网络负载。

（4）采用深度优先和广度优先相结合的搜索策略。

（5）在对所有的指定网站搜索完成后，可以在一定时间间隔后重新进行一次搜索，这样就可以保证这些指定网站中的信息一旦更新，有关内容就可以很快被发现。

第四节　系统中关键技术的算法设计与实现

一、巡查系统的搜索策略

如果以先进后出的 FILO 的栈方式处理 URL 地址，则搜索策略为深度优先；若以先进先出的 FIFO 的队列方式处理 URL 地址，则搜索策略为广度优先。

采用深度优先的搜索策略，在对第一个网页进行分析后，取回第一个链接所指向的网页，然后分析这个网页并取回其第一个链接所指向的网页，依次执行下去。深度搜索策略能够较好地发掘网页的结构，相对比较稳定，但缺点是可能导致搜索在某一个网站上进入无限循环，因为有许多网页含有指向它们自己或具有相同 URL 地址的链接。

采用广度优先的搜索策略，在对某一个网页进行分析后，读取其中链接的所有网页，然后分析其中的第一个网页（对应于第一个网页的第一个链接），再读取这个网页中的所有链接的网页，依次执行下去。广度搜索的优点是降低了在极短的时间内频繁访问同一个网站的可能性，可以避免冲垮这个网站的 Web 服务器。

本巡查系统采取的是深度优先和广度优先相结合的策略，既保证了搜索的稳定性，又避免了网站的过度负载。首先从源地址库中选择第一个 URL，找出相应网页的所有本地链接存入链接地址库，然后选择列表中的第二个 URL，再将从中找出的本地链接存入链接地址库，如此循环，直到所有的源地址库中的 URL 用完。然后再进入链接地址库，从第一个链接地址开始找出其对应网页的所有本地链接存入链接地址库（如果该地址已经存在，则不需再存入），然后再选择链接地址库中的第二个链接地址进行同样的处理，依次处理完链接库中所有的链接地址。在处理每一个网页的过程中，同时对网页中的主要文本内容进行采集和匹配，找出符合关键词过滤规则的网页。

二、正则表达式

实现本系统功能有两个关键过程：一个是获取所有的站内链接并将相对地址解析为绝对地址，另一个是网页主要文本内容的获取与关键词规则的匹配。本书是以正则表达式的方法来实现有关的站内地址解析和文本内容匹配的。

1956 年，数学家 Stephen Kleene 在 McCulloch 和 Pitts 在早期工作的基础上正式提出正则表达式的概念，提供了一种从字符集合中搜寻特定字符串的机制。它通过使用一些特定意义字符组成的字符串来表示某种匹配的规则，建立起匹配模式，通过正则表达式引擎将匹配模式与数据文件、程序输入等目标对象进行比较，完成匹配文本的查找、替换、分组和反向引用等功能。

正则表达式主要有 3 个功能：数据有效性验证、替换文本、提取子字符串，因此利用正则表达式可以快速准确地处理一系列复杂字符串的查找、替换等工作。

与本研究有关的正则表达式中使用特定意义的字符如下。

1. 匹配字符

能够匹配字母、数字、汉字、下划线等的操作符，如基本的 "div" "<" 等。"\w" 表示可以匹配任意一个字母或数字或下划线，即 A-Z，a-z，0-9 中的任一字符；"." 可以匹配除了换行符（\n）以外的任意一个字符；"（a/b）"表示匹配字母 "a" 或字母 "b"。

2. 重复操作符

将表示重复次数的特殊符号放在被修饰的表达式后边，表示前边表达式的重复匹配次数。如 "？" 表示匹配表达式 0 次或 1 次；"+" 表示至少重复 1 次；"*" 表示不重复或重复任意次。

3. 转义字符

在一些字符的前边加 "\" 使得这个字符的意义发生转变，如 "\." 表示 "." 字符本身。在 Java 语言中，需要另外再加一个 "\" 符号，变成 "\\."。

三、站内链接的抽取

在 Web 上可以把网页看作一个节点，而网页上的超链接可以看作从一个网页节点到另一个网页节点的有向边或这两个网页节点之间的无向边。一个 Web 站点内文档之间的超链接体现的是文档之间的逻辑关系，与文档所处的位置无关。文档之间的链接，可以分为站间超链接或外部超链接（External Link，源文档与目标文档不在同一个 Web 站点内）和站内超链接或内部超链接（Internal Link，源文档与目标文档位于一个站点内）。

本系统只是对一些指定网站的中文文本内容进行搜索，只对这些指定站点的站内链接感兴趣，因此，对与其他站点之间的外部超链接在此被忽视而丢弃。

本部分算法如下。

1. 获取网站的域名

对于某个需要搜索的网站 URL，首先抽取出网站主页的服务器名（主机名，如 www.cnnic.net.cn），进而得到这个网站的域名（如 cnnic.net.cn）。

2. 抽取网页超链接

在网页源文件中找出文本内容的超链接。

3. 进行站内链接的判断

在获取的超链接字符串中如果含有 "http：//"，则这个链接是绝对链接，否则这个链接是相对链接。如果绝对链接字符串包含第 1 步中解析出的域名，那么这个链接就是站内链接，存入链接地址库，否则就是站间链接。

4. 相对链接的地址转换

一般情况下，相对地址都是站内链接，需要转换为绝对链接地址存入链接地址库。例如，设网页的 URL 为 Weburl，相对链接地址为 Relurl，绝对链接地址为 Absurl，则可以通过 Java 的 URL 类进行转换得到绝对链接地址：URL Absurl=new URL（Weburl，Relurl）。

5. 重复操作

重复以上 2、3、4 步操作，直到整个网页中的超链接处理完毕。

第五节　巡查结果的使用和处理

本书设计的巡查系统就是为了实现对一些指定网站进行及时搜索跟踪，对这些网站上具有特定内容的信息进行及时监测发现，以保证这些网站上的违法信息（包括其更新）能被及时发现和处理。基于正则表达式进行分层处理的算法，极大地提高了对网页主要文本信息的抽取效率，大大减轻了人工查询检索的强度，实现了对这些指定网站内容的不间断自动监测。

《全国人民代表大会常务委员会关于维护互联网安全的决定》《中华人民共和国治安管理处罚法》《计算机信息网络国际联网安全保护管理办法》《互联网信息服务管理办法》等法律法规对不得利用互联网络制作、复制、发布、传播的信息内容都有明确的规定和要求，利用互联网从事违法活动构成犯罪的，依照刑法有关规定追究刑事责任；违反社会治安管理，尚不构成犯罪的，依照治安管理处罚法予以处罚；违反其他法律、行政法规，尚不构成犯罪的，由有关行政管理部门依法给予行政处罚。

通过巡查、搜索等方式发现法律法规所明确禁止的信息后，需要及时进行处理。信息产业、新闻、出版、教育、卫生、药品监督管理、工商行政管理和公安、国家安全等有关主管部门在各自的职权范围内各尽其职、各负其责，依法对互联网信息内容实施监督管理。对制作、复制、发布、传播违法信息的，可以分别做出限期改正、停业整顿、罚款、吊销许可证、关闭网站的处罚乃至追究刑事责任。对违法性质不太严重、影响不太恶劣的网上信息，需要及时进行删除，防止大范围传播。对违法性质比较严重、可能涉嫌犯罪的网上信息，在进行删除之前要对有关的网页内容进行下载保存，以供司法机关调查取证。

对巡查结果可以进行以下工作。

一是可以用来对网站进行分级管理，根据网站上出现的违法有害信息多少，将网站分为重点网站、次重点网站和一般网站，对重点网站加大巡查力度并对网站管理人员加强宣传教育、加大管理力度或处罚力度，以减少或杜绝网上违法有害信息的出现。

二是可以采取以下措施，防止网上已经出现的违法信息扩散传播。

（1）通知网站管理人员、论坛版主等直接进行删除或限制进行评论、跟帖等。

（2）设法找到发文者，要求自行删除或修改有关内容。

（3）通知互联网服务提供商（ISP）、互联网内容提供商（ICP）等进行断网。

（4）利用上一章中提到的网关级有害信息过滤及报警系统等对网页内容进行过滤，或者采取一些特殊的技术手段，阻止对出现的违法信息进行访问。

（5）保存原始网页标题、URL 地址、网站物理 IP、网站物理地址、网站名称、发文人的地址等，为下一步的司法调查做准备，以便对违法行为进行进一步的追查打击。

第七章　信息安全管理

第一节　信息安全工程

一、信息安全工程概述

信息安全工程贯穿信息系统的整个生命周期，从早期的信息安全工程不断发展，形成较为成熟的 ISO/IEC 21827-2009 标准——《信息技术安全技术系统安全工程能力成熟度模型（SSE-CMMr）》。它所构建的安全体系几乎涉及所有的信息安全技术、安全管理和安全培训教育，并应用于政府职能部门、电信电力等基础设施和金融、证券、电子商务等多个领域。

作为 ISO/IEC 21827 标准的前身，系统安全工程能力成熟度模型（System Security Engi-nering-Capability Maturity Model，简称 SSE-CMM）最早由美国 NSA 参与制定，是 CMM 模型在系统安全工程领域的分支。经过 1996 年 10 月初版与 1998 年 4 月 2.0 版本的发布，SSE-CMM 成为一个评价工程实施能力与相关实施资质的成熟标准。正是由于 SSE-CMM 模型在系统评估领域被广泛地具体实施，拥有不可取代的指导意义与影响力，国际标准化组织在 2002 年将 SSE-CMM 采纳为国际标准，标准号为 ISO/IEC 21827。ISO/IEC 21827 标准指定了一个组织机构在确保工程安全顺利实施的过程中必须具备的特质，适用于包括政府部门、商业机构、各大高校与科研院所在内的所有安全工程组织。该模型主要从风险、工程和信任度 3 个方面来分析安全的工程过程，并将安全工程服务提供者的能力划定为以下 5 个级别。

级别 1："非正式执行级"。该级别主要关注一个组织是否执行了一个过程所含的所有基础实施。

级别 2："计划并跟踪级"。该级别主要关注项目级别的定义、计划与实施。

级别 3："良好定义级"。该级别主要关注在组织的层次上有原则地筛选已定义过程。

级别 4："定量控制级"。该级别主要关注与组织的商业目标相结合的度量方法。

级别 5："持续改善级"。在前几个级别进行之后，组织从所有的管理实施的改进中已经收到成效。需要强调的是，这时必须对组织文化进行适当调整以支撑所获得的成果。

虽然 ISO/IEC 21827 标准并未制定一套系统安全工程实施时必须遵守的特定流程，但囊括了一系列具体的工程实践中的经验以及由此总结出的评估标准。这一针对安全工程实践评估标准的模型主要涵盖了以下几个方面的内容。

（1）项目生命周期，包括信息系统在研究、开发，实施与维护的各个阶段。

（2）整个组织阶段，包括管理、组织活动和工程活动。

（3）与其他规范之间的交互作用，包括系统软硬件规范，人为因素，系统管理、实施、后期维护阶段的规范等。

（4）与其他系统组件的交互，包括系统管理、证书认证、授权和评估等方面。

二、SSAM 评估

ISO/IEC 21827 标准模型关注系统安全工程的实施能力，是一种面向工程的评估办法。那么，在具体的信息安全工程中，如何按照 ISO/IEC 21827 标准模型来评估一个组织的成熟度呢？ISO/IEC21827 标准模型的基本要求是其对应的评估方法能够最大限度地发挥模型的效用，但并不指定使用的评估方法。SSAM（SSE-CMM Apprialsa）是专门基于 SSE-CMM 的评估方法，用于评估一个信息安全工程组织的工程过程能力和成熟度所需的相关信息和指南。从成员组织上来看，SSAM 评估主要由三方构成，包括发起组织、评估组织及被评估组织。发起组织是评估过程的启动者，其主要的职责包括定义评估范围和评估目标，从评估组织中选择可用的评估方案，以及对 SSE-CMM 模型进行裁剪以适应工程项目的实际需要。除此之外，发起组织也可能承担为评估组织提供资金的职责。评估组织提供从事评估工作的人员。在多数实施案例中，评估组织与发起组织协同工作以完成选择合适的评估方案和裁剪 SSE-CMM 的任务。对于评估工作者来说，在评估过程中应该保持中立、客观的立场，确保评估过程公平、公正、公开。被评估组织，顾名思义，是接受评估方对工程实施能力评估的组织，它可以是整体的组织机构，也可以是其中的一个子部门。被评估组织的职责由发起组织在评估要求中进行确定或者由竞标会上投标的评估组织进行确认。

从评估阶段上来看，SSAM 主要分为计划阶段、准备阶段、现场阶段和报告阶段。各阶段的主要工作内容如下。

（1）计划阶段。该阶段主要包括 3 个方面的工作。

①确定评估对象和评估范围，以满足发起者指定的评估目的和目标。

②收集初步证据，被评估组织机构回答问卷并提供支持证据，确保在已定义的评估范围内需要的证据都被收集到。

③制订评估计划，提出和审议通过最终的评估计划，并把参数和细节记入文档。

（2）准备阶段。该阶段主要包括 4 个方面的工作。

①评估组准备，确保评估组所有成员都了解 SSE-CMM，并且面向本次评估工作接受

了同样的培训。

②执行问卷调查，对被评估组织的项目负责人进行问卷调查，以获取被评估组织的初步信息。

③巩固证据，整理问卷回答（成为标准格式），并收集有关这些回答的支持证据。

④分析证据 / 问卷，评估组对所有本阶段收集到的证据进行检查，并准备现场阶段要向项目负责人提出的探索性问题（Ex-ploratory Questions）。

（3）现场阶段。该阶段主要包括为参评工作者确定工作内容、与项目负责人进行会谈、建立评估发现、完善评估发现和定义等级轮廓 5 个方面的内容。其中，完善评估发现和定义等级轮廓的工作目标是在消化吸收初步评估发现和进一步会谈得到的信息的基础上，把前几个阶段生成的数据跟踪表的结果转化为等级轮廓，表述每一个过程域的能力成熟度等级。

（4）报告阶段。该阶段主要包括 4 个方面的工作。

①开发最终报告，形成最终的评估发现报告，并提交给发起者一份简报；

②汇报评估结论，把评估结论汇报给发起者；

③处理资料，处理评估各个阶段的所有工作输出；

④汇报经验教训，评估小组成员讨论整个评估的过程。

从评估类型上来看，SSAM 评估方法分为三方评估和自我评估两种。三方评估，指发起方、评估方与被评估方是 3 个独立的组织，主要适用于基于工程合同的要求考察合作方的资格，基于检验的目的评估已有供应商，在理解供应商弱点的基础上管理项目风险等案例中。自我评估，同时作为这 3 个角色在信息安全工程评估过程中出现，主要适用于为自身工程能力进行改进的应用场景中。

随着金融、电信电力、电子商务等多个领域的发展与信息安全需求的日益加深，ISO/IEC 21827 标准必将被更加广泛地应用，为它们提供可靠、完善的安全体系结构。

第二节　信息安全等级保护

一、信息安全等级保护概述

信息安全等级保护的主要内容是依据重要性等级对信息以及信息载体进行有针对性的分级保护。由于信息安全等级保护的重要性，包括美国在内的众多国家都在各自的信息安全领域开展了信息安全等级保护工作。从广义方面说，信息安全等级保护涉猎广泛，涵盖相关标准、产品、系统、信息等；从狭义方面说，通常认为其代表的是信息系统安全等级保护，是指对国家安全、法人和其他组织及公民的专有及公开信息，从存储、传输、处理等多个方面实行等级安全保护，依照分级的思想对使用在信息系统中的信息安全产品进行有序管理，对信息系统中发生的以及潜在可能发生的信息安全事件分等级响应与处置的综合性工作。

20世纪90年代，随着计算机和互联网在中国内地的逐步普及，人们可以用一种全新的视角来认识和审视世界。电子邮件技术的出现让用户能够方便、快捷地与世界各地素不相识的人畅所欲言，交换自己的想法；图片、音频、视频等多媒体技术的引入让人们足不出户便能领略世界各地的自然风光、风土人情，得到千里之外发生的热点事件的最新资讯。可以说，计算机与互联网的出现大大加快了信息的传播速度并拓展了传播范围，将全世界合并到一条延伸至地球各个角落的信息高速公路上来。在人们沉浸在互联网所带来的诸多便利的同时，部分不法分子同样希望利用这条信息高速公路来谋取私利。一时间，窃取、篡改和伪造计算机中存储的或者是互联网中传输和处理的信息等犯罪行为日益猖獗，轻者泄露个人的用户信息，导致用户的财产损失，严重的甚至会危及国家的安全。

正是在这一背景下，公安部开始起草法律和标准，力图从法律、管理和技术3个方面入手，从国家制度的角度来看待信息安全，并对信息安全实行等级保护制度。1999年9月由公安部负责组织制定，国家质量技术监督局负责审查的GB 17859 — 1999《计算机信息系统安全保护等级划分准则》正式对外发布。准则中将计算机信息系统划分为用户自主保护级、系统审计保护级、安全标记保护级、结构化保护级与访问验证保护级5个安全等级。至此，拉开了我国信息安全等级保护制度的大幕。随后，相关的技术以及管理方面的系列标准也陆续出台，推动了信息安全等级保护继续向前发展。这些标准主要包括GB/T20269 — 2006《信息安全技术信息系统安全管理要求》（应用类管理标准）、GB/T 20270 — 2006《信息安全技术网络基础安全技术要求》、GB/T 20271 — 2006《信息安全技术信息系统通用安全技术要求》、BMB 17 — 2006《涉及国家秘密的信息系统分级保护技术要求》和BMB 20 — 2007《涉及国家秘密的信息系统分级保护管理规范》等，并将原先的计算机信息系统的等级保护扩展至所有的信息系统中。

二、信息安全保护分级

2007年6月，公安部、国家保密局、国家密码管理局和国务院信息化工作办公室联合制定并发布了《信息安全等级保护管理办法》，具体提出了等级保护的推进和管理办法。该管理办法本着规范信息安全等级保护管理，提高信息安全保障能力和水平，维护国家安全、社会稳定和公共利益，保障和促进信息化建设的基本目标，通过制定统一的信息安全等级保护管理规范和技术标准，组织公民、法人和其他组织对信息系统分等级实行安全保护，对等级保护工作的实施进行监督、管理。该管理办法按照信息系统受到破坏之后造成的危害程度，将信息系统的安全保护划分为5个等级。

第一级，信息系统受到破坏后，会对公民、法人和其他组织的合法权益造成损害，但不损害国家安全、社会秩序和公共利益。

第二级，信息系统受到破坏后，会对公民、法人和其他组织的合法权益产生严重损害，或者对社会秩序和公共利益造成损害，但不损害国家安全。

第三级，信息系统受到破坏后，会对社会秩序和公共利益造成严重损害，或者对国家安全造成损害。

第四级，信息系统受到破坏后，会对社会秩序和公共利益造成特别严重损害，或者对国家安全造成严重损害。

第五级，信息系统受到破坏后，会对国家安全造成特别严重损害。

三、基本原则

《信息安全等级保护管理办法》同时规定，信息系统的安全保护等级应该遵循多因素综合考虑的基本方针，如信息系统在国家安全、经济建设，社会生活中的重要程度，信息系统遭到破坏后的危害程度等因素，并坚持自主定级、自主保护的原则。

围绕上述管理办法中提出的信息系统的五个安全保护等级，公安部和全国信息安全标准化技术委员会分别起草并制定了一系列的标准来细化与扩展《信息安全等级保护管理办法》。这些标准主要包括以下几项。

（1）GB/T 2240—2008《信息安全技术信息系统安全等级保护定级指南》，为具体定级工作提供指导依据。该标准在等级保护相关管理文件的基础之上从两个角度确定信息系统安全保护等级，即信息系统所承载的业务在国家安全、经济建设、社会生活中的重要作用和业务对信息系统的依赖程度这两个角度。

（2）GB/T 22—2008《信息安全技术信息系统安全等级保护基本要求》，根据技术发展的当前水平，提出并规定了不同安全保护等级信息系统的基本安全要求，涵盖基本技术要求和基本管理要求两部分，适用于指导不同安全保护等级信息系统的安全建设和监督管理。

（3）GB/T25058—2010《信息安全技术信息系统安全等级保护实施指南》，规定了信息系统安全等级保护实施的过程，适用于指导信息系统安全等级保护的实施。

（4）GB/T 28448—2012《信息安全技术信息系统安全等级保护测评要求》，规定了对信息系统安全等级保护状况进行安全测试评估的要求，包括第一级、第二级、第三级和第四级信息系统安全控制测评要求和系统整体测评要求，但没有对第五级信息系统安全控制测评的具体内容要求进行规定。

其中，《信息安全技术信息系统安全等级保护实施指南》除明确指出信息系统安全等级保护的核心是对信息系统分等级、按标准进行建设、管理和监督外，同时规定了信息系统安全等级保护实施过程中应该遵循的4项基本原则。

（1）自主保护原则。信息系统运营、使用单位及其主管部门按照国家相关法规和标准，自主确定信息系统的安全保护等级，自行组织实施安全保护。

（2）重点保护原则。根据信息系统的重要程度、业务特点，通过划分不同安全保护等级的信息系统，实现不同强度的安全保护，集中资源优先保护涉及核心业务或关键信息资产的信息系统。

（3）同步建设原则。信息系统在新建、改建、扩建时应当同步规划和设计安全方案，投入一定比例的资金建设信息安全设施，保障信息安全与信息化建设相适应。

（4）动态调整原则。要跟踪信息系统的变化情况，调整安全保护措施。由于信息系统的应用类型、范围等条件的变化及其他原因，安全保护等级需要变更的，应当根据等级保护的管理规范和技术标准的要求，重新确定信息系统的安全保护等级，并根据信息系统安全保护等级的调整情况，重新实施安全保护。

四、定级流程

《信息安全技术信息系统安全等级保护定级指南》对客体的具体定级流程进行了说明。文件中根据受侵害客体的类型与对客体的侵害程度两个方面进行衡量来对客体进行定级。其中，信息系统安全包括业务信息安全和系统服务安全，与之相关的受侵害客体类型和对客体的侵害程度可能不同，因此，信息系统定级也应由业务信息安全和系统服务安全两方面确定。从业务信息安全角度反映的信息系统安全保护等级，被称为业务信息安全保护等级。

正是基于上述上至中央政策文件提供的指导方针，下至技术标准和管理标准提供的技术和管理具体实现要求，信息系统安全等级化这一最终目标才得以逐步实现。从总体来看，信息安全等级保护工作主要包括5个阶段，它们分别是定级、备案、安全建设和整改、信息安全等级测评，以及信息安全检查。该项工作主要由公安部授权的第三方测评机构来完成，面向企事业单位提供信息安全等级测评咨询服务。

信息系统安全等级测评的目的在于，一方面，通过测试来评估信息系统是否达到了相应安全保护等级是信息系统安全等级测评的主要目标；另一方面，信息安全等级保护的基本要求是不同安全等级的信息系统采取与之相对应的安全保护措施，如可以通过在安全技术和安全管理上选用与安全等级相适应的安全控制来实现；通过分布在信息系统中的安全技术和安全管理上不同的安全控制，以及连接、交互、依赖、协调、协同等相互关联关系，共同作用于信息系统的安全功能，使信息系统的整体安全功能与信息系统的结构，以及安全控制间、层面间和区域间的相互关联关系密切相关。因此，信息系统安全等级测评不仅需要进行安全控制测评，在此基础之上还必须包含系统整体测评等内容。

第三节　涉密网络分级保护

一、涉密网络分级保护概述

所谓涉密网络，是指传输、处理存储含有或涉及国家秘密的计算机组织起来的网络。值得注意的是，涉密网络需要与高安全等级网络区分开来。前者强调的是由计算机组成的网络中是否存在涉及国家安全的秘密信息，而与该网络是否实现了数据机密性与完整性、网络的可用性与可控性保护并无直接联系。相反，即便网络提供了这些高安全等级的服务，只要其中传输、处理和存储的数据不含有涉及国家秘密的信息就不能算是涉密网络。分级保护针对的是涉密信息系统，主要划分为秘密、机密和绝密 3 个等级。划分的依据主要包括待分级信息的涉密等级、涉密信息系统的重要性、遭受入侵与信息泄露后可能导致的危害程度，以及涉密信息系统必须达到的安全保护水平等。而后，依照现有的分级保护管理办法和有关标准，涉密信息系统的建设使用单位对涉密信息系统按照不同的等级实施相应的保护。同时，依据涉密信息系统的保护等级，各级保密工作部门对涉密信息系统实施相应的监督管理，确保涉密信息系统的安全。

二、相关标准

在涉密信息系统如何进行分级保护的问题上，国家保密局有针对性地制定了成体系的管理办法和技术标准。目前，正在执行的分级保护的相关国家保密标准主要包括 BMB17—2006《涉及国家秘密的信息系统分级保护技术要求》、BMB 20—2007《涉及国家秘密的信息系统分级保护管理规范》、BMB 22—2007《涉及国家秘密的信息系统分级保护测评指南》和 BMB23—2008《涉及国家秘密的信息系统分级保护方案设计指南》。这 4 项标准及指南的先后颁布标志着我国涉密信息系统分级保护工作从技术要求、方案设计、管理规范到安全测评都拥有了独立的指导标准与规范。

（1）BMB17—2006《涉及国家秘密的信息系统分级保护技术要求》明确阐述了涉密信息系统的等级划分准则以及相应等级的安全保密技术要求。该技术要求能够为涉密信息系统的设计单位、建设单位，以及使用单位对涉密信息系统的建设、使用和管理提供技术规范，也可用于保密工作部门对涉密信息系统的管理和审批。

（2）BMB20—2007《涉及国家秘密的信息系统分级保护管理规范》规定了涉密信息系统分级保护管理必须遵循以下原则：

①规范定密，准确定级；

②依据标准，同步建设；

③突出重点，确保核心；

④明确责任，加强监督。

并且从系统保护和系统监管两个方面阐述了涉密信息系统分级保护的具体步骤和管理要求，适用于涉密信息系统的设计单位、建设使用单位（主持建设、使用涉密信息系统的单位）对涉密信息系统的建设、使用和管理，也可用于保密工作部门对涉密信息系统的管理和审批。

系统保护方面，该规范强调了系统建设使用单位应当依据《涉及国家秘密的信息系统分级保护技术要求》进行系统安全保密方案设计，并结合系统实际进行安全风险分析，根据分析结果确定所应采取的保护措施，增强分级保护的针对性。具体步骤如下。

①根据系统分级，确定系统保护所需达到的基本要求。

②结合系统实际进行安全风险分析，对部分保护要求作适当调整。

③按照最终确定的保护要求，采取具体保护措施。已经投入使用的涉密信息系统，建设使用单位应按照《涉及国家秘密的信息系统分级保护技术要求》制订系统分级保护方案，补充并完善保护措施。

系统监管方面，该规范要求各级保密工作部门应加强对涉密信息系统建设使用单位系统定级工作的具体指导与监督。监管的范围主要包括如下四方面。

①涉密信息系统开发与建设单位选择。涉密信息系统开发单位必须选择具有相应涉密资质的单位承担或参与涉密信息系统的方案设计与实施、软件开发、综合布线、系统服务、系统咨询、风险评估、屏蔽室建设、工程监理等。

②安全保密测评。在系统工程完成后，需要向保密工作部门提出申请，由国家保密局授权的系统测评机构（如国家保密科技测评中心）对涉密信息系统进行安全保密测评。

③使用前审批。涉密信息系统使用单位在系统投入使用前，应按照涉密信息系统审批管理办法的规定进行审批，通过审批后方可投入使用。

④保密工作部。视情况进行核查或抽查。涉密信息系统建设使用单位应当定期组织对系统的安全保密状况进行自我评估。

（3）BMB 22 — 2007《涉及国家秘密的信息系统分级保护测评指南》规定了涉密信息系统分级保护测评工作流程、测评内容、测评方法和测评结果判定准则。

（4）BMB 23 — 2008《涉及国家秘密的信息系统分级保护方案设计指南》规定了涉密信息系统分级保护方案应包括的主要内容。

第四节　CC 测评

一、CC 测评概述

随着经济全球化和以计算机和互联网为代表的全球信息高速公路的快速发展，大量信息技术产品包括安全产品需要进入国际市场，产品安全认证与测评是其中不可或缺的重要环节。然而，由于各个国家在信息技术的发展、认知水平和测评理念上的差异，不同国家出台的认证测评标准不尽相同，从而导致了安全产品测评标准各自为战、互不认可的尴尬局面。另外，产品的测评与认证是一项长耗时、高开销的项目，不必要的重复认证不但会导致人力、物力资源的极大浪费，也将导致安全产品的设计、研发、市场发布周期的延长，极大地阻碍了信息安全技术的发展。正是在这样的背景下，为了避免产品测评认证方面的一些不必要开支，避免不必要的重复工作，以西方发达国家为主的国际社会希望标准化的信息技术安全测评结果可以互相认可，从而推动全球信息化的发展。

在 CC 测评标准出台之前，以美国、加拿大、法国、德国、荷兰、英国等欧美国家为首的各国标准化机构均朝着这一目标做了大量努力。其间产生的最有影响力的评估准则主要包括美国《可信计算机系统评估准则》（TCSEC）、欧洲《信息技术安全评估准则》（IT-SEC）和加拿大《可信计算机产品评估准则》（CTCPEC）。TCSEC 作为美国国防部的军用标准，在军用信息技术安全性方面提出了众多需求，其中，包括将安全要求由高到低分为 A、B、C、D 四大类，又细分为 A1、B1、B2、B3、CI、C2、D7 个安全级别。ITSEC 主要由法国、德国、荷兰、英国等欧洲国家联合制定，适用于军队、政府和商业部门等众多领域。ITSEC 同时借鉴了 TCSEC 与信息技术发展的需求，在原标准基础上进行了大量改进，如将安全性要求细分为"功能"和"保护"两个部分，前者包括为满足安全需求而采取的一系列技术安全措施，包括访问控制、审计、鉴别和数字签名等，后者则规定了相应的安全措施以确保"功能"部分的正确实现并使其有效性得到保障。CTCPEC 沿袭 TCSEC 和 IT-SEC，将安全分为功能性要求和保证性要求两部分，其中，功能性要求又分为机密性、完整性、可用性和可控性 4 个大类。

CC 标准联合了上述这些已经存在的安全评估标准规范，逐渐在全球化的信息安全产品测评认证中占据主导性地位。研究制定评估信息安全技术通用准则的任务主要由国际标准化组织在 20 世纪 90 年代初负责实施，以作为全球统一的信息技术安全性量度，1999 年 12 月正式颁布国际标准 ISO/IEC 15408《信息技术安全技术信息技术安全性评估准则》（Com-mon Criteria，简称 CC），我国对应的国家标准为 GB/T 18336。CC 标准，一方面，可以作为标准指导安全信息系统的测评；另一方面，更可以为信息系统的安全设计与实现提供很大程度上的参考。CC 标准主要将其安全要求分为两大类，即功能性要求和保证要求。前者对规范产品和系统安全行为做出约束，后者主要解决如何正确有效地实施这些功能的问题。

二、共同准则评估方法

共同准则评估办法主要针对计算机安全产品和系统，其中几个关键概念贯穿整个 CC 标准，列举如下。

（1）评估对象（Tanget of Evaluation，简称 TOE）。评估对象包括作为评估目标的产品或者系统。评估的主要目的是证实评估目标所生成的安全性级别，其中必须包含证实目标的安全特性。

（2）保护轮廓（Protetion Profile，简称 PP）。保护轮廓是安全性评估的主要依据，同时也是 CC 标准中的核心概念。它是由安全产品的用户或者用户团体定义的一组文档，文档中指定了一类安全产品在其特定的应用环境下应该满足的一组安全要求（如智能卡产品需要提供数字签名或者网络防火墙等要求）。产品卖家可以遵循一个或者多个保护轮廓来实现并评估他们的产品。另外，保护轮廓也可作为产品安全目标（ST）的模板。在标准体系中，保护轮廓相当于产品标准，有助于过程规范性标准的开发。国内与国际上已开发了相应的保护轮廓安全产品，主要包括智能卡、防火墙、入侵检测系统、访问控制系统、PKI、VPN、网上证券委托等。

（3）安全目标（Seeurity Target，简称 ST）。安全目标主要是以文档的形式指明了待评估目标产品的安全属性。它相当于产品或者系统的实现方案，与 ITSEC 中安全目标的概念基本一致。安全目标可以涉及一个或者多个安全轮廓，并允许卖家根据实际需求相应地裁剪安全评估，以便准确地匹配产品中相应的功能。这就意味着一个数据库管理系统和网络防火墙之间不需要满足相同的功能要求，并且对于同样是防火墙的产品（如包过滤防火墙和应用级防火墙）之间可能依据完全不同的需求列表进行评估。安全目标文件通常对外公开，以便潜在的客户能够确定评估通过的指定的安全特性。

（4）安全功能需求（Security Functional Requirements，简称 SFRs）。安全功能需求，是指明安全产品所提供的安全功能。共同准则中以标准目录的形式呈现了这些功能集。例如，一项安全功能需求可能描述了扮演某一特定角色的用户如何能够被认证。值得注意的是，安全功能需求列表是与评估项目相关的。即便是相同类型的产品，不同评估项目的安全功能列表也可能大相径庭。尽管通用准则并未指定将任何安全功能需求包含在安全目标中，但指定了不同功能的正确执行之间的相互依赖关系，如依据用户所扮演的角色来进行访问控制的能力依赖于识别个体角色的能力。

（5）安全保证需求（Security Assurance Requirements，简称 SARs）。安全保证需求是对产品在开发和评估过程中所采取的主要措施的描述性文档，以便确保所开发出的产品与其宣称的安全功能之间相一致。例如，一次评估可能要求所有的源代码被保存在一个变更的管理系统中，或者所有的功能测试均已被执行。和安全功能需求类似，共同准则中给出了安全保证需求的目录，并且这些需求也是随着评估项目的不同而产生变化的。对于指定的目标或产品的安全保证需求被分别记录在安全目标和保护轮廓中。

（6）组件（Componen）。组件是一组不可再分的最小安全要求集合。它以"类、子类、组件号"的方式标识组件，如"FDP, DAU 基本数据鉴别"。其中，FDP 指"用户数据保护"功能类，DAU 指"数据鉴别"子类。通过选取和组合这些最小的安全要求构建块可以构建上文中定义的保护轮廓和安全目标。

三、CC 标准

由于 CC 标准继承并扩展了先前各种评估标准的思想和内容，标准文档的总体数量十分庞大。从某种角度上说妨碍了 CC 标准的使用与推广，但从整体上来说，一般可以将 CC 标准分为 3 个部分。

第一部分主要对 CC 标准进行了总体介绍，简要描述了安全性评估的一般概念和原理，并明确阐述了评估中所使用的一般模型和可用于表达信息技术安全目的的相关结构。第二部分主要是安全功能要求。当用户需求被初步确定之后，产品的开发人员为了满足这些需求，需要在产品或系统中采取相应的技术安全措施。安全功能要求的作用就是对这些技术安全措施进行规范。在文档中这些规范共包括 11 个大类、66 个子类。下面简要介绍一下这 11 个大类。

（1）FAU 类：安全审计。安全审计类的首要职责为，对那些在安全产品与系统的实际操作过程中产生的与安全行为相关的信息进行识别、记录、存储和分析。审计结果可分别用来判断在审计期间发生的安全行为，以及需要对这些安全行为负责的用户。该类由众多相关的子类组成，主要由定义选择审计事件的方式、产生审计事件数据、查阅和分析审计、对审计的安全事件自动响应，以及存储和保护审计结果等方面要求的子类组成。

（2）FCO 类：通信。通信类的作用主要是保证在信息传输的过程中数据发送者和数据接收者的身份信息，同时保证数据传输过程中的不可否认性，即对于发送方来说不能否认发送过该数据，对于接收方来说不能否认曾经收到过该数据。该类在其下层的层次结构中又被分为两个子类。

（3）FCS 类：密码支持。密码支持类由两个子类构成，分别规定了在密钥使用和密钥管理方面的相关规范细节。该类主要在产品或系统中包含密码功能时使用。这些密码功能主要包括身份认证，数据机密性、完整性保护，以及数字签名等方面。

（4）FDP 类：用户数据保护。用户数据保护类的主要内容包括了用以保护用户数据的相关策略和相应的安全功能要求。该类的涵盖面较广，包含涉及安全产品和安全系统中用户相关数据的输入、输出和存储方面属性共 13 个子类。

（5）FIA 类：标识和鉴别。标识和鉴别类的主要作用是对用户身份进行鉴别和确认，以保证实现它们与评估目标对象之间交互的授权，以及每个授权用户安全属性的正确关联等安全要求。另外，该类还可以无歧义标识授权用户以及安全属性与用户，主体的正确关联。这些要素均是实施预定安全策略的关键。对用户的正确标识和鉴别也是其他类（如用户数据保护、安全审计等）有效实施的基础。

（6）FMT 类：安全管理。安全管理类首先对三方面内容提出了管理规定，包括安全属性、数据和功能；随后定义了不同的管理角色以及它们之间的相互作用，如权力分割原则。该类的内容涵盖了所有其他功能类别与管理方面相关的活动。

（7）FPR 类：隐私。隐私类主要为用户的身份信息提供保护，防止非授权用户发现、窃取、滥用该合法用户的身份信息等行为的发生。该类的下层子类主要包括假名、不可关联性、匿名、不可观察性四个类别。

（8）FPT 类：TSF 保护。TSF 保护代表评估对象的安全功能。TSF 保护类的关注重点是保护 TSP 数据而不是用户数据。该类是保证评估目标的安全策略不被篡改和遭受旁路攻击的必要条件。在其下属的 16 个子类中，主要包括了与 TSF 机制、数据的完整性和管理方面相关的内容。

（9）FRU 类：资源利用。资源利用类主要保证了资源的可用性，诸如处理能力或存储能力。它还包括三个子类。

①容错子类的作用是防止由产品或系统故障引起的上述资源不可用；

②服务优先级子类确保资源根据任务的优先级和对时间的需求进行合理调度，并且资源不能被优先级低的任务所独占；

③资源分配子类通过对可用资源的使用进行限制，防止用户独占相关资源。

（10）FIA 类：评估对象访问。评估对象访问类的主要作用是控制并建立用户会话，它还规定了过程中的一些功能要求，是在标识和鉴别类安全要求的基础之上进行的补充和完善。该类的具体职责包括管理用户会话范围和连接数限定、访问历史显示和访问参数修改等方面。

（11）FTP 类：可信路径/信道。可信路径/信道类对用户和 TSF 之间可信的通信路径进行了规定，并对 TSF 和其他可信 IT 产品之间可信通信信道提出了具体的要求。TSF 间通信的可信信道构成了可信路径，同时，它为用户提供了一种手段以便通过有保证地与 TSF 直接交互来执行安全功能。用户或 TSF 都可以作为可信路径交换的发起方，且可信路径中传输的数据都受到了适当的保护，以保证它们不会被不可信应用恶意地修改或泄露。

第三部分主要是安全保证要求。安全保证要求制定的出发点是希望确保安全功能能够有效地实施。安全保证的主要措施包括软件工程、开发环境控制、交付运行控制和自测等，这些措施使得安全产品或者系统的功能能够正确有效地实施。在安全保证要求中主要包括 10 个大类，它们分别是 PP 和 ST 评估中包含的 2 个保证类、7 个评估保证类和 1 个保证维护类。

简要介绍如下所示。

（1）PP 和 ST 评估类。

① APE 类：保护轮廓评估。论证 PP 的完备性、一致性和技术上的合理性是 PP 评估的首要目的，只有通过评估后的 PP 才能作为 ST 开发的基础。保护轮廓评估类的作用在于对产品或系统标准的评审进行了规范。通过评估的 PP 在权威机构处进行注册并对外公布，如目前 ISO 正在开发有关 PP 的注册标准。另外，该类还对 TOE 描述、安全环境、安全目的和安全要求四个方面提出了评估要求。

② ASE 类：安全目标评估。论证 ST 的完备性、一致性和技术上的合理性是 ST 评估的首要目的，因此，ST 评估可以作为 TOE 评估的基础。安全目标评估类提出的评估要求主要包括 TOE 描述、安全环境、PP 声明、TOE 概要规范等。

（2）评估保证类。

① ACM 类：配置管理。配置管理类的目标是追踪评估对象的所有修改与变化，以保证所有这些修改都是经过授权的，这样就能确保评估对象的完整性不受侵害。特别地，配置管理过程可以确保用于评估的评估对象和它所对应的文档间是匹配的，且与预先准备的那一份保持一致。该类主要包含了 3 个方面的要求，分别为自动化、配置管理能力和范围。

② ADO 类：交付和运行。交付和运行类规定了评估对象在交付、安装、生成和启动方面的措施、程序和标准，并且确保评估对象所提供的安全保护在这些关键过程中不存在被泄露的风险。

③ ADV 类：开发。开发类的功能主要是规范安全目标（ST）中定义的评估对象概要，并将其细化为具体的评估对象安全功能（TSF）实现。此外，该类还涉及安全要求到最低级别表示之间映射时的相关内容。该类的下层功能子类主要包括功能规范、高层设计、实现表示、TSF 内部、低层设计、表示对应性、安全策略模型等。

④ ACD 类：指导性文档。指导性文档类定义的目标是协助管理员和用户对评估对象进行正确安全操作和使用，它规定了用户指南和管理员指南编写方面的要求以实现上述目标。在相应的指南中应该对所有有关评估对象安全应用方面的内容进行描述。

⑤ ALC 类：生命周期支持。生命周期支持类的目标是确保评估对象与其安全要求之间相互匹配。因此，该类要求评估对象在其开发和维护阶段，对其相关过程进行更进一步的细化并确定相应的控制规则。该类包括 4 个方面的要求，分别是生命周期定义、工具和技术、开发环境的安全和 TOE 用户所发现缺陷的纠正等。

⑥ ATE 类：测试。测试类提出了开发者功能测试预期范围、深度，以及第三方独立性测试等方面的要求，它并不仅仅关注评估对象是否具有规定的功能，更关注评估对象是否满足其安全功能要求。

⑦ AVA 类：脆弱性评定。脆弱性评定类定义的安全要求主要与识别可利用的脆弱性有关，这些脆弱性可能在开发、集成、运行、使用和配置的各个阶段进入评估对象中。因此，通过分析评估对象配置、分析隐蔽信道、检查安全功能实现机制的强度和标识评估对象开

发时信息流的导入等手段可以有效地发现评估对象中潜在的可以被开发和利用的脆弱性。

（3）保证维护类。保证维护的目的是确保评估对象或其应用环境发生变化时，能够继续保持其既定的安全目标。而确定这种安全目标不受影响的方法是再次对评估对象实施评估，然而这将极大地增加开销，实现的过程中也存在着诸多困难。因此，在 CC 标准中通过定义 AMA 类来确保在不需要进行再次评估的前提下，相关的安全目标都能得到维持。当然，AMA 类同样支持对 TOE 进行再次评估。

AMA 类：保证维护。保证维护类提出的要求适用于评估对象通过 CC 标准认证之后。这些要求的主要目标在于确保评估对象或其应用环境发生变化时，能够继续保持其既定的安全目标。该类的下层子类又包括保证维护计划、评估对象组件分类报告、保证维护证据和安全影响分析。这些要求构成了保证维护体系的关键模块。

除了上述 10 类安全保证要求，CC 标准还定义了评估保证级（Evaluation Assurancelevel，简称 EAL）作为衡量保证措施的一个度量标准，这种度量标准的确定能够衡量评估对象所达到的保证级，以及达到该保证级所需的代价和可行性。CC 标准中的评估保证级主要按照递增的顺序分成 7 个等级，它定义了一个评估对象的开发者和安全评估者的责任。分别列举如下。

（1）EALI：功能已测试。测试者得到评估对象，检查文档并进行一些测试来确定文档的功能。评估不必要求来自开发者的任何协助，评估所需的费用也是 7 个安全等级中最少的。通过该等级的评估，测试者应该确保评估对象的安全功能和其文档在形式上一致，并对已标识的威胁提供了有效的防御措施。

（2）EAI2：结构已测试。该等级需要开发者的少量参与，如提供测试文档和漏洞分析的测试结果。评估者通过复查这些文档并重复部分测试来确保文档的真实与正确性。该级别可以运用在所需来自开发者的努力较小、不需要有效的完整开发记录的场景，如对传统的保密系统进行评估的场景或者不便于对开发者进行现场核查时的场景。

（3）EAL3：方法已测试和验证。需要开发者提供较为完整有效的开发文档。开发者在开发过程中使用配置管理器、文档安全管理器等工具来记录开发过程，并向测试者提供高水平的设计文档和复查用测试覆盖文档。该级别适用于已遵从好的开发实践并且不想对其实践执行深层次改变的开发者。

（4）EAL4：方法已设计、测试和复查。该等级适用于安全产品或系统的开发者或者用户要求传统的商品化评估对象具有中等到高等级别的独立保证的安全性的情况。在评估的过程中，开发者需要为评估者提供一个低层次的设计和一个功能安全的源代码子集以及安全的分发过程，从而评估者能够对设计和源代码子集进行独立的脆弱性分析。通常情况下，已经存在的产品线的最高评估等级就是 EAL4 级。

（5）EAL5：半形式化设计和测试。安全产品的开发者向测试者提供一个正式的安全策略模型、一个半正式的安全高层次设计、功能规范及功能安全的完整源代码。评估者对其执行独立的渗透测试，对于该级别的评估来说，开发者不需要投入超过开发过程本身成本太多的附加评估费用，但对评估对象本身的设计和开发需要在相关的专业技术方面下一定的功夫。

（6）EAL6：半形式化验证的设计和测试。开发者通过在严格的开发环境中运用专业性的安全工程技术而获得的高级别的保证。该等级的适用场景为高风险环境下的特定安全产品或系统的开发，并且希望保护的资源值得这些额外的人力、物力和财力方面的开销。

（7）EAL7：形式化验证的设计和测试。该等级适用于安全性要求极高的评估对象的开发，开发者需要提供正式的功能规范和高层次的设计文档，并且必须展示或者证明所有安全功能实现之间的通信。目前，由于对安全功能全面的形式化分析难以实现，在实际应用中也很少有这类需求，达到和以该级别作为评估目标的评估对象比较少见。由于 CC 标准是 TCSEC、ITSEC、CTCPEC 等标准的继承与扩展，在编写 CC 标准时开发人员充分考虑了它们之间所定义的安全级别间的兼容和对应关系。

第五节　密码模块测评

一、密码模块测评概述

为了保证密码模块能够正确地实现密码算法，达到算法设计的性能和安全特性，需要对密码模块实现进行严格评估和规范管理。现有的最为完善的密码模块测评体系是美国的 CMVP（Cryptographic Module Validation Program）。CMVP 评估有两个目标。

（1）保证安全模块实现的正确性和安全性。

（2）为模块改进提供帮助。

可以看出密码评估的最终目的是为信息安全系统提供合格的密码模块，所以在阻止不合格的密码系统进入信息安全系统的同时，更重要的是保证信息安全系统有合格的密码模块可用。因为密码模块相对于其他信息安全系统组件毕竟是一件稀缺的部件（密码算法的资源也是有限的）。

在国际上比较通用的信息安全检测认证体系模型大致可以分为 3 个层次。其中，密码模块检测认证是整个体系的基础和开始。从密码模块到信息安全产品，从信息安全产品到信息安全系统，检测关注的内容不断增多。但是底层是上层的核心功能和基础，只有在保证底层功能安全的基础上，才能保证上层功能的安全。

密码模块检测认证与其他信息安全产品检测认证既有区别又有联系。密码模块检测认证是其他信息安全产品检测认证的基础，需要给予特别重视和关注，同时密码模块检测认证同其他信息安全产品检测认证有着不同的检测方法。一般信息安全产品检测认证相对于密码模块检测认证具有更高的开放性和通用性，目前世界主要国家已经就信息安全产品检测认证制定了通用的检测认证标准——CC 标准。

密码模块检测认证可以与信息安全产品检测认证工作相结合，但是二者不存在相互替代的关系，即其他信息安全产品检测认证不能代替密码模块检测认证，二者的管理体系也不能混淆。

二、美国信息安全测评认证体系

政府、工业和公众都依赖密码技术来为电子商务、关键设施和其他应用领域中的信息和通信提供保护。这些产品中提供密码服务的核心是密码模块。在产品和系统中使用密码模块（包含密码算法）来提供机密性、完整性、鉴别等安全服务。虽然密码技术可以提供安全性，但是不好的设计或不好的算法都可能使得产品不安全或导致敏感信息泄露。因此，需要根据一些标准，对密码模块及其底层的密码算法进行足够的测试和验证。

正是在这一需求下，美国构建了自己的信息安全测评认证体系，它同样符合上述 3 层的信息安全检测认证体系架构。

其中，密码算法正确性检测和密码模块检测认证是上层安全产品和信息安全系统测评的基础。下面简要介绍一下该测评认证体系的各个模块，其中对 CMVP 做重点叙述。

（一）信息安全系统测评

在信息安全产品检测认证完成后，进入信息系统构建阶段。由信息安全产品构成安全系统的过程中又可能引入新的系统性问题，所以需要对系统的安全特性进行检测评估。在美国由美国国家统计局（GAO）负责信息系统安全检测认证工作，所参考的标准有 NIST SP800-37 等。

（二）通用准则评估和认证计划（CCEVS）

为了全面采用 CC 标准进行信息安全产品测评认证，美国在 NIAP(National Information Assur-ance Partnership) 的基础上，构建了 CCEVS(Common Criteria Evaluation and Validation Scheme)，于 2000 年制定了 NIAP/CCEVS(National Information Assurance Partnership Common Crteria Evalua-tion and Validation Scheme) 框架。2003 年以后 CCEVS 的工作主要由 NSA 进行管理。

CCEVS 重点关注采用 CC 标准对信息安全产品进行检测认证。CCEVS 通过认证测试实验室 CCEVS 来完成具体的测试工作。在 CCTIS 进行具体的信息安全产品测试时，CCEVS 将提供技术指导以帮助这些实验室完成测试工作。CCEVS 负责对 CCEVS 的测试结果进行认证。此外，CCEVS 还是美国与其他国家进行测试认证交流的窗口。除了进行符合美国的 NVLAP 实验室认证的流程，CCEVS 还需要进行特殊的认证。

CCEVS 在框架范围内对 CCEVS 的测试结果进行评估。如果通过评估，则为测试的信息安全产品或者 PP 颁发认证证书。该证书标志着该产品或者 PP 符合 CC 标准的要求。CCEVS 负责维护通过认证的产品列表和 PP 列表。CCEVS 不对密码产品进行认证。

（三）密码算法正确性检测（CAVP）

CAVP 对 FIPS 认定的和 NIST 推荐的密码算法进行验证测试。密码算法验证是 CMVP 的先决条件。CAVP 是 NIST 和 CSEC 于 1995 年 7 月制定的。CAVP 下所有算法的测试都是由第三方实验室（CST 实验室）完成的。密码模块首先需要完成的功能是密码算法的正确实现。CAVP 验证的密码算法主要包括 FIPS PUB 系列标准规定的算法以及 NIST 推荐的密码算法。CAVP 是 CMVP 必要的先决条件。CAVP 的具体检测工作同样由经过认证的 CMT 实验室完成。

（四）密码模块检测认证（CMVP）

为了保证密码模块能够正确地实现密码算法，达到预定的性能和安全特性，需要对密码模块实现进行严格的检测认证管理。1995 年 7 月 17 日，美国 NIST 建立了 CMVP。CMVP 针对首先进行测试的 164 个模块的数据进行分析。他们发现，50% 的模块有安全漏洞；25% 的密码算法的实现是不正确的。这说明密码模块检测认证是必要的。

CMVP 是 NIST 和加拿大 CSEC 联合制定的密码模块检测认证框架，起初的根据是 FIPSPUB 140-1 标准和其他密码相关的 FIPS PUB 系列标准。2001 年 5 月 25 日，CMVP 开始采用 FIPS PUB 140-2 标准进行密码模块安全性检测。美国政府规定 CMVP 检测是强制性检测，政府及政府相关的密码系统使用的密码模块必须经过 CMVP 认证。没有经过认证的密码模块不得用于敏感数据保护。CMVP 只适用于政府和公共领域的信息系统，对于私人领域 CMIVP 不做强制性规定。CMVP 的 FIPS 密码标准认证得到了世界范围的广泛认可，ISO 已经接受了 FIPS PUB 140 标准。

CMVP 目前所依据的密码模块检测的标准 FIPS PUB 140-2 涵盖了与密码模块安全设计和实现相关的 11 个领域，如下所列。

①密码模块的规格说明（Crptographie Module Specifcation）；

②密码模块端口及界面（Cryptographie Module Ports and Interfaces）；

③角色、服务提供及身份鉴别（Roles，Serices and Authentieation）；

④有穷状态模型（Finite State Model）；

⑤物理安全（Physical Security）；

⑥操作环境（Operaional Environment）；

⑦①密钥管理（Cryptographic Key Management）；

⑧电磁干扰/电磁兼容性（Electromagnetic Intererence/Electromagnetie Compatibility）；

⑨自检测试（Self-Tests）；

⑩设计保障（Design Assuranee）；

⑪消减其他攻击（Mitigation of Other Atacks）。

在这 11 个领域的检测中，密钥管理是核心。FIPS PUB 140-2 标准和其配套的实施指南 ICG 在密钥生成、建立、传送、输入、输出、存储和消除等方面给出了详尽的要求和解释。

尽管 FIPS PUB 140-2 标准在其有效期内是相对稳定不变的，但 FIPS PUB 140-2 的实施指南则随着密码技术的快速发展而相应地发生着变化。FIPSPUB140-2 标准和实施指南同时要求密码模块的设计和实现参照 SP 800-56、SP 800-57、SP 800-132、SP 800-135 等在内的 NIST 针对密钥生成、建立或保护而专门发布的推荐使用的方法论文档。

CMVP 的主要管理单位——NIST/CSE 在评估过程中发挥着核心作用。它负责根据 FIPS PUB 140 标准管理整个评估流程。首先它根据 FIPS PUB 140-2 和其他 FIPS PUB 密码标准制定相应的密码模块开发和检测认证指南，用于指导密码模块检测认证。具体的模块检测工作由密码模块检测实验室——CMT 实验室完成。CMT 实验室通过美国国家实验室自愿认可体系 NVLAP 认定。CMVP 接受 NVLAP 授权的密码模块测试实验室的评测结果，进行密码模块的 FIPS PUB 标准认证。

密码模块认证计划和 FIPS PUB 140 系列标准在美国和加拿大启用以来，有了很大反响，其影响力逐渐遍及全球。目前，密码模块安全测评的必要性已经得到世界各国的认可，CMVP 颁发的证书也日渐得到全球各界的认同。然而，由于美国联邦政府管理 FIPS PUB140 标准的各种法规，影响了其在世界范围内的通用性。

为了向全世界推广 FIPS PUB 140 标准的概念和内容的精髓，国际标准化组织（ISO）第一联合技术委员会（JTCI）所属的第 27 分支委员会于 2003 年启动了密码模块检测标准项目。这个项目由美国、法国的编辑和专家合作承担。在这一广泛的国际合作之下，ISO/IEC 19790 的第一个版本在 2006 年正式发布。2008 年，与 ISO/IEC 19790 相匹配的 ISO/IEC 24759 也发布了。ISO/IEC 24759：2008 "Information technology-Security techniques-Test requirements for eryptographie modules" 是为合规性检测而制定的测试细则。这两个国际标准文件为独立于 CMVP 的审验机构制定了基本的安全要求，作为密码模块安全性测评的依据。

NIST CMVP 的高级工程师 Randall J Easter 给出了美国信息安全保障体系中密码检测认证与其他信息安全检测认证之间的关系。

其中，阴影部分为密码模块检测认证计划 CMVP。CMVP 负责对美国使用的密码模块进行检测认证，保证美国市场上的密码模块功能的安全性。CMVP 涉及多个密码算法及其工作模式的多个标准，FIPS PUB 系列标准对这些标准进行了严格规定。CMVP 中的一个重要标准是 FIPS PUB 140-2，它规定了一个安全的密码模块所必须具备的安全功能。在制定了这些标准后，构建 CMVP 密码模块检测认证框架，为厂商接受检测服务提供方便。

CMVP 是一个符合性检测认证过程，主要检测工作为判断被检测的密码模块是否符合相关标准规定。因此，标准在 CMVP 中占有十分重要的位置。对于 CMVP 所依赖的 FIPS PUB 系列标准发展历史以及今后将对 CMVP 所产生的影响我们也要进行简要的介绍。

CMVP 中，依赖的标准包括密码算法标准和密码模块实现的安全要求标准。不同的密码算法构成了一个复杂的密码算法体系。NIST 推出了一系列的 FIPS PUB 标准对这些算法进行标准化。为了能够及时地反映技术的发展，NIST 负责对这些标准进行维护，规定每隔 5 年对 FIPS PUB 标准进行重新审查，根据技术发展对其进行修改。

IPS PUB 140 系列标准中目前采用的是 FIPS PUB 140-2 标准。FIPS PUB 140-3 标准正在制定中，已推出了初稿，于 2008 年 3 月 18 日举行了 140-3 Security Workshop。FIPS PUB 系列标准规定了对用于安全系统中保护计算机与电讯系统（包含语音系统）内敏感信息的加密模块的安全需求。

FIPS PUB 140 系列标准的安全需求的制定依据，是一个合格的密码模块所应具备的功能性目标。这些功能性目标总结如下。

（1）必须能够正确实现经过认证的、可靠的、用于保护敏感信息的各种安全功能（特定的密码算法），如加密和 Hash 算法等。

（2）保护密码模块不会被非授权地操作和使用。

（3）保护密码模块不会被非授权的泄露密码内容，包括明文形式保存的密钥信息和各种 CSPs（Cryptography System Parameters）。

（4）保护密码模块以及密码算法不会受到非授权的改动，包括替换、插入和删除密钥和 CSPs。

（5）提供密码模块的操作状态指示。

（6）保证密码模块在合适的经过认证的环境中能够正确运行。

（7）发现密码模块可能存在的错误，并及时消除这些错误，保护敏感信息不会因这些错误而受损。

根据上述目标，FIPS PUB 140 标准率先被推出。之后，1994 年首次被公布的 FIPS PUB140-1 标准替代了 FIPS PUB 140 标准。2000 年 12 月 FIPS PUB 140-2 标准正式代替 FIPS PUB140-1 标准。2002 年 5 月 CMT 实验室开始停止使用 FIPS PUB 140-1 标准评估，而只采用 FIPS PUB 140-2 标准评估。FIPS PUB 140-2 加入了一些改变，包括自 FIPS PUB 140-1 制定以来应用标准和技术的改变，以及基于来自厂商、实验室及用户群的意见进行的改变。目前，FIPS PUB 140-3 标准已形成草案，原定于 2013 年 8 月执行，但目前还未正式发布。

第六节　信息系统管理与安全风险评估

信息系统管理的目标是为企业、单位和组织提供最终的决策支持，主要的内容是对组织内部和外部的信息进行有效的管理。信息系统的管理可分为信息系统开发管理、运行管理、维护管理和安全管理等多个方面。而安全风险评估的主要内容是从安全风险管理层面出发，使用科学的评估策略，系统性地研究网络与信息系统所面临的威胁及其存在的脆弱性，评估突发的信息系统中的安全事件可能造成的危害等级，为抵抗信息系统可能面对的潜在威胁提出针对性的预防策略，它的目标是对信息安全事故防患于未然，将信息安全风险及时化解或者控制在能够被接受的范围之内，以便为信息系统的安全保障提供最可靠的科学依据。本节将从信息安全风险评估的要素、评估流程两个方面介绍安全风险评估。

一、信息安全风险评估要素

信息安全风险评估的要素由风险评估基本要素以及它们各自对应的属性所构成，这些要素虽然概念上各自独立，但是彼此之间同时存在着相互依赖的关系。其中，风险评估的基本要素主要包括要保护的信息资产、信息资产的脆弱性、信息资产面临的威胁、存在的可能风险、安全防护措施。

风险评估的工作是以风险评估的基本要素为核心，要素之间的属性和彼此之间的依赖关系为纽带进行展开的。一次完整的有意义的信息系统安全风险评估需要确保在这些要素的评估过程中充分考虑业务战略、资产价值、安全事件、残余风险等与这些基本要素相关的各类因素。

二、信息安全风险评估流程

认清了风险评估过程中的核心要素之后，就可以正式开始进行风险评估活动了。评估的流程大致分为以下 4 个阶段。

（一）评估准备阶段

评估准备阶段是风险评估的前期准备和计划工作，该阶段的任务主要是，明确评估的对象与目标，划定评估范围，根据具体的评估要求选择符合资质的评估管理与实施团队，初步调研主要业务、组织结构、规章制度和信息系统等相关的信息，评估单位需要与被评估单位积极做好沟通和确认风险分析方法等工作，共同协商、修订实施细节并最终确定评估项目的实施方案，并需要通过被评估单位高层的认可。评估准备阶段的工作相对其他阶段来说较为琐碎，但准备阶段评估方与被评估方之间深入、细致的沟通和合理、准确的计划，是保证评估工作得以顺利、正确实施的关键所在。

（二）要素识别阶段

要素识别阶段在评估准备阶段完成之后，依据准备阶段中评估与被评估双方共同确定的实施方案进行评估。该阶段主要依靠上个阶段中已经建立起来的评估管理和实施团队，对信息安全风险的构成要素——资产、威胁和脆弱性进行识别，并且需要验证已有安全控制措施的有效性——为后面的风险分析阶段搜集必要的基础数据。本阶段的任务不仅包括对有关要素的识别，还包括要素分类、赋值以及要素间关联等活动，这些任务与具体的评估方法相关，在不同的评估方法中包含的活动内容不尽相同。

（三）风险分析阶段

通过要素识别阶段，评估方获得了包括资产、威胁、脆弱性和安全控制措施等在内的影响被评估系统安全风险的基本参数。此后，依据被评估系统的实际状况，评估方必须有针对性地提出合理、清晰的影响等级判别依据。根据这些判别依据，评估方能够对主要威胁场景进行分析，对主要威胁场景的潜在影响及其发生的可能性进行描述和评价，随后就可以确定信息系统中存在的安全风险了。

（四）分析报告和风险控制建议提交阶段

经过上述三个阶段，评估方最终确定了信息系统安全风险。通过与被评估单位的沟通与协商，风险评估与分析团队确定出被评估单位所接受的分析报告形式，并提交最终风险分析报告和风险控制建议。

三、计算机软件安全技术

随着计算机应用的不断普及，计算机软件得到了迅猛发展，在一套完整的计算机系统中已经占据了相当重要的地位。计算机用户在选择计算机时，不但要注意它的硬件性能，还必须了解其是否具有完善的软件支持，否则的话，运算速度再快的计算机也只是一堆"废铁"。目前，软件的开发规模越来越大，成本也越来越高，它是诸多软件编程人员集体智慧的结晶，其市场价值就应当受到人们的认可。但是，从另一角度讲，计算机软件又具有易被复制的特点，因此就有一些不法商人通过贩卖盗版软件牟取暴利，从而严重损害了软件开发者的权益。鉴于这种状况，软件开发者不得不在软件开发的同时，注意考虑如何对软件进行保护，从而防止他人复制和非法使用。另外，软件在使用过程中，也应防止非授权用户对软件的非法阅读和修改。

（一）计算机软件安全概述

1.计算机软件安全涉及的范围

（1）软件本身的安全保密。

软件本身的安全保密指软件完整，即保证操作系统软件、数据库管理软件、网络软件、应用软件及相关资料的完整，包括软件开发规程、软件安全保密测试、软件的修复与复制、口令加密与限制技术以及防动态跟踪技术等。

（2）数据的安全保密。

数据的安全保密主要是靠计算机软件实现的，即系统拥有的和产生的数据信息完整、有效，使用合法，不被破坏或泄露。包括输入、输出、识别用户、存储控制、审计与追踪以及备份与恢复等。

（3）系统运行的安全保密。

许多问题都涉及软件，如系统资源和信息使用，包括电源、环境（含空调）、人事、机房管理、出入控制、数据与介质管理体制和运行管理等。

2.计算机软件安全技术措施

影响计算机软件安全的因素很多，认真分析这些因素之后会发现，要建立一个绝对安全保密的信息系统是不可能的。复杂的安全环境存在各种威胁，如非法破译他人信息、各类计算机犯罪、病毒入侵等，防不胜防。那么，如何确保计算机的安全保密呢？必须采取两个方面的措施：一是非技术性措施，如制定有关法律、法规，加强各方面的管理；二是技术性措施，如系统软件安全保密、通信网络安全保密、数据库管理系统安全保密、软件安全保密（如各种防拷贝加密技术、防静态分析以及防动态跟踪技术）等。

3. 软件的本质和特征

计算机系统分为硬件系统和软件系统两部分，即计算机硬件和软件。所谓计算机硬件是看得见、摸得着的物理实体，它们是软件安全的物质技术基础；而计算机软件则是支配计算机硬件进行工作的"灵魂"，如系统软件和应用软件等。本节着重分析计算机软件。

从软件安全技术角度出发，软件具有两重性，即软件具有巨大的使用价值和潜在的破坏性能量。软件的本质和特征可作如下描述。

（1）软件是用户使用计算机的工具。

（2）软件是将特定装置转换成逻辑装置的手段。

（3）软件是计算机系统的一种资源。

（4）软件是信息传输和交流的工具。

（5）软件是知识产品，奠定了知识产业的基础，已成为现代社会的一种商品形式。

（6）软件是人类社会的财富，是现代社会进步和发展的一种标志。

（7）软件是具有巨大威慑力量的武器，是将人类智慧转换成破坏性力量的放大器。

（8）软件可以存储、进入多种媒体。

（9）软件可以移植，包括在相同和不相同的机器上的软件移植。

（10）软件可以非法入侵载体。

（11）软件可以非法入侵计算机系统。

（12）软件具有寄生性，可以潜伏在载体或计算机系统中，从而构成在合法操作或文件名义下的非授权。

（13）软件具有再生性，在信息传输过程中或共享系统资源的环境下存在着非线性增长模式。

（14）软件具有可激发性，是可接受一定（外部的或内部的）条件刺激的逻辑炸弹。

（15）软件具有破坏性，一个人为设计的特定软件可以破坏指定的程序或数据文件，足以造成计算机系统的瘫痪。

（16）软件具有攻击性，一个软件在运行过程中可以搜索并消灭对方的计算机程序，并取而代之。

由以上分析可知，我们讨论的对象是广义软件，既包括合法软件，也包括非法软件。软件不但是工具、手段、知识产品，同时也是一种武器，存在着潜在的不安全因素及破坏性，因此建立、掌握相应的软件安全技术是十分必要的。对于软件的一般要求是适用范围广、可靠性高、安全保密性强、价格适当，而对于有特殊安全技术要求的软件则一般应具备防拷贝、防静态分析、防动态跟踪等技术性能。

（二）软件防拷贝技术

所谓防拷贝，指的是通过采取某种加密措施使得一般用户利用正常的拷贝命令，甚至各种拷贝软件都无法将软件进行完整的复制，或者是复制到的软件不能正常运行。防拷贝技术是软件加密的核心技术，因为防止软件非法扩散是软件加密的最终目的，而软件具有防拷贝措施，才能阻止软件的非法扩散。

1.软盘加密

软盘加密曾是使用得最为广泛的一种加密方法。人们在运行程序时，要在程序提示下将加密盘（KEY DISK）插入软盘驱动器，待软件确认是正确的盘后才继续执行。加密盘是购买软件时获得的，它是一种作上了特殊记号的软盘，只有相应的软件才能识别这个标记。这个标记不能用一般的 COPY 或 DISKCOPY 命令复制下来，它起到了类似人的"指纹"的作用。这种加密方法中最重要的就是如何制造出这种标记，这种技术也称为反拷贝技术。

使软件具有防拷贝功能的方法是多种多样的，但是它们有一个共同特点，即都是在软件所在的磁盘（这种盘叫作母盘）上利用专用技术制造一种特殊标记，使得通过正常的拷贝途径无法复制这种特殊标记，或者是拷贝到的特殊标记不完整。目前，各种加密软件大多数采用的防拷贝方法是，修改磁盘基数表的某些参数，使其格式化出来一些特殊的磁道，然后将被加密软件的一部分程序放在这些磁道中，使得一般用户利用 DOS 的 COPY 命令、DISKCOPY 命令无法拷贝这些特殊磁道中的内容。

这样拷贝到的磁盘程序只是原程序的一部分，所以拷贝的结果是不能正常运行的，从而达到防拷贝的目的。

除了能够制造出反拷贝的标记，在程序中还必须有验证这个标记的代码。这段代码一旦被解密者发现，程序也就很容易被破解了。因此，必须采取一些编程技巧来阻止他人找到这段代码。这就是所谓的反跟踪技术，它与反拷贝技术有同等重要的地位。

使用磁盘加密方法最大的优点就是提供了"防拷贝"的硬件介质——钥匙盘。因为使用钥匙盘输入密码，既隐蔽又方便了用户，而且加密者在磁盘中可以储存较多的信息，包括程序的代码或数据，这样就可以使那些没有钥匙盘的用户破译程序的希望化为泡影。在使用过程中人们也发现了使用磁盘加密的一些缺陷，例如兼容性问题。由于反拷贝技术或多或少都采用了与标准操作不同的地方，因此很容易产生不兼容的情况，使得用户很难放心地买到能在自己机器上正常使用的软件。另外一个重要的问题则是寿命问题，它主要取决于钥匙盘的寿命。由于每次启动软件都要读取软盘，而且读取的位置往往又集中在某一磁道上，因此很容易将软盘磨损。同时，钥匙盘又防止了用户的备份工作，所以用户使用起来未免有些提心吊胆。

2. "软件锁"加密

"软件锁"（也称为"软件狗"）是一种插在计算机并行口或 USB 口上的软硬件结合的软件加密产品，为多数软件开发商所采用。"软件锁"一般都有几十或几百字节的非易失性存储空间可供读写，现在较新的"软件锁"内部还包含了单片机。它对计算机通过并行口发来的信息进行响应和处理。应用软件通过识别它的存在与否或利用它来进行一些数据变换而达到保护软件的目的。软件开发者可以通过接口函数和"软件锁"进行数据交换（对"软件锁"进行读写），来检查"软件锁"是否插在并行口上；或者直接用"软件锁"附带的工具加密自己 EXE 文件（俗称"加壳"）。这样，如果没插"软件锁"或"软件锁"不对应，软件将不能正常执行。

与磁盘加密相比，这种加密方法有以下几大优点。

（1）速度快，适宜多次查询。

这一点可以使得软件多次或定时地查询"软件锁"，而软盘加密通常都只在程序进入时查询一次。

（2）使用方便。

使用时没有明显动，使用户完全察觉不到它的存在，这给使用带来了方便。

（3）使用寿命长。

正常使用下不必担心"软件锁"像加密盘一样容易出错，而用户可以随意备份其他系统软盘，免去对磁盘寿命的担心。

（4）兼容性较好。

由于"软件锁"与主机的通信遵从并行口的标准，因此一般没有兼容性上的问题。而磁盘加密通常要使用一些非标准或不稳定的东西，可靠性和兼容性经常出现问题。由于"软件锁"克服了磁盘加密的很多缺陷，才得到了越来越广泛的应用。但它本身也有一定的缺陷。由于每种软件都有各自的"软件锁"，因此，若要同时使用，就必须在并行口上串接多个"软件锁"，这会使用户感觉使用起来很麻烦，而且由于各种"软件锁"之间的电路各不相同，很有可能出现彼此不兼容的情况。

3. 授权文件加密技术

在 Internet 上发布出售软件，方便快速，越来越多的软件开发商正采用或准备采用这一技术。但怎样保护其软件不被非授权用户使用，不被盗版者解密，从而保护软件开发商的利益呢？授权文件加密方案是一种最佳的选择。

用户在使用采用该技术加密的软件时，软件第一次运行时，会根据计算机硬件参数给出该软件的硬件特征的机器号文件；用户需要把这一文件用 E-mail 寄给软件提供商或开发商，软件开发商利用注册机（软件）产生该软件的授权文件寄给用户，用户把它拷贝到计算机上即可。

它具有如下优点。

（1）不同机器授权文件不同。用户获得一个授权文件只能在一台机器上注册使用软件。

（2）即使更换计算机操作系统，只要不变更计算机，该授权文件仍能使用。

（3）不需要任何硬件或软盘，使用方便可靠。

（4）可让软件在不注册前的功能为演示软件，只能运行一段时间或部分功能，注册后就立即变为正式软件。

（5）同时它也非常适合作为采用光盘（CD-ROM）等方式发授软件的加密方案。

（三）防静态分析技术

所谓静态分析即从反汇编出来的程序清单上分析。可从以下两方面入手。

第一，从软件使用说明和操作中分析软件。

欲破解一软件，首先应该先用这软件，了解一下功能是否有限制，最好阅读一下软件的说明或手册，特别是自己所关心的关键部分的使用说明，这样也许能够找点线索。

第二，从提示信息入手进行分析。

目前，大多数软件在设计时，都采用了人机对话方式。所谓人机对话，即在软件运行过程中，需要由用户选择的地方，软件即显示相应的提示信息，并等待用户按键选择。而在执行完某一段程序之后，便显示一串提示信息，以反映该段程序运行后的状态，是正常运行，还是出现错误，或者提示用户进行下一步工作的帮助信息。基于以上两方面分析，再对静态反汇编出来的程序清单进行阅读，可了解软件的编程思路，以便顺利破解。

1. 常用静态分析工具

常用的静态分析工具是 W32DASM、IDA Pro 和 HIEW 等。

（1）W32DASM。

可以对程序进行反汇编操作，而且对 WinApi 有良好的支持，反汇编出的代码可读性非常强，可以记录下程序静态代码。

（2）IDA Pro。

运行 IDA Pro 时，最先注意到的是它的界面比 W32DASM 的更加专业，这里有比 W32DASM 更多的选项或更先进的地方。它的优点如下。

1）能够对 W32DASM 无法反汇编的最难的软件进行反汇编（如加壳程序）。

2）能够以 asm、sym 甚至是 exe 及其他文件形式保存。

3）压缩的静态汇编，可以节省大量的磁盘空间。

4）可以重命名函数。

5）能够分析巨大的程序。

6）可以更好地反汇编和更深层分析。

缺点是使用 IDA 更困难，速度慢。

实际上 IDA 同 W32DASM 有很多相同的功能：可以快速到达指定的代码位置，可以看到跳到指定的位置的 jimp 的命令位置，可以看参考字符串，可以保存静态汇编等。

（3）HIEW。

HIEW 是一款优秀的十六进制编辑器，特别是它可以对应用程序进行反汇编，而且同时支持对可执行文件的十六进制代码及汇编语言代码修改，使用起来非常方便。HIEW 是传统的 DOS 界面，其操作多用功能组合键完成，可用 F1 功能键查看帮助信息。

2. 防静态分析方法

防静态分析就是对抗反编译程序，使其不能或很难对我们的软件进行反编译；即使反编译成功，也要使破解者无法读懂代码。

对抗静态分析的方法如下。

（1）软件最终发行之前，将可执行程序进行加壳 / 压缩，使得解密者无法直接修改程序 "壳" 是一段专门负责保护软件不被非法修改或反编译的程序。它们一般都是先于程序运行的，拿到控制权，然后完成它们保护软件的任务。经过加壳的软件在跟踪时，已无法看到其真实的十六进制代码，因此可以起到保护软件的作用。

有许多加壳 / 压缩程序为了阻止非法跟踪和阅读，对执行代码的大部分内容进行了加密变换，而只有很短的一段程序是明文。加密程序运行时，采用了逐块解密、逐块执行的方法。首先运行最初的一段明文程序，该程序在运行过程中，不仅要完成阻止跟踪的任务，而且还要负责对下一块密文进行解密。显然仅对该软件的密码部分进行反汇编，不对该软件动态跟踪分析，是根本不可能进行解密的。

（2）花指令的添加。

用花指令来对付静态反汇编是很有效的，这会使解密者无法一眼看到全部指令，杜绝了先把程序打印下来再慢慢分析的做法。

一条指令的长度是不等长的，假使有一条指令为 3 字节长，从它的第二个字节开始反汇编，会看到一条面目全非的指令，"花指令" 就是在指令流中插入很多 "垃圾"，使静态反汇编无法进行。

（3）干扰代码的添加。

在关键部位添加 jimp、nop、cmp 等指令以及一些没返回的循环等。插入这些大量无用的运算以误导解密者，防止静态反汇编，增加破解者动态汇编时的难度。

（4）到处设条件转移。

没有循环，只是跳转，作为有条件的路障，这样没有简单的反向操作可以执行。

（四）防动态跟踪技术

对软件实施了防拷贝措施和防静态分析技术之后，软件既不能复制，也不能直接阅读程序。破译者往往希望通过跟踪工具对软件进行动态跟踪，找出其中的解密程序，找到解密算法和识别加密盘标志的程序，然后对这些程序进行修改，实施解密。为了阻止破译者的动态跟踪，加密软件必须采取必要的防动态跟踪措施，阻止破译者利用跟踪工具来弄清程序的执行过程和加密的思路以及解密算法，从而有效地保护加密软件的思想，提高加密强度。

与防拷贝技术和防静态分析技术相比，防动态跟踪技术是一项更为复杂、更难的技术。它需要软件开发人员对跟踪工具的运行特性、系统的内部结构、汇编语言编程技巧有一个全面深入的了解，编出巧妙的程序，不仅使调试程序丧失其动态跟踪能力，而且使破译者面对防跟踪程序"望文"而生"疑义"，不能识破被加密程序中的"机关"，不知道一串串指令究竟在进行一些什么样的操作，能完成什么样的功能，从而达到防动态跟踪的目的。

1. 常用动态分析工具

主要的动态调试工具有 Soft-ICE、TRW2000、Olly Dbg、Smart Check 及天意等。下面介绍其中 3 种。

（1）Soft-ICE。

Soft-ICE 是目前公认最好的跟踪调试工具。使用 Soft-ICE 可以很容易地跟踪一个软件或是监视软件产生的错误进行除错，它有 DOS、WINDOW3、WIN95/98NT/2000 各个平台上的版本。这个本是用来对软件进行调试、跟踪、除错的工具，在破解者（Cracker）手中变成了最恐怖的破解工具。

（2）TRW2000。

TRW2000 是中国人自己编写的调试软件，完全兼容 Sof-ICE 各条指令，由于现在许多软件能检测 Soft-ICE 存在，而对 TRW2000 的检测就差了许多，因此目前它成了很多 Cracker 的最爱。TRW2000 专门针对软件破解进行了优化，在 Windows 下跟踪调试程序，跟踪功能更强；可以设置各种断点，并且断点种类更多；它可以像一些脱壳工具一样完成对加密外壳的去除，自动生成 EXE 文件，因此它的破解能力更强，在破解者手中对共享软件的发展威胁更大。

（3）Smart Check。

这是专门针对 Visual Basic 程序的调试程序，由于 VB 程序执行时从本质上讲是解释执行，它们只是调用 VBRUNxx、DLL 中的函数，因此 VB 的可执行文件是伪代码，程序都在 VBRUNxx、DLL 里面执行。若用 Soft-ICE 跟踪调试只能在 VB DLL 里面打转转，看不到有利用价值的东西，而且代码质量不高，结构还很复杂。当然只要了解其特点用 Soft-ICE 也可破解，但 SmartCheck 的出现，大大方便了破解者。Smart Check 是 NUMega 公司出口的一款出色的调试解释执行程序的工具，你甚至不需要懂得汇编语言都能轻易驾驭它。它可将 VB 程序执行的操作完全记录下来，使破解者轻而易举地破解大部分 VB 程序。

2. 防动态跟踪方法

（1）检测调试寄存器。

1）检测 Soft-ICE 等系统级调试器。

检测 Soft-ICE 的方法有很多，检测主要在驱动中实现。

2）监测用户级调试器。

用户级调试器具有以下几个特征。

●用户级调试器是采用 MICROSOFT 提供的 DBGHELP、DEL 库来实现对软件跟踪调试的。

●被调试的软件其父进程为调试器。

由于破解者可以拦截软件对调试器的检测操作，所以将保护判断加在驱动程序中。因为驱动程序在访问系统资源时，受到的限制比普通应用程序少得多，这也给破解者增加了破解难度。

（2）CRC 完整性校验。

增加对软件自身的完整性检查。这包括对磁盘文件和内存映像的检查，以防止破解者未经允许修改程序以达到破解的目的。DLL 和 EXE 之间可以互相检查完整性。

（3）运行时库的重新编写。

破解者往往是在 memcpy、strepy 等运行时库函数上设断点，通过分析其中的字符串来窥视程序的内部运行。对于 edocguard，虽然不是密码的处理，但是内存解密的部分就是使用的 memcpy，所以需要重新编写这些运行时库，这个可以从 VC 或其他编译器的运行时库中的代码改写获得。

（4）API 函数的不规则调用。

在软件中对于 API 的调用不采用直接调用 API 的方法，因为这样破解者很容易了解软件所调用的 API，进而了解到软件的工作流程。可以采用由 DLL 的输出表来定位 API 的函数地址的方法。

对于调试器来说，在对 API 设置断点时，是在 API 函数地址上添加一个 INT 3 指令。所以在调用 API 时，把 API 的前几个代码指令复制到调用处，执行前几个代码指令，然后跳转到 API 函数中。

这样，调试器对于 API 断点的监视是无效的。

（5）接口与字符串。

在 DLL、COM 中不使用有意义的函数接口，不采用一目了然的名字来命名函数和文件，如 open file、setp rmisson 等。

所有可能被破解者利用的字符串都不以明文形式直接存放在可执行文件中，采用加密的形式，在需要时进行解密。

尽可能少地给用户提示信息以防解密者直接了解软件的流程。比如，当检测到破解企图之后，不要立即给用户提示信息，而是在系统的某个地方做一个记号，随机地过一段时间后使软件停止工作，或者装作正常工作但实际上却在所处理的数据中加入了一些垃圾。

（6）输入表输出表拦截的检测。

定时检测软件各个模块的输入输出表是否一致，输入表、输出表中的函数地址是否处于对应模块的内存区域中，防止破解者采用 HOOK API 的方法对软件进行破解操作。

（7）加壳。

采用两种以上的不同的工具来对程序进行加壳／压缩，并尽可能地利用这些工具提供的反跟踪特性。

（五）软件保护及工具

1. 软件保护建议

本节将给出关于软件保护的一般性建议，这些都是无数人经验的总结。程序员在设计自己的保护方式时最好能够遵守这里给出的准则，这样会提高软件的保护强度。

（1）软件最终发布之前一定要将可执行程序进行加壳／压缩，使得解密者无法直接修改程序。如果时间允许并且有相应的技术能力，最好是设计自己的加壳／压缩方法。如果采用现成的加壳工具，最好不要选择流行的工具，因为这些工具已被广泛深入地加以研究，有了通用的脱壳／解压办法。另外，只好采用两种以上不同的工具来对程序进行加壳／压缩，并尽可能地利用这些工具提供的反跟踪特性。

（2）除了加壳／压缩，还需要自己编程在软件中嵌入反跟踪的代码，以增加安全性。

（3）不要采用一目了然的名字来命名函数和文件，如 IsLicensedVersion key、dat 等。所有与软件保护相关的字符串都不能以明文形式直接存放在可执行文件中，这些字符串最好是动态生成。

（4）如果采用注册码的保护方式，最好是一机一码，即注册码与机器特征相关，这样一台机器上的注册码就无法在另外一台机器上使用，可以防止有人散播注册码，并且机器号的算法不要太迷信硬盘序列号，因用相关工具可以修改其值。

（5）将注册码、安装时间记录在多个不同的地方。检查注册信息和时间的代码越分散越好。不要调用同一个函数或判断同一个全局标志，因为这样做的话只要修改了一个地方则全部都被破解了。在检查注册信息的时候插入大量无用的运算以误导解密者，并在检查出错误的注册信息之后加入延时。

（6）不要依赖于 Get Local Time( )、Get System Time( ) 这样众所周知的函数来获取系统时间，可以通过读取关键的系统文件的修改时间来得到系统时间的信息。

（7）如果有可能的话，可以采用联网检查注册码的方法，且数据在网上传输时要加密。

（8）给软件保护加入一定的随机性，比如除了启动时检查注册码，还可以在软件运行的某个时刻随机检查注册码。随机值还可以很好地防止那些模拟工具，如软件狗模拟程序。

（9）如果试用版与正式版是分开的两个版本，且试用版的软件没有某项功能，则不要仅仅使相关的菜单变灰，而是彻底删除相关的代码，使得编译后的程序中根本没有相关的功能代码。

（10）如果软件中包含驱动程序，则最好将保护判断加在驱动程序中。因为驱动程序在访问系统资源时受到的限制比普通应用程序少得多，这也给了软件设计者发挥的余地。

2. 常用加壳工具

常用加壳工具的有 UPX、As Pack、AS Protect、PE Compact 及幻影等，下面简单介绍 2 种。

（1）As Pack。

As Pack 的功能不同于一般的压缩软件，它只能压缩 EXE 或 DLL 文件，不过，用它压缩过的文件不用解压缩，也不需要原文件，即可直接使用，这样可以节省大量的磁盘空间。

As Pack 具有以下几个特点：压缩率高、出错率低、压缩速度较快、使用方便。

虽然 AS Pack 是俄罗斯人编写的，但它却是支持 20 种语言的多语言版本的程序，包括中文。

AS Packv2.1 支持简体中文，而且有备份原文件、压缩文件、显示压缩比等一系列功能，选择"测试"后，AS Pack 还会把压缩以后的文件运行（如果是 EXE 文件的话），如果发现文件运行起来没什么问题，就可以把备份的原文件删除，达到节省磁盘空间的目的。

另外，AS Pack 还提供了鼠标右键菜单的功能，让压缩工作更加方便。

（2）幻影。

幻影是一个为 Windows 下的 EXE、DLL、OCX 等可运行文件加密的软件。它为程序加上一层坚硬的保护壳，对抗静态分析和动态跟踪。还可以为程序设置限制注册功能。即使你没有程序的源代码，你也可以用幻影在程序上加上运行次数限制、运行天数限制和运行有效日期限制。加密程序支持 Windows 98、Windows Me、Windows2000、Windows XP。

幻影具有以下特点。

动态生成加密密码，对程序的代码、数据进行加密。

●程序解密在内存中进行，不会在硬盘中写入已解密程序。

●压缩程序数据、代码，减少占用空间。

●对抗所有的反编译工具。

●程序的完整性校验，防止修改。

●对抗所有已知的内存还原工具，如 Proc Dump、PE ditor 等。

对抗所有已知的跟踪分析工具，如 Winice、Trw2000 及 Olly Dbg 等。

可为软件加上运行次数限制、运行天数限制、运行有效日期限制，需要注册才能解除限制。

●根据每台不同电脑算出不同注册码，注册码只能在本机有效。

●提供接口函数，可让程序查询注册状态。

四、黑客的防范策略

对网络攻击进行了分析，介绍的内容包括网络攻击的概念、常见的攻击手段，目的在于帮助系统管理员防御攻击。入侵检测是个热门话题，这里讨论了入侵检测技术的分类和主要优缺点。在密码技术的基础上，简单介绍了基于对称密码体制和非对称密码体制的身份鉴别技术，并分析了基于 KDC 和证书的身份鉴别机制。访问控制是安全技术的另一个重要内容，本章还简要介绍了访问控制的含义和分类。

（一）黑客的相关概念

1. 什么是黑客

黑客是英文 Hacker 的音译，源于动词 Hack。Hack 在英语中有乱砍、乱劈的意思，还有一个意思是指从事艰苦乏味工作的人，引申为干了一件非常漂亮的事。黑客们一再声称自己与入侵者不同，于是便对黑客行为有了各种各样的注释，但总结起来有以下几点：

- 不随便攻击个人用户及站点；
- 常编写一些有用的软件；
- 帮助别的黑客测试与调试软件；
- 义务做一些力所能及的事；
- 洁身自好不与入侵者混在一起。

总之，黑客是进入电脑体系并获取系统信息及其工作方法的人。简单地说，黑客是在别人不知情的情况下进入他人的电脑体系，控制电脑的人或组织。因此，黑客既可能是伺机破坏的电子强盗，也可能是行侠仗义的网络大使。黑客的行为有利有弊，一方面它有助于发现电脑系统潜在的安全漏洞，从而帮助改进电脑系统；另一方面它也可能被用于破坏活动。片面强调黑客的破坏性固然不对，完全忽视黑客的危害也不可取。

2. 黑客内涵的演变

电脑出现的时候非常昂贵，只有科研机构与各大院校才拥有，而且使用一次需要很复杂的手续。为了绕过限制，充分利用这些昂贵的电脑，最初的程序员们就写出了一些简洁高效的捷径程序，而这种行为便被称为 Hack。在早期美国麻省理工学院中，Hacker 有恶作剧的意思，尤指那些手法巧妙、技术高明的恶作剧。可见，至少是在早期，黑客这个称谓并无贬义。从某种意义上说，最早的 Hacker 正是 Internet 的创始人，他们开发出了强大的迄今仍在使用的 UNIX 操作系统。

20 世纪 70 年代后情况发生了变化，有些黑客同样具有高超的技术，但他们以侵入别人的系统为乐趣，随意地修改别人的资料，使得黑客这个称谓逐渐变得不令人喜欢，渐渐等同于入侵者这一称谓。同时，因为互联网的发展让黑客与黑客之间交流更容易，在互联网上出现了专供黑客交流的 BBS，黑客逐渐形成了科技领域尤其是电脑领域的一个独特群体。

3. 黑客必须具备的基本技能

黑客具有高超的技术、过人的智力以及坚韧的探索未知事物的毅力，作为黑客必须具备如下基本技能。

（1）对网络操作系统的了解。

黑客的目的是入侵网络操作系统，或者是连接在网络上的主机的操作系统。因此，对网络操作系统的了解是一名黑客必须具备的。由于目的不同，黑客关心的操作系统各有差异，对于一般以攻击 Internet 服务器系统为主要目的的黑客来说，首推的自然是 UNIX 系统。

UNIX 操作系统目前而且可能在相当长的一段时间里面都是 Internet 中的重点，所以黑客一般对操作系统的研究，集中于对 UNIX 系统及其在 UNIX 环境下的应用系统的研究。相对其他的操作系统来说，UNIX 操作系统的安全级别是最高的，因而成为网络最有价值或者最应选择的平台。同时，由于 UNIX 系统本身相当复杂，对于 UNIX 的研究本身是一件充满挑战性和乐趣的事情，这些都是对黑客的诱惑，UNIX 操作系统就成了黑客喜欢挑战的对象。

总之，作为系统安全管理人员必须知道，对操作系统的了解是黑客的必修课程，他们不是简单地了解操作系统的使用，他们会从更深层次去了解系统的内核、系统运作中的每一个环节，直到找到一个或者更多的漏洞。

（2）对必要的编程技术的了解。

作为一名黑客，需要了解目前计算机最为通用的 C 语言。一名普通黑客应该读懂别人所书写的源代码。那么，黑客和一般程序员在编程技术方面有什么不同呢？一般的程序员，尤其是为商业领域编写程序的程序员，更多的是关注系统的性能、算法以及现代数据库技术的应用。而作为网络编程的程序员，他们更加注重网络功能的实现以及优化。而对于系统本身，他们关心的是如何在公布的文档中寻求自己所需要的功能。黑客则不同，他们更加关心系统功能实现的过程以及网络功能实现的过程。因此，系统功能以及网络功能，也就是我们常说的 TCP/IP 协议，是黑客在编程中特别关注的重点。

为了侵入一个系统或者是利用系统实现某些功能，黑客一般还对 UNIX 的 Shell 指令、Perl、Tel 之类的语言比较精通。这些语言和 C 语言类似，对程序员来说，掌握它们很容易。

（二）网络攻击

1. 网络攻击的概念

网络攻击是指网络攻击者利用目前网络通信协议自身存在的或因配置不当而产生的安全漏洞，用户使用的操作系统内在的缺陷或者用户使用的程序语言本身所具有的安全隐患，通过使用网络命令，或者从 Internet 上下载的专用软件，或者攻击者自己编写的软件，非法进入本地或者远程用户主机系统，获得、修改、删除用户系统的信息以及在用户系统上增加垃圾、色情或有害信息一系列过程的总称。

2. 网络攻击的要素

网络攻击通常包括 5 种基本要素。

（1）攻击者：根据目标和动机的不同可以区分为黑客、入侵者。

（2）工具：进行攻击所使用的工具。

（3）访问：对系统的访问进一步分为几个小类。

①利用脆弱性——设计、系统本身的配置和实现（如软件的错误和漏洞）都是可被用来访问的方法。

②侵入的级别——侵入者可获得未授权的访问，也可能得到未授权的使用。

③进程的使用——特定的进程或服务被未授权的用户使用被归于这一类，如发送邮件。

（4）结果：攻击可能有 4 种结果，分别是服务的拒绝或偷窃，信息的破坏或偷窃。

（5）目标：通常与攻击类型密切相关。

3. 网络攻击的一般过程

虽然网络入侵者攻击的目标各不相同，但是不管网络入侵者攻击的是哪种类型的目标，他们采用的攻击手段和过程都具有一定的共性。通常，网络入侵者的攻击有如下几个步骤：调查、收集和判断出目标系统计算机网络的拓扑结构以及其他信息，对目标系统安全的脆弱性进行探测和分析，对目标系统实施攻击。

（1）调查、收集和判断目标系统网络拓扑结构信息。

入侵者可能会利用操作系统中现有的网络工具或协议，收集远程目标系统中的各个主机的相关信息，为对目标系统进行进一步的分析和判断做准备。

（2）制定攻击策略和确定攻击目标。

当收集到所攻击的远程目标的一般网络信息后，入侵者应确定要攻击的对象，这与入侵者所制定的攻击策略有关。一般情况下，入侵者想要获得的是一个主系统或者一个可用的最大网段的根访问权限，攻击的目标是设备技术较差、管理较松懈的小型网络。当然，也有许多入侵者愿意攻击安全防御措施较完备的网络，试试自己的能力。另外，由于网络中主机运行的操作系统平台较多，入侵者往往只会攻击他所熟悉的操作系统平台的主机。

（3）扫描目标系统。

入侵者扫描远程目标系统，以寻求该系统的安全漏洞或安全弱点，并试图找到安全性最弱的主机作为入侵的对象。一般来说，入侵者可能使用自己编制的程序或利用公开的工具自动扫描远程目标网络上的主机。

（4）攻击目标系统。

入侵者使用扫描方法探测到目标系统的一些有用的信息并进行分析，找到目标系统由于种种原因而存在的安全漏洞后，进行攻击并试图获得访问权。一旦获得访问权，入侵者就可搜索目录，定位感兴趣的信息，并将信息储存起来。通过这个薄弱的主机，入侵者也可以对与本机建立了访问链接和信任关系的其他网络计算机进行攻击。

（5）发现目标系统在网络中的信任关系，并对整个系统展开攻击。

入侵者所选中进行攻击的目标系统一般是某个政府部门、军事单位、大企业和公司或金融机构等网络内部的用户主机，它们因各种业务往来的需要，一般要和本网络内部或者外部其他主机建立信任关系，彼此访问时不需要口令、认证访问控制。如果入侵者攻破了某个网络中安全性较为脆弱的某台主机或者服务器，并且发现这台主机或服务器与其他主机的信任关系，有可能攻击整个网络。因此，一个网络中应防止某一台主机或服务器因管理员的问题造成的安全性脆弱而危及整个网络安全。

4. 网络攻击手段

目前，网络上的攻击手段极多，下面介绍以下几种。

（1）E-mail 炸弹。

电子邮件是 Internet 上最有价值、最常使用的服务之一，网民习惯于依赖 E-mail 进行信息交流，甚至利用 E-mail 进行商业活动。然而，E-mail 十分脆弱和不安全。E-mail 炸弹是一种简单有效的侵扰工具，也是网络攻击者常用的攻击手段之一，E-mail 炸弹攻击实质上是反复给目标接收者发送地址不详、内容庞大或相同的恶意信息，也就是用垃圾邮件充满被攻击者的个人邮箱。由于个人邮箱的容量有限，大量的垃圾邮件会冲掉用户个人的正常邮件，而且大量垃圾邮件会占用大量的网络资源，并可能导致网络拥塞，使得网络用户不能正常工作。除了对个人的危害，E-mail 炸弹将大规模地浪费网络资源，甚至有可能造成服务器瘫痪等严重的后果。因为如果服务器同时接收到许多 E-mail，网络用户的 E-mail 无法被正常发送和接收，而且有可能出现服务器死机现象，所以这种攻击也被称为拒绝服务攻击。而完成这一切又很简单，只要知道对方的邮件地址，从网上下载一个邮件炸弹程序就可以了。由于邮件炸弹具有构造简单、攻击简便以及毁坏性大的特点，很多人即使不主动使用邮件炸弹，也会考虑使用邮件炸弹作为报复的工具，为邮件炸弹的普及提供了动机，也为网络的应用提供了不安全的因素。

（2）ICQ 炸弹。

ICQ（网络寻呼机）的出现和 E-mail 的出现有着同样重要的作用。通过 ICQ 你可以和朋友进行在线交谈、发送短消息、传递文件，甚至可以随机寻找朋友。ICQ 服务是免费的，而且目前已经拥有了大量的成员，几乎成了上网人的必备工具。

ICQ 炸弹的原理和 E-mail 炸弹的原理类似，即通过发送大量无意义的信息最后导致受攻击人的网络连接发生严重问题直至瘫痪。做一个自动拨号的程序，就可以迫使受到攻击的寻呼机被迫关闭。除了这类程序，针对 ICQ 的还有一些强行加入列表、查询密码等功能的软件。可见，使用 ICQ 是一件具有潜在危险的事情，如果你在一台重要的计算机上运行 ICQ 的话，极有可能为你的计算机招来祸端，因此运行 ICQ 的用户多加注意。

（3）逻辑炸弹。

逻辑炸弹是在满足特定的逻辑条件时按某种不同的方式运行，对目标系统实施破坏的计算机程序。逻辑炸弹一般隐藏在具有正常功能的软件中，很难被清除。与计算机病毒不同，逻辑炸弹体现为对目标系统的破坏作用，而非传播其具有破坏作用的程序。

逻辑炸弹的破坏作用主要体现在可以被用来破坏或随机修改用户的计算机数据，造成各种直接或间接的损失。例如，在一个大的电子表格中改变一个单元，可以造成对某种分析或计算的破坏作用。在计算机被广泛使用的前提下，逻辑炸弹的破坏作用涉及范围更广。如果再加上用户对数据备份的不重视，其造成的损失往往是无法挽回的。

（4）拒绝服务攻击。

拒绝服务攻击是利用 Internet 协议组的有关工具，拒绝合法的用户对目标系统（如服务器）和信息的合法访问。以这种方式攻击的后果表现为以下几个方面：使目标系统死机；使端口处于停顿状态；在计算机屏幕上发出杂乱信息；改变文件名称；删除关键的程序文件；扭曲系统的资源状态，使系统的处理速度降低。

（5）特洛伊木马。

特洛伊木马指的并不是一个程序，而是一类程序，这类程序提供给黑客几乎无限权限，使其在对方不知晓的情况下控制对方的计算机系统。如果计算机系统中一旦运行了这样的程序，那么它就成了不设防的城市，一个对计算机无须懂得太多的人都可以轻而易举地窃走你的机密。

与病毒不同，特洛伊木马的预防和检测一般都可以由用户完成。因为特洛伊木马既不传播也不复制，它们只能依靠用户安装文件进入系统。如果用户养成在使用程序前仔细检查的习惯，就能够大大减少特洛伊木马感染的机会。有 3 种检测特洛伊木马的方法：观察、检验和审计跟踪。观察法是通常由管理员进行的一项检测技术；校验是通过对文件进行比较以达到检测特洛伊木马的目的；审计跟踪记录特洛伊木马的活动，根据记录发现它存在的证据。

（6）口令入侵。

阻碍入侵的第一道安全防线是用户名与口令，它决定了用户对系统的权限。如果系统管理员的口令一旦失窃，那么系统的安全性就无法得到保障。任何可以完成口令破解或者屏蔽口令保护的程序都称为口令入侵者。网络攻击者往往把破解用户口令作为对目标系统攻击的开始。

几乎所有的用户系统都利用口令来防止非法登录，但却很少有人严格地使用口令。网络入侵者经常利用缺乏保护的口令进行攻击。一个口令入侵者并不一定能够解开任何口令。实际上，只要网络用户认真地对待系统口令问题，将口令达到 8 位以上且无规律性，绝大多数口令破解程序都不能正确破解。

（7）网络窃听。

网络窃听的目的和日常生活中的一样，在通信线路上设置一个 Sniffer（嗅探器），它既可以是硬件，也可以是软件，用来接收在网络上传输的信息。Sniffer 对网络的危害是不言而喻的。由于网络中传输的信息大多是明文，包括一般的邮件、口令，这样的计算机系统的安全可想而知了。

① Sniffer 简介。网络可以运行在各种协议之下，包括 Ethernet、TCP/IP、ZPX 等。放置 Sniffer 的目的是使网络接口处于广播状态，从而可以截获网络上的内容。

以太网（Ethernet）是由 Xerox 的 Palo Aito 研究中心（有时也称为 PARC）发明的，是局域网中最为常见的网络协议。下面简要介绍一下信息在以太网上的传输形式。

一个消息需要发送的时候，每一个网络节点或工作站都是一个接口，一个请求被发往所有的接口，寻找真正的接收者。这个请求是以普通的广播形式发送的。网络上的机器都"听"到了。那些不准备接收这个消息的机器虽然听到了，但是却忽略它。那个要接收消息的工作站，把自己的硬件地址发送出去。这时，信息从发送的工作站被送到电缆上，向接收工作站发送。请求包在没有工作站回答时，会自动"死亡"。可以想象在这种情况下，不准备接收特定消息的工作站都要忽略在发送者和接收者之间传递的信息。但是，它们并不是必须忽略这些数据，如果它们不忽略的话，它们是可以听到的。换言之，对于这个网段上所有的接口来说，任何在网上传输的信息都是可以"听"到的。

广播是指网络上所有的工作站都在倾听所有传输的信息，而不仅仅是它自己的信息的状态。换一句话说，非广播状态是指工作站仅聆听直接指向它自己的地址信息的状态。在广播状态中，工作站倾听所有的内容，而不管这些内容送到哪一个地址那去。Sniffer 硬件或软件，能够"听"到在网上传输的所有信息。在这种意义上，每一个机器、每一个路由器都是一个 Snifer，这些信息就被储存在介质上，以备日后检查时用。

Sniffer 是软件和硬件的联合体，软件是普通的带有比较强的 debug 功能的网络分析器，或者就是一个真正的 Sniffer。

Sniffer 必须是位于准备进行 Sniffer 工作的网络上的，它可以放在网段中的任何地方。但是，一些有战略意义的位置可能令入侵者比较满意。其中一个地方就是任何与接收口令的机器或与其他网络相邻的地方，尤其是网关或者数据往来必经之地。如果你的网络与 Internet 相连接的话，入侵者就可能想要截获你的网络与其他网络之间的身份验证过程。

② Snifer 的危害。Sniffer 意味着很高级别的危险，而且对用户的网络安全构成一种极大的威胁。实际上，存在 Sniffer 这一事件本身就意味着比较高级的泄密。如果你的网络上被安放了一个 Snifer，意味着你的网络已经被侵入。

Sniffer 对用户网络可能造成的危害体现在以下几点：

● 可以截获用户的 ID 和口令；
● 可以截获目标用户的秘密或专有的信息，如 E-mail；
● 可以被用来攻击相邻的网络；
● 它们在网络上不留下任何痕迹，直接从网络上发现被安装的 Sniffer 是不可能的；
● 基于入侵者可利用的资源，Sniffer 也许能够截获网络上的所有信息。

检测网络中是否有 Sniffer 存在非常困难，虽然 Snifer 难以检测，但是防范它的攻击还是比较容易的，只要使用可靠的通信加密方法以避免用户名、口令及重要数据的明文传输，就可以有效化解 Sniffer 带来的威胁。

（8）端口扫描与漏洞扫描。

端口是一组占 16 个二进制位的号码，定义了 TCP/UDP 和上层应用程序之间的接口点。客户程序可任意选择通信端口号，服务器程序使用标准的固定端口号。对目标计算机进行端口扫描能得到许多有用的信息，从而发现系统的安全漏洞。对攻击者来讲，每一个端口就是一个入侵通道。

扫描器是一种自动检测远程或本地主机安全性弱点的程序，通过使用扫描器探测到主机的各种 TCP 端口，在这些端口上提供的服务和服务软件的版本号。攻击者根据这些信息决定是否用已公布的安全漏洞来尝试攻击，或者通过这些端口渗入系统逐步获得管理员权限。

扫描器通过枚举一系列 TCP 端口号连接到目标主机上，并记录目标主机的应答消息，可以收集到关于目标主机的各种信息。扫描器并不是一个直接攻击网络漏洞的程序，其目的是协助攻击者发现目标主机的某些潜在薄弱环节。

除扫描出远程或本地主机的各种 TCP/UDP 端口分配外，扫描器还可以自动检测主机中是否存在漏洞（安全脆弱点）。通过使用扫描器，不留痕迹地发现远程服务器提供的服务和它们的软件版本。系统管理员可以使用扫描器来间接地或直观地了解到主机所存在的安全问题，但是黑客可以使用扫描器，来找出远程主机的漏洞并进行攻击。

所以，扫描器是自动检测远程或本地主机安全性弱点的程序。通过使用一个扫描器，中国的用户能发现远在日本的一台服务器的安全性弱点。Internet 本身是一个非常大的资源库，现代"入侵者"面临的问题是如何快速高效地找出那些目标。扫描器无疑非常适合这一用途。同时扫描器对目标主机进行分析，从而发现其潜在的漏洞。所以，在 Internet 安全领域，扫描器是最出名的破解工具。一个好的 TCP 端口扫描器的价值更是无法估量的。

尽管扫描器能够发现目标主机某些内在的弱点，而这些弱点可能是破坏目标主机安全性的关键性因素。但是，要做到这一点，你必须了解如何识别漏洞。由于扫描器本身出自黑客之手，不像一般的商业软件，许多扫描器没有提供多少指南手册和指令，所以理解数据并能解释数据非常重要。

（9）IP 电子欺骗。

所谓 IP 欺骗，是伪造合法用户主机的 IP 地址与目标主机建立连接关系，以便能够访问目标主机，而目标主机或者服务器原本禁止入侵者的主机访问。这里又分为两种情况，一种为域内欺骗，此时信任或者受信任的主机之一在子网中，而另外一种为域外欺骗，此时两主机都在子网之外。

Internet 上的连接包括 4 个参数：源主机和端口以及目的主机和端口。当进行连接时，数据以包的形式被送出。包负责低层上的交通，同时确保数据到达，这基本上和硬件的协议层无关。TCP 和 UDP 都是以 IP 包的形式传送高层协议的。所有的包都包括头部和数据。

IP 头部包括源地址和目标地址的 IP，包封装的协议。

UDP 包括源主机和目标主机的端口。UDP 没有诸如 SEQ/ACK 之类的东西，它是一种非常脆弱的协议。

TCP 包括源主机和目标主机的端口，顺序号和确认号（分别被称为 SEQ/ACK）。SEQ 按 Byte 计算，给出要传送的下一个 Byte 的号码。ACK 号码是所期望的从其他主机来的 SEQ 号码。其中，SEQ 号码是在连接初始化的时候选择。

利用 IP 欺骗进行攻击的基础在于系统中信任关系的存在。在 UNIX 领域中，信任关系都很容易得到。假如您在主机 A 和 B 上各有一个账户，在使用当中会发现，在主机 A 上使用时需要输入在 A 上的相应账户，在主机 B 上使用时必须输入在 B 上的账户，主机 A 和主机 B 把您当作两个互不相关的用户，显然有些不便。为了减少这种不便，可以在主机 A 和主机 B 中建立起两个账户的相互信任关系。没有口令验证的烦恼。这些命令将允许以地址为基础的验证，或者允许或者拒绝以 IP 地址为基础的存取服务。Rlogin 是一个简单的客户 / 服务器程序，它利用 TCP 传输。Rlogin 允许用户从一台主机登录到另一台主机上，并且如果目标主机信任它，Rlogin 将允许在不应答口令的情况下使用目标主机上的资源。安全验证完全是基于源主机的 IP 地址。因此，根据以上所举的例子，用 Rlogin 来从 B 远程登录到 A，而且不会被提示输入口令。

①欺骗与攻击。建立 TCP 连接的第一步是客户端向服务器发送 SYN 请求。通常，服务器将向客户端发送 SYNACK 信号。随后，客户端向服务器发送 ACK。整个过程如下。

时刻 1：A-SYN>B；

时刻 2：A<SYN/ACK-B；

时刻 3：A-ACK>B。

需要提醒读者的是，主机 A 和 B 的 TCP 模块分别使用自己的序列编号。在时刻 1 客户端通过设置标志位 SYN=1 告诉服务器它需要建立连接。同时，客户端在其 TCP 头中的序列号领域 SEQ 放置了它的初始序列号（ISN），并且告诉服务器序列号表示是有效的，应该被检查。在时刻 2，服务器端在接收了上面的 SYN 后，做出的反应是将自己的 ISN 和对客户端的 ACK 发向客户端并且告知下一个期待获得的数据序列号是（ISN+1）。在时刻 3，客户端对服务器的 ISN 进行确认。这时，数据传输可以进行了。

然而，TCP 处理模块有一个处理并行 SYN 请求的最上限，它可以看作存放多条连接的队列长度。其中，连接数目包括三步握手法没有最终完成的连接，也包括已成功完成握手，但还没有被应用程序所调用的连接。如果达到队列的最上限，TCP 将拒绝所有连接请求，直至处理了部分连接链路。因此，黑客往往向被进攻目标的 TCP 端口发送大量 SYN 请求，这些请求的源地址是使用一个合法的但是虚假的 IP 地址（可能使用该合法 IP 地址的主机没有开机）。而受攻击的主机向该 IP 地址发送响应，但是没有响应。与此同时，IP 包会通知受攻击主机的 TCP 该主机不可到达，但不幸的是 TCP 会认为是一种暂时错误，并继续尝试连接，直至确信无法连接。当然，这时已浪费大量的时间。值得注意的是，黑客们是不使用正在工作的 IP 地址的，因为这样一来，真正 IP 持有者会收到 SYN/ACK 响应，而随之发送 RST 给受攻击主机，从而断开连接。

②数据包序列号预测。要对目标主机进行攻击，必须知道目标主机使用的数据包序列号。黑客先与被攻击主机的一个端口建立起正常的连接。通常，这个过程被重复若干次，并将目标主机最后所发送的 ISN 存储起来。黑客还需要估计他的主机与被信任主机之间的 RTT 时间（往返时间），这个 RITT 时间是通过多次统计平均求出的。RTT 对于估计下一个 ISN 很重要。ISN 每秒钟增加 128000，每次连接增加 64000。现在不难估计出 ISN 的大小了，它是 128000 乘以 RTT 的一半，此时目标主机建立一个连接，再加上一个 64000。估计出 ISN 大小后，立即开始进行攻击。当黑客的虚假 TCP 数据包进入目标主机时，根据估计的准确度不同，会发生不同的情况。

攻击者伪装成被信任主机的 IP 地址（此时该主机仍然处在停顿状态），然后向目标主机的 513 端口（Rlogin 的端口号）发送连接请求，如时刻 1 所示。在时刻 2，目标主机对连接请求做出反应，发送 SYN/ACK 数据包给被信任主机（被信任主机如果处于正常工作状态，会认为是错误并立即向目标主机返回 RST 数据包，但此时它处于停顿状态）。按照计划，被信任主机会抛弃该 SYN/ACK 数据包。然后在时刻 3，攻击者向目标主机发送 ACK 数据包，该 ACK 使用前面估计的序列号加 1（因为是在确认）。如果攻击者估计正确的话，目标主机将会接收该 ACK。至此，连接正式建立起来了。在时刻 4，将开始数据传输。一般地，攻击者将在系统中放置一个后门，以便为下一次侵入铺平道路。

IP 欺骗之所以成功，是因为信任服务的基础建立在网络地址的验证上。IP 地址是容易被伪造的。攻击过程最难的部分是进行序列号估计，估计精度的高低是成功与否的关键。

（三）如何发现黑客入侵

1. 什么是入侵检测

入侵检测（ID）是安全界最新的发展成果，很多 IDS 检测漏洞的原理都是将数据包序列模式同已知安全弱点进行匹配，判断该数据包是否为入侵或攻击，这与病毒检测程序类似。Ed、Amoroso 对 ID 的定义为 ID 是对指向计算机和网络资源的恶意行为进行识别和响应的过程。

入侵。入侵是非授权用户通过某种方法获得系统或网络的访问权，而对系统和网络进行的非法访问。列出审计文件中失败的系统登录企图是不够的，这只是 IDS 系统要做的第一步。

伪装。伪装和入侵密不可分，它常表现为一个非法用户为了获得某个用户的账号而假冒该用户，也经常表现为假冒另一个用户对发往某个用户的文件或消息进行修改。合法用户的渗透。它与入侵有些类似，表现为一个系统或网络的合法用户试图获得超过本身被授予的权限。

合法用户的泄露。如拥有最高密级信息访问权的用户向只有一般保密级别信息访问权的用户传送文件时，就要受到 IDS 系统的检测。

合法用户的推理。它表现为通过对某些数据的分析而获得真实信息，而用户原本没有获得这些信息的权利。

拒绝服务。通常，攻击者通过对某些资源的独占而达到拒绝系统为合法用户提供服务的目的。对资源的异常请求和使用通常意味着拒绝服务攻击的开始。

病毒。病毒也是 IDS 要寻找、发现并揭露的威胁。

特洛伊木马。一个 IDS 系统应揭露特洛伊木马的隐藏活动，它采用的一种办法，是将程序实际占用资源的类型和数量与它应该占用的类型和数量进行比较。另外，一些合法的进程如果有违反安全规则的企图，通常也意味着其代码中有隐藏的功能。IDS 要使用一种或多种办法完成检测任务。基于用户特征或基于入侵者特征的检测是 IDS 的基础。

下面给出几个相关概念的说明。

Alarm（警报）：警报是 IDS 传感器产生的事件。传感器使用模式匹配算法或统计分析来检测潜在威胁。

Alerts（告警）：传感器设备检测到的事件被传到管理控制台，根据显示规则，显示在 GUI 屏幕上，一个图标代表一个告警。IDSAlerts 通常代表整体决策过程的一部分。

Attacks（攻击）：当 IDS 产生一个警告后，由系统安全管理员来确定是否有攻击正在进行。从各个相互独立的地方来的相关的离散事件在被确定为入侵攻击之前应慎重考虑。

Anomalies（异常）：任何不正常都可以描述成异常。系统安全管理员应更集中注意异常来源，包括防火墙日志、路由器日志、IDS 警报、用户的呼叫和抱怨、管理呼叫、反常呼叫、CERT 的建议及可疑的主机活动。

Misuse（滥用）：这是一个非常广阔的区域。可简单定义为任何违反安全策略的活动，但很多时候滥用指违反道德规范。例如，禁止用单位计算机玩游戏，或禁止访问商业内容的网站。

2. 入侵检测技术分类

目前市场上有基于网络和基于主机两种 IDS。基于网络的 IDS 使用网卡在混杂方式下截获数据包，然后 IDS 将会话特征和基于知识库的攻击特征进行对比，提供防止包序列和内容攻击的保护。基于主机的 IDS 通常使用代理，代理必须安置在要保护的关键设备上。这些代理必须根据不同平台的硬件和软件版本来定制，它们的作用是连续监视主机产生的日志文件。

入侵或异常检测有两种主要检测模式：模式匹配和统计分析。模式匹配使用一套静态的模式，或者在以太网和 IP 层过滤掉监测流量包。它们对与已知特征相同的序列包做出警告。统计分析使用统计过程来检测反常事件，原理是收集报头信息并与已知的攻击特征比较，并且探测异常。

两种模式各有优缺点，模式匹配工具在检测已知攻击时工作得很好，但对新的攻击以及变种的攻击却无能为力。使用统计分析的 IDS 在探测已知攻击时相对较差，但对未知攻击具有很好的效果。

3. 网络 IDS 的工作

由于不同的原因，网络环境通常被划分为多个子网，由网关和路由器来控制子网的边界，决定如何将数据报送往各个子网。一个路由器封锁从一个网络到另一个网络的包。当一个计算机与别的计算机之间通信或试图访问防火墙之外的计算机时，一些数据包将在子网之间流动。如果需要了解网络上各用户的操作行为，就需要设置监视器来捕获所有的数据包。如果计算机处于一个独立的网络上，那么只需要一个监控器。

网络适配器在全收模式下可以捕捉到在网络中能够看到的所有数据包，并把它们传送给设备驱动器。这些被捕获的数据包再由设备驱动器上传到 IDS 进行分析。

为了有效捕获入侵者，需要将网络 IDS 正确地放置在子网中。必须将网络 IDS 放置在路由器之后紧接着的第一个节点的位置或者 IDS 也可以放在两个子网之间的网关上，用以监视子网间的攻击。在企业内，一般的做法是将网络 IDS 紧随防火墙放置。由于所有的内部通信和外部通信都必须通过防火墙，因此能够很容易地把网络 IDS 安放在防火墙之后作为安全网络内部的第一个节点。

由于信息源是网络数据包，网络 IDS 搜索由网络协议标记的攻击，如 Pingof Death 和 SYN Flood 就是这种类型的攻击，两者都是对 TCP/IP 协议自身存在的弱点进行攻击。其他能够发现的应用型攻击和易受到攻击的弱点如下。

● CGI 缺陷；

●各种 Send mail 缺陷；

●指针和 DNS 中的缓冲区溢出；

●各种 NFS、FTP 和 TFTP 缺陷。

网络 IDS 不像扫描器那样偶尔探测系统是否存在缺陷，而是实时地搜索攻击证据，这些证据可以通过检查数据包的内容来获得。

网络 IDS 一个最主要的优点是实现起来简单。安装一个单网络 IDS 应该比在每个节点上安装客户系统监控器便宜。网络 IDS 的另一个优点是收集的数据实际上是自由到达的。计算机之间为了进行正常通信，需要做的一部分工作是使数据在网络中流动起来。网络 IDS 需要和网络连接并当信息出现时对其进行探测。网络 IDS 不具有侵略性，这是因为它绝对不会改变用户所希望监控的系统。在网络中，任何系统的所有核心系统调用都不会被更改或者替换。

网络 IDS 主要是用来监控周边网络安全的。随着和网络连接的企业逐渐增加，来自入侵者的威胁越来越不可避免。网络 IDS 的目的在于简化为了防止黑客入侵等破坏活动而进行的监控网络传输工作。网络 IDS 通常包含了某些形式的响应或对策特征。当黑客利用 Web 站点中的用户 IP 地址，通过伪造大量的 SYN 进行攻击时，它能够向路由器发出命令使其封锁来自 IP 地址的数据包。

（四）身份认证

身份认证即身份识别与验证（Identifcation and Authentication，简称 I&A）。身份认证是网络安全的基础，是对访问者进行授权的前提，也是网络安全的重要机制之一。如果用户身份得不到系统的认可，即授权，他就无法进入该系统并进而访问系统资源。从这个意义来讲，身份认证是安全防御的第一道防线，是计算机安全的重要组成部分，是防止非授权用户或进程进入计算机系统的有效安全保障措施。

身份认证是大多数访问控制的基础，也是建立用户审计能力的基础。访问控制通常要求计算机系统能够识别和区分用户，而且通常是基于最小特权原理（Least Privilege Theorem）的。用户审计要求计算机系统上的各种活动与特定的个人相关联，以便系统识别出各用户。

1. 认证的基本原理

鉴别用户身份最简单的方法是口令核对法，系统为每一个合法用户建立一个用户名 / 口令对，当用户登录系统或使用某项功能时，提示用户输入自己的用户名和口令，系统通过核对用户输入的用户名、口令与系统内已有的合法用户的用户名 / 口令对（这些用户名 / 口令对在系统内是加密存储的）是否匹配，如与某一项用户名 / 口令对匹配，则该用户的身份得到了认证。这种方法有如下缺点：其安全性基于用户口令的保密性，而用户口令一般较短且容易猜测，因此这种方案不能抵御口令猜测攻击；另外，攻击者可能窃听通信信道或进行网络窥探，口令的明文传输使得攻击者只要能在口令传输过程中获得用户口令，系统就会被攻破。

与此对照，另一类身份认证方案是依赖用户特有的某些生物学信息或用户持有的硬件。基于生物学信息的方案包括基于指纹识别的身份认证、基于声音识别的身份认证以及基于虹膜识别的身份认证。

基于智能卡的身份认证机制在认证时认证方要求一个智能卡，只有持卡人才能被认证，这样可以有效地防止口令猜测，但又引入了一个严重的缺陷：系统只认卡不认人，而智能卡可能丢失，拾到或窃得智能卡的人将很容易假冒原持卡人的身份。为解决丢卡问题，可以综合前面提到的两类方法，即认证方既要求用户输入一个口令，又要求智能卡。这样，既不担心卡的丢失，又不担心口令的泄露。开放网络环境中用户身份的鉴别，是开放网络安全的关键问题之一。更为安全的身份鉴别需要建立在安全的密码系统之上。下面先介绍基于对称密钥密码体制和非对称密钥密码体制的身份鉴别，然后着重对应用极为广泛的 Kerberos 身份鉴别系统进行详细的介绍和分析。

基于对称密钥的身份鉴别，优点是效率高、安全性高，但缺点是密钥的管理难度大，基于非对称密钥体制的身份鉴别优点是密钥管理简单，但安全性低，缺点是效率低。

身份鉴别关键有两个问题，一是密钥，一是协议。从安全角度考虑，基于对称密钥的身份鉴别和非基于对称密钥的身份鉴别在密钥的安全问题上本质是一样的。基于对称密钥的身份鉴别中密钥一般经过一个主密钥加密存储，主密钥是安全的根本。在非基于对称密钥的身份鉴别中，证书经过可信第三方签名，如果可信第三方的秘密密钥泄露，就可能被伪造证书。对于协议，如果有信任关系保证，可以设计出安全的身份鉴别系统。

2.Kerberos 认证协议

（1）Kerberos 协议简介。

Kerberos 是 MIT 为了 Athena 工程而设计的，一个用于开放网络环境的身份鉴别系统。在该环境中，服务器为网络用户提供各种网络服务并属于不同的组织，网络用户对客户机拥有完全的控制权。Kerberos 提供基于对称密码系统的可信任第三方鉴别服务，为用户和服务器提供双向身份鉴别。

Kerbeos 鉴别步骤如下。

①A 向鉴别服务器 AS 发送自己的身份信息。

②4S 随机产生一个会话密钥 Ks（Session Key）和一个访问售票服务器 IGS 的票据证明，并将 Ks 和票据证明用 A 的密钥加密后传给 A。

③4S 在本地输入自己的密钥解密得到 Ks 和访问售票服务器 TGS 的票据证明，然后 A 用票据证明访问 IGS，请求访问 B 的票据证明。

④TGS 产生一个 A 和 B 的共享对称密钥，对共享对称密钥用 Ks 加密后与一个访问 B 的票据证明一同返回给 A。

⑤4S 向 B 出示票据证明。

⑥B 返回给 A 确认信息。

（2）Kerberos 安全分析

Kerberos 鉴别系统大大提高了开放网络环境中鉴别的安全性。Kerberos 主要解决用户密码不能以明文或密文的方式在网络上传输的问题，无疑比传统的通过向身份鉴别服务器传送密码来获得鉴别的方式安全性能高。

Kerberos 已经用在一些对安全有较高要求的分布式系统中，如开放软件基金会 OSF（Open Software Foundation）推出的分布式计算环境 DCE（Distributed ComputingEnvironment）的鉴别采用了 Kerberos 体制。

对于一个开放网络环境，Kerberos 体制仍然存在许多局限性。Kerberos 的局限性有的来自 Athena 工程本身，有的则来自于协议本身的设计。Kerberos 的几个主要缺陷如下。

①不能完全避免重放攻击。Kerberos 鉴别头 Ka（）中采用时间戳来防止重放攻击，安全的前提是假设在鉴别头的生命期无法完成重放攻击，这个安全假设是存在问题的，问题在于攻击者完全有可能事先准备好重放的数据，从而能顺利地在鉴别头的生命期内成功地完成重放攻击。另外，Kerberos 要求时间同步，但使用的时间同步协议并不能保证时间同步，给重放攻击带来更有利的条件，而且攻击者还可能有意识地攻击时间同步协议。

②采用口令作为鉴别标识。由于它使用口令作为合法用户的唯一标志，口令存在其天生的致命弱点，很容易受到攻击，因而攻击者可以采取猜测的方法进行多次试探，从而有可能取得某个用户的口令。

③特洛伊木马。虽然 Kerberos 的一个重要的优点在于用户的口令不在网络上进行明文

传输，但如果客户端程序被嵌入特洛伊木马，攻击者很容易记录下用户的口令。并且在客户端，用户的密码还是要在程序中出现的，这也存在被暴露的危险。

3. 针对认证协议的攻击分析

为了对身份鉴别有更深刻的认识，还需要研究针对身份鉴别协议进行攻击的方法和手段。

（1）攻击概述。

在开放网络环境中，对计算机进行攻击的目的有两个，一是取得某种服务，从而获取某些资源；二是对网络进行破坏，使计算机不能提供正常的服务。攻击的手段分为两类：被动攻击和主动攻击。

被动攻击包括窃听和通信线路分析。窃听即对通信的信息进行监听，以截获传递的信息，通过窃听直接获得需要的敏感信息或通过获得的信息进一步分析出需要的信息。防止窃听的办法是采用密码系统对传输的信息进行加密，使攻击者无法从窃听到的密文获得有用信息。通信线路分析则不对传输的具体信息进行分析，而是对通信要素进行分析，从而得到一些重要的隐含信息。

主动攻击包括对消息序列进行修改、拒绝消息服务、非法访问和假冒。主动攻击采取的是积极的方法，手段一般比较高明，带来的危害也大。对于加密的信息，攻击者即使无法分析出明文，但仍然可以对特定的消息序列进行修改，如包含的字段，从而造成危害。攻击者也可采用种种方法使目的主机不能提供正常的服务，虽然拒绝消息服务攻击不能获得有用资源，但给一些诸如提供电子邮件服务带来灾难性的后果。非法访问即越过身份鉴别对信息进行直接访问，一般是利用系统固有的设计和实现上的缺陷来实施的。假冒则是针对身份鉴别进行的攻击，企图通过各种手段达到假冒合法用户的身份，从而非法获得某些资源的访问权限。

一般来说，被动攻击可以防止，而主动攻击至少可以发现。

（2）针对身份鉴别协议的攻击分析。

针对身份鉴别的攻击最典型的有反射攻击（ReflectionAttack）、中间人攻击（Man-in-the Middle Attack）和重放攻击（Replay Attack），下面分别进行详细介绍。

（3）攻击与对抗。

攻击者除了使用单一的攻击方法，往往还结合几种方法进行攻击，这大大增加了身份鉴别协议的设计难度。但同时，也可以在密码学的基础上，采用各种安全措施和手段，设计出安全可靠的协议。

（五）访问控制

访问控制在计算机安全防御措施中是极其重要的一环，它在身份认证的基础上根据身份的合法性对提出的资源访问请求加以控制。访问控制的目的是保证网络资源受控、合法地使用。用户只能根据自己的权限大小来访问系统资源，不能越权访问。同时，访问控制也是记账、审计的前提。

1. 访问控制的概念

从广义的角度来看，访问控制（Access Control）是指对主体访问客体的权限或能力的限制，以及限制进入物理区域和限制使用计算机系统和计算机存储数据的过程。访问控制包括 3 个组成元素：主体、客体和保护规则。主体指被控制的访问客体的活动资源，通常为进程、程序或用户；客体指被访问的受控资源，包括各种文件、设备、信号量；保护规则定义了主体与客体之间可能的相互作用途径。

根据访问控制策略的不同，访问控制一般分为自主访问控制、强制访问控制和基于角色的访问控制 3 种。自主访问控制根据访问者的身份和授权来决定访问模式，是目前计算机系统中实现最多的访问控制机制；强制访问控制是将主体和客体分级，然后根据主体和客体的级别标记来决定访问模式；基于角色的访问控制，根据用户在组织内所处的角色做出访问授权和控制，但用户不能自主地将访问权限传给他人。

2. 自主访问控制

自主访问控制又称任意访问控制（Discretionary Access Control，DAC），是指根据主体身份、主体所属组的身份或者二者的结合，对客体访问进行限制的一种方法。所谓自主，是指具有授予某种访问权力的主体能够自己决定是否将访问权限授予其他的主体。

自由访问控制是最常见的类型，UNIX 系统和 NT 系统都使用 DAC 安全操作系统需要具备的特征之一就是自主访问控制，它基于对主体及主体所属的主体组的识别来限制对客体的存取。在基于自由访问控制的系统中，主体的拥有者负责设置访问权限。而作为许多操作系统设计的副作用，一个或多个特权用户也可以改变主体的控制权限。如果 DAC 的实现足够规则，那么拥有者就可以更详细地把访问控制定义至单独的用户和组这样低的层次，可以在访问控制数据库的第一个域中声明某个单独的用户或组为主体。

存取许可与存取模式是自主访问控制机制中的两个重要概念，决定着能否正确理解对客体的控制和对客体的存取。

存取许可是一种权力，即存取许可能够允许主体修改客体的访问控制表，因此可以利用存取许可实现自主访问控制机制。自主访问控制方式中，有等级型、拥有型和自由型 3 种控制模式。

存取模式是经过存取许可的确定后，对客体进行的各种不同的存取操作。自主访问控制机制中，存取模式主要有以下几种。读，即允许主体对客体进行读和拷贝的操作；写，即允许主体写入或修改信息，包括扩展、压缩及删除；执行，就是允许将客体作为一种可执行文件运行，在一些系统中该模式还需要同时拥有读模式；空模式，即主体对客体不具有任何的存取权。

存取许可的作用在于定义或改变存取模式；存取模式的作用是规定主体对客体进行何种形式的存取操作。

自主访问控制的具体实施采用以下 4 种方法。

（1）目录表（Directory List）。

目录表访问控制方法借用了系统对文件的目录管理机制，实现方法是为每一个欲实施访问操作的主体建立一个能被其访问的"客体目录表"（文件目录表）。

目录表访问控制机制的优点是容易实现，缺点是系统开销的浪费较大。

（2）访问控制列表（Access Control List）。

访问控制列表的策略正好与目录表访问控制相反，它是从客体角度进行设置的、面向客体的访问控制。每个客体有一个访问控制列表，用来说明有权访问该客体的所有主体及其访问权限。

访问控制列表方式的最大优点是能较好地解决多个主体访问一个客体的问题，不会像目录表访问控制那样因授权复杂混乱而出现越权访问，缺点是由于访问控制列表需占用存储空间，并且由于各个客体的长度不同而出现存放空间碎片，因此影响系统运行速度和浪费存储空间。

（3）访问控制矩阵（Access Control Matrix）。

访问控制矩阵是对上述两种方法的综合。存取控制矩阵模型是用状态和状态转换进行定义的，系统和状态用矩阵表示，状态的转换则用命令来进行描述。直观地看，访问控制矩阵是一张表格，每行代表一个用户，每列代表一个存取目标，表中纵横对应的项是该用户对该存取客体的访问权集合。

（4）能力表（Capability List）。

能力表的方法是对存取矩阵的改进，它将矩阵的每一列作为一个客体而形成一个存取表。每个存取表只由主体、权集组成，无空集出现。为了实现完善的自主访问控制系统，由访问控制矩阵提供的信息必须以某种形式保存在系统中，这种形式就是用访问控制表和能力表来实施的。

3. 强制访问控制

强制访问控制（Mandatory Access Control，MAC）是指访问发生前，系统通过比较主体和客体的安全属性，来决定主体能否以他所需要的模式访问一个客体。所谓"强制"，是安全属性由系统管理员人为设置，或由操作系统自动地按照严格的安全策略与规则进行设置，用户和他们的进程不能修改这些属性。强制访问控制的实质是对系统中所有的客体和所有的主体分配敏感标签（Sensitivity Label）。

强制访问控制由系统本身来规定访问权限，而不是根据主体的拥有者来控制访问权限。主体的拥有者在系统中没有对其他主体进行分配的能力。系统是根据主体和对象的分类来控制访问权限的。另外再附加字符串来识别实体，如用户名和文件名。用户的敏感标签指定了该用户的敏感等级或者信任等级，也被称为安全许可（Clearance）；而文件的敏感标签则说明了要访问该文件的用户所必须具备的信任等级。每个主体或对象都带有由两个部分构成的敏感的标签：访问类标签和分类标签表。

访问类标签是从一组预先定义的、按顺序排列的标签中选取的。每个标签代表不同信息的级别，并比前一标签受到更少的限制。在这里顺序很重要，标签不能跟随相互没有联系的主体或对象，优先关系必须声明。MAC 的另一个特征是不能"写下"信息，即系统中不允许向下一级解密。如果一个磁盘文件被划分保密级，MAC 将防止任何机密级和最高机密级的信息写入文件。

分类标签也是强制跟随的，但不需要有层次。分类标签可以认为是区间划分，表示系统当中信息的不同区域。在军事环境下，类集合是情报、坦克、潜艇、飞机等。类当中可以包含任意数量的项。

基本上，强制访问控制系统根据如下判断准则来确定读和写规则；只有当主体的敏感等级高于或等于客体的等级时，访问才是允许的，否则将拒绝访问。

4. 基于角色的访问控制

基于角色的访问控制（Role-Based Access Control，RBAC）的核心思想是：授权给用户的访问权限，通常由用户在一个组织中担当的角色来确定。所谓"角色"，是指一个或一群用户在组织内可执行的操作的集合。角色充当着主体（用户）和客体之间的关系的桥梁。这是与传统的访问控制策略的最大区别。

基于角色的访问控制有以下 5 个特点：

（1）以角色作为访问控制的主体；

（2）角色继承。

（3）最小特权原则（Least Privilege Theorem）。

（4）职责分离（主体与角色的分离）。

（5）角色容量（创建新的角色时，要指定角色的容量）。

5. 比较

访问控制作为安全防御措施的一个重要环节，其作用是举足轻重的。自主访问控制机制有很大的灵活性，但同时也存在着安全隐患。自主访问控制面临的最大问题是，在自主访问控制中，具有某种访问权的主体，能够自行决定将其访问权直接或间接地转交给其他主体。强制访问控制机制的特点：一是强制性，二是限制性，虽然提高了安全性，但是灵活性差。基于角色的访问控制是一种有效而灵活的安全措施，目前仍处在深入研究之中。基于角色的访问控制机制有几个优点：便于授权管理、便于根据工作需要分级、便于赋予最小特权、便于任务分担、便于文件分级管理、便于大规模实现。

6. 黑客对访问控制的攻击

从某种意义上讲，登录进程本身也是访问控制的一种形式，登录进程限制黑客访问计算机。访问控制中 3 个有用的值是主体身份、对象身份和请求的访问类型。当评价某种访问控制方式时，改变这 3 个值中的一个或更多会产生不同访问结果。访问控制分为两种情况。

●对象定义的访问控制过于宽松，黑客可以利用这些配置中的缺点。这种配置问题可能是由系统管理配置产生的，或者可能是当程序建立对象的时候产生的。

●用户可以增加权限或特权，以获得管理员或根的访问许可。

有两种办法可以解决第一个问题。一个办法是经常分析系统中对象的所有可能访问许可，并把它们都正确设置。但是，实际使用中这个办法不完全成功，其中一个原因是通过入侵检测发现以前遗留下来的一些系统错误。另一个办法是监视系统，这是确切知道访问控制策略，是否正确定义或是否在不知道的情况下曾被改动的唯一办法。入侵检测产品就是为这个目标设计的，它寻找用户建立 SUID 根程序、访问一般不可访问的目录或改变属于其他用户的资源事件的证据。

系统监视也可以帮助解决第二个问题。通过监视用户许可的增加，在发现破坏安全策略的事件时发出警告。

（六）黑客的通用防御方法

黑客攻击的手法千变万化，所以黑客的防御也是一项十分复杂的技术。总的来说，防御黑客有如下几种方法。

●实体安全的防范，包括管理好机房、网络服务器、线路和主机。

●对数据进行加密，这样数据即使被他人截取，对方也很难获知其中的内容。

●使用防火墙将内部系统和 Internet 隔离开来，防止来自外界的非法访问。

●建立内部安全防范机制，防止内部信息资源或数据的泄露。

●使用比较新的、安全性好的软件产品，而不要使用陈旧落后的网络系统。

●安装各种防范黑客的软件，如网络监测软件、漏洞检查软件。

另外，还有两点非常重要。

1. 不要随意下载软件

不要从不可靠的渠道下载软件，也不要运行附带在电子邮件中的软件。如果确实需要下载软件，先把软件保存在硬盘上，使用杀毒软件检查过以后再使用它。黑客引诱他人的一些常见方法如下。

●发给你一封电子邮件，推荐一个很好的软件或者补丁程序。实际上应该清楚，任何软件公司都不会这样做。

●提供一些黄色图片，告诉你下载一个软件之后就可以看到更多类似的图片。

●在 FTP 网站中放置一些感染了 BO 服务器的软件。

2. 管理好密码

不只在 Internet 中，现实生活里也处处都需要使用密码，例如银行取款时需要输入密码。由于密码很多，所以管理好自己的密码是一件十分重要的事情。首先要给自己的密码分级别。例如，银行存款的密码是一个级别，在 Internet 上登录 ISP 的密码是一个级别，收发电子邮件的密码是一个级别，专门注册各种网站的密码又是一个级别。级别设置的数量和个人爱好有关，同一级别的密码可以混用，但是不要把不同级别的密码混用。

密码的拼写不要太规则，最好的密码是毫无规律，混合了数字和字母，例如 az0rg3f,

这样的密码不太容易被破解，但是自己也难以记忆。如果要设置有意义的、易记的密码，最好是一句相当长的话，如 mycatlikeeggs，总而言之，密码的长度越短时，越没有规律。

五、防火墙

（一）防火墙的基本知识

Internet 的迅速发展提供了发布信息和检索信息的场所，但也带来了信息污染和信息破坏的危险。近年来，网络犯罪的递增促使人们更加关注网络的安全问题。为了保护信息资源的安全，各种网络安全工具在市场上被炒得火热，其中最受人注目的当属防火墙产品了。那么防火墙到底是一种什么东西？它有哪些类型？我们应该怎样选择一个合适的防火墙呢？

1. 防火墙的概念

防火墙原是防止火灾从建筑物的一部分传播到另一部分的设施。从理论上讲，计算机网络中的防火墙服务也有类似目的，它防止 Internet 上的危险传播到用户网络内部。

防火墙就是一个或一组网络设备，可用来在两个或多个网络间加强访问控制。在内部网与外部网之间的界面上构造一个保护层，并强制所有的连接都必须经过此保护层，在此进行检查和连接。只有被授权的通信才能通过此保护层，从而保护内部网资源免遭非法入侵。

防火墙已成为实现网络安全策略的最有效的工具之一，并被广泛应用到 Internet 上。传统上防火墙基本分为两大类，即采用应用网关的应用层防火墙和采用过滤路由器的网络层防火墙，其结构模型可划分为策略和控制两部分，前者是指是否赋予服务请求者相应的访问权限，后者对授权访问者的资源存取进行控制。

一方面，防火墙可以是路由器，也可以是个人主机、主系统和一批主系统，专门把网络或子网同那些可能被子网外的主系统滥用的协议和服务隔绝。通常，防火墙位于等级较高的网关，但是也可以位于等级较低的网关，以便为某些数量较少的主系统或子网提供保护。

另一方面，防火墙不只是一种路由器、主系统或一批向网络提供安全性的系统。相反，防火墙是一种获取安全性的方法，它有助于实施一个比较广泛的安全性政策，用以确定允许提供的服务和访问。就网络配置、一个或多个主系统和路由器以及其他安全性措施（如代替静态口令的先进验证）来说，防火墙是该政策的具体实施。防火墙系统的主要用途是控制对受保护的网络（网点）的往返访问。它实施网络访问政策的方法，迫使各连接点必须通过能进行检查和评估的防火墙。

2. 防火墙的作用

引入防火墙是因为传统的子网系统会把自身暴露给 NFS 或 NIS 等先天不安全的服务，并受到网络上其他地方的主系统的试探和攻击，在没有防火墙的环境中，网络安全性完全依赖主系统安全性。在一定意义上，所有主系统必须通力协作来实现均匀一致的高级安全性。子网越大把所有主系统保持在相同安全性水平上的可管理能力就越小。随着安全性的失误和失策越来越普遍，闯入时有发生，这不是因为受到多方的攻击，而是因为配置错误或口令不适当。

防火墙能提高主机整体的安全性，因而给站点带来了众多的好处。

（1）保护易受攻击的服务。

防火墙可以提高网络安全性，并通过过滤不安全的服务来降低子网上主系统所冒的风险。因此，子网网络环境可经受较少的风险，因为只有经过选择的协议才能通过防火墙。这样得到的好处是可防护这些服务，让它们不会被外部攻击者利用，而同时允许在降低被外部攻击者利用的风险的情况下使用这些服务。对局域网特别有用的服务如 NIS 或 NFS，因而可得到公用，并用来减轻主系统管理负担。

防火墙还可以防护基于路由选择的攻击，如源路由选择和企图通过 ICMP 改向把发送路径转向遭到损害的网点。防火墙可以排斥所有源点发送的包和 ICMP 改向，然后把偶发事件通知管理人员。

（2）控制访问网点系统。

防火墙还有能力控制对网点系统的访问。例如，某些主系统可以由外部网络访问，而其他主系统则能有效地封闭起来，防护有害的访问。除了邮件服务器或信息服务器等特殊情况，网点可以防止外部对其主系统的访问。这就把防火墙执行的访问政策置于重要地位，不访问不需要访问的主系统或服务。

（3）集中安全性。

如果一个子网的所有或大部分需要改变的软件以及附加的安全软件能集中地放在防火墙系统中，而不是分散到每个主机中，这样的防火墙的保护就集中一些。尤其对密码口令系统或其他的身份认证软件，放在防火墙系统中更是优于放在每个 Internet 能访问的机器上。

（4）增强的保密能强化私有权。

对一些站点而言，私有性是很重要的。使用防火墙系统，站点可以防止 Finger 以及 DNS 域名服务。Finger 会列出当前使用者名单，他们上次登录的时间以及是否读过邮件。但 Finger 同时会不经意地告诉攻击者该系统的使用频率，是否有用户正在使用，以及是否可能发动攻击而不被发现。

防火墙也能封锁域名服务信息，从而使 Internet 外部主机无法获取站点名和 IP 地址。通过封锁这些信息，可以防止攻击者从中获得另一些有用信息。

（5）有关网络使用、滥用的记录和统计。

如果对 Internet 的往返访问都通过防火墙，那么，防火墙可以记录各次访问，并提供有关网络使用率的有价值的统计数字。如果一个防火墙能在可疑活动发生时发出音响报警，还提供防火墙和网络是否受到试探或攻击的细节。采集网络使用率统计数字和试探的证据是很重要的，更为重要的是可以知道防火墙能否抵御试探和攻击，并确定防火墙上的控制措施是否得当。

（6）可提供实施和执行网络访问政策的工具。

事实上，防火墙可向用户和服务提供访问控制。因此，网络访问政策可以由防火墙执行，如果没有防火墙，这样一种政策完全取决于用户的协作。网点也许能依赖其自己的用户进行协作，但是它一般不可能。

计算机网络随时受到各种非法手段的威胁。随着网络覆盖范围的扩大，安全成为任何一个计算机系统正常运行并发挥作用必须考虑的。尤其在当今网络互联的环境中，网络安全体系结构的考虑和选择显得尤为重要。采用防火墙网络安全体系结构是一种简单有效的选择方案。

3. 防火墙的弱点

前面讨论了防火墙的优点和它在网络安全中不可替代的作用，但它不是万能的，它也有其自身的弱点，某些威胁是防火墙所不能及的。因此，需要弄清楚防备种种威胁的其他方法。

防火墙的弱点主要表现在以下几个方面。

（1）不能防范恶意的知情者。

防火墙禁止系统用户经过网络连接发送专有的信息，但用户可以将数据复制到磁盘、磁带上，放在公文包中带走。如果入侵者已经在防火墙内部，防火墙是无能为力的。内部用户偷窃数据，破坏硬件和软件，并且巧妙地修改程序而不接近防火墙。对于来自知情者的威胁，只能要求加强内部管理，如主机安全和用户教育。

（2）不能防范不通过它的连接。

防火墙能够有效地防止通过它传输信息，然而不能防止不通过它而传输的信息。例如，如果站点允许对防火墙后面的内部系统进行拨号访问，那么防火墙没有办法阻止入侵者进行拨号入侵。

（3）不能防备全部的威胁。

防火墙被用来防备已知的威胁，如果是一个很好的防火墙设计方案，就可以防备新的威胁，但没有一扇防火墙能自动防御所有新的威胁。

（4）防火墙不能防范病毒。

防火墙不能消除网络上的病毒。

（二）防火墙的设计原则

从某种意义上来说，防火墙实际上代表了一个网络的访问原则。某个网络决定设定防火墙，首先需要由网络决策人员及网络专家共同决定本网络的安全策略，即确定哪些类型的信息允许通过防火墙，哪些类型的信息不允许通过防火墙。防火墙的职责根据本单位的安全策略，对外部网络与内部网络交流的数据进行检查，符合的予以放行，不符合的拒之门外。

1. 网络政策

有两级网络政策会直接影响防火墙系统的设计、安装和使用。高级政策是一种专用发布的网络访问政策，它用来定义那些受限制的网络许可或明确拒绝的服务，以及如何使用这些服务和这种政策的例外条件。低级政策描述防火墙，实际上是如何尽力限制访问，并过滤在高层政策所定义的服务。

（1）服务访问政策。服务访问政策应当是整个机构有关保护机构信息资源政策的延伸。要使防火墙取得成功，服务访问政策必须既切合实际，又稳妥可靠，而且应当在实施防火墙前草拟出来。切合实际的政策是一个平衡的政策，既能防护网络让其免受已知风险，而且仍能使用户利用网络资源。如果防火墙系统拒绝或限制服务，那么它通常要求服务访问政策有能力来防止防火墙的访问控制措施不会受到带针对的修改。只有一个管理得当的稳妥可靠政策才能做到这一点。

防火墙实施各种不同的服务访问政策，但是，一个典型的政策不允许从 Internet 访问网点，但要允许从网点访问 Internet。另一个典型政策是允许从 Internet 进行某些访问，但是或许只许访问经过选择的系统，如信息服务器和电子邮件服务器。防火墙常常实施允许某些用户从 Internet 访问经过选择的内部主系统的服务访问政策，但是，这种访问只是在必要时，而且只能与先进的验证措施组合时才允许进行。

（2）防火墙设计政策。防火墙设计政策是防火墙专用的。它定义用来实施服务访问政策的规则。一个人不可能在完全不了解防火墙的能力和限制，以及与 TCP/IP 相关联的威胁和易受攻击性等问题的真空条件下设计这一规则。防火墙一般实施两个基本设计方针之一。

①拒绝访问除明确许可以外的任何一种服务，即拒绝一切未予特许的东西。

②允许访问除明确拒绝以外的任何一种服务，即允许一切未被特别拒绝的东西。

如果防火墙采取第一种安全控制的方针，那么需要确定所有可以被提供的服务以及它们的安全特性，然后开放这些服务，并将所有其他未被列入的服务排斥在外，禁止访问。如果防火墙采取第二种安全控制的方针，则正好相反，需要确定不安全的服务，禁止其访问；而其他服务则被认为是安全的，允许访问。

比较这两种政策，可以看出，第一种比较保守，遵循"我们所不知道的都会伤害我们"的观点，因此能提供较高的安全性。但是，这样一来，能穿过防火墙为我们所用的服务，无论在数量上还是类型上，都受到很大的限制。第二种则较灵活，虽然可以提供较多的服务，但是所存在的风险也比第一种大。对于第二种政策，还有一个因素值得考虑，即受保护网络的规模。当受保护网络的规模越来越大时，对它进行完全监控就会变得越来越难。因此，如果网络中某成员绕过防火墙向外提供被防火墙所禁止的服务，网络管理员就很难发现。因此，采用第二种政策的防火墙不仅要防止外部人员的攻击，而且要防止内部成员不管是有意还是无意的攻击。

总的来说，从安全性的角度考虑，第一种政策更可取一些，而从灵活性和使用方便性的角度考虑，第二种政策更适合。

2. 先进的验证工具

入侵者通过监视 Internet 来获取明文传输的口令，这一事实反映传统的口令已经过时。先进的验证措施，如智能卡、验证令牌、生物统计学和基于软件的工具被用来克服传统口令的弱点。尽管验证技术各不相同，但都是相类似的，因为由先进验证装置产生的口令，不能由监视连接的攻击者重新使用。如果 Internet 上的口令问题是固有的话，那么一个可访问 Internet 的防火墙，如果不使用先进验证装置或不包含使用先进验证装置的挂接工具，则是几乎没有意义的。

当今使用的一些比较流行的先进验证装置叫作一次性口令系统。例如，智能卡或验证牌产生一个主系统，用来取代传统口令的响应信号。令牌或智能卡是与主系统上的软件或硬件协同工作，因此产生的响应对每次注册都是独一无二的，其结果是一种一次性口令。这种口令如果进行监控的话，就不可能被侵入者重新使用来获得某一账号。

由于防火墙可以集中控制网点访问，因而防火墙是安装先进的验证软件或硬件的合理场所。虽然先进验证措施可用于每个主系统，但是把各项措施都集中到防火墙更切合实际、更便于管理。如果主系统不使用先进验证措施，则入侵者可能揭开口令奥秘，或者能监视网络进行的包括有口令的注册对话。

在设计防火墙时，除了安全策略，还要确定防火墙类型和拓扑结构。一般来说，防火墙被设置在可信赖的内部网络和不可信赖的外部网络之间，相当于一个控流器，可用来监视或拒绝应用层的通信业务。防火墙也可以在网络层和传输层运行，在这种情况下，防火墙检查进入和离去的报文分组的 IP 和 TCP 头部，根据预先设计的报文分组过滤规则来拒绝或允许报文分组通过。

一个防火墙为了提供稳定可靠的安全性，必须跟踪流经它的所有通信信息。为了达到控制目的，防火墙首先必须获得所有通信层和其他应用的信息，然后存储这些信息，还要能够重新获得以及控制这些信息。防火墙仅检查独立的信息包是不够的，因为状态信息——以前的通信和其他应用信息——是控制新的通信连接的最基本的因素。对于某一通信连接，通信状态和应用状态是对该连接做控制决定的关键因素。因此，为了保证高层的安全，防火墙必须能够访问、分析和利用以下几种信息。

通信信息：所有应用层的数据包的信息。

通信状态：以前的通信状态信息。

来自应用的状态：其他应用的状态信息。

信息处理：基于以上所有元素的灵活的表达式的估算。

那么，究竟应该在哪些地方部署防火墙呢？首先，安装防火墙的位置应该是内部网络与外部 Internet 的接口处，以阻挡来自外部网络的入侵；其次，如果内部网络规模较大，并且设置有虚拟局域网（VLAN），则应该在各个 VLAN 之间设置防火墙；最后，通过公网连接的总部与各分支机构之间也应该设置防火墙，如果有条件，还应该同时将总部与各分支机构组成虚拟专用网（VPN）。

安装防火墙的基本原则是，只要有恶意侵入的可能，无论是内部网络还是与外部公网的连接处，都应该安装防火墙。

（三）防火墙技术类别

实现防火墙的技术包括 4 大类：网络层防火墙（又称为包过滤型防火墙或报文过滤网关）、电路层防火墙（又称为线路层网关）、应用层防火墙（又称为代理服务器）和状态检测防火墙。

1. 网络层防火墙

这是最简单的防火墙，通常只包括对源和目的 IP 地址及端口的检查。包过滤型防火墙的技术依据是网络中的分包传输技术。网络上的数据都是以"包"为单位进行传输的，数据被分割成一定大小的数据包，每一个数据包中都会包含一些特定信息，如数据的源地址、目标地址、TCP/UDP 源端口和目标端口。防火墙通过读取数据包中的地址信息来判断这些"包"是否来自可信任的安全站点，一旦发现来自危险站点的数据包，防火墙便会将这些数据拒之门外。系统管理员可以根据实际情况灵活制定判断规则。对用户来说，这些检查是透明的。过滤器通常是放在路由器上的，大多数路由器都默认提供了报文过滤功能。

报文过滤网关在收到报文后，先扫描报文头，检查报文头中的报文类型、源 IP 地址、目的 IP 地址和目的 TCP/UDP 端口等域，然后将规则库中的规则应用到该报文头上，以决定是将此报文转发出去还是丢弃。许多过滤器允许管理员分别定义基于路由器上的报文出去界面和进来界面的规则，这样能增强过滤器的灵活性。例如，可以拒绝所有从外部网进来并自称是内部主机的报文，从而防止了来自外部网并使用伪造内部源地址的攻击。

目前所使用的报文过滤网关绝大多数是由包过滤路由器来充当的。一个包过滤路由器可以决定它收到的每个包的取舍。路由器逐一审查每份数据报，以判定它是否与某个包过滤规则相匹配。通常，过滤规则以用于 IP 报文处理的包头信息为基础，用表格的形式表示，其中包括以某种次序排列的条件和动作序列。包头信息包括 IP 源地址、IP 目的地址、封装协议、TCP/UDP 源端口、TCP/UDP 目的端口、ICMP 报文类型、包输入接口和包输出接口。如果找到一个匹配且规则允许这包，这一包则根据路由表中的信息前行。如果找到一个匹配且规则拒绝此包，这一包则被舍弃。如果无匹配规则，一个用户配置的默认参数将决定此包是前行还是被告弃。有些报文过滤在实现时，"动作"这一项还询问，若报文被丢弃是否要通知发送者。

IP 包过滤器不可能对通信提供足够的控制。包过滤路由器可以允许或拒绝一项特别的服务，但它不能理解一项特别服务的上下文数据。例如，一个网络管理员可能在应用层过滤信息流以限制对 FTP 或 Telnet 的命令子集的访问，或封锁邮件或特定专题的信息群的输入。这类控制最好由代理服务和应用层网关在高层执行。

网络层防火墙的优点如下。

（1）对于所有应用可采用统一的认证协议。

（2）对于每个终端主机无须多余认证。

（3）造成的性能下降较小。

（4）防火墙的崩溃和恢复不会影响开放的 TCP 连接。

（5）路由改变也不会影响 TCP 连接。

（6）它与应用无关。

（7）不存在单个可导致失败的点。

包过滤技术的优点是简单实用，实现成本低，在应用环境比较简单的情况下，能够以较小的代价在一定程度上保证系统的安全。但是，这种简单性带来了一个严重的问题：过滤器不能在用户层次上进行安全过滤，即在同一台机器上，过滤器分辨不出是 4 个用户的报文。因为包过滤技术是一种完全基于网络层的安全技术，所以只能根据数据包的来源、目标和端口等网络信息进行判断，无法识别基于应用层的恶意侵入，如恶意的 Java 小程序以及电子邮件中附带的病毒。有经验的黑客很容易伪造 IP 地址，骗过包过滤型防火墙。现在已出现了智能报文过滤器，它与简单报文过滤器相比，具有解释数据流的能力。然而，智能报文过滤器同样不能对用户进行区分。

对于网络层防火墙有许多设计难题需要解决，尤其在多防火墙、非对称路由、组播和性能方面尤其如此。

2. 电路层防火墙

电路层防火墙与网络层防火墙相似，但它能在 OSI 协议栈的一个同层次上工作。因为电路层防火墙是在 OSI 模型中会话层上来过滤数据包，所以比包过滤防火墙要高二层。电路层防火墙用来监控受信任的客户或服务器与不受信任的主机间的 TCP 握手信息，这样来决定该会话是否合法。对于远程机器来说，所有从电路层防火墙穿出来的连接好像都是由防火墙产生的，这样就可以隐藏受保护网络中的信息。

实际上电路层防火墙并非作为一个独立的产品存在，它与其他的应用层网关结合在一起。另外，电路层防火墙还提供一个重要的安全功能：代理服务器。代理服务器是个防火墙，在其上运行一个叫作"地址转移"的进程，来将所有内部的 IP 地址映射到一个"安全"的 IP 地址，这个地址是由防火墙使用的。但是，作为电路层防火墙也存在着一些缺陷，如果防火墙在会话层工作的，就无法检查应用层的数据包。

3. 应用层防火墙

应用层防火墙与前两种防火墙相比，属于两种概念上的防火墙。应用层防火墙能够检查进出的数据包，通过网关复制传递数据，防止在受信任服务器和客户机与不受信任的主机间直接建立联系。应用层防火墙能够理解应用层上的协议，能够做复杂一些的访问控制，并做精细的注册和审核。但每一种协议需要相应的代理软件，使用时工作量大，效率不如网络层防火墙。

应用层网关并不是用一张简单的访问控制列表来说明，哪些报文或会话允许通过，哪些不允许通过，而是运行一个接受连接的程序。在确认连接前，先要求用户输入口令，以进行严格的用户认证，然后向用户提示所连接的主机的有关信息。这样必须为每个应用配上网关程序。从某种意义上说，应用层网关比报文过滤网关和电路层网关有更多的局限性。但是，对于大多数环境来说，应用层网关比其他两种网关能提供更高的安全性，因为它能进行严格的用户认证，以确保所连接的对方是否名副其实。另外，一旦知道了所连接的对方的身份，就能进行基于用户的其他形式的访问控制，如限制连接的时间、连接的主机及使用的服务。由于前两种防火墙不具有用户认证的能力，因此，许多人认为应用层防火墙才是真正的防火墙。

应用层网关是目前最安全的防火墙技术，但实现困难，而且有的应用层网关缺乏"透明度"。在实际使用中，用户在受信任的网络上通过防火墙访问 Internet 时，经常会发现存在延迟，并且必须进行多次登录才能访问 Internet 或 Intranet。

应用层防火墙可以处理存储转发通信业务，也可以处理交互式通信业务。通过适当的程序设计，应用层防火墙可以理解在用户应用层的通信业务。这样便可以在用户层或应用层提供访问控制，并且可以用来对各种应用程序的使用情况维持一个智能性的日志文件。能够记录和控制所有进出通信业务，是采用应用层防火墙的主要优点。在需要时，防火墙本身还可以增加额外的安全措施。

对于所中转的每种应用，应用层网关需要使用专用的程序代码。由于有这种专用的程序代码，应用层网关可以提供高可靠性的安全机制。每当一个新的需保护的应用加入网络中时，必须为其编制专门的程序代码。正是如此，许多应用层网关只能提供有限的应用和服务功能。

为了使用应用层网关，用户或者在应用层网关上登录请求，或者在本地机器上使用一个为该服务特别编制的程序代码。每个针对特定应用的网关模块都有自己的一套管理工具和命令语言。

采用应用层网关的一个缺陷是，必须为每项应用编制专用程序。但从安全角度上看，这也是一个优点，因为除非明确提供了应用层网关，否则就不可能通过防火墙。这也是在实践"未被明确允许的就将被禁止"的原则。

专用应用程序的作用是作为"代理"接收进入的请求，并按照一个访问规则检查表进行核查，检查表中给出所允许的请求类型。在这种情况下，这个代理程序被称为一个应用层服务程序代理。当收到一个请求并证实该请求是允许的之后，代理程序将把该请求转发给所要求的服务程序。因此，代理程序担当着客户机和服务器的双重角色。它作为服务器接收外来请求，而在转发请求时它又担当客户机。一旦会话已经建立起来，应用代理程序作为中转站，在启动该应用的客户机和服务器之间转抄数据。因为在客户机和服务器之间传递的所有数据均由应用层代理程序转发，因此它完全控制着会话过程，并可按照需要进行详细的记录。在许多应用层网关中，代理程序是由一个单一的应用层模块实现的。

为了连接到一个应用层代理程序，许多应用层网关要求用户在内部网络的主机上运行一个专用的客户方应用程序。另一种方法是使用 Telnet 命令并给出可提供代理的应用服务的端口号。例如，如果应用代理程序运行在主机 gatekeer kinetics com 上，其端口号为 63，则可以使用下列命令。

在连接到代理服务所在的端口之后，将会看到标识该应用代理的特定的提示符。这时，需要执行专门配制命令来指定目的服务器。不管采用的是哪种途径，用户与标准服务之间的接口都将会被改变。如果使用的是一个专用的客户程序，则必须对该程序进行修改，使它总是连向代理程序所在的主机（即代理机）上，并告诉代理机所要连接的目的地址。此后，代理机将与最终的目标地址相连并传递数据。一些代理服务程序模拟标准应用服务的工作方式，当用户指定一个在不同网络中的连接目标时，代理应用程序就将被调用。

对于某一应用代理程序，如果需使用专用的客户机程序时，必须在所有的要使用 Internet 的内部网络主机上安装该专用客户程序。当网络的规模较大时，这将是一件困难的工作。如果一些用户在使用 DOS/Windows 或 Macintosh 客户机，则通常没有与这种客户机应用程序相对应的代理程序。这时，如果没有相应客户机应用程序的源码，将无法修改这些程序。

如果代理程序客户机只能使用某一个应用层网关服务器，则当这个服务器关闭时，这个系统很容易发生单点失效。如果一个客户端代理由管理员指定连向另一个应用层网关，可以避免单点失效错误。

由于在配置代理程序的客户机方面存在的诸多问题，一些站点倾向于使用分组过滤技术来处理 FTP 或 Telnet 等，可由适当的过滤规则来保证安全的应用；而使用代理程序客户机方式处理比较复杂的应用，如 DNS、SMTP、NFS、HTTP 和 GOPHER 当需要通过专用客户机应用程序与代理服务器通信时，必须将客户机应用程序和这些代理版本的系统调用一起进行编译和链接。

代理服务程序应该设计成在未使用适当修改后的客户机程序的情况下，能够提供"失效安全"的运行模式。例如，当一个标准的客户机应用程序被用来与代理服务器相连，那么这种通信应该被禁止，并且不能对防火墙或筛选路由器引起不可预料的行为。

另一种类型的应用层网关被称为"线路网关"。在线路网关中，分组的地址是一个应用层的用户进程。线路网关用于在两个通信端点之间中转分组。线路网关只是在两个端点之间复制字节。

线路网关是建立应用层防火墙的一种更灵活、更通用的途径。线路网关中可能包括支持某些特定 TCP/IP 应用的程序代码，但这通常是有限的。如果它能支持某些应用，则这些应用通常是一些 TCP/IP 的应用。

在线路网关，可能需要安装专门的客户机软件，而用户可能需要与改变了的用户界面打交道，或者改变他们的工作习惯。在每一台内部主机上安装和配置专门的应用程序，将是一件费时的工作，而对大型异构网络来说很容易出错，因为硬件平台和操作系统不同。

由于每个报文分组由在应用层运行的软件进行处理，主机的性能也会受到影响。每个分组被所有的通信层次处理两遍，并需要在用户层上进行处理以及转换工作环境。应用层网关都暴露在网络面前，因此可能需要采用其他手段来保护应用层网关主机，例如分组过滤技术。

常用的应用层防火墙已有了相应的代理服务器，例如 HTTP、NNTP、FTP、Telnet、Rlogin、X-Windows，但对于新开发的应用，尚没有相应的代理服务，它们将通过网络层防火墙和一般的代理服务。

4. 状态检测防火墙

状态检测（Stateful-inspection）防火墙是新一代的防火墙技术，由 Check Point 公司引入。它监视每一个有效连接的状态，并根据这些信息决定网络数据包是否能够通过防火墙。它在协议栈低层截取数据包，然后分析这些数据包，并且将当前数据包及状态信息和前一时刻的数据包及其状态信息进行比较，从而得到该数据包的控制信息，来达到保护网络安全的目的。和应用网关不同，Stateful-inspection 防火墙使用用户定义的过滤规则，不依赖预先定义的应用信息，执行效率比应用网关高，而且它不识别特定的应用信息，因此不用对不同的应用信息制定不同的应用规则，伸缩性好。

Stateful-inspection 防火墙的实现是通过不断开客户机/服务器的模式而提供一个完全的应用层感知。在 Steful-inspection 里，信息包在网络层就被截取了，然后防火墙从接收到的数据包中提取与安全策略相关的状态信息，将这些信息保存在一个动态状态表中，目的是为了验证后续的连接请求，提供一个高安全性的方案，系统执行效率提高了，还具有很好的伸缩性和扩展性。

Stateful-inspection 防火墙的优点。

（1）安全性高。

Stateful-inspection 防火墙工作在数据链路层和网络层之间，它从这里截取数据包，因为数据链路层是网卡工作的真正位置，网络层是协议栈的第一层，这样防火墙确保了截取和检查所有通过网络的原始数据包。防火墙截取到数据包就处理它们，首先根据安全策略从数据包中提取有用信息，保存在内存中；然后将相关信息组合起来，进行一些逻辑或数学运算，获得相应的结论，进行相应的操作，如允许数据包通过、拒绝数据包、认证连接、加密数据。Stateful-inspection 防火墙虽然工作在协议栈较低层，但它监测所有应用层的数据包，从中提取有用信息，如 IP 地址、端口号、数据内容，这样安全性得到很大提高。

（2）高效性。

Stateful-inspection 防火墙工作在协议栈的较低层，通过防火墙的所有的数据包都在低层处理，而不需要协议栈的上层处理任何数据包，这样减少了高层协议头的开销，执行效率提高很多；另外在这种防火墙中一旦一个连接建立起来，就不用再对这个连接做更多工作，系统可以去处理别的连接，执行效率明显提高。

（3）可伸缩性和易扩展性。

Stateful-inspection 防火墙不像应用网关式防火墙那样，每一个应用对应一个服务程序，这样所能提供的服务是有限的，而且当增加一个新的服务时，必须为新的服务开发相应的服务程序，这样系统的可伸缩性和可扩展性降低。Stulinspection 防火墙不区分每个具体的应用，只是根据从数据包中提取出的信息、对应的安全策略及过滤规则处理数据包，当有一个新的应用时，它能动态产生新的应用的新规则，而不用另外写代码，所以具有很好的伸缩性和扩展性。

（4）应用范围广。

Stateful-inspection 防火墙不仅支持基于 UDP 的应用，而且支持基于无连接协议的应用，如 RPC、基于 UDP 的应用。对于无连接的协议，连接请求和应答没有区别，包过滤防火墙和应用网关对此类应用可能不支持，可能开放一个大范围的 UDP 端口，暴露了内部网，降低了安全性。

Stateful-inspection 防火墙对基于 UDP 应用安全的实现，通过在 UDP 通信之上保持一个虚拟连接来实现。防火墙保存通过网关的每一个连接的状态信息，允许穿过防火墙的 UDP 请求包被记录，当 UDP 包在相反方向上通过时，依据连接状态表确定该 IDP 包是否是被授权的，若已被授权，则通过，否则拒绝。如果在指定的一段时间内响应数据包没有到达，连接超时，则该连接被阻塞，所有的攻击都被阻塞，UDP 应用也安全实现。

Stateful-inspection 防火墙支持 RPC，对于 RPC 服务来说，其端口号是不定的，因此简单的跟踪端口号不能实现该种服务的安全，Stateful-inspection 防火墙通过动态端口映射图记录端口号，为验证该连接还保存连接状态、程序号，通过动态端口映射图来实现此类应用的安全。

从趋势上看，未来的防火墙，将位于网络层防火墙和应用层防火墙之间，也就是说，网络层防火墙将变得更加能够识别通过的信息，而应用层防火墙在目前的功能上则向"透明""低层"方面发展。最终防火墙将成为一个快速注册审查系统，可保护数据以加密方式通过，使所有组织可以放心地在节点间传送数据。

（四）堡垒主机

堡垒主机指的是任何对网络安全至关重要的防火墙主机。堡垒主机是一个组织机构网络安全的中心主机，因此必须进行完善的防御。这就是说，堡垒主机是由网络管理员严密监视的。堡垒主机软件和系统的安全情况应该定期进行审查。对访问记录应进行查看，以发现潜在的安全漏洞和对堡垒主机的试探性攻击。堡垒主机最简单的设置，是作为外部网络通信业务的第一个也是唯一的入口点。

堡垒主机的硬件平台执行的是其操作系统的一个"安全"版本，这个版本经过特别设计，用以防止操作系统受损和确保防火墙的整体性。只有网络管理员认为是必需的服务才被设置在堡垒主机内。一般来说，只有为数不多的几个代理应用程序子集被设置在堡垒主机。在用户被允许访问代理服务之前，堡垒主机还需要进一步地认证。例如，线路层网关常常用于网连接，系统管理员将它们委托给内部用户。

堡垒主机使用应用层功能，来确定允许或拒绝来自或发向外部网络的请求。如该请求通过了堡垒主机的严格审查，它将被作为进来的信息转发到内部网络上。对于通向外部的网络的信息，该请求被转发到筛选路由器。

1. 堡垒主机的类型

目前，堡垒主机一般有以下 3 种类型。

（1）无路由双重宿主主机。无路由双重宿主主机有多个网络接口，但这些接口间没有信息流。主机本身可以作为一个防火墙，也可以作为一个更复杂的防火墙的一部分。无路由双重宿主主机的大部分配置类同于其他堡垒主机，但是用户必须确保它没有路由。如果无路由双重宿主主机是一个防火墙，那么它可以运行堡垒主机的例行程序。

（2）牺牲品主机。有些用户可能想用一些无论使用代理服务，还是包过滤都难以保障安全的网络服务或者一些对其安全性没有把握的服务。针对这种情况，使用牺牲品主机非常有用。牺牲品主机是一种上面没有任何信息需要保护的主机，同时它又不与任何入侵者想要利用的主机相连。用户只有在使用某种特殊服务时才需要用到它。

牺牲品主机除了可让用户随意登录，其配置基本上与其他堡垒主机一样。用户在堡垒主机上存有尽可能多的服务与程序。但是出于安全性考虑，牺牲品主机不可随意满足用户的要求，否则会使用户越来越信任牺牲品主机而违反设置牺牲品主机的初衷。牺牲品主机的主要特点是它易于被管理，即使被侵袭也无碍内部网的安全。

（3）内部堡垒主机。在大多数配置中，堡垒主机可与某些内部主机有特殊的交互。例如，堡垒主机可传送电子邮件给内部主机的邮件服务器，传送 Usenet 新闻给新闻服务器、与内部域名服务器协同工作。这些内部主机其实是有效的次层堡垒主机，对它们就应像保护堡垒主机一样加以保护。可以在它上面多放一些服务，但对它们的配置必须遵循与堡垒主机一样的过程。

2. 堡垒主机的选择因素

建设堡垒主机时，下列因素必须考虑。

（1）选择操作系统。

应该选择较为熟悉的、较为安全的操作系统作为堡垒主机的操作系统。一个配置好的堡垒主机是一个具有高度限制性的操作环境的软件平台，对它的进一步开发与完善最好在其他机器上完成后再移植。这样做也为开发器间内部网的其他外设与机器交换信息提供了方便。

用户需要能够可靠地提供一系列 Internet 服务的机器，这些服务能够为多个用户同时工作。如果用户的网点全部使用 MS-DOS、Windows 或者 Macintosh 系统，这时便会发现还需要其他平台作为用户的堡垒主机。由于 UNIX 是能提供 Internet 服务的最流行操作系统，当堡垒主机在 UNIX 操作系统运行时，有大量现成的工具可以使用。因此，在没有发现更好的操作系统之前，可选用 UNIX 作为堡垒主机的操作系统。同时，在 UNIX 下面也易于找到建立堡垒主机的工具软件。也可以选择其他操作系统，但要考虑对以后的工作的影响。

（2）对机器速度的要求。

作为堡垒主机的计算机并不要求有很高的速度。实际上，选用功能并不十分强大的机器作为堡垒主机反而更好。除了经费问题，选择机器只要物尽其用即可，因为在堡垒主机上提供的服务运算量并不很大。

堡垒主机上的运算量不大，对其运算速度的要求由它的内部网和外部网的速度决定。网络在 56 KB/s（TI 干线）速度下，处理电子邮件、DNS、FTP 和代理服务并不占用很多CPU 资源。但是如果在堡垒主机上运行具有压缩 / 解压功能的软件和搜索服务，或有可能同时为几十个用户提供代理服务，那就需要更高速的机器了。如果站点在 Internet 上常受欢迎，那么对外的服务也很多，也就需要速度较快的机器来充当堡垒主机。针对这种情况，也可使用多堡垒主机结构。

（五）防火墙体系结构

防火墙有 3 种基本的体系结构，分别适用于不同的网络规模。

第一，双穴主机网关（Dual-Homed-Cateway）。

第二，屏蔽主机网关（Screened-Host-CGateway）。

第三，屏蔽子网网关（Screened-Sub-net-Gateway）。

这 3 种原型有一个共同特点，都需要一台堡垒主机，或者叫桥头堡主机（BastionHost）。该主机充当应用程序转发者、通信登记者以及服务提供者的角色。

1. 双穴主机网关

双穴主机网关放置在两个网络之间，又称为桥头堡主机。桥头堡主机充当网关，需要在此主机中装两块网络接口卡，并在其上运行防火墙软件。受保护网与 Internet 之间不能直接进行通信，必须经过桥头堡主机，因此，不必显示地列出受保护网与不受保护网之间的路由，从而达到受保护网除了看到桥头堡主机，不能看到其他任何系统的效果。同时，桥头堡主机不转发 TCP/IP 通信报文，网络中的所有服务都必须由此主机的相应代理程序来支持。

大多数防火墙建立在运行 UNIX 的机器上。证实在双宿主机防火墙中的寻径功能是否被禁止是非常重要的。为了在基于 UNIX 的双宿主机中禁止进行寻径，需要重新配置和编译内核。在 Bsd UNIX 系统中该过程如下所述。

使用 Make 命令编译 UNIX 系统内核。使用 Config 的命令来读取内核配置文件并生成重建内核所需的文件。内核配置文件在 /sr/sys/conf 或 ust/src/sys 目录下。在使用 Intel 硬件的 Bsdi UNIX 平上，配置文件在 /us/src/sys/i386/conf 目录下。

为了检查你所使用的是哪一个内核配置文件，可以对内核映像文件使用 strings 命令并查找操作系统的名字。

下面是 UNIX 双宿主机防火墙的一部分有用的检查点。

（1）移走程序开发工具：编译器、链接器。

（2）移走不需要或不了解的具有 SUID 和 SGID 权限的程序。如果系统不工作，可以移回一些必要的基本程序。

（3）使用磁盘分区，从而使在一个磁盘分区上发动的填满所有磁盘空间的攻击被限制在那个磁盘分区当中。

（4）删去不需要的系统和专门账号。

（5）删去不需要的网络服务，使用 netstat-a 来检验。编辑 /et/ined conf 和 /etc/services 文件，删除不需要的网络服务定义。

由于双穴主机网关容易安装，所需的硬件设备也较少，且容易验证其正确性，因此是一种使用较多的防火墙。

双穴主机网关最致命的弱点是，这种结构没有增加网络安全的自我防卫能力，而它是受"黑客"攻击的首选目标，一旦防火墙被破坏，桥头堡主机实际上就变成了一台没有寻径功能的路由器，一个有经验的攻击者就能使它寻径，从而使受保护网完全开放并受到攻击。例如，在基于 UNIX 的双穴主机网关中，通常是先修改 IPforwarding 内核变量来禁止桥头堡主机的寻径能力，非法攻击者只要能获得网关上的系统特权，就能修改此变量，使桥头堡主机恢复寻径能力，以进行政击。

2. 屏蔽主机网关

屏蔽主机网关方式中，桥头堡主机在受保护网内，将带有报文屏蔽功能的路由器置于受保护网和 Internet 之间，它不允许 Internet 对受保护网的直接访问，只允许对受保护网中桥头堡主机的访问。与双穴网关类似，桥头堡主机运行防火墙软件。

屏蔽主机网关是一种很灵活的防火墙，为保护桥头堡主机的安全建立了一道屏障。但这种结构依赖屏蔽组和桥头堡主机，只要有一个失败，整个网络就暴露了。屏蔽主机网关可以有选择地允许值得信任的应用程序通过路由器，但它不像双穴网关那样只需注意桥头堡主机的安全性即可，它必须考虑两方面的安全性，即桥头堡主机和路由器。如果路由器中的访问控制列表允许某些服务能够通过路由器，则防火墙管理员既要管理桥头堡主机中的访问控制列表，还要管理路由器中的访问控制列表，并使它们互相协调。当路由器允许通过的服务数量逐渐增多时，验证防火墙的正确性就会变得越来越困难。

在屏蔽的路由器中数据包过滤配置按下列方式之一实现。

（1）允许其他的内部主机为了某些服务与互联网上的主机连接。

（2）不允许来自内部主机的所有连接。

用户针对不同的服务混合使用这些手段，如允许某些服务直接经由数据包过滤，其他服务只能间接地经过代理。这完全取决于用户实行的安全策略。

这种体系结构允许数据包从互联网向内部网移动，它的设计比没有外部数据包能到达内部网络的双重宿主主机体系结构更冒风险。实际上，双重宿主主机体系结构在防备数据包从外部网络穿过内部网络容易失败。保卫路由器比保卫主机较易实现，因为它提供有限的服务组。多数情况下，屏蔽的主机体系结构比双重宿主主机体系结构能提供更好的安全性和可用性。

然而，与其他体系结构相比较，如下面要讨论的屏蔽子网体系结构，屏蔽主机体系结构也有一些缺点。其中主要的是在堡垒主机和其余的内部主机之间没有任何保护网络安全措施的情况下，如果路由器被损害，整个网络对侵袭者是开放的。

3. 屏蔽子网网关

屏蔽子网网关包含两个屏蔽组和两个桥头堡主机。在公共网络和私有网络之间构成了一个隔离网，称为"停火区"，桥头堡主机放置在"停火区"内。因此，屏蔽子网中的主机是唯一受保护网和 Internet 都能访问到的系统。从理论上来说，屏蔽子网网关也是一种双穴网关的方法，只是将其应用到了网络上。当防火墙被破坏后，它会出现与双穴主机网关同样的问题。不同的是，在双穴主机网关中只需配置桥头堡主机的寻径功能，而在屏蔽子网网关中则需配置 3 个网络之间的寻径功能，即先要闯入桥头堡主机，再进入受保护网中的某台主机，然后返回报文屏蔽路由器，分别进行配置。这对攻击者来说极其困难。另外，由于 Internet 很难直接与受保护网进行通信，因此防火墙管理员不需指出受保护网到 Internet 之间的路由。这对于保护大型网络来说是一种很好的方法。

堡垒主机是用户网络上最容易受侵袭的机器，因为它本质上是能够被侵袭的机器。在屏蔽主机体系结构中，如果用户的内部网络对针对堡垒主机的侵袭门户洞开，那么用户的堡垒主机是非常诱人的攻击目标。在它与用户的其他内部机器之间没有其他防御手段时，如果有人成功地侵入屏蔽主机体系结构中的堡垒主机，那就毫无阻挡地进入了内部系统。

通过在周边网络上隔离堡垒主机，能减少在堡垒主机上侵入的影响。可以说，它只给入侵者一些访问的机会，但不是全部。

4. 防火墙体系结构的组合形式

建造防火墙时，很少采用单一的技术，通常是解决不同问题的多种技术的组合。这种组合主要取决于网管中心向用户提供什么样的服务，以及网管中心能接受什么等级的风险。采用哪种技术主要取决于经费投资的大小或技术人员的技术、时间等因素。一般有以下几种形式：

（1）使用多堡垒主机；

（2）合并内部路由器与外部路由器；

（3）合并堡垒主机与外部路由器；

（4）合并堡垒主机与内部路由器；

（5）使用多台内部路由器；

（6）使用多台外部路由器；

（7）使用多个周边网络；

（8）使用双重宿主主机与屏蔽子网。

（六）防火墙的自身安全

1. 防火墙安全的重要性

基于以上对防火墙的介绍与分析，防火墙对网络信息安全的重要性不难总结出来。如果防火墙自身遭到攻击，网络主机和大量的内部信息却比不架设防火墙的情况还要容易遭到攻击。

网络攻击从攻击的目的可以分为两大类：对网络主机的攻击、对信息的窃取和修改。

对网络主机的攻击认为是一种相对浅表的攻击。攻击发起者的主要目的，不是针对网络主机的某一项或多项敏感数据，而是以"攻占"主机为最终目的。攻击动机很多，某些人以此为乐，某些人是为了显示某项技能或者能力。这种攻击所造成的危害相对较小，但是仍然不可忽视。首先，主机"占领"后的下一步很可能就是窃取主机内的信息，或者以这台主机作为桥梁向新的主机或网络发起攻击，而且往往会导致网络异常或者中断，也可能造成工作的延缓，甚至造成不可挽回的损失。

防火墙一直是主机热衷的攻击对象，首先，防火墙是网络主机中防守最为严密的，如果"占领"防火墙主机，无异于占领了整个网络。对信息的窃取和修改是网络"杀手"们的最终目的，这种攻击通常以前一种攻击作为基础，当然也可以"瞒天过海"，比如用"IP欺骗"的方法透过防火墙或者其他认证系统的检验而非法获取敏感数据。敏感数据的丢失或者被非法篡改将导致巨大的损失，对于企业，可能会导致工作停止，管理混乱，造成巨大的经济损失；对于国家政府机关或军队，将可能导致严重的泄密，严重影响国家利益和尊严。

由于内部网或者内部网络中的敏感数据，通常由防火墙来保护，外部人员如果不经过防火墙将难以"看见"和到达内部网络，所以网络攻击者或入侵者必须攻克第一道防火墙。

综上所述，不论攻击者的目的如何，防火墙的自身安全必须高度重视。另外，安全策略的失误或管理不善或工作人员的疏忽，造成网络内部的泄密或者"后门"同样产生防火墙的自身安全问题。因此，防火墙作为内部网和外部网之间的门户，网络安全保障的"主角"，自身安全问题成为我们高度重视的问题，同时也是网络安全策略中的重要部分。

2. 防火墙容易受到的攻击

对于目前被广泛采用的双穴主机网关和屏蔽子网网关类的防火墙，其中的双穴主机是这种防火墙的核心部件和攻防的重点。双穴主机作为主机来讲，其安全性和可靠性应该是网络主机群中最好的，但并不是说防火墙就是绝对安全的。

从目前的安全策略和防火墙系统的现状分析，绝大多数的防火墙系统在防火墙自身安全问题上是相当脆弱的，防火墙的自身安全问题隐患主要体现在以下几个方面：防火墙主机自身的隐蔽性不够；防火墙主机安装的操作系统的固有缺陷；管理不善造成人为的漏洞。

（1）首先，防火墙对于用户是透明的，对于外部网，防火墙地址是不可见的。防火墙系统对于外部网发起的对内部网的访问请求，在通常情况下都是拒绝的，但是如果防火墙的地址对外部网的隐蔽性不够好，外部网络上的计算机就可能直接看到防火墙的外部网络适配器地址。当然，外部网主机可以直接向防火墙主机发送数据包，正常的连接请求或者数据传送没有什么问题，但是对于非法请求或者恶意攻击，防火墙对于外部网络的地址隐藏是相当重要的。当前，已经出现了所谓"无地址防火墙"，就是为了解决这个问题。

（2）当前的防火墙主机通常运行的操作系统有 3 种：UNIX、Windows NT 和 Linux 操作系统。这 3 种操作系统都存在或多或少的系统漏洞和安全问题，虽然 Microsoft 公司和发行 UNIX 公司一直致力于操作系统平台的安全性研究，并且不停地在发布安全补丁，但是 WindowsNT 和 UNIX 的安全问题仍然层出不穷。作为网络安全的管理员，操作系统的固有安全漏洞应该是值得重视的问题。

操作系统的不安全性主要体现在以下几个方面。

操作系统体制本身的缺陷，操作系统的程序是可以动态连接的。

操作系统支持在网络上传输文件，包括可执行文件，即在网络上加载和安装程序。

操作系统不安全的原因还在于创建进程，甚至在网络的节点上进行远程的进程创建和激活。

操作系统中，通常有一些守护进程，这种软件实际上是一些系统进程，它们总是在等待一些条件的出现。

操作系统提供远程调用（RPC）服务，而它们提供的安全验证功能很有限。

操作系统提供网络文件系统（NFS）服务，NFS 服务是一个基于 RPC 的网络文件系统。如果 NFS 设置存在重大问题，则几乎将系统管理权拱手交出。

操作系统的 Debug 和 Wizard 功能。许多入侵者精于 Patch 和 Debug，利用这两种技术，他们几乎做到他们想做的任何事。

操作系统安排的无口令入口，是为系统开发人员提供的便捷入口，但是这些入口也可能被入侵者所利用。

操作系统还提供隐蔽的信道。

（3）管理不善造成的人为漏洞则必须通过行政手段来解决，不仅要加强对内部人员的安全意识教育，强调安全的重要性，同时也要进行安全技术讲座，避免无意识的错误。世界上不存在绝对安全的网络环境，特别是内部人员的"作案"将使防火墙不起作用。某些时候，系统管理员为了自己的远程管理方便，违反规定地开设独立系统操作员账号也是影响安全的重要因素，这无异于在本来相对安全的系统中开了一道"后门"。

对于双穴主机网关和屏蔽子网网关，其中的双穴主机首先是一台网络上的计算机，所以，它可能受到对于网络主机的一切攻击手段的威胁；对于屏蔽子网网关，还要考虑对于网络的攻击，如错误路由和网络拥塞攻击。

3. 防火墙的安全检测方法

早期中大型的计算机系统中都收集审计信息来建立跟踪文件，审计跟踪大多是为了性能测试或计费，因此对攻击检测提供的有用信息比较少；此外，最主要的困难在于审计信息粒度的安排，审计信息粒度较细时，数据过于庞大和细节化，而由于审计跟踪机制所提供的信息数据量过于巨大，有用的信息淹没在其中。因此，对人工检查由于不可行而毫无意义。

对于攻击企图／成功攻击，被动审计的检测程度是不能保证的。通用的审计跟踪能提供用于攻击检测的重要信息，例如什么人运行了什么程序，何时访问或修改过那些文件；使用过内存和磁盘空间的数量；但也可能漏掉重要的与攻击检测相关的信息。为了使通用的审计跟踪用于攻击检测安全目的，必须配备自动工具对审计数据进行分析，以期尽早发现可疑事件或行为的线索，给出报警或对抗措施。

（1）检测技术分类。

为了从大量的、有时是冗余的审计跟踪数据中提取出对安全功能有用的信息，基于计算机系统审计跟踪信息设计和实现的系统安全自动分析或检测工具是很必要的，可以用以从中筛选出涉及安全的信息。其思路与流行的数据挖掘（Data Mining）技术是类似的。

基于审计的自动分析检测工具是脱机的，指分析工具非实时的对审计跟踪文件提供的信息进行处理，从而得到计算机系统是否受到过攻击的结论，并且提供尽可能多的攻击者的信息；此外，也可以是联机的，指分析工具实时的对审计跟踪文件提供的信息进行同步处理，当有可疑的攻击行为时，系统提供实时的警报，在攻击发生时提供攻击者的有关信息，其中包括攻击企图指向的信息。

在安全系统中，至少考虑如下 3 类安全威胁：外部攻击、内部攻击和授权滥用。攻击者来自该计算机系统的外部时称作外部攻击；当攻击者有权使用计算机，但无权访问某些特定的数据、程序或资源的人意图越权使用系统资源时视为内部攻击，包括假冒者、秘密使用者；特权滥用者也是计算机系统资源的合法用户，表现为有意或无意地滥用他们的特权。

通过审计试图登录的失败记录，发现外部攻击者的攻击企图；通过观察试图连接特定文件、程序和其他资源的失败记录发现内部攻击者的攻击企图，如可通过为每个用户单独建立的行为模型和特定行为的比较来检测发现假冒者；但要通过审计信息来发现那些授权滥用者是很困难的。

基于审计信息的攻击检测，特别难于防范内部人员的攻击；攻击者通过使用某些系统特权或调用比审计本身更低级的操作来逃避审计。对于那些具备系统特权的用户，需要审查所有关闭或暂停审计功能的操作，通过审查被审计的特殊用户或者其他的审计参数来发现。审查更低级的功能，如审查系统服务或核心系统调用通常比较困难，通用的方法很难奏效，需要专用的工具和操作才能实现。总之，为了防范隐秘的内部攻击需要在技术手段之外确保管理手段有效，技术上则需要监视系统范围内的某些特定的指标，并与通常情况下它们的历史记录进行比较来发现它。

（2）攻击检测方法。

①检测隐藏的非法行为。基于审计信息的脱机攻击检测工作以及自动分析工具可以向

系统安全管理员报告此前一天计算机系统活动的评估报告。

对攻击的实时检测系统的工作原理，是基于对用户历史行为的建模以及早期的证据或模型的基础。审计系统实时地检测用户对系统的使用情况，根据系统内部保持的用户行为的概率统计模型进行监测，当发现有可疑的用户行为发生时，保持跟踪并监测、记录该用户的行为。SRI（Stanford Research Institute）研制开发的 IDES 是一个典型的实时检测系统。IDES 系统能根据用户以前的历史行为决定用户当前的行为是否合法。系统根据用户的历史行为生成每个用户的历史行为记录库。IDES 更有效的功能是能够自适应地学习被检测系统中每个用户的行为习惯，当某个用户改变他的行为习惯时，这种异常就会被检测出来。目前 IDES 中已经实现的监测基于以下两个方面。

一般项目，例如 CPU 的使用时间，ID 的使用通道和频率，常用目录的建立与删除，文件的读写、修改、删除以及来自局域网的行为。

特定项目，包括习惯使用的编辑器和编译器、最常用的系统调用、用户 ID 的存取、文件和目录的使用。

IDES 除了能够实时监测用户的异常行为，还具备处理自适应的用户参数的能力。在类似 IDES 的攻击检测系统中，用户行为的各个方面用来作为区分行为正常或不正常的特征。例如，某个用户通常是在正常的上班时间使用系统，则偶尔的加班使用系统会被 IDES 报警。根据这个逻辑，系统能够判断使用行为的合法或可疑。显然这种逻辑有"打击扩大化/缩小化"的问题。当合法的用户滥用他们的权利时 IDES 无效。这种办法同样适用于检测程序的行为以及对数据资源（如文件或数据库）的存取行为。

②基于神经网络的攻击检测技术。如上所述，IDES 类的基于审计统计数据的，攻击检测系统具有一些天生的弱点，因为用户的行为非常复杂，所以想要准确匹配一个用户的历史行为和当前的行为相当困难。错发的警报来自对审计数据的统计算法所基于的不准确的假设。作为改进的策略之一，SRI 的研究小组利用和发展神经网络技术来进行攻击检测。

神经网络可能用于解决传统的统计分析技术所面临的以下几个问题。

a. 难于建立确切的统计分布。

b. 难于实现方法的普适性。

c. 算法实现比较昂贵。

d. 系统臃肿难于剪裁。

目前，神经网络技术提出是基于传统统计技术的攻击检测方法的改进方向，但尚不十分成熟，所以传统的统计方法仍将继续发挥作用，也仍然能为发现用户的异常行为提供有参考价值的信息。

③基于专家系统的攻击检测技术。进行安全检测工作自动化的另外一个值得重视的研究方向就是基于专家系统的攻击检测技术，即根据安全专家对可疑行为的分析经验来形成一套推理规则，然后再在此基础之上构成相应的专家系统，由此专家系统自动地对所涉及的攻击操作进行分析工作。

　　所谓专家系统是基于一套由专家经验事先定义的规则的推理系统。例如，在数分钟之内某个用户连续进行登录，且失败超过 3 次被认为是一种攻击行为。类似的规则统计系统似乎也有，同时，当说明基于规则的专家系统或推进系统也有其局限性，因为作为这类系统的基础的推理规则，一般都是根据已知的安全漏洞进行安排和策划的，而对系统的最危险的威胁则主要是来自未知的安全漏洞。实现一个基于规则的专家系统是一个知识工程问题，而且其功能应当能够随着经验的积累，而利用其自学习能力进行规则的扩充和修正。当然，这样的能力需要在专家的指导和参与下才能实现，否则可能同样会导致较多的错报现象。一方面，推理机制使得系统面对一些新的行为现象时，可能具备一定的应对能力；另一方面，攻击行为也可能不会触发任何一个规则，从而不被检测到。专家系统对历史数据的依赖性比基于统计技术的审计系统少，因此系统的适应性比较强，可以灵活地适应广谱的安全策略和检测需求，但是推理系统和谓词演算的可计算问题距离成熟解决都还有一定的距离。

　　④基于模型推理的攻击检测技术。攻击者在攻击一个系统时采用一定的行为程序，如猜测口令的程序，这种行为程序构成了某种具有一定行为特征的模型，根据这种模型所代表的攻击意图的行为特征，可以实时地检测出恶意的攻击企图。虽然攻击者并不一定都是恶意的。用基于模型的推理方法，人们能够为某些行为建立特定的模型，从而能够监视具有特定行为特征的某些活动。根据假设的攻击脚本，这种系统就能检测出非法的用户行为。一般为了准确判断，要为不同的攻击者和不同的系统建立特定的攻击脚本。

　　当有证据表明某种特定的攻击模型发生时，系统应当收集其他证据来证实或者否定攻击的真实，既要不漏报攻击，防止对信息系统造成实际的损害，又要尽可能地避免错报。

　　当然，上述的几种方法都不能彻底地解决攻击检测问题，所以最好是综合利用各种手段强化计算机信息系统的安全程序，以增加攻击成功的难度，同时根据系统本身特点辅助以较适合的攻击检测手段。

（七）防火墙技术

　　数据包过滤技术。

　　（1）数据包过滤的基本工作原理。

　　数据包过滤是一种访问控制技术，用于控制流入流出网络的数据。它设置在网络的适当位置，对数据实施有选择的通过，选择原则是系统内事先设置的安全策略。数据包过滤是由路由器实现的，这种路由器和普通路由器有所区别，普通路由器只是简单地查看每一个数据包的目标地址，并选取数据包发往目标地址的最佳路径，完成转发功能；而具有数据包过滤功能的路由器则更细致地检查数据包，它除了决定能否发送数据包到其目标地址，还要根据系统的安全策略来决定它是否应该发送，我们通常称这种路由器为屏蔽路由器。

　　一旦数据包过滤路由器完成对一个数据包的检测，它对数据包所做的工作有两种选择：通过数据包和放弃数据包。为了理解数据包过滤，首先必须理解数据包以及它们在每一个

TCP/IP 协议层是如何被处理的。

（2）数据包的概念。

为了理解数据包过滤，首先讨论一下数据包以及它们在每一个 TCP/IP 协议层的处理过程。每一个包都要经过以下各层传输：

①应用层（FTP、Telnet 和 Http）；

②传输层（TCP 或 UDP）；

③网络层（IP）；

④网络接口层（以太网、FDDI、AIM 等）。

包的构造有点像洋葱，它是内各层协议连接组成的。在每一层，包都由包头与包体两部分组成。在包头中存放与这一层相关的协议信息，在包体中存放包在这一层的数据信息，这些数据包含了上层的全部信息。在每一层上对包的处理是将从上层获取的全部信息作为包体，然后依本层的协议再加上包头。这种对包的层次性操作一般称为封装。

在应用层，包头含有需被传送的数据。当构成下一层（传输层）的包时，传输控制协议或用户数据报协议从应用层将数据全部取来，然后再加装上本层的包头。当构筑再下一层（网络层）的包时，IP 协议将上层的包头与包体全部当作本层的包体，然后再加装上本层的包头。在构筑最后一层（网络接口层）的包时，以太网或其他网络协议将 IP 层的整个包作为包体，再加上本层的包头。与封装过程相反，在网络连接的另一边（接收方）的工作是解包，即为了获取数据要由下而上依次把包头剥离。在数据包过滤系统看来，包的最重要信息是各层依次加上的包头。

（3）数据包是怎样过滤的。

包过滤技术允许或不允许某些包在网络上传递，它依据以下的原则。

①将包的目的地址作为判断依据。

②将包的源地址作为判断依据。

③将包的传送协议作为判断依据。

大多数包过滤系统并不关心包的具体内容。

防火墙包过滤系统可以进行以下情况的操作。

①不允许任何用户从外部网使用 Telnet 登录。

②允许任何用户使用 SMTP 往内部网发电子邮件。

③只允许某台机器通过 NNTP 往内部网发新闻。

但包过滤不允许进行如下操作。

①允许某个用户从外部网用 Telnet 登录而不允许其他用户进行这种操作。

②允许用户传送某些文件而不允许用户传送其他文件。

数据包过滤系统不能识别数据包中的用户信息。同样，数据包过滤系统也不能识别数据包中的文件信息。包过滤系统的主要特点是让用户在一台机器上，提供对整个网络的保护。以 Telnet 为例，假定不让客户使用 Telnet 而将网络中现有机器上的 Telnet 服务关闭，作为系统管理员在现有的条件下可以做到，但是不能保证在网络中新增机器时，新机器的 Telnet 服务也被关闭或其他用户就永远不再重新安装 Telnet 服务。如果有了包过滤系统，则只要在包过滤中对此进行设置，机器中的 Telnet 服务是否存在也就无所谓了。

路由器为所有用户进出网络的数据流提供了一个有用的阻塞点，而有关的保护只能由网络中特定位置的过滤路由器来提供。例如，我们考虑这样的安全规则，让网络拒绝任何含有内部邮件的包，就是那种看起来来自内部主机而其实是来自外部网的包，入侵者总是把这种包伪装成来自内部网实现入侵。要实现设计的安全规则，唯一的方法是通过网络上的包过滤路由器。只有处在这种位置上的包过滤路由器，才能通过查看包的源地址辨认出这个包是来自内部网还是来自外部网。

（4）数据包是如何构筑的。

在 IP 网传输的数据包是采用这样的方法构筑的，每一个协议层都用特殊的连接对数据包进行"打包"，打包的过程是这样的，每一层把它从上层得到的信息作为它的数据来处理，并且在这个数据上加上自己的报头，报头包括与那层有关的协议信息，主要信息是 IP 源地址、IP 目标地址、协议类型、TCP 或 UDP 源端口、TCP 或 UDP 目标端口、ICMP 消息类型。

在应用层，数据包只包括将要传送的数据。在传输的另一个方向，这个过程正好相反，当数据从低层传送到高层时，数据的每层报头都被相应地剥去。

（5）数据包过滤的基本结构。

被用于数据包过滤的路由器，是通过分析含有重要信息的报头和它所知道的没有被反映在数据包报头中的关于数据包的其他信息（如数据包能到达的端口、数据包出去的端口）来进行数据包过滤的。由此可见，数据包过滤主要有以下几种基本结构。

①基于地址的过滤。按地址过滤是最为简单的一种数据包过滤技术，它限制基于数据包源地址或目标地址的数据包流，可以用来允许特定外部主机和内部主机对话，反之则禁止特定外部主机到特定网络或主机的不安全连接。例如，我们要求全面阻止外部用户访问某台内部主机，而此主机的用户通过此计算机浏览 Internet，一个很简单的解决方法就是，对通过防火墙的 IP 数据包的目的地址进行过滤，阻止到此主机的一切数据包。

②基于协议的过滤。基于协议的过滤指过滤器根据系统设计的原则来阻止或允许某种协议类型的数据包。

TCP 和 UDP 是 Internet 网上最常用的两种协议。如果过滤系统试图阻止一个 TCP 连接，仅阻止第一个数据包就可以了，第二个数据包包含连接的信息，如果没有第一个数据包，接收端不会把之后的数据包组装成数据流，并且停止这次连接，TCP 连接的第一个数据包之所以容易被识别，是因为在它的报头中的 ACK 位没有被设置，而连接中的其他数据包不论去往何种方向，它的 ACK 位置都将被设置。

UDP 数据包因为不像 TCP 那样做可靠性保证，在它的报头中没有作为可靠性传输保证的 ACK 位，所以数据包过滤路由器没有办法，通过检查一个 UDP 报头来对数据进行过滤，但在有些产品中具有动态数据包过滤的能力它记住所见到的流出的数据包，然后通过过滤机制允许相应的响应数据包返回，为了给响应计数，进来的数据包需来自数据包被送到的主机和端口，路由器基本上是在数据流动中修改数据包的过滤规则，故称为动态数据包过滤。

③基于 ICMP 消息类型的过滤。ICMP 用于 IP 状态和消息控制，ICMP 数据包被包装在 IP 数据包报体中，它没有源或目标端口，而是一套已定义好的消息类型代码，许多数据包过滤系统要过滤基于 ICMP 消息类型字段的 ICMP 数据包。生成和返回 ICMP 错误代码是数据包过滤路由器工作的一部分，但是如果数据包过滤系统对违反这个过滤策略的所有数据包都返回 ICMP 错误代码，会给侵略者一个探明过滤系统的方法，因此安全的做法是放弃没有退回任何 ICMP 错误代码的数据包，但更灵活的过滤系统是配置它向内部系统而不是对外部系统返回 ICMP 代码，这是很有意义的。以上对数据包过滤系统的基本结构作了简要介绍，更多的数据包过滤系统是两种或多种结构的组合应用。

（6）包过滤的优缺点。

①包过滤的优点。包过滤方式有许多优点，其主要优点之一是用一个放置在战略位置上的包过滤路由器就可保护整个网络。如果站点与互联网间只有一台路由器，不管站点规模有多大，只要在这台路由器上设定合适的包过滤，站点就可以获得很好的网络安全保护。

包过滤不需要用户软件的支撑，不要求对客户机做特别的设置，也没有必要对用户做任何培训。当包过滤路由器允许包通过时，它看起来与普通的路由器没有任何区别。此时，用户甚至感觉不到包过滤功能的存在，只有在某些包禁入和禁出时，用户才认识到它与普通路由器的不同。包过滤工作对用户来讲是透明的。这种透明可在不要求用户作任何操作的前提下完成包过滤。

包过滤产品比较容易获得，在市场上有许多硬件和软件的路由器产品，不管是商业产品还是从网上免费下载的产品都提供了包过滤功能。例如，Cisco 公司的路由器产品包含有包过滤功能。Draw brge、Kral Brige 以及 Screened 也都具有包过滤功能，而且还能从 Internet 上免费下载。

②包过滤的缺点。尽管包过滤系统有许多优点，但是它仍有缺点和局限性。

a. 在机器中配置包过滤规则比较困难。

b. 对包过滤规则设置的测试也很麻烦。

c. 许多产品的包过滤功能有这样或那样的局限性，要找一个比较完整的包过滤产品很难。

包过滤系统本身存有某些缺陷，这些缺陷对系统安全性的影响超过代理服务对系统安全性的影响。这是因为，代理服务的缺陷会使数据无法传送，而包过滤的缺陷会使得一些平常应该拒绝的包也能进出网络，这对系统的安全性是一个巨大的威胁。即使在系统中安装了比较完整的包过滤系统，也会发现对某些协议使用包过滤方式不太合适。例如，对 Berkeley 的 "r" 命令（rcp、rsh、rlogin）和类似于 NFS 和 NIS/YS 协议的 RPC，用包过滤系统就不太合适。有些安全规则是难以用包过滤规则来实现的。例如，在包中只有来自哪台主机的信息而无来自哪个用户的信息。因此，若要过滤用户就不能使用包过滤。

（7）包过滤处理内核。

过滤路由器利用包过滤作为手段来提高网络的安全性。过滤功能也可以由许多商用防火墙产品来完成，或由基于软件的产品，如 Karl brige 基于 PC 的过滤器来完成。许多商业路由器通过编程来执行过滤功能。路由器制造商，如 Cisco、3Com、New bridge、ACC 提供的路由器通过编程来执行包过滤功能。

①包过滤和网络策略。包过滤可以用来实现大范围内的网络安全策略。网络安全策略必须清楚地说明被保护的源和服务的类型、它们的重要程度和这些服务要保护的对象。

一般来说，网络安全策略主要集中在阻截入侵者，而不是试图警戒内部用户。它的工作重点是阻止外来用户的突然侵入和故意暴露敏感性数据，而不是阻止内部用户使用外部网络服务。这种类型的网络安全策略决定了过滤路由器应该放在哪里以及怎样通过编程来执行包过滤。一个好的网络安全策略还应该使内部用户难以危害网络的安全。

网络安全策略的一个目标就是要提供一个透明机制，以便这些策略不会对用户产生障碍。因为包过滤工作在 OSI 模型的网络层和传输层而不是在应用层，这种方法一般来说更具透明性。

②一个简单的包过滤模型。包过滤器通常置于一个或多个网段之间。网络段分为外部网段或内部网段。外部网段把内部局域网络连接到外面的网络如 Internet 上，内部网段用来连接公司的主机和其他网络资源。

包过滤器设备的每一端口都可用来完成网络安全策略，该策略描述了通过此端口可访问的网络服务类型。如果连在包过滤设备上的网络段数目很大，那么包过滤所要完成的工作就会很复杂。一般来说，应当避免对网络安全问题采取过于复杂的解决方式，但是从纯经济的角度来看，通常是决定买具有外部端口的一个路由器，而不是买几个小的路由器。具有几个端口的路由器的好处是它与 CPU 接口的广度和处理的容量。另外，由于包过滤原则通常适用于一个接口，如果用户的设计合适，一个多端口的路由器将是一个易于管理的方案。

大多数情况下，一个简单的模型可以用于实现网络安全策略。这个模型表明该包过滤设备只连有两个网段。典型的是，一个为外部网段，另一个为内部网段。包过滤用来限制那些它拒绝服务的网络流量。因为网络策略是应用于与外部主机有联系的内部用户的，所以过滤路由器端口两面的过滤器必须以不同的方式工作。换句话说，过滤器是非对称的。

第八章 信息系统安全管理的法律控制

第一节 信息系统安全管理的法律保障

在与信息系统安全有关的法律中,《中华人民共和国宪法》第40条规定:"中华人民共和国公民的通信自由和通信秘密受法律保护。"《中华人民共和国刑法》第285、286和287条对涉及信息系统的违法犯罪行为及其处罚做了明确的规定。《中华人民共和国治安管理处罚法》第29条对涉及信息系统安全的四种违法行为及其处罚做了具体的规定。

《全国人民代表大会常务委员会关于维护互联网安全的决定》从保障互联网的运行安全、维护国家安全和社会稳定、维护社会主义市场经济和社会管理程序以及保护个人、法人和其他组织的人身、财产等合法权利,对有关行为违法进行了界定。《全国人民代表大会常务委员会关于维护互联网安全的决定》还规定:各级人民政府及有关部门要采取积极措施,在促进互联网的应用和网络技术的普及过程中,重视和支持对网络安全技术的研究和开发,增强网络的安全防护能力。有关部门要提高对互联网运行安全和信息安全宣传教育力度,依法实施有效的监督管理、防范和制止利用互联网进行的各种违法活动,为互联网的健康发展创造良好的社会环境。从事互联网业务的单位要依法开展活动,发现互联网上出现违法犯罪行为和有害信息时,要采取措施,停止传输有害信息,并及时向有关机关报告。任何单位和个人在利用互联网时,都要遵纪守法,抵制各种违法犯罪活动和有害信息的侵扰。

以上法律法规,对加强网络安全技术的研究开发和推广使用、加强网络安全的宣传教育、依法实施监督管理、防范和打击违法犯罪活动、保障系统运行安全、保障信息内容安全提供了法律依据。

1994年2月8日,国务院发布了《中华人民共和国信息系统安全保护条例》(国务院第147号令),这是我国第一个计算机安全法规。该条例规定了对信息系统实行安全等级保护、计算机信息系统国际联网备案、建立健全安全管理制度、出境申报、案件报告、计算机信息系统安全产品销售许可等安全保护制度,确定了对信息系统进行安全监督的管理机关及其监督职权。

条例还规定了对违反相关规定的行为应承担的法律责任。其中关于信息系统实行安全等级保护制度明确了对信息系统要采取安全等级保护的管理措施，计算机信息系统发生案件时的报告制度，为制定信息系统及时响应安全事件的管理措施提供了法规依据。

我国还先后出台了《中华人民共和国计算机信息网络国际联网管理暂行规定》（国务院第 195 号令，1997 年修改后改为国务院第 218 号令）、《计算机信息网络国际联网安全保护管理办法》（公安部第 33 号令）《互联网信息服务管理办法》（国务院第 292 号令）《计算机病毒防治管理办法》（公安部第 51 号令）等一系列法规、规章。这些法规、规章有如下一些规定：不得从事危害国家安全、危害社会稳定等违法犯罪活动，不得从事危害计算机信息系统安全活动，不得制作和传播计算机病毒，不得制作、查阅、复制和传播违法有害信息，并且在发现违法有害信息时要及时向国家有关机关报告并按国家有关规定进行处理。根据这些规定，必须对信息系统的内容安全采取必要的安全管理措施，对信息内容安全事件的响应也要有相应的管理措施。

上述法律法规或规章为制定实施信息系统安全等级保护、信息安全事件的监测和响应、信息内容安全管理等安全管理措施提供了法律法规保障，但仍有许多不完善的地方。

（1）保障信息系统安全措施包括安全技术措施和安全管理措施。目前，只有《互联网安全保护技术措施规定》对互联网服务提供者和联网使用单位落实安全保护技术措施提出了明确、具体和可操作性的要求，而对信息系统安全应采取什么样的安全管理措施却没有具体明确的规定。这就影响了对信息系统采取安全管理措施的规范性和一致性，各系统很难进行相互参照和相互对比，不利于从整体上提高信息系统的安全保护水平。

（2）虽然《计算机信息系统安全保护条例》对信息系统的安全等级保护作为一项制度确定下来，但在具体实施过程中明显感到法律效力不足，工作难以开展。在开展信息系统安全等级保护工作时，需要对信息系统的安全等级进行测评，而对第三方测评机构的资质如何认证也没有相应的法律法规或规章的规定，这就很难保证测评的客观性、公正性和公平性。

（3）现有的法律法规对在信息系统中发现的有关问题规定：公民发现危害国家安全的行为，应当向国家安全机关或者公安机关报告；发现违法犯罪行为、案件、有害信息时，及时向有关机关报告；对因计算机病毒引起的计算机信息系统瘫痪、程序和数据严重破坏等重大事故及时向公安机关报告，并保护现场。对信息系统中发生的其他安全事件，如网络攻击事件、信息破坏事件、设备设施故障、灾害性事件等如何进行报告却没有具体规定，这就影响了信息安全事件响应工作的开展。

第二节　网络犯罪的法律控制

2005 年 8 月 28 日，第十届全国人民代表大会常务委员会第十七次会议通过《中华人民共和国治安管理处罚法》里，对涉及信息安全的违法行为以专门一章"违反治安管理的行为和处罚"进行规范，并把违反治安管理的行为细分为"扰乱公共秩序""妨害公共安全""侵犯人身权利、财产权利""妨害社会管理"四类。我国现有的有关法规，如《计算机信息系统安全保护条例》《计算机信息网络国际联网安全保护管理办法》《互联网信息服务管理办法》《互联网上网服务营业场所管理条例》等也界定了一些适用治安管理处罚的违法行为。

我国法律持二元犯罪观，即区分违法和犯罪，一般的违法行为用《治安管理处罚法》来处理，严重的违法行为才用刑法来处理。治安管理处罚法第 2 条规定："扰乱公共秩序，妨害公共安全，侵犯人身权利、财产权利，妨害社会管理，具有社会危害性，依照《中华人民共和国刑法》的规定构成犯罪的，依法追究刑事责任；尚不够刑事处罚的，由公安机关依照本法给予治安管理处罚。"

对付计算机犯罪同对付其他犯罪一样，既要治标也要治本，在完善对网络犯罪责任追究的同时，也要应用多方面手段对网络犯罪进行必要的预防，要从安全技术、安全管理和安全教育等方面加强防范能力。第一，改进技术、堵塞漏洞。信息系统安全漏洞是各种安全威胁的主要根源之一，因此要不断完善有关的安全防护措施，减少和堵塞漏洞。第二，健全人事管理，严格规章制度。人事管理是防范网络犯罪的重要环节，应该对从业人员进行必要审查、考核、教育和培训。在管理中要分工明确，严格规章制度，形成必要的监督制约机制，减少作案可能。第三，对正在学习、掌握计算机知识和技能的青少年要加强思想道德和文化的教育，消除不良文化的影响，树立正确的人生观和价值观。第四，制定和完善应对计算机犯罪活动的法律法规。这是由法律法规的特点所决定的，法律对策是遏制和打击网络犯罪最强有力的手段，刑法控制是最严厉的手段，因此，下面重点讨论网络犯罪的刑法控制问题。

网络犯罪严重危害着信息系统的安全，它所造成的经济损失、社会危害是传统犯罪所不可比拟的，它已成为世界各国共同面临的重大问题。国外有的犯罪学家认为，未来信息化社会的犯罪形式将主要是计算机犯罪。我国有专家曾预言与计算机有关的犯罪将是 21 世纪的主要犯罪形态。因此，必须对网络犯罪行为进行强制性的法律控制，通过防范和打击网络犯罪来有效地保护信息系统的安全。

一、计算机犯罪的定义

对于计算机犯罪概念的界定问题，世界各国的计算机界、司法界及学术界一直存在很大分歧，无论是从犯罪学的角度还是从刑法学的角度来看，都是一个有争议的问题。国外关于计算机犯罪的概念很多，归纳起来大致有 5 种观点：数据说、角色说、技术说、工具说、涉及说。我国学者的观点主要有利用说、相关说、数据说、利用和对象说等。总的说来，计算机犯罪的定义及其争议可以分为广义说和狭义说两种。

1. 广义的计算机犯罪概念

广义的计算机犯罪是指行为人以计算机系统为工具或者以计算机系统为侵害对象（物理性破坏除外）而实施的危害社会并应受到刑罚处罚的行为，具体可以分 3 种情况：一是利用计算机作为犯罪工具；二是以计算机本身作为犯罪对象；三是偷取或破坏他人计算机中的资料。依据广义说，计算机犯罪既可以是新刑法典中规定的非法侵入计算机信息系统罪和破坏计算机信息系统罪，也可以是诈骗罪、贪污罪、盗窃罪等传统罪名。广义说的根本缺陷在于将一切涉及计算机的犯罪均视为计算机犯罪，无法从根本上区别计算机犯罪与其他犯罪的界限。

2. 狭义的计算机犯罪概念

狭义的计算机犯罪是指利用计算机操作所实施的危害计算机系统（包括数据及程序）安全的犯罪行为，即我国刑法第 285 条和第 286 条所规定的犯罪。其特点包括以下三个方面，一是犯罪对象是计算机系统，因而其他涉及计算机的普通犯罪均被排除在外；二是危害计算机系统安全的行为，只能是通过非法操作计算机来实施，以其他方法达到此类犯罪结果的，不属于真正意义上的计算机犯罪；三是计算机本身作为犯罪工具的同时也是犯罪对象。依据狭义说，计算机犯罪仅包括非法侵入计算机信息系统罪和破坏计算机信息系统罪。

综合以上两点，计算机犯罪可以概括为以计算机资产（包括数据和程序等）为犯罪对象或利用计算机作为犯罪工具而实施的危害社会并应处以刑罚的行为。

二、网络犯罪的定义

随着信息技术的快速发展，互联网构成一种全新的社会生活和社会交往的新型"虚拟空间"，人们以虚拟方式在这种网络空间中展开活动而形成"虚拟社会"的社会关系体系，这种"虚拟社会"的基本构成要素是人、计算机网络和信息。虚拟社会的形成改变了社会的结构，使社会分化为现实社会和虚拟社会，存在于现实社会中的各种违法犯罪问题也会在"虚拟社会"中出现，如网络诈骗、网络赌博网上盗窃、网上淫秽色情、网上贩卖违禁物品等，同时计算机病毒的传播、恶意代码和入侵攻击等行为在"虚拟社会"中也是层出不穷，因此就出现了一个与计算机犯罪相近的概念，即"网络犯罪"。对于这一概念，不同学者有不同的看法。有的认为网络犯罪是对计算机犯罪的另一种称谓，有的认为不能将网络犯罪与计算机犯罪相混淆，本研究同意后者的观点。

（一）网络犯罪与计算机犯罪相同之处

（1）都是针对或利用计算机及其相关设备。

（2）犯罪黑数高。受害人可能因为专业知识有限而不能准确了解自己被侵害的事实，也可能为顾及自身或公司的形象而不愿公开。

（3）高智能性。犯罪行为人一般都掌握计算机或网络系统的相关知识。

（4）案件侦查困难。犯罪行为难于确定，刑事侦查面临许多困难及挑战。

但网络犯罪还具有一般意义上的计算机犯罪所没有的特点，因此，网络犯罪应包含计算机犯罪。

（二）网络犯罪的特点

（1）作案工具和对象不同。网络犯罪攻击和利用的对象是计算机信息系统，而不仅仅是计算机系统本身。计算机犯罪侵害的是计算机系统内的计算机或设备，具有特定性，而网络犯罪侵害的既可能是计算机或设备，也可能是各个工作站，或者是连接网络的通信设备，侵害的对象具有广泛性。计算机犯罪是在现实世界中的计算机系统中实现的，而网络犯罪除此之外的大量犯罪活动是在"虚拟社会"中实现的，如网络色情、网络赌博、网络诈骗等。

（2）隐蔽性强。在互联网构成的虚拟社会中，参与者的位置可能非常遥远，参与者的身份也可能是虚拟的。

①作案范围一般不受地点限制。

②作案时间可以不受正常作息制度限制。

③犯罪后对机器硬件和信息载体可不造成任何损坏，犯罪不留痕迹，不易被发现，不易被侦破。

（3）危害的广泛性。一条违法信息只要贴上因特网，就立即成为全球性的危害信息，后果非常严重。任何有意或无意的攻击都可能使网络上成百上千台计算机瘫痪。

因此，本研究认为网络犯罪可定义为利用计算机信息系统实施的危害社会并应处以刑罚的行为。网络犯罪的行为可以是在现实社会中针对或利用计算机信息系统进行的，但更多的是利用公共网络信息系统在"虚拟社会"中实施的，如网络色情、网络赌博、网络钓鱼、网络欺诈等。网络犯罪所产生的危害结果涉及现实世界中的人和物，这种危害行为要用现实世界中的法律进行处罚。

以下将计算机犯罪归入网络犯罪中进行讨论。

三、网络犯罪的立法现状

1. 国际上网络犯罪的立法

自 1973 年瑞典率先在世界上制定第一部含有计算机犯罪处罚内容的《瑞典国家数据保护法》，迄今已有数十个国家相继制定、修改或补充了惩治计算机犯罪的法律，这其中既包括已经迈入信息社会的美国、日本及欧洲一些发达国家，也包括正在迈向信息社会的巴西、韩国、马来西亚等发展中国家。

1965 年，美国总统办公室发布计算机安全保护的法规；1970 年，美国颁布了《金融秘密权利法》，对一般个人、银行、保险、其他金融机构的计算机中所存储的数据规定了必要的限制；佛罗里达州于 1978 年通过了《佛罗里达计算机犯罪法》，随后，美国有 48

个州也相继立法，明确了对计算机犯罪的惩处：知识产权、侵犯计算机装置和设备、侵犯计算机用户等犯罪；美国联邦直到 1984 年才出台了《伪造存取手段及计算机诈骗与滥用法》，并分别于 1986 至 1996 年间数次对其进行修订，最后形成《计算机滥用修正案》而被纳入《美国法典》第 18 篇"犯罪与刑事诉讼"篇第 1030 条；1986 年通过的《电子通信隐私法》允许、刑事侦查机关可在未授权的特殊情况下监视因特网及其他刑事的通信联络系统；1987 年通过的《计算机安全法》规定有关联邦政府对于相关的计算机信息系统，需要由美国国家安全局加以全天候监控；1989 年制定了《计算机病毒消除法》；1990 年制定了《计算机滥用法》，认为以下类型属于违法：未经授权接触计算机数据，未经授权非法占用计算机数据并意图犯罪、故意损坏、破坏、修改计算机数据或程序；1997 年通过的《反电子盗窃法》，强化对于通过电子或因特网进行传输而构成侵害著作权的刑事处罚和对被害人的保护。此外，还有《儿童网络隐私保护法》《网络禁止赌博法案》《维护公共网络法案》等。

英国原则上仍以现有法规管理网络内容，如刑法、猥亵出版物法及公众秩序法，将网络视为出版物的一种，凡在网络散布色情、暴力者，均被认定为犯罪。1981 年，通过修订《伪造文书及货币法》，扩大"伪造文件"的概念，将伪造电磁记录纳入"伪造文书罪"的范围；1984 年，在《治安与犯罪证据法》中对计算机证据的合法性作了具体规定；1985 年，通过修订《著作权法》，将非法复制计算机程序的行为视为犯罪行为，给予相应之刑罚处罚；为保护儿童权利，在原有的儿童保护法的基础上，于 1996 年通过取缔网络传输儿童色情图片法案 2000 年通过的调查权力规制法，授权企业及政府机关监看员工电子邮件、通信及其他因特网的使用，同时要求网络服务商自费装配配合国家犯罪侦查目的指定设备，提供通信解密方法。

加拿大于 1985 年 12 月 12 日通过的刑法修正案，规定了非法使用电脑系统或损毁资料为犯罪行为。具体包括非法取得电脑服务，截取系统功能，借用电脑取得利益，故意损毁、修改数据或干扰电讯资料的合法使用等。法国于 1992 年通过、1994 年生效的《新刑法典》设专章"侵犯资料自动处理系统罪"对计算机犯罪做了规定。俄罗斯也在 1997 年生效的《新刑法典》中以专章"计算机信息领域的犯罪"为名对计算机犯罪做了规定。

2. 我国网络犯罪的立法

1997 年，八届人大五次会议在新修订的《中华人民共和国刑法》中增加了 3 个法律条款用于处罚计算机犯罪：285 条规定的是非法侵入计算机信息系统罪，第 286 条规定的是破坏计算机信息系统罪，第 287 条规定的则是几种利用计算机信息系统的犯罪，即利用计算机实施金融诈骗、盗窃、贪污、挪用公款、窃取国家秘密等犯罪行为。《全国人民代表大会常务委员会关于维护互联网安全的决定》对保障互联网的运行安全，维护国家安全与社会稳定，维护社会主义市场经济秩序和社会管理秩序，保护个人、法人和其他组织的人身、财产等合法权利等各方面进行了较为系统的法律规范，对有 15 种行为之一，构成犯罪的，依照刑法有关规定追究刑事责任。我国还先后发布了一些法规、规章，如《计算机信息系统安全保护条例》《计算机信息网络国际联网安全保护管理办法》《互联网信息服务管理办法》《互联网上网服务营业场所管理条例》《互联网安全保护技术措施规定》《互联网新闻信息服务管理规定》等，对一些违法行为作了"构成犯罪的，依法追究刑事责任"的规定。应该说，我国已基本建立了以刑法典为中心，辅之以法律、法规、部门规章及其他规范性文件的框架体系，构成了一系列关于信息系统和信息安全的法律法规体系。

四、网络犯罪的刑法控制

对付网络犯罪同对付其他犯罪一样，既要治标也要治本，必须进行综合治理，更重要的是要制定应对网络犯罪的法律。通过针对信息系统和信息安全的网络犯罪的立法，一方面可以使信息系统安全措施法律化、制度化、规范化，从而遏制产生网络犯罪的条件；另一方面可以为打击网络犯罪提供强有力的手段，对犯罪分子起到威慑作用。对网络犯罪来说，刑法控制是最具强制性、最为严厉的手段，它在整个法律控制体系中起到一种保障和后盾的作用。没有刑法控制，就不能适应控制日益猖獗的网络犯罪的需要。

在《中华人民共和国刑法》里涉及网络犯罪的罪名包括以下两类。

（一）针对信息系统实施的犯罪

（1）非法侵入国家事务、国防建设、尖端科学技术领域的计算机信息系统的，依照非法侵入计算机信息系统罪定罪处罚。

（2）故意制作、传播计算机病毒等破坏性程序，或违反规定擅自中断计算机网络或者通信服务，影响计算机系统正常运行的，依照破坏计算机信息系统罪定罪处罚。

（二）利用信息系统实施的犯罪

此类犯罪包括危害国家安全的犯罪、破坏社会主义市场经济秩序的犯罪、侵犯公民人身权利、民主权利的犯罪、妨害社会管理秩序的犯罪、渎职的犯罪、军人违反职责的犯罪及其他有关的犯罪。

虽然现有刑法在打击网络犯罪中发挥着重要作用，但还存在一些不足，如现有罪名范围、量刑幅度和刑罚种类的不足，案件管辖的问题，单位犯罪的问题，网上虚拟财产的认定问题和网上虚拟身份的法律地位问题等。

第三节　信息系统安全法律完善的建议

目前，我国已经颁布实施了一系列有关信息安全的法律法规，通过对这些法律法规的整理分析，可以初步概括出这些信息安全法律法规的主要特点。

一、信息安全法律法规体系初步形成

目前，我国现行法律法规及规章中，与信息安全直接相关的有 66 部，它们涉及网络与信息系统安全、信息内容安全、信息安全系统与产品、保密及密码管理、计算机病毒与危害性程序防治、金融等特定领域的信息安全、信息安全犯罪制裁等多个领域。在文件形式上，有法律、有关法律问题的决定、司法解释及相关文件、行政法规、法规性文件、部门规章及相关文件、地方性法规与地方政府规章及相关文件多个层次。这些信息安全法律法规体现出的我国信息安全的基本原则可以简单归纳为国家安全、单位安全和个人安全相结合的原则，等级保护的原则，保障信息权利的原则，救济原则，依法监管的原则，技术中立原则，权利与义务统一的原则，而基本制度可以简单归纳为统一领导与分工负责制度，等级保护制度，技术检测与风险评估制度，安全产品认证制度，生产销售许可制度，信息安全通报制度，备份制度等。

二、法律少、规章多，缺少信息安全基本法

目前的信息安全法律体系中，明显的是法律、法规少而部门规章及地方法规多。部门规章、地方法规及规章等效力层级较低，适用范围有限，相互之间可能产生冲突，也不能作为法院裁判的依据，直接影响了这些措施的效果，而且现有法律法规对于涉及信息安全的行为规范一般都规定得比较简单，在具体执行上指引性还不是很强，在处罚措施方面规定得不够具体，导致在信息安全领域实施处罚时法律依据不足。十分关键的是，目前还没有一部信息安全的基本法来表述信息安全的基本原则、基本制度及一些核心内容的法律，国外有一些类似的法律，如美国 2002 年的《联邦信息安全管理法》、1987 年的《计算机安全法案》，俄罗斯 1995 年的《联邦信息、信息化和信息保护法》等。

三、与信息安全相关的其他法律有待完善

在建立健全信息安全法律体系的同时，与信息安全相关的其他法律法规的出台和完善也非常必要，如电信法、个人数据保护法等，这些法律法规与信息安全法律体系一起构成我国信息安全大的法律环境，并且互为支撑、缺一不可。

针对现有法律的不足，提出以下完善现有法律的建议。

1. 制定一部信息安全的基本法

确立信息系统安全的核心内容，如规定信息安全的基本原则与制度、信息安全的监管模式、信息安全的等级保护、信息安全预警通报和应急处理、信息内容安全审核制度等。在此基础之上，完善与信息安全相关的法律，如电信法、个人数据保护法等。只有有了信息安全基本法，我们的信息安全法律体系才能说是有了主干。

2. 明确网络犯罪的定义，完善现行刑法

网络犯罪不能等同于计算机犯罪，在概念的使用上，用"网络犯罪"取代"计算机犯罪"更加合适。在防治网络犯罪方面的立法明显滞后，网络犯罪的相关法律法规不健全，这直接体现在法规的数量、篇幅和适用范围上。利用全国人大补充规定和两高的司法解释，针对上述现行刑法条款中存在的不足，准确把握和适当增补、完善惩处网络犯罪的条款。

3. 网络犯罪的罪名单独归类

随着计算机信息网络的发展，网络上的"虚拟社会"逐步形成和扩大，不法分子利用信息网络从事诈骗、盗窃、敲诈勒索、贩毒、赌博、色情交易等违法的网络犯罪活动越来越多，希望能将网络犯罪的罪名单独归类。计算机网络的出现，一方面促进了社会的文明、发展和进步，另一方面也带来了一些消极负面的东西（如网络犯罪）。要客观理性地看待这个问题，既不能盲目夸大网络的作用，认为它无所不能，也不能盲目夸大网络的负面影响以至于谈网色变，要积极运用法律及其他多种手段，积极引导，妥善应用，最大限度地发挥计算机网络的功用，最大限度地克服计算机网络的消极作用，从而使计算机网络更好地服务于人类社会，实现其最大的价值。

通过网络安全与犯罪立法，一方面可以使网络安全管理措施法律化、制度化、规范化，向所有人表明社会所能承受的限度；另一方面对犯罪分子起到威慑作用，表明社会对犯罪行为的严厉谴责。

结 语

近年来，随着计算机应用技术，如 Internet 技术的迅速发展，伴随着网络不断增强的信息共享和业务处理，各种关键的业务越来越多地成为黑客的攻击目标，网络的安全问题也显得越来越突出，而 Internet 所具有的开放性、国际性和自由性在增加应用自由度的同时，对安全也提出了更高要求。解决这一问题的唯一方法就是网络信息安全的各种技术，例如防火墙技术、加密和认证技术、网络安全协议、漏洞扫描技术、计算机病毒防范技术等。

近年来，互联网络以其简捷、方便以及费用低廉等优点，已经越来越深入地渗透到人们的生活之中，成为人们信息交流的重要手段。网络的发展给人们带来了前所未有的便利，同时也给人们提出了新的挑战。

随着网络技术的日益普及，以及人们对网络安全意识的增强，许多用于网络的安全技术得到强化并不断有新的技术得以实现。不过，从总的看来，信息的安全问题并没有得到所有公司或个人的注意，同时，很多的中小型公司或企业对网络信息安全的保护还只处于初级阶段，有的甚至不设防。所以，在安全技术提高的同时，提高人们对网络信息的安全问题的认识是非常必要的。当前，一种情况是针对不同的安全性要求的应用，综合多种安全技术定制不同的解决方案，以及针对内部人员安全问题提出的各种安全策略，以尽量防范网络的安全遭到内部和外部的威胁；另一种是安全理论的进步，并在工程技术上得以实现，例如新的加密技术、生物识别技术等。

参考文献

[1] 孙倩. 浅谈计算机网络信息安全技术与防护 [A]. 天津市电子学会、天津市仪器仪表学会. 第三十五届中国（天津）2021IT、网络、信息技术、电子、仪器仪表创新学术会议论文集. 天津：天津市电子学会，2021：3.

[2] 苏翔，杨琨，王志英. 技术研发合作关系强度对创新绩效的影响——以信息安全技术领域为例 [J/OL]. 科技与经济，2021（04）：26-30[2021-08-18].https：doi.org/10.14059/j.cnki.cn32-1276n.2021.04.004.

[3] 薛涛，刘潇潇，纪佳琪. 大数据时代的计算机网络信息安全技术应用——评《大数据与计算机技术研究》[J]. 中国科技论文，2021，16（08）：938.

[4] 周帆帆，何懋，陶博，等. 基于蜜罐技术的医院信息安全管理建设与应用 [J]. 网络安全技术与应用，2021（08）：10-12.

[5] 张鑫. 网络信息安全技术与防范措施探究 [J]. 网络安全技术与应用，2021（08）：167-168.

[6] 董婉婷. 基于区块链技术的医疗信息安全策略构建与实现 [J]. 电子设计工程，2021，29（15）：63-67.

[7] 郭晓欢，江昆，王海娇. 智能网联汽车信息安全关键技术探讨 [J]. 时代汽车，2021（16）：24-25.

[8] 张瑞锋. 大数据技术在计算机信息安全中的具体运用 [J]. 科技风，2021（21）：80-81.

[9] 吴波，韦永霜，陈冲，等. 数控系统商用密码应用的安全性测评研究 [J]. 机电产品开发与创新，2021，34（04）：105-107.

[10] 王洪斌. 防火墙技术在网络安全中的应用研究 [J]. 电脑知识与技术，2021，17（21）：44-45.

[11] 杨光. 计算机信息安全防护与信息处理技术探析 [J]. 电脑知识与技术，2021，17（21）：53-55.

[12] 西佳平.5G 网络信息安全威胁及防护技术研究探索 [J]. 数字技术与应用，2021，39（07）：178-180.

[13] 郑秋泽. 数据加密技术在计算机网络信息安全中的应用 [J]. 科技创新与应用，2021，11（20）：152-154.

[14] 韩晨 . 网络新技术在医院信息安全运维中的应用 [J]. 电子世界，2021（13）：190-191.

[15] 王宋清 . 数据加密和异常数据自毁技术在网络信息安全中的运用 [J]. 电子技术与软件工程，2021（14）：252-253.

[16] 王胤权 . 用户身份认证技术在计算机信息安全中的应用 [J]. 中国管理信息化，2021，24（14）：168-169.

[17] 夏文英 . 基于计算机网络信息安全中防火墙技术的应用研究 [J]. 长江信息通信，2021，34（07）：116-118.

[18] 斯进 . 信息安全技术虚拟仿真平台建设 [J]. 计算机时代，2021（07）：34-37.

[19] 谢卫红 . 简述网络信息安全隐患及安全技术应用 [J]. 网络安全技术与应用，2021（07）：66-67.

[20] 林川 . 基于 802.1x 访问控制技术的信息安全等级保护研究 [J]. 网络安全技术与应用，2021（07）：7-8.

[21] 王俊杰 . 数字水印与信息安全技术研究 [M]. 北京：知识产权出版社，2014.

[22] 杨斌 . 信息安全技术发展与研究 [M]. 成都：电子科技大学出版社，2016.

[23] 王晓霞，刘艳云 . 计算机网络信息安全及管理技术研究 [M]. 北京：中国原子能出版社，2019.

[24] 王辉，史永辉，王坤福 . 企业内部网络信息的安全保障技术研究 [M]. 长春：吉林人民出版社，2017.

[25] 方玲 . 新网络环境下企业信息系统安全技术运用能力提升策略研究 [M]. 镇江：江苏大学出版社，2019.

[26] 夏良 . 安全高效矿井信息化建设技术研究陕西省煤炭学会学术年会论文集2013[M]. 北京：煤炭工业出版社，2014.

[27] 蒋睿，胡爱群，陆哲明，等 . 信息与通信工程研究生规划教材网络信息安全理论与技术 [M]. 武汉：华中科技大学出版社，2007.

[28] 程虹著 . 电子商务中信息安全技术研究 [M]. 长春：吉林大学出版社，2017.

[29] 赵满旭，王建新，李国奇 . 网络基础与信息安全技术研究 [M]. 北京：中国水利水电出版社，2014.

国家科学技术学术著作出版基金资助出版

智能水下机器人测深信息
同步定位与建图技术

李 晔 马 腾 等 著

科 学 出 版 社

北 京

内 容 简 介

本书系统地阐述了智能水下机器人测深信息同步定位与建图技术的发展与应用。全书共 7 章，内容主要包括智能水下机器人测深信息同步定位与建图技术的发展现状、位姿图构建技术、位姿图构建中的闭环检测技术、鲁棒闭环检测技术、位姿图优化技术、鲁棒位姿图优化技术以及鲁棒测深信息同步定位与建图的软/硬件系统搭建等。本书内容基本上覆盖了智能水下机器人测深信息同步定位与建图知识专题。

本书适合高等院校船舶与海洋工程、控制理论与控制工程、信号与信息处理等学科的高年级本科生、硕士研究生，以及从事水下导航研究及应用、水下机器人研究及应用、同步定位与建图技术研究的广大科研和工程技术人员阅读参考。读者可扫描封底二维码阅读本书彩图。

图书在版编目（CIP）数据

智能水下机器人测深信息同步定位与建图技术 / 李晔等著. —北京：科学出版社，2021.6
　ISBN 978-7-03-064470-1

　Ⅰ. ①智⋯　Ⅱ. ①李⋯　Ⅲ. ①水下作业机器人－应用－水下测深－图象信息处理－研究　Ⅳ. ①P641.71-39

中国版本图书馆 CIP 数据核字（2020）第 028683 号

责任编辑：姜　红　李　娜 / 责任校对：樊雅琼
责任印制：吴兆东 / 封面设计：无极书装

科 学 出 版 社 出版
北京东黄城根北街16号
邮政编码：100717
http://www.sciencep.com

北京凌奇印刷有限责任公司 印刷
科学出版社发行　各地新华书店经销

*

2021 年 6 月第　一　版　　开本：720 × 1000　1/16
2021 年 6 月第一次印刷　　印张：13
字数：262 000
定价：99.00 元
（如有印装质量问题，我社负责调换）

本书作者名单

李　晔　马　腾
张　强　王汝鹏　凌　宇

前　　言

智能水下机器人［又称自治式潜水器（autonomous underwater vehicle，AUV）］采用的传统导航方式存在需要外部声学基阵或定期上浮修正累积误差的问题。同步定位与建图（simultaneous localization and mapping，SLAM）算法在 AUV 水下潜航过程中，可根据位置估计和多波束声呐获得的海底地形信息，预估自身位姿并完成数据关联，在形成海底地形图的同时，利用地形图进行自主定位和导航，因而以海底地形为信息源的测深信息 SLAM 已经成为解决 AUV 水下导航的重要手段。

作为一部介绍 AUV 测深信息 SLAM 技术的专著，本书系统地介绍 AUV 测深信息 SLAM 的有关技术；对 AUV 测深信息 SLAM 的关键问题、测深信息 SLAM 算法、系统构成以及试验等进行分析；重点阐述子地形图建模方法、闭环检测技术、无效闭环检测判别、位姿图优化技术、测深信息 SLAM 算法与软/硬件系统搭建。本书力图让读者对 AUV 的测深信息 SLAM 技术有一个全面而深刻的理解，为从事测深信息 SLAM 的科研人员以及从事地形导航研究的科研人员提供参考。

本书共 7 章。

第 1 章全面介绍 AUV 水下导航技术、测深信息 SLAM 技术及其研究现状。

第 2 章介绍位姿图的构建技术，从多波束测深数据滤波技术开始，以子地形图的生成过程为引导，介绍地形高程外推估计、弱数据关联构建、子地形图划分与网格化处理的典型方法和关键技术。

第 3 章介绍位姿图构建中的闭环检测技术，测深信息 SLAM 中通过地形匹配获取闭环检测结果，讲述基于最大似然估计的地形匹配模型，对地形匹配模型的定位特性进行分析，并简述地形匹配闭环检测算法的实施过程。

第 4 章介绍闭环检测技术的鲁棒性方法，用以解决海底地形过于平坦导致的无效闭环检测结果的识别问题，主要包括地形适配性分析、地形局部畸变和识别、考虑残差分布的无效闭环检测判别方法。

第 5 章介绍位姿图优化技术，包括全局路径修正和局部路径修正两个部分，并对其原理、实施方法进行详细描述。

第 6 章介绍位姿图优化技术的鲁棒性方法，同样是为了解决无效闭环检测的识别问题，包括投票算法和多窗口一致性算法。

第 7 章主要介绍 AUV 的测深信息 SLAM 算法框架以及对应软/硬件系统的搭

建，并通过仿真试验和海上试验对本书所提出算法的可靠性和计算精度进行验证。

　　本书由李晔统稿。本书第 1、5、6 章由李晔撰写，第 2、4、7 章由马腾撰写，第 3 章由张强、王汝鹏、凌宇合作撰写。

　　本书相关研究工作得到了国家重点研发计划（项目编号：2017YFC0305700）、国家自然科学基金（项目编号：U1806228，51879057）、中央高校基本科研业务费（项目编号：HEUCFG201810）以及水下机器人技术重点实验室研究基金（项目编号：6142215180102）的资助，在此表示由衷感谢。

　　本书在撰写过程中参考了国内外相关资料，在此，向参考文献的作者表示诚挚的谢意。

　　由于作者水平有限，书中不足之处在所难免，恳请广大读者提出宝贵意见。

作　者

2020 年 8 月 29 日

目　　录

后端技术篇

应　用　篇

第1章 绪 论

1.1 智能水下机器人地形匹配导航技术概述

1.1.1 智能水下机器人水下导航技术概述

AUV 因具有独立自主作业能力,在深海资源勘察、水下地形测绘、水下巡航警戒等民用及军用领域具有广阔的应用前景。海洋探测、军事侦察、海洋环境检测等任务需求的增加,对 AUV 导航精度和稳定性提出了更高的要求,而水下定位与导航问题一直是 AUV 技术发展的短板。对于担负超长距离、大潜深、全天候潜航任务的 AUV,要求 AUV 在潜航状态下能自主精确导航直至任务完成,出于节约能源、时间和成本考虑,AUV 应该尽量避免上浮接收卫星导航信号,而在外部辅助定位信号覆盖范围有限或完全拒止的条件下,AUV 必须具备自主修正导航系统时间累积误差的能力。地形匹配导航(terrain matching navigation,TMN)技术以地形特征为定位信息源,解决 AUV 在长航程、大潜深作业任务中的精确定位问题具有极大的优势,世界主要的 AUV 研究机构中大部分已经在进行水下 TMN 相关理论和试验的研究,目前主要的水下定位导航技术包括以下几类。

1. 惯性/航位推算导航

目前,大部分水下定位信息获取方法主要借助航位推算导航和声学定位导航,航位推算(dead reckoning,DR)导航通过传感器获取载体的速度或加速度和姿态信息,然后对时间进行积分得到载体的位置。

$$\begin{cases} \mathrm{d}x^n = \int R(q^b)v^b\mathrm{d}t = \iint R(q^b)a^b\mathrm{d}t\mathrm{d}t \\ \mathrm{d}q^b = \int \tilde{R}(q^b)w^b\mathrm{d}t \end{cases} \tag{1.1}$$

式中,$\mathrm{d}x^n$ 为载体在导航坐标系(大地坐标系)下的位置变化;$\mathrm{d}q^b$ 为载体在载体坐标系下的姿态变化;$R(q^b)$ 和 $\tilde{R}(q^b)$ 为关于姿态角的旋转矩阵;v^b、a^b 和 w^b 分别为载体的速度、加速度和角速度;上角标 n 和 b 分别为导航坐标系下和载体坐标系标识符。

AUV 常用的航位推算导航传感器包括罗经、加速度计、多普勒测速仪(Doppler velocity log,DVL)、深度计等。表 1.1 列出 AUV 常用的航位推算导航传感器设备，并且列出其测量变量所在的坐标系[1]。

表 1.1　航位推算导航传感器设备

设备	坐标系
深度计	导航坐标系
磁罗经	导航坐标系
光纤罗经	载体坐标系
加速度计	载体坐标系
惯性测量单元（inertial measurement unit，IMU）	载体坐标系
航姿参考系统（attitude and heading reference system，AHRS）	载体坐标系
DVL	载体坐标系

　　航位推算导航的误差与传感器的精度有很大的关系，由高精度传感器组成的航位推算导航系统的成本也会很高。一般用导航偏差与航程之比的百分数来表示导航精度。表 1.2 列出世界上现有的主要 AUV 的航位推算导航的精度及其传感器[2]。

表 1.2　主要 AUV 的航位推算导航的精度及其传感器

AUV	导航偏差与航程之比/%	传感器
Odyssey II	0.01	—
HUGIN	0.025～0.25	FOG-based IMU
Dorado MAUV	<0.05	Integrated Kearfoot Seadevil
Theseus	<0.08	Ixsea Phins FOG-based IMU
Autosub	0.1～0.2	Ixsea Phins FOG-based IMU
Sentry	0.1	Ixsea Phins FOG-based IMU
SeaBed	1～5	Crossbow IMU（fluxgate compass）

　　航位推算导航会存在不可避免的误差累积，不利于长时间、长航程导航。不同传感器组成的航位推算导航系统的导航精度差别非常大，对于低成本的 AUV，航位推算导航已经不足以支撑其完成长时间的潜航任务。

2. 水下声学定位

　　水下声学定位是一种非常常用的水下定位导航技术，声学定位系统通过测量换能器间的声波传播时间来解算载体的位置，其测量精度高度依赖换能器的标定精度和声学信号的频率。如表 1.3 所示，常用的声学定位系统包括超短基线（ultrashort base line，USBL）、短基线（short base line，SBL）、长基线（long base line，LBL）[1]。

表 1.3　声学定位系统的分类

定位系统的类型	基线长度/m
USBL	<10
SBL	20～50
LBL	100～6000

　　由于声学定位系统的定位精度较高，且不存在时间累积误差，目前已被广泛应用于水下航行器的定位与导航，但对于长航程 AUV，声学定位系统存在很多不足之处。LBL 基阵布设过程中需要进行基阵的位置校正，时间和资金耗费较大；SBL 需要母船的支持，不能实现 AUV 的自主定位，而且支持母船需要额外的资金消耗；USBL 的测距信号容易受到噪声干扰。此外，一个最严重的不足之处就是声学定位系统的作用距离有限。

　　3. 地球物理导航

　　地球物理导航是指利用分布于空间中的地球物理信息，包括地磁场、重力场、地形等作为定位信息源来确定载体位置的导航技术。利用地球物理信息进行导航首先需要获得地球物理信息的时空分布图，然后根据探测设备获得的 AUV 当前位置的地球物理信息图与先验地球物理信息图进行匹配定位，从而得到 AUV 在先验地球物理信息图中的位置。地球物理导航不需要外部输入信息，可实现 AUV 的自主定位导航，而且地球物理导航不具有累积误差，可满足 AUV 长航程、大潜深作业时的导航需求。目前，地球物理导航已经成功应用于飞行器的辅助导航，如波音客机的重力场导航系统、巡航导弹的地形匹配导航系统和景象匹配导航系统。AUV 的地球物理导航发展比较缓慢，其技术难度要远高于飞行器的地形匹配导航，目前 AUV 的地球物理导航主要以地形匹配导航为主。相比地磁场信息和重力场信息，水下的地形信息更易于获取，而且基于地形信息的导航精度较地磁场和重力场要高，因此水下地形匹配导航也得到了许多 AUV 研究机构的重视。

1.1.2　智能水下机器人海底地形匹配导航技术概述

作为一种有效的导航方法，地形匹配导航的研究已开展多年，并成功应用于战斗机的低空导航、巡航导弹的中段导航与末端制导。以飞行器的地形匹配导航为例，其代表分别为地形等高线匹配（terrain contour matching，TERCOM）系统和桑地亚惯性地形辅助导航（Sandia inertial terrain aided navigation，SITAN）系统[3]。由于海洋环境不同于大气环境，海底地形匹配导航有其自身的特殊性。AUV 的地形匹配导航是以水下地形图作为先验信息，利用自身搭载的测深设备进行实时的地形测量和地形重构，最后通过地形参考定位（terrain referenced positioning，TRP）或定位信息融合得到 AUV 相对于先验地形图的位置估计。与飞行器地形匹配导航类似，如图 1.1 所示，AUV 海底地形匹配导航主要由基本导航单元、水深测量单元和地形匹配单元三个部分组成。

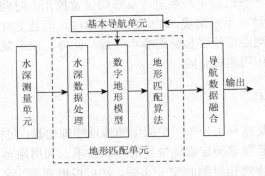

图 1.1　AUV 海底地形匹配导航组成

当 AUV 在地形匹配区航行时，利用多波束测深系统测量垂直于航线方向一定范围内的多个地形剖面上各测量点与 AUV 所在平面的距离，与静水压力传感器所得到的传感器深度值之和，即测量点所在位置处的水深（图 1.2 中忽略了各传感器间的相对距离）。地形匹配算法利用实时测量的地形匹配面信息，在预先存储的数字高程图中确定与该匹配面最相匹配的位置。由于相似地形的存在，特别是地形平坦区域，一组测量值在参考地形图上可能会出现多个位置与实测地形相近，即存在伪点。为了去除伪点，除了加强算法对伪点的识别外，还可以增加地形匹配测量点的个数。通过一系列的测量点深度值，形成匹配子单元，与基本导航单元得到的位置信息进行融合处理，排除错误的定位，确定 AUV 唯一的估计值。当地形特征明显时，可连续对 AUV 进行实时定位。海底地形匹配定位原理示意图如图 1.2 所示。

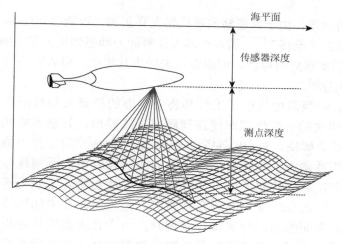

图 1.2　海底地形匹配定位原理示意图

海底地形匹配导航系统可以看作导航系统的一个独立部分，其主要功能是提供位置测量信息。在 AUV 或者潜艇上，与全球定位系统（global positioning system，GPS）信号类似，海底地形匹配导航系统提供的位置测量信息将与惯性导航系统（inertial navigation system，INS）进行融合。在其他系统中，它也可以与航位推算导航系统进行融合或是被当成一个独立的位置更新来源。对于惯性导航系统和 GPS，海底地形匹配导航系统能够提供额外的位置估计，提高了导航系统的完整性。对水面船只来说，当 GPS 信号被干扰或是出现伪信号时，地形匹配导航也将是一个不错的选择[4, 5]。虽然 AUV 海底地形匹配导航有众多优点，但也存在先天不足，即其需要依靠已知的精确海底先验地形图。作为 AUV 在海底先验地形图存在缺陷或缺失时的自主导航方法，同步定位与建图技术可以不依赖先验地形图，在未知区域自主航行、自主规划，对环境进行自主感知和学习，实现 AUV 长时间、全自主水下航行[6]。

1.2　同步定位与建图技术概述

同步定位与建图技术作为 AUV 在陌生环境中的自主导航与建图方法，可以使 AUV 摆脱对先验地形图的依赖，在未知区域自主航行、自主规划，对环境进行自主感知和学习，同时对导航定位误差进行修正。将 SLAM 技术应用于水下导航中，可为 AUV 提供精确的导航定位信息，从而帮助 AUV 实现不依赖外部设备辅助、不存在累积误差、长时间、全自主的水下航行。通过不断构建一致的增量地形图并依赖该地形图进行定位，SLAM 技术解决了机器人在陌生环境下自主导航的问题，由于其能够实现机器人真正的"智能"，SLAM 技术也被称为机器人领域的"圣杯"[7]。随着机器人计算能力和感知能力的不断提升，在线 SLAM 技术的实现成为可能，因而在过去的十几年中，SLAM 技术得到了世界各国的广泛关注[8]。

在 1986 年美国电气电子工程师协会举办的机器人与自动化会议中，与 SLAM 技术相关的一致性概率建图问题被正式提出，其基本算法构建和计算效率问题也亟待解决。Smith 等[9]和 Durrant-Whyte[10]的工作为描述地形图中地标之间的关系建立了统计学基础，他们的研究表明，不同地标的位置估计值之间一定存在高度的相关性，并且这些相关性会随着机器人连续进行观测而不断增长。Leonard 等[11]的研究则表明，当机器人在未知环境中移动并对路标与机器人之间的相对位置进行观测时，由于在观测路标时机器人对自身位置的估计误差相同，机器人对各个路标位置的估计值之间必然相关。相关研究表明，在同时考虑机器人导航和建图问题时，系统状态空间中需要维护包括机器人姿态和所有路标位置在内的所有状态向量，而系统状态在每个地标观测之后都需要进行更新，这在当时的计算条件下是一个巨大的挑战。因此，直到 1995 年的机器人研究国际研讨会上，SLAM 的算法结构、收敛性证明以及首字母缩写才第一次出现[12]。至此开始，受益于飞速提升的计算能力，SLAM 的研究开始在室内机器人、室外陆地机器人、水下机器人等领域逐渐展开。

SLAM 问题中的因子图如图 1.3 所示。考虑一个机器人在移动过程中通过传感器对一定数量的未知路标进行观测的情况，其中，x_k 表示 k 时刻机器人实际的位置；m_i 表示第 i 个路标；u_k 表示 k 时刻机器人控制输入，该控制输入驱动了机器人在 $k-1$ 时刻和 k 时刻之间的状态转移；$z_{k,i}$ 表示 k 时刻机器人对第 i 个路标的观测。

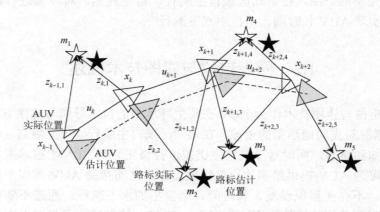

图 1.3　SLAM 问题中的因子图

根据求解方法的假设和核心思想不同，SLAM 可以分为两类：一类称为在线 SLAM 算法，其本质为在所有 k 时刻不断求解概率分布：

$$P(x_{1:k}, m \mid z_{0:k}, u_{1:k}, x_0) \tag{1.2}$$

式中，$z_{0:k}$ 为 0~k 时刻所有观测值；$u_{1:k}$ 为 0~k 时刻所有控制输入；x_0 为机器人的初始位置。该分布描述了在给定对路标的观测、控制输入和机器人初始位置后，当前机器人状态和所有路标位置的联合概率分布。通过假设机器人的运动满足马尔可夫性，即当前时刻状态仅与上一时刻有关，状态空间中仅保存当前机器人位置，过去的所有观测值和控制输入一旦使用立即抛弃，因而其计算效率较高，可保证算法实时运行。在线 SLAM 算法主要通过滤波器算法实现，常用的滤波器包括参数滤波器［如无迹卡尔曼滤波器（unscented Kalman filter，UKF）[13-15]、扩展卡尔曼滤波器（extended Kalman filter，EKF）[16-18]、扩展信息滤波器（extended information filter，EIF）[19-21]等］和非参数滤波器［如粒子滤波器（particle filter，PF）[22-24]］。

除在线 SLAM 算法外，另一类 SLAM 算法称为全 SLAM 算法，在全 SLAM 算法中，状态空间内保存并维护的不仅是当前位置 x_k，而是全路径 $x_{1:k}$ 与地形图的后验，即计算：

$$P(x_{1:k}, m \mid z_{0:k}, u_{1:k}, x_0) \tag{1.3}$$

可以看到，与通过滤波器算法求解的在线 SLAM 算法的问题不同，全 SLAM 算法只是将信息不断地累加到状态空间中而不进行处理，这使得全 SLAM 算法具备了处理大范围环境的能力。

全 SLAM 算法中比较典型的是图优化 SLAM 算法[25, 26]，该算法最早由 Lu 等[27]提出。如图 1.4 所示，图优化 SLAM 算法通过节点和边的形式保存并表示所有的状态和观测数据，并由状态和观测数据构建各时刻空间约束关系，使用最大似然估计方法对图进行求解从而解决 SLAM 问题。

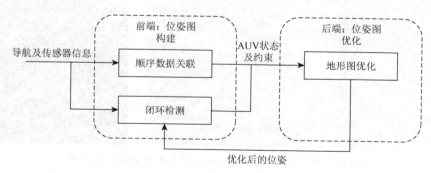

图 1.4　图优化 SLAM 算法框架

但图优化 SLAM 算法存在计算复杂度高、计算量随时间上升速度快等问题，在一定程度上限制了其实时性。为解决图优化 SLAM 算法的计算效率问题，不来梅大学的 Frese 等[28]提出了一种多层松弛算法，该算法对求解偏微分方程的多网格算法进行了改进，通过陆地机器人试验证明算法可行且高效。Choset 等[29]提出了构建广义 Voronoi 图存储并表示环境信息，使用低级别的控制律产生拓扑图的边和节点，从而允许机器人对未知空间进行探索。同时，为减少图优化 SLAM 算法的计算消耗，Barfoot 等[30]提出了终生地形图构建的方法，该方法通过剪枝等手段，将计算复杂度由任务时间相关变为地形图大小相关，从而减小信息矩阵的大小，提高图优化 SLAM 算法的计算效率。随着计算机计算能力的不断提高，图优化技术已经成为解决很多 SLAM 问题的主流方案[31, 32]。

1.3　水下同步定位与建图技术国内外研究现状

SLAM 已经在陆地机器人[33, 34]和空中机器人[35-37]领域得到了较为深入的研究。由于环境感知结果与陆地使用的激光雷达、摄像机等传感器类似，算法移植较为方便，所以目前关于水下 SLAM 的研究主要是以前视声呐、机械扫描声呐或水下摄像机为环境感知设备开展的。

Fallon 等[38]设计了一种基于前视声呐的小型低成本 SLAM 系统以使 AUV 能够准确地定位感兴趣的海底目标，该系统将消极信息引入匹配过程中，增强了特征匹配的鲁棒性。如图 1.5 所示，Fallon 等使用 iRobot-AUV 进行 14 次海上试验，验证了 SLAM 系统在实际海洋条件下的性能。

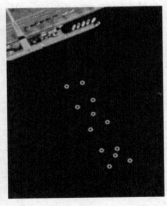

图 1.5　海上试验中的 iRobot-AUV 与海上试验目标点[38]

Hurtós 等[39]在前视声呐 SLAM 方面提出了一种基于傅里叶变换的特征配准技术，能够处理与声呐图像形成相关的低分辨率、噪声和伪影等问题。如图 1.6 所示，水池试验和船体检测试验结果证明该技术在连续和非连续视图的配准方面具有卓越的性能，并能在无特征的环境中表现出较高的鲁棒性。使用该技术计算不同帧之间的姿态约束，将各帧声呐信息集成在全局地形图内，能够获得高细节和高分辨率的声学图像。

(a) 水池试验　　　　　　　　　　　　　　　(b) 船体检测试验

图 1.6　水池试验结果与船体检测试验结果[39]

然而，前视声呐 SLAM 获得的水声图像对 AUV 姿态极为敏感，不同艏向角下对同一特征的观测结果有较大的区别，这就要求 AUV 必须以相似艏向角两次观测同一区域才能构建数据关联，上述的苛刻条件导致前视声呐 SLAM 的闭环检测过程极为困难。

中国海洋大学的 He 等[40]在 UFAST SLAM 和粒子群优化（particle swarm optimization，PSO）算法的基础上提出了 PSO-UFAST SLAM 算法。在该算法中，通过结合无迹粒子滤波器（unscented particle filter，UPF）和 UKF 实现对机器人的姿态和特征位置的估计。如图 1.7 所示，使用 C-Ranger AUV 在青岛市团岛湾进行了一系列海上试验，海上试验的结果证明，PSO-UFAST SLAM 算法在机器人和特征估计方面具有很高的准确性和有效性。

 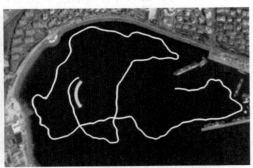

(a) C-Ranger AUV　　　　　　　　　　　(b) AUV海上试验路线

图 1.7　C-Ranger AUV 和试验路线[40]

　　Burguera 等[41]和 Mallios 等[42]都针对西班牙港口数据集（图 1.8）提出了以机械扫描声呐为传感器感知人造结构化环境 SLAM 的解决方案。哈尔滨工程大学袁赣南等[43]提出了一种捷联惯性导航系统与 SLAM 算法相结合的算法，来解决海底石油管道的漏油位置检测定位问题。该算法利用声呐传感器采集石油管道的特征位置信息，利用粒子滤波器实现信息融合，并通过仿真试验结果对该算法的定位进行了验证。但采用机械扫描声呐的 SLAM 以堤坝等人造环境为信息源，只适用于港口等结构化环境，而在海洋环境中，结构化环境极为罕见，这极大地限制了机械扫描声呐在水下 SLAM 的应用。

(a) 数据集采集使用的遥控水下机器人　　　　　　　　　　(b) 机器人运动轨迹

图 1.8　西班牙港口数据集[41]

　　在水下光学 SLAM 方面，由于与陆地机器人光学 SLAM 差别较小，以水下摄像机为环境感知设备的水下光学 SLAM 得到了大量的研究与关注[44-46]。

　　如图 1.9 所示，Kim 等[47]将单目视觉的水下光学 SLAM 应用在船体检测领域，Hong 等[48]则提出了一种鲁棒水下光学 SLAM 闭环检测算法，并通过试验验证了所提出的闭环检测算法的有效性。但绝大部分的水下环境是光学传感器的弱视区甚至是盲区，水下光学 SLAM 在深水区或水质浑浊区很难开展，这大大限制了其应用范围。

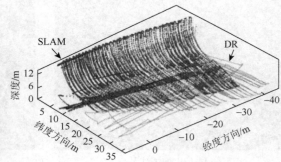

图 1.9　船体检测试验的目标船与试验结果[47]

在大范围的海洋环境中,只有海底地形信息才是最稳定可靠的 SLAM 信息源,而受海洋环境约束,AUV 只能搭载多波束声呐等声学测深设备感知海底地形特征。如图 1.10 所示,与陆地机器人或空中机器人可利用光学传感器实现大面积的环境感知不同,多波束声呐感知的地形信息呈线状贯序排列,相邻两帧线状地形信息无法关联,这从根本上破坏了 SLAM 中建图的一致性以及定位的准确性,从而使采用多波束声呐的测深信息同步定位与建图(bathymetric simultaneous localization and mapping,BSLAM)算法框架建立面临巨大的挑战;同时,由于海底地形趋于平缓,且多波束测深数据是声学回波数据,受环境影响较大,AUV 姿态、海流、混响等环境特征都会对原始数据产生影响,这会导致 BSLAM 中通过闭环检测获取的闭环结果不准确,对 BSLAM 的鲁棒性也是巨大的考验[6]。

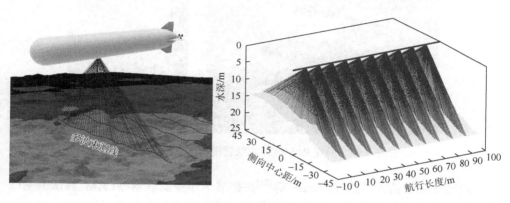

图 1.10 多波束测线信息

最后,由于多波束声呐物理特性决定 AUV 在相邻帧间的运动无法精确计算,BSLAM 精度低于以光学传感器等为环境感知设备的 SLAM 算法,如何进一步提高 BSLAM 精度也是一个亟待解决的问题。

1.3.1 水下测深信息同步定位与建图算法框架研究现状

在 BSLAM 算法框架方面,加利福尼亚大学圣迭戈分校的 Roman 等[49]提出将点云地形图划分为假设导航误差各不相关的一系列子地形图,各个子地形图间通过地形匹配方法获取数据关联,通过延迟卡尔曼滤波器(delayed Kalman filter,DKF)进行求解。在此基础上,悉尼大学的 Barkby 等[50]基于粒子滤波器提出了使用轨迹地形图的测深信息分布式粒子滤波同步定位与建图(bathymetric distributed particle filtering SLAM,BPSLAM)算法。BPSLAM 算法通过建立高斯过程(Gaussian process,GP)模型,将测线长度的不确定性变为测量点水深的不确定

性，从而对测量点水深进行估计，并根据估计值与实际测点水深值的似然程度，
计算粒子权重。BPSLAM 算法通过扩展卡尔曼滤波器对每个粒子的当前位姿状态
进行推算，并根据 GP 模型进行地形高程外推估计以计算粒子权重；通过分布式
粒子建图的设计，BPSLAM 算法极大地减小了算法所需的数据存储空间。Barkby
等分别使用 JASON 遥控水下机器人和 SENTRY AUV（图 1.11）采集海试数据进
行离线试验，试验结果证明了 BPSLAM 算法的有效性。然而，尽管 BPSLAM 算
法相较使用栅格地形图算法大大提高了计算效率，但 GP 模型训练耗时巨大，导
致其计算效率仍受限制。

图 1.11　验证 BPSLAM 算法使用的水下航行器[50]

　　西班牙赫罗纳大学的 Palomer 等[51]在扩展卡尔曼滤波器 SLAM 算法的基础
上，考虑测量点和机器人位姿的不确定性，建立了迭代最近点（iterative closest
point，ICP）算法的概率学表达式，并将其分为点-点匹配和点-面匹配两个阶段；
同时提出了基于匹配面点云位置不确定性的启发算法，将 ICP 算法的计算复杂度
降低到了 $O(n)$。如图 1.12 所示，通过 GIRONA500 AUV 的实测数据，该算法的
有效性和计算效率得到了验证。但是在匹配过程和修正过程均将子地形图视作刚
体，导致算法忽略了子地形图内部由惯性导航误差引发的地形图扭曲。

图 1.12　GIRONA500 AUV 及其测绘得到的海底地形[51]

如图 1.13 所示，挪威科技大学的 Norgren 等[52]将 BSLAM 算法应用在了冰山测绘领域，该算法在 BPSLAM 算法的基础上加入了基于扩展卡尔曼滤波的状态估计器，通过该估计器在完成冰山测绘的同时对冰山与 AUV 的相对位置、相对速度和相对角度进行了估计。针对特征较少区域，该算法使用全部可用波束数据计算似然函数，对 BPSLAM 算法中的粒子权重计算算法进行了改进，使其具有更强的鲁棒性。通过使用 HUGIN HUS AUV 的实测数据，对算法的可行性和建图精度进行了验证。

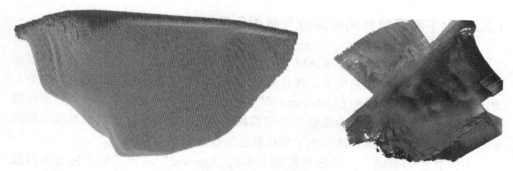

图 1.13　试验中得到的冰山地形图以及海底地形数据[52]

目前，国内也有许多高校如西北工业大学[53]、中国海洋大学[54-55]、东南大学[56]、中国科学技术大学[57]、国防科技大学[58]、哈尔滨工程大学[59-61]等在水下 SLAM 领域展开了深入研究，但相关研究均以前视声呐、机械扫描声呐或水下摄像机为环境感知设备开展，针对 BSLAM 的研究较少且基本停留在仿真试验阶段，可以看到，目前国内对于 BSLAM 的研究还处于起步阶段。

结合以上研究进展可以看到，目前对 BSLAM 算法框架的研究主要集中于滤波器算法，包括 UKF、EKF、EIF 和 PF 等，而对使用图优化算法求解 BSLAM 问题的研究则颇为罕见。这主要是由于滤波器算法计算效率高，可以实现在线求解 SLAM 问题。但相较于图优化算法，滤波器算法存在很多问题。

首先，BSLAM 中通过地形匹配算法得到的闭环是 BSLAM 过程中唯一可靠的数据关联，而闭环数量较少，在任务的大多数时间内 AUV 无法得到观测信息，从而导致该时刻滤波器算法无法对 AUV 的位姿进行后验估计。

其次，作为一种不存在路标的 SLAM 算法，BSLAM 算法通过将多波束测深数据固连在 AUV 的轨迹上形成轨迹地形图，因而需要保留 AUV 所有历史状态和测深数据。在传统的滤波器算法中，状态空间内仅保留 AUV 当前位姿，无法实现对 AUV 历史位姿数据的修正，而现有使用滤波器解决 BSLAM 问题的算法，如 BPSLAM 算法，则在每个粒子的状态空间内强行保留所有位姿数据，其存储和计算消耗反而大于图优化 SLAM 算法，失去了滤波器算法计算效率高的优点。

最后，受海洋环境干扰，BSLAM 算法中通过地形匹配获取的闭环中会存在大量无效闭环，与图优化 SLAM 算法相比，滤波器 SLAM 算法很难实现对历史数据关联的修正。因而，选取图优化 SLAM 算法作为解决 BSLAM 问题的基本算法框架，通过建立适用于 BSLAM 的位姿图构建和位姿图优化算法，进行 BSLAM 问题的表示和求解。

1.3.2　水下测深信息同步定位与建图鲁棒性研究现状

目前，国内外学者针对 SLAM 鲁棒性的研究可以概括为两类：一类是将错误数据关联识别加入优化函数中，优化算法和错误数据关联识别同时进行。例如，德国开姆尼茨工业大学的 Sunderhauf 等[62]提出了一种鲁棒后优化算法，该算法通过在后端优化的目标函数中设置开关变量和罚函数实现在优化的同时判别地形匹配结果的可信度，但该算法加大了优化算法的计算量。

在该算法的基础上，德国弗赖堡大学的 Agarwal[63]提出了动态协方差尺度（dynamic covariance scaling，DCS）算法，该算法将开关变量在整个优化流程中独立出来，通过直接计算开关变量减小了迭代中的计算消耗。通过这种简化计算算法，Agarwal 提出了一种针对较差初始值的优化算法，其不需要对初始值进行额外的处理，且能较好地区别离群点。

但以上算法主要集中于对局部最优的求解。因此，产生了另一类针对全局一致性的求解算法，该算法则是对所有的数据关联进行判别后，选择正确的数据关联加入后优化流程中。西班牙萨拉戈萨大学的 Latif 等[64]提出了一种基于地形图一致性的认知-撤销-复原（realizing，reversing，recovering，RRR）算法，该算法将每个闭环检测得到的约束化为一个集合，通过计算每个集合表现在地形图上的 χ^2 误差，评选出较好集合，排除该次评选出的较好集合后再进行判断，通过两次判断保证判别的准确性。美国麻省理工学院的 Graham 等[65]提出了通过贪婪算法求解能够保证全局地形图一致性的数据关联序列，通过两次判断选取离群点。

以上鲁棒 SLAM 算法在求解效率和地形图一致性表示算法上都存在一定问题。第一类算法将对错误数据关联的识别加入优化函数增加了信息矩阵的维度，使求解计算量增大；而第二类算法则大多选用 χ^2 作为衡量地形图一致性的量，但观测过程具有高度非线性本质，造成优化曲面非常复杂，某些情况下，映射问题产生的优化曲面有"浅谷"出现，在此处，优化曲面变化大，但对 χ^2 误差的影响却很小，这就造成了 χ^2 误差存在评价地形图优化结果不准确的问题。结合 BSLAM 的具体特点，即通过地形匹配获取数据关联，对错误数据关联的识别可以在位姿图构建和位姿图优化中同时进行，以增强算法鲁棒性。

国内外学者在 BSLAM 算法的研究中做出了很多有益的尝试，然而在位姿图构建和位姿图优化的算法框架构建、BSLAM 算法的鲁棒性以及提高 BSLAM 算法建图精度等方面的研究仍然不够深入，困难主要存在于如下三个方面。

首先，在 BSLAM 算法框架中的位姿图构建方面，BSLAM 算法作为一种不存在路标的 SLAM 算法，只能依靠相邻帧间关联和闭环检测获取数据关联。而多波束声呐的安装特点决定了同一地形区域无法在相邻时刻内进行重复观测，导致相邻帧间关联困难。同时考虑单次 SLAM 过程中地形图覆盖面积最大化的问题，规划得到的航迹中闭环较少，这导致可以得到的闭环检测数目也较少。数据关联获取困难导致了位姿图构建困难。

其次，在 BSLAM 算法框架中的位姿图优化阶段，受 BSLAM 位姿图中两种数据关联特性的影响，传统的位姿图优化算法很难直接应用。其必须结合 BSLAM 的位姿图特性，即构建的弱数据关联数目较多但可信度低，闭环检测数目极少而可信度高，在传统后端图优化框架的基础上，需要设计适用于 BSLAM 问题的图优化 SLAM 算法框架，以降低耗时和减小建图误差。

最后，由于海底地形趋于平缓，且多波束测深数据受环境影响较大，AUV 姿态、海流、混响等环境特征都会对原始数据产生影响，造成地形匹配结果不准确，从而导致 BSLAM 算法中数据关联的结果不准确。因此，必须对错误数据关联进行快速判别与剔除，对 BSLAM 算法进行鲁棒性扩展。

参 考 文 献

[1] 李守军，包更生，吴水根. 水声定位技术的发展现状与展望[J]. 海洋技术学报，2005，24（1）：130-135.

[2] 陈小龙. AUV 水下地形匹配辅助导航技术研究[D]. 哈尔滨：哈尔滨工程大学，2013.

[3] 冯庆堂. 地形匹配新方法及环境适应性研究[D]. 长沙：国防科技大学，2004.

[4] Bjorn J M M，Ove K H. Terrain referenced navigation of AUVs and submarines using multibeam echo sounders[C]. UDT Europe 2004，Nice，2004.

[5] Hagen O K，Anonsen K B. Using terrain navigation to improve marine vessel navigation systems[J]. Marine Technology Society Journal，2014，48（2）：45-58.

[6] Nygren I，Jansson M. Terrain navigation for underwater vehicles using the correlator method[J]. IEEE Journal of Oceanic Engineering，2004，29（3）：906-915.

[7] Thrun S. Probabilistic Robotics[M]. Massachusetts：The MIT Press，2006.

[8] 罗荣华，洪炳镕. 移动机器人同时定位与地图创建研究进展[J]. 机器人，2004，6（2）：182-186.

[9] Smith R，Cheesman P. On the representation of spatial uncertainty[J]. International Journal of Robotic Research，1987，5（4）：56-68.

[10] Durrant-Whyte H F. Uncertain geometry in robotics[J]. IEEE Transactions on Robotics，1988，4（1）：23-31.

[11] Leonard J J，Durrant-Whyte H F. Simultaneous map building and localisation for an autonomous mobile robot[C]. International Conference on Intelligent Robots and Systems，Osaka，1991.

[12] Durrant-Whyte H F，Rye D，Nebot E. Localisation of automatic guided vehicles[C]. International Symposium on Robotics Research，New York，1996.

[13] 吕太之. 移动机器人路径规划和地图创建研究[D]. 南京：南京理工大学，2017.

[14] Huang G P，Mourikis A I，Roumeliotis S I. On the complexity and consistency of UKF-based SLAM[C]. International Conference on Robotics & Automation，Kobe，2009.

[15] 康叶伟，黄亚楼，孙凤池，等. 一种基于 RBUKF 滤波器的 SLAM 算法[J]. 计算机工程，2008，34（1）：17-19.

[16] 李渝. 水下机器人的地图构建及路径规划研究[D]. 南京：南京信息工程大学，2018.

[17] Zhang T，Wu K，Song J，et al. Convergence and consistency analysis for a 3D invariant-EKF SLAM[J]. IEEE Robotics and Automation Letters，2017，2（2）：733-740.

[18] 季晓玲，贺青，迟宗涛. 基于 EKF 的 SLAM 算法在机器人定位中的应用[J]. 科技经济导刊，2016，（13）：17-19.

[19] 刘艳丽. 融合颜色和深度信息的三维同步定位与地图构建研究[D]. 长沙：中南大学，2014.

[20] Cheein F A，Steiner G，Paina G P，et al. Optimized EIF-SLAM algorithm for precision agriculture mapping based on stems detection[J]. Computers & Electronics in Agriculture，2011，78（2）：195-207.

[21] He B，Zhang S，Yan T，et al. A novel combined SLAM based on RBPF-SLAM and EIF-SLAM for mobile system sensing in a large scale environment[J]. Sensors，2011，11（11）：10197.

[22] 罗景文，秦世引. 基于 Dirichlet 过程非参贝叶斯学习的高斯箱粒子滤波快速 SLAM 算法[J]. 机器人，2019，41（5）：660-675.

[23] 贺利乐，王消为，赵涛. 未知环境下履带式移动机器人 SLAM 研究[J]. 传感器与微系统，2018，37（10）：50-53.

[24] 皮燕燕. 二维场景中 SLAM 算法对比研究[C]. 2018 惯性技术发展动态发展方向研讨会，北京，2018.

[25] 梁明杰，闵华清，罗荣华. 基于图优化的同时定位与地图创建综述[J]. 机器人，2013，35（4）：500-512.

[26] Yin J，Carlone L，Rosa S，et al. Graph-based robust localization and mapping for autonomous mobile robotic navigation[J]. Scan Matching，2014：1680-1685.

[27] Lu F，Milios E. Globally consistent range scan alignment for environment mapping[J]. Autonomous Robots，1997，4（4）：333-349.

[28] Frese U，Larsson P，Duckett T. A multilevel relaxation algorithm for simultaneous localization and mapping[J]. IEEE Transactions on Robotics，2005，21（2）：196-207.

[29] Choset H，Nagatani K. Topological simultaneous localization and mapping（SLAM）：toward exact localization without explicit localization[J]. IEEE Transactions on Robotics & Automation，2001，17（2）：125-137.

[30] Barfoot T，Kelly J，Sibley G. Special issue on long-term autonomy[J]. International Journal of Robotics Research，2013，32（14）：1609-1610.

[31] 张毅，沙建松. 基于图优化的移动机器人视觉 SLAM[J]. 智能系统学报，2018，13（2）：290-295.

[32] 王丽佳. 基于图优化的单目视觉 SLAM 技术研究[D]. 武汉：华中科技大学，2016.

[33] Mur-Artal R，Montiel J M M，Tardós J D. ORB-SLAM：a versatile and accurate monocular SLAM system[J]. IEEE Transactions on Robotics，2017，31（5）：1147-1163.

[34] Hess W，Kohler D，Rapp H，et al. Real-time loop closure in 2D lidar SLAM[C]. International Conference on Robotics & Automation，Stockholm，2016.

[35] Teuliere C，Marchand E，Eck L. 3-D model-based tracking for UAV indoor localization [J]. IEEE Transactions on Cybernetics，2015，45（5）：869-879.

[36] Fu C，Olivares-Mendez M A，Suarez-Fernandez R，et al. Monocular visual-inertial SLAM-based collision

avoidance strategy for fail-safe UAV using fuzzy logic controllers[J]. Journal of Intelligent & Robotic Systems, 2014, 73 (1-4): 513-533.

[37] Xu Z, Xian B, Bo Z, et al. Autonomous flight control of a nano quadrotor helicopter in a GPS-denied environment using on-board vision[J]. IEEE Transactions on Industrial Electronics, 2015, 62 (10): 6392-6403.

[38] Fallon M F, Folkesson J, Mcclelland H, et al. Relocating underwater features autonomously using sonar-based SLAM[J]. IEEE Journal of Oceanic Engineering, 2013, 38 (3): 500-513.

[39] Hurtós N, Ribas D, Cufí X, et al. Fourier-based registration for robust forward-looking sonar mosaicing in low-visibility underwater environments[J]. Journal of Field Robotics, 2015, 32 (1): 123-151.

[40] He B, Ying L, Zhang S, et al. Autonomous navigation based on unscented-fast SLAM using particle swarm optimization for autonomous underwater vehicles[J]. Measurement, 2015, 71: 89-101.

[41] Burguera A, Oliver G, Gonzàlez Y. Scan-based SLAM with trajectory correction in underwater environments[C]. International Conference on Intelligent Robots & Systems, Taibei, 2010.

[42] Mallios A, Ridao P, Ribas D, et al. Scan matching SLAM in underwater environments[J]. Autonomous Robots, 2014, 36 (3): 181-198.

[43] 袁赣南, 王丹丹, 魏延辉, 等. 水下石油管道漏油检测定位的粒子滤波 SLAM 算法[J]. 中国惯性技术学报, 2013, 21 (2): 204-208.

[44] Taketomi T, Uchiyama H, Ikeda S. Visual SLAM algorithms: a survey from 2010 to 2016[J]. IPSJ Transactions on Computer Vision & Applications, 2017, 9 (1): 1-16.

[45] Chaves S M, Kim A, Galceran E, et al. Opportunistic sampling-based active visual SLAM for underwater inspection[J]. Autonomous Robots, 2016, 40 (7): 1245-1265.

[46] Lee K H, Hwang J N, Okopal G, et al. Ground-moving-platform-based human tracking using visual SLAM and constrained multiple kernels[J]. IEEE Transactions on Intelligent Transportation Systems, 2016, 17 (12): 3602-3612.

[47] Kim A, Eustice R M. Real-time visual SLAM for autonomous underwater hull inspection using visual saliency[J]. IEEE Transactions on Robotics, 2013, 29 (3): 719-733.

[48] Hong S, Kim J, Pyo J, et al. A robust loop-closure method for visual SLAM in unstructured seafloor environments[J]. Autonomous Robots, 2016, 40 (6): 1095-1109.

[49] Roman C, Singh H. Improved vehicle based multibeam bathymetry using sub-maps and SLAM[C]. Proceedings of the Intelligent Robots and Systems (IROS '05), Edmonton, 2005.

[50] Barkby S, Williams S, Pizarro O, et al. A featureless approach to efficient bathymetric SLAM using distributed particle mapping[J]. Journal of Field Robotics, 2011, 28 (1): 19-39.

[51] Palomer A, Ridao P, Ribas D. Multibeam 3D underwater SLAM with probabilistic registration[J]. Sensors, 2016, 16 (4): 560-571.

[52] Norgren P, Skjetne R. A multibeam-based SLAM algorithm for iceberg mapping using AUVs[J]. IEEE Access, 2018: 26318-26337.

[53] 刘明雍, 董婷婷, 张立川. 基于随机信标的水下 SLAM 导航方法[J]. 系统工程与电子技术, 2015, 37 (12): 2830-2834.

[54] Zheng B, Zhang H, Zheng H, et al. Underwater imaging based on inhomogeneous illumination[C]. Pacific RIM Conference on Communications, Computers & Signal Processing, Pasadena, 2011.

[55] 张书景. 大尺度环境中自主式水下机器人同时定位与地图构建算法研究[D]. 青岛: 中国海洋大学, 2014.

[56] 汤郡郡. 结合地形和环境特征的水下导航定位方法研究[D]. 南京: 东南大学, 2015.

[57] 张栋翔. 水下智能机械手的光视觉信息获取与处理[D]. 合肥: 中国科学技术大学, 2009.

[58]　程见童. 基于压缩非线性滤波与图论的同时定位与构图方法研究[D]. 长沙：国防科技大学，2015.

[59]　王丹丹. 水下无人潜器同步定位与地图生成方法研究[D]. 哈尔滨：哈尔滨工程大学，2017.

[60]　傅超. SLAM 技术中声呐图像的特征提取[D]. 哈尔滨：哈尔滨工程大学，2015.

[61]　丁鸿蒙. 基于 EKF 的自主式水下航行器 SLAM 方法研究[D]. 哈尔滨：哈尔滨工程大学，2014.

[62]　Sunderhauf N，Protzel P. Switchable constraints for robust pose graph SLAM[C]. International Conference on Intelligent Robots and Systems，Vilamoura-Algarve，Portugal，2012.

[63]　Agarwal P. Robust map optimization using dynamic covariance scaling[C]. International Conference on Robotics and Automation，Karlsruhe，2013.

[64]　Latif Y，Cadena C，Neira J. Realizing, reversing, recovering: incremental robust loop closing over time using the iRRR algorithm[C]. International Conference on Intelligent Robots and Systems，Vilamoura-Algarve，Portugal，2012.

[65]　Graham M C，How J P，Gustafson D E. Robust incremental SLAM with consistency-checking[C]. International Conference on Intelligent Robots and Systems，Hamburg，2015.

前端技术篇

第 2 章　位姿图构建技术

在基于图优化的水下同步定位与建图技术算法框架中，前端位姿图构建指的是结合所有的运动状态和观测数据对 BSLAM 历史数据使用图结构进行建模。但与传统的图优化 SLAM 不同的是，多波束测深数据在相邻帧间无数据冗余，因此BSLAM 算法无法通过构建相邻帧间数据关联估计 AUV 帧间运动，从而导致算法的精确性大大降低[1]。为解决这一问题，本章介绍考虑多波束声呐物理特性的位姿图构建技术，通过地形高程外推方法，构建弱数据关联并实现对 AUV 相邻帧间运动的估计。

本章讲述 BSLAM 位姿图构建的主要流程，包括多波束测深数据的获取和滤波、子地形图建模以及弱数据关联构建。在多波束测深原始数据的滤波处理中，介绍一种典型的多波束测深系统及其原理，并介绍基于 Alpha-Shapes 模型的多波束测深数据滤波方法。在子地形图建模中，将法线间差（difference of normals，DoN）作为子地形图划分的判据。本章还介绍构建弱数据关联的方法，实现了对AUV 在相邻帧间的运动估计。在弱数据关联构建中，分别通过构建 GP 和稀疏伪输入的高斯过程（sparse pseudo-input Gaussian processes，SPGPs）模型实现了地形高程外推估计，并提出根据估计值和实测值对弱数据关联进行计算的方法。

2.1　多波束测深数据滤波

2.1.1　多波束测深系统介绍

与传统的单波束测深的"点-线"式测量相比，多波束测深系统在海底地形的测量为"线-面"式测量，能够实现快速、高精度、大范围的海底地形测量，因此近年来多波束测深技术获得了较快发展[2, 3]。

一个完整的多波束测深系统除由用于发射和接收声波信号的换能器阵列和信号处理机柜组成的声学子系统外，还应包括由导航定位系统、垂直参考单元、声速剖面仪、压力深度计组成的位置传感器子系统，以及由数据处理计算机软/硬件和显示、输出设备组成的数据处理子系统。典型的多波束测深系统的基本组成结构如图 2.1 所示。

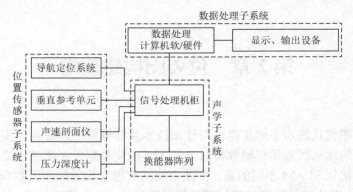

图 2.1　典型的多波束测深系统的基本组成结构

通过向下发射与载体航向垂直的扇形声脉冲信号，多波束测深系统可得到一组垂直于载体航向的水深数据。当搭载平台连续航行测深时，可以得到一条带状地形数据，如图 2.2 所示。

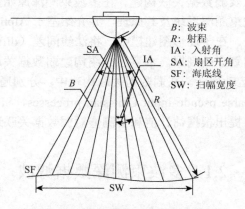

B：波束
R：射程
IA：入射角
SA：扇区开角
SF：海底线
SW：扫幅宽度

图 2.2　多波束地形测量示意图

解算多波束测深点的位置信息需要考虑波束入射角 θ_0，若忽略声线弯曲，即假设声波在水体中匀速传播，各波束点与换能器的相对水深 D_{tr} 和与换能器中心点的水平距离（侧向中心距）Y 可近似表示为

$$D_{tr} = \frac{1}{2}C\Delta t \cos\theta_0 \tag{2.1}$$

$$Y = \frac{1}{2}C\Delta t \sin\theta_0 \tag{2.2}$$

式中，C 为声波在水体中的平均传播速度；Δt 为换能器发射和接收声脉冲信号的时间差。考虑到换能器的水深修正值 ΔD_d 和潮位修正值 ΔD_t，各波束点的水深值为

$$D = \frac{1}{2}C\Delta t \cos\theta_0 + \Delta D_d + \Delta D_t \tag{2.3}$$

因此，当得到波束点的侧向中心距后，结合载体所处的位置，可以得到波束点对应水平面坐标和波束点对应深度的大地坐标，即表示成经度-纬度-水深的形式[4]。

GeoSwath Plus（GS +）多波束测深系统也称为相干型多波束测深侧扫仪，它是由英国 GeoAcoustics 公司研发的新一代相干型多波束测深系统，具有体积小、重量轻、测深精度高等优点，可搭载多种工作频率的换能器，分别适用于不同的载体和工作水深[5]。本节海底地形数据测量所使用的 GS + 多波束测深系统是水下机器人技术重点实验室为某型 AUV 定制的浅水多波束系统，其主要参数及性能指标如表 2.1 所示[5]。

表 2.1　GS + 多波束测深系统主要参数及性能指标

参数类型	参数大小
换能器大小	25cm×11cm×6cm
换能器工作频率	500kHz
工作水深	<50m
最大扫幅宽度	150m
扇区最大开角	120°（单换能器），>150°（双换能器）
波束最大射程	12 倍水深
波束最大个数	>5000/声脉冲
声脉冲长度	4～500μs
数据更新率	30Hz（50m 扫幅宽度），10Hz（150m 扫幅宽度）

利用 GS + 多波束测深系统可以精确地获得波束点在载体坐标系下的局部坐标，若将这些局部坐标位置转换为大地坐标系下的坐标位置，还应该知道换能器在大地坐标系下的空间坐标与实时航向；另外，换能器载体相对位置固定，受到潮流、波浪等外界干扰的影响，需要对载体的空间位置、航向以及潮流、波浪等外界干扰进行实时修正。因此，GS + 多波束测深系统需要安装多个辅助传感器以得到这些信息。

1. 船姿与运动传感器

为了确定每个波束测深点在大地坐标系下的精确位置，需要实时得到当前载体的精确位姿信息。由于载体的摇荡会产生测量地形畸变，所以在保证载体位置测量精度的前提下，应对载体的摇荡进行测量，尽可能减小载体摇荡所引起的测量误差。由于 GS + 多波束测深系统测量的是垂直于载体航向的一组水深，所以横摇对测深精度的影响最大。通过计算可以得到，当载体下方水深为 50m 时，若换能器的横摇角为±0.5°，则在距换能器水平位置 50m 处的水平位置测量误差为可以引起±2.8m 的波束点位置测量误差，从而导致波束点深度和水平位置对应关系出现偏差，因此需要对载体进行横摇修正。载体纵摇会引起沿载体航向的水平位置偏差，虽然其影响较横摇小，但也不容忽视。艏摇影响波束点的水平位置归位，波束点距离换能器越远，受艏摇影响越大。升沉对同一个声脉冲下的所有波束点均有影响，且影响是均等的。为了更好地修正载体摇荡对测深数据影响的误差，GS＋多波束测深系统所使用的姿态传感器和运动传感器具有 0.1°的轴方向精度和 0.01°的升沉方向精度。

2. 潮位修正仪

海洋中的潮位每时每刻都在发生变化，潮位变化对测深数据的影响与测量海域和测量时间密切相关。若不进行潮位修正，将导致不同测线间水深数据呈阶跃变化，因此需要利用实时潮位修正数据修正多波束测深时的参考深度，提高波束测量的精度。潮位修正数据可通过历史数据预测或通过潮位修正仪实时测量得到，用历史数据预测的精度较高且成本低，但只适用于安装固定潮位监测仪附近的海域，且预测潮位数据不能处理由天气原因导致的潮位变化，因此在 GS＋多波束测深系统中通常安装潮位修正仪作为辅助传感器，从而实现对潮位数据的实时修正。

3. 导航系统

在知道测深点在载体坐标系中的局部坐标后，只有知道载体的空间坐标才能实现测深点的空间定位。GS＋多波束测深系统使用 GPS 提供精确的载体空间坐标。GS＋多波束测深系统使用具备实时动态控制技术的 GPS 来获取定位信息，其最高可以达到厘米级的定位精度，甚至可以代替其他传感器给出载体的升沉数据和当前潮位变化。

4. 声速剖面仪

海水中的声速随着深度、温度和盐度的变化而变化，因此声线在海水中的传播速度并不是恒定的，若不进行声速补偿和声线的跟踪修正，则由于波束旅行路径的不同，声线连续折射会产生不同程度的声线弯曲，对测深数据产生消极影响。因此，GS＋多波束测深系统需要安装声速剖面仪来获取各深度处的声速值。

5. 单波束测深仪

GS＋多波束测深系统拥有一台独立的单波束测深仪，其测量结果与 GS＋多波束测深系统测深的原始数据保存于同一文件中。因此，将单波束测深数据与 GS＋多波束测深系统测深数据进行比较，可以对多波束测深数据进行评估，而且在处理多波束测深数据时可以提高滤波的质量；另外，单波束测深仪拥有更高的数据更新率，可测线方向的测深点密集分布，这点在地形数据的网格化处理时极为有利；单波束测深仪可以改善载体下方的测深密度和精度。

在安装上述辅助测量传感器后，GS＋多波束测深系统可以实现高精度、大范围的海底地形测量，其地形测量数据经过声线补偿、海底归位、数据滤波、网格化成图等步骤可以得到精度非常高的水下数字高程图（digital elevation map, DEM）。GS＋多波束测深系统的硬件组成和安装示意图如图 2.3 所示，其中，图 2.3（a）为 GS＋多波束测深系统的硬件组成，图 2.3（b）为 GS＋多波束测深系统在某次船载试验时的安装示意图，图中有与 GS＋多波束测深系统配合使用的高度计、深度计等辅助传感器。

(a) 换能器和处理计算机　　　　　　　　　　(b) 安装示意图

图 2.3　GS＋多波束测深系统

2.1.2　多波束测深原理

多波束测深系统的工作过程为：换能器发射阵列发射声脉冲，换能器接收阵列接收经过海底反射后的声脉冲，返回换能器的波束角和发射-接收经过的时间。由于多波束测深系统刚性固定在载体上，所以如何根据波束角、波束旅行时间、介质特性以及载体位姿的变化反演得到真实的海底地形，是多波束测深数据处理的关键所在[4]。多波束测深数据处理首先需要对测深数据进行海底归位，而声线跟踪与补偿是测深数据海底归位的第一步，这里将对其进行重点讨论。

1. 声线跟踪与补偿

一次多波束测量得到的是一个与载体航向垂直的地形剖面，因此几乎所有波束的入射角与垂直方向存在夹角。海水并非理想的均匀介质，其在不同水深的声速并不相同，从而导致入射角不为零的波束的声线为一条连续折线或曲线。当波束点与换能器间的相对深度较大时，若忽略声线弯曲将会对波束点位置的计算结果产生较大的影响。因此，需要对海水中声波的传播性质进行研究，实现对声线的跟踪和补偿。

由于海水介质的非均匀性，其声学性质在不同位置并不相同，所以声波在穿越海水介质时并不是像穿越均匀介质那样呈直线形式，而会在不同声速层间不断折射，从而导致声线弯曲。声线跟踪与补偿通过分析海水中声波的传播规律，基于一些可行性假设，尽可能真实地反演测深点的空间位置。设换能器表面声速为 v_0，声脉冲入射角为 θ_0，波束点的声速为 v，折射角为 θ_1，根据斯内尔定律[4]有

$$\frac{v}{\sin \theta_1} = \frac{v_0}{\sin \theta_0} \tag{2.4}$$

设声脉冲从换能器到波束点的单程旅行时间为 t，则波束点与换能器的相对位置表示为

$$\begin{cases} D_{ts} = \int v \cos \theta_1 \mathrm{d}t \\ Y = \int v \sin \theta_1 \mathrm{d}t \end{cases} \tag{2.5}$$

式中，D_{ts} 为换能器与波束点的相对水深；Y 为波束点的侧向中心距；θ_1 为时间 t 的函数，可根据声速剖面（sound velocity profile，SVP）性质和波束的最初入射角 θ_0 得到。所以，在得到测深波束的入射角和波束旅行时间后，D_{ts} 和 Y 可根据 SVP 计算得到。

由于声速剖面仪测量方式的限制，其数据只能是离散的，SVP 测量数据越多，越接近真实情况。在已知波束的入射角、旅行时间和 SVP 后，波束点空间位置的反演计算也采用离散的形式。

为了简化波束点空间位置的反演计算，这里引入一项假定：在海水中声速只沿深度方向发生变化，换句话说，SVP 由呈水平叠置方式的各声速层构成，在同一声速层内其海水介质为均匀介质。基于上述假定，可以将海水介质分成具有特定声速的 n 个声速层，根据斯内尔定律有

$$\frac{v_1}{\sin \theta_1} = \frac{v_2}{\sin \theta_2} = \cdots = \frac{v_n}{\sin \theta_n} \tag{2.6}$$

若声脉冲从换能器到此波束点的单程旅行时间为 t，则此波束点与换能器的相对位置计算公式为

$$\begin{cases} D_{tr} = \sum_{i=1}^{n} v_i \cos \theta_i \Delta t_i \\ Y = \sum_{i=1}^{n} v_i \sin \theta_i \Delta t_i \\ \Delta t_i = \dfrac{\Delta D_i}{v_i \cos \theta_i} \end{cases} \tag{2.7}$$

式中，v_1 为换能器表面相邻声速层的声速；θ_1 为声脉冲波束的第一次折射角，一般来说，$v_1 = v_0$，$\theta_1 = \theta_0$；n 为水深方向 SVP 的层数；Δt_i 为声脉冲在第 i 层 SVP 中的旅行时间；ΔD_i 为第 i 层 SVP 的水深；θ_i 为进入第 i 层 SVP 的折射角。图 2.4 为某海域测量得到的一个典型声速剖面分布。图 2.5 为基于此 SVP 的某声脉冲多波束测深数据在进行声线补偿前后的对比。从图中可以看出，当没有进行声线的跟踪与补偿时，其波束点的水深变化和其侧向中心距大体呈线性关系，与真实海底地形相差甚远；在进行声线补偿后，其起伏较为明显，符合真实海底地形变化特征。

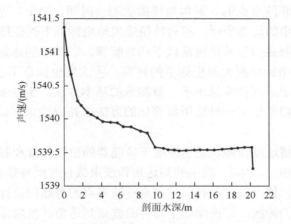

图 2.4　从多波束数据中解析到的声速剖面分布

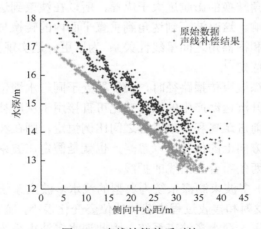

图 2.5　声线补偿前后对比

由于海水是一种可流动的非均匀介质，所以海水的 SVP 结构随着时间和空间的变化而变化，为保证海底归位的精度，需要在不影响计算实时性的前提下引入尽可能多的 SVP 数据。需要指出的是，由于海水表层受到外界环境干扰较多，其表层声速的变化是整个 SVP 中变化最活跃的区域，对测深波束（尤其是边缘波束）的测量精度影响最大，所以需要经常对海水表层区域的声速进行测量。

2. 海底归位处理

测深数据的海底归位是指将波束点位置由随船坐标系的局部坐标转换为用经度-纬度-深度表示的大地坐标。测深数据的海底归位计算需要有该波束点测量时载体的位姿信息和波束点的入射角与传播状态（时间、SVP）等信息，得到波束点在随船坐标系中的局部坐标，然后转换成大地坐标系下的经纬度和水深数据。

测深数据的海底归位具体包括以下四种解算：①波束到达角；②波束点的局部坐标；③随船坐标系到大地坐标系的转换；④大地坐标系下波束点经度-纬度-深度的计算。由于后两种解算属于一般测量的基本方法，所以多波束测深数据海底归位的核心问题是建立一种适用而简化的方法来完成波束到达角和波束点局部坐标的解算。

由于声波传播速度较慢，通常情况下换能器的空间位置和载体位姿在波束发射和接收时并不相同。因此，波束的到达角和波束旅行时间与换能器在波束发射、接收两个时刻的位置以及方向有关。在进行波束点的海底归位计算时，首先需要进行波束到达角的转换：把换能器平面内的波束到达角转换成垂直平面内的波束到达角。由于横摇是影响波束到达角从换能器平面内转换到垂直平面内最重要的因素，对波束到达角转换的影响远大于纵摇，所以在波束到达角转换时通常可以忽略载体纵摇的影响。这时波束到达角到垂直平面内的转换与换能器在接收声脉冲回波时的到达角和横摇角之间呈线性关系。为了更好地实现波束点的海底归位，这里进行下述三个假定[5]：

（1）在计算测深波束传播路径时，换能器处于同一水深位置。换句话说，换能器的吃水深度和升沉运动产生的深度变化可直接用于深度补偿。

（2）若换能器前进距离和波束射程之间比例恒定，则在波束发射和接收过程中，换能器在前进方向上的位移可以忽略，也就是假定在波束路径解算中波束的发射和返回路径为两条重合的曲线或折线。

（3）由于 GS + 多波束测深系统为典型的浅水多波束系统，且有很高的数据更新率，所以波束发射和接收过程中载体的位姿变化很小，航向的变化可以忽略。但这一假设并不适用于深水多波束系统，因此深水多波束系统在测量时应当保持航向稳定。

基于上述假定，只需得到换能器吃水深度和 SVP，在获得波束到达角和波束单程旅行时间数据后，均可以计算得到波束点在载体坐标系内的唯一局部坐标位置。

3. 多波束测深数据处理流程

在得到多波束原始测量文件后，基于多波束测深数据的特性可以进行多波束测深数据的离线处理。对于不同的多波束测深系统，其测深数据处理方法可能存在差异，但基本流程类似。基于 GS + 多波束测深系统的多波束测深数据处理流程如图 2.6 所示。

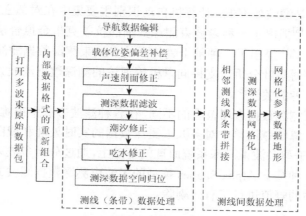

图 2.6 多波束测深数据处理流程

对图 2.6 所示流程有如下几点说明：

（1）GS + 多波束测深系统的多波束测深数据以二进制形式存储在原始测深数据文件中，具有特定的格式，因此在数据处理前需要分析多波束测深系统导出的原始文件的内容和格式，从而准确提取自己所需要的数据。

（2）GS + 多波束测深系统的多波束原始测深数据文件不仅保存了换能器数据，还保存了所有辅助传感器的测量信息，由前面可知单独的换能器数据并不能满足需要，因此需要对数据文件进行解算，并将各传感器数据重新组合。

（3）在测深数据的海底归位前，需要从原始数据文件中提取载体导航数据，并对其插值得到在多波束海底地形测量时各个声脉冲对应的载体位置坐标。

（4）在多波束测深数据滤波前，需要利用原始数据文件提取的姿态信息对载体的姿态进行补偿，并利用 SVP 测量数据进行声速剖面修正。

（5）在多波束测深数据滤波后，需要利用由潮位修正仪记录数据或通过测量海区的历史潮位数据得到的实时潮位数据对滤波结果进行潮汐修正；由压力深度计的测深值得到换能器吃水深度，对滤波结果进行吃水修正。

（6）滤波处理得到的是基于载体坐标系的测深值，需要将其转换为基于大地坐标系的测深值，将所有测深数据进行合并和拼接可得到基于大地坐标系的区域离散水深数据，根据需求经过网格化处理可得到不同分辨率的 DEM。

2.1.3 多波束测深数据滤波方法

多波束原始测深数据包含大量的噪声点，需要对其进行滤波处理以剔除噪声点，因此滤波处理是构建高精度 DEM 的关键，滤波结果直接影响 DEM 的精度。多波束测深数据的滤波方法主要有人工识别和计算机自动识别两种。人工识别的滤波精度高，但是滤波效率低；计算机自动识别主要集中在对孤立的野值检测上，例如，王海栋等[6]提出了一种多波束测深数据的抗差克里金拟合法，用于消除野值的影响，董江等[7]提出了一种基于趋势面的多波束测深数据滤波方法。此外，基于小波分析、傅里叶分析、支持向量机等理论的测深数据滤波方法也得到了越来越多科研工作者的关注[8-11]。

由于多波束测深数据应用范围的不同，在各种滤波方法中很难判断孰优孰劣。但是一般来说，算法越简单，对多波束测深数据的实时处理和成图越有利。本节在分析 GS + 相干型多波束测深系统原理的基础上，通过分析多波束原始测深数据的特点，提出一种基于 Alpha-Shapes 模型的多波束测深数据滤波方法，对多波束原始测深数据中的野值进行了有效剔除。

1. 多波束测深数据滤波的基本原则

多波束测深数据滤波的总原则是"去伪存真"，具体来说应遵循以下原则：

（1）水深变化区间原则。由于海底地形变化较为平缓，一定范围海域内的水深应处于一定的区间内。因此，在进行多波束测深数据滤波前，需要收集相应海域的历史资料，了解其水深的大致变化区间，剔除区间外的水深数据点，提高滤波处理的精度和实时性。

（2）地形连续变化原则。真实的海底地形都是连续变化的，由于多波束测深是全覆盖测量，其测深数据量非常大，所以其测量结果可以反映出海底地形全貌。多波束测深数据中脱离连续地形的跃点和孤立点均被认为是野值点，应予以剔除。

（3）中央波束标准原则。由多波束测深原理可知，多波束测深采集到的数据在中央区域质量较好，在边缘区域质量则相对较差。尤其是在地形平坦区域，这一表现尤为明显。因此，在保证测深数据覆盖的条件下尽可能删除多余的边缘测深点，以提高数据质量。

2. 多波束原始数据的滤波模型

不同于传统的多波束测深系统，GS + 是一种基于检测回波干涉测深的新型多波束测深系统，与传统多波束测深系统相比其测深密度非常高，在一个声脉冲内的测深点可达几千个之多，即使按照最大扫幅 150m 计算，其相邻波束点的侧向中心距离隔也只有厘米级别，波束点密度非常高，测深数据密集。在传统测深数据的人机交互式滤波中，操作人员判断一个测深数据是不是野值，主要看它是不是独立于真值数据集的孤立点。因此，滤波时应选取一定的参考点，并将其余数据点与该参考点进行比较，如果该数据点与参考点之间的距离超出一定范围，即可将该数据点作为野值点剔除。

　　Alpha-Shapes 模型是提取离散点集边界点的有效方法[12-14]。当利用 Alpha-Shapes 模型提取离散点集 S 边界点时，可认为有一个半径为 α 的搜索圆在离散点集 S 的边缘滚动，当 α 取值足够大时，其滚动的轨迹就是这个离散点集的边界。在提取离散点集 S 的边界点时，Alpha-Shapes 模型的判定条件为：在离散点集 S 内选择任意两点 P_1、P_2，绘制经过 P_1、P_2 且半径为 α 的圆，若圆内有其他点，则 P_1、P_2 不是边界点，反之则认为 P_1、P_2 是离散点集 S 的边界点。根据数学的相关知识可知，若 P_1、P_2 之间的距离小于 2α，则经过 P_1、P_2 的圆有两个，这时需要对这两种情况都加以判定：只需要有一个圆形区域中不包含其他数据点，P_1、P_2 就可认为是离散点集 S 的边界点。如图 2.7 所示，图中 P_1、P_2 为离散点集 S 的边界点。

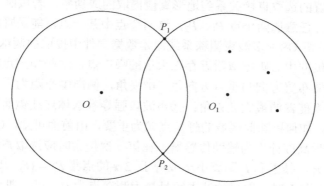

图 2.7　Alpha-Shapes 模型原理

　　从视觉效果上来看，在一个海底地形剖面上的地形深度数据接近一条连续曲线，考虑 GS + 多波束测深系统的测深数据有一定的偏差，其在一个声脉冲内获得的海底地形数据真值在真实地形数据值两侧的一定范围内密集分布，野值点基本远离真实地形数据独立存在。因此，类似于 Alpha-Shapes 模型，假设有一半径为 α 的搜索圆在多波束测得的海底地形剖面真值数据点上滚动，当选取恰当的 α 时，落在搜索圆内的点就是所要提取的地形数据真值，搜索圆外的点认为是野值点。和提取离散点集的边界点有所不同，在多波束测深数据中提取地形真值数据需要对 Alpha-Shapes 算法的判定条件进行修改。简单来说，基于 Alpha-Shapes 模型的多波束测深数据滤波方法就是根据 GS + 多波束测深系统的特点，在地形真值数据集中找到两个相邻的初始点 P_1、P_2，根据波束点的密度选取恰当的 α 值，过 P_1、P_2 绘

制半径为 α 的搜索圆，这个搜索圆内的波束点就是我们要提取的测深数据。

3.搜索圆半径 α 和搜索初始点的选取

在基于 Alpha-Shapes 模型修改的测深数据滤波算法中，影响滤波效果最重要的一个因素是搜索圆半径 α 的选取，α 取值过大可能将野值点带入滤波结果中，α 取值过小有可能在某些波束点密度稀疏区域内由于搜索圆内不存在测深数据而滤波失败。确定搜索圆半径 α 的方法如下。

（1）分别计算点集 P 中各波束点的平均间距 σ：

$$\sigma = \sum_{i=1}^{N-1} \sqrt{(x_{i+1} - x_i)^2 + (y_{i+1} - y_i)^2} \bigg/ (N-1) \tag{2.8}$$

（2）相干型多波束测深系统的特点是噪声点的分布相对比较稀疏，因此编号相邻的两个点，若其中至少有一个数据点为噪声点，则这两个点之间的距离可能远大于两个相邻真实地形点的间距，因此两个相邻地形点的间距要小于 σ。经过大量滤波试验的经验取搜索圆半径 α 略大于 σ 值即可确保滤波的成功率和准确性。

初始点位置的选取直接关系到地形真值提取的成功率，若按照 Alpha-Shapes 模型的判定条件任意选两个点 P_1、P_2，这两个点中某一点可能是野值点而导致滤波失败。通过分析 GS + 多波束测深系统原始数据文件中提取的测深数据发现，原始测深数据在侧向中心距零值附近存在大量的噪声点，这些噪声点产生的原因可能是：①换能器布置方向与垂直方向呈 30°夹角，侧向中心距为零附近区域内波束角接近单个换能器的最大波束角；②声波较强导致水体连续镜面反射造成的深度异常。因此，如何剔除此区域的野值点尤为重要，由前面可知，GS + 多波束测深系统安装声学高度计作为辅助传感器，在第一次搜索时应选取声学高度计的测深点为初始点 P_1，搜索和 P_1 距离小于或等于 2α 的点集 $P_2 = \{P_{21}, P_{22}, \cdots, P_{2n}\}$。在第 $n(n \geqslant 2)$ 次选取 P_1 时，取已滤波中编号最大测深点为 P_1，然后搜索 P_2。

4.测深数据点提取

取点集 P_2 中编号最大的点 $P_{2n}(P_{2n} \in P_2)$，求出经过点 P_1、P_2 并且半径为 α 的搜索圆的圆心。获得圆心后，提取与圆心的间距小于 α 的波束点，这些点即所要提取的测深数据点。已知两点和半径求圆心的过程如下。

令 P_1、P_2 的坐标分别为 (x_1, y_1)、(x_2, y_2)，令圆心坐标为 (x, y)，则可以列出方程组：

$$\begin{cases} (x - x_1) + (y - y_1) = \alpha^2 \\ (x - x_2) + (y - y_2) = \alpha^2 \end{cases} \tag{2.9}$$

根据此方程组可以求出圆心坐标 (x, y)。然而直接求解该方程组比较烦琐，这里采用测绘学中的求交法求得圆心坐标。由已知距离的交汇算法可以得到方程：

$$\begin{cases} x = x_1 + \dfrac{x_2 - x_1}{2} + H(y_2 - y_1) \\ y = y_1 + \dfrac{y_2 - y_1}{2} + H(x_2 - x_1) \end{cases} \qquad (2.10)$$

式中，$H = \pm\sqrt{\dfrac{\alpha^2}{s^2} - \dfrac{1}{4}}$，$s^2 = (x_1 - x_2)^2 + (y_1 - y_2)^2$。

若 P_1、P_2 的距离小于 2α，则经过这两点的圆有两个，需要对这两种情况全部加以判断。具体的滤波流程见图 2.8。

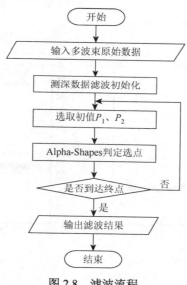

图 2.8　滤波流程

5. 滤波结果分析

本节研究采用的多波束测深数据来源于某次多波束海试中的测深数据。试验海区位于青岛中沙礁海域，该海域水深在 5~40m，地形特征丰富。为了验证本节提出的滤波算法的有效性，在对多波束原始测深数据进行声线补偿和海底归位后，选取了几个在海底地形中具有代表性的地形特征处的多波束测深数据进行滤波。由于 GS + 多波束测深系统有两组呈 "V" 字形安装的换能器，其中一个声脉冲只能输出一组换能器的测深数据，所以将相邻两个声脉冲的测深数据组成完整的实时测量地形（real-time terrain measurement，RTM）剖面。

滤波后，将多波束测深系统提供的相邻两个声脉冲的初始数据和经过滤波的结果绘制在一幅图内，具体的结果如图 2.9 所示。图 2.9（a）为峰值地形；图 2.9（b）为地形剧烈变化上升区域；图 2.9（c）为地形渐变区域，为沿一条长条海沟

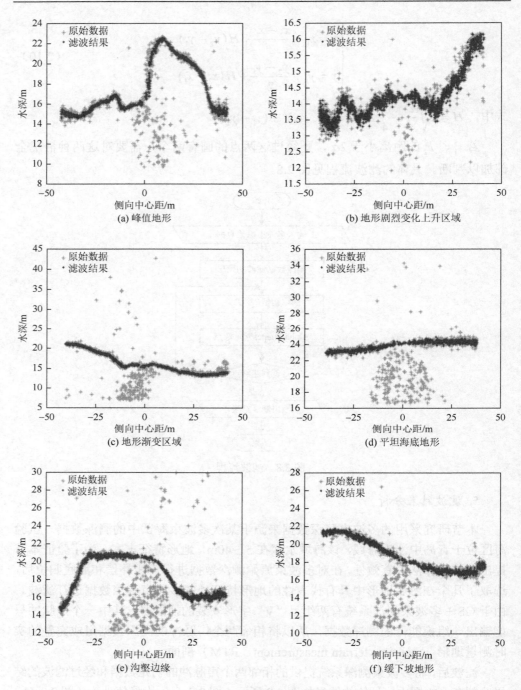

图 2.9　滤波结果

地形的滤波结果；图 2.9（d）为平坦海底地形；图 2.9（e）为沟壑边缘；图 2.9（f）为一个缓下坡地形。从图 2.9 中可以看出，GS + 多波束测深系统输出的数据密度非常高，且根据海底地形的特点可知，真实的地形应该是连续的"线状"地形，这是从视觉上判断噪声点的依据。从上面几个图中可以看出，在以上几种典型地形中，基于 Alpha-Shapes 模型改进的提取算法都能较好地去除噪声点和粗差，对地形变化特征具有很好的鲁棒性。

　　由于滤波的初始位置由测深精度很高的声学高度计数据确定，这就避免了滤波开始时就将野值点带入的可能性。在滤波过程中只提取规定范围的点，超过此范围的点全部认为是噪声点，避免了过多野值点的存在而导致的滤波失败的问题。

2.2　弱数据关联构建

　　受多波束声呐物理特性限制，传统的图优化算法框架无法解决 BSLAM 中相邻帧间数据关联的问题。为构建相邻帧间的数据关联，即估计 AUV 在相邻帧间的运动，本节提出构建弱数据关联的方法。弱数据关联的构建主要包括两个步骤：第一步是使用历史测深数据构建 GP 模型实现海底地形高程的外推估计；第二步是通过估计值与多波束声呐测量值之间的比较构建弱数据关联。

2.2.1　高斯过程回归

　　GP 回归是一种贝叶斯框架下的机器学习手段，自 1970 年以来就开始广泛应用于地质统计学和大气统计学等领域。为了在作物需水量超过降水量的干旱和半干旱地区有效地进行灌溉管理，Holman 等[15]训练 GP 模型实现了作物日蒸发量的精确估算，并通过试验结果证明 GP 模型能够取得比最小二乘模型更好的效果。受 Neal[16]在 1996 年提出的神经网络与 GP 的关系启发，Williams 等[17]首先描述了机器学习环境中的 GP 回归，并于 2006 年在 *Gaussian Process for Machine Learning* 中详细描述了核函数的概念[18]。

　　GP 回归的基本假设是给定一些空间位置坐标，利用所有位置上的观测值进行建模，并假设所有观测结果满足多元高斯分布，其本质是构建 GP 模型对数据进行预测。GP 模型可以看作一个函数，函数的输入是已知数据，函数的输出则是多元高斯分布的均值和方差。假设在任意数据集中存在 n 个空间位置坐标 $x = \{x_1, x_2, \cdots, x_n\}$ 以及对应的 n 个观测值 $y = \{y_1, y_2, \cdots, y_n\}$，则在无限维度中，总是可以将其想象为从一个多变量（n 变量）高斯分布中取样的单点。因此，对于一组数据集 $x = \{x_1, x_2, \cdots, x_n\}$，一定存在一个联合高斯分布 $N(\mu, \Sigma)$，其中 μ 为均值，$\varSigma$ 为协方差。通常情况下，GP 模型的均值 μ 被假设为零，而协方差 $\varSigma$ 则可以通过数据集中每个数据点与其他所有数据点之间的关系求得。具体来讲，为了表示两个数据点观测之间的关系，通常假设两个数据点的空间坐标比较接近，则其对应的观测值的相关性也比较高。因而，可以使用所有数据点的空间位置关系构建 GP 模型的协方差矩阵。

为了描述数据点的空间位置关系，GP 模型中引入了核函数 $k(x,x')$ 的概念[19]。核函数中比较有代表性的包括线性核函数、高斯核函数、Matern 核函数等，其中，最常用的是高斯核函数，又称为平方指数核函数，其常用形式为

$$k(x,x') = \sigma_f^2 \exp\left[\frac{-(x-x')^2}{2l^2}\right] \tag{2.11}$$

式中，l 为核函数的宽度参数，用于控制核函数的径向作用范围；σ_f^2 为核函数的最大可行取值。可以看到，当 x 接近 x' 时，$k(x,x')$ 约等于最大值 σ_f^2，这意味着 $y(x)$ 与 $y(x')$ 高度相关，这一点是符合认知的，即当函数表面光滑时，邻近点的取值是相似的。而空间距离对观测值相似性的影响程度则由 l 确定，l 的不同取值使得核函数适用于不同情况。

考虑到测量误差的影响，数据集内存在或多或少的噪声，如果将噪声假设为高斯白噪声 $N(0,\sigma_n^2)$ 并将其对数据的影响考虑进核函数，那么式（2.11）可以改写为

$$k(x,x') = \sigma_f^2 \exp\left[\frac{-(x-x')^2}{2l^2}\right] + \sigma_n^2 \delta(x,x') \tag{2.12}$$

式中，$\delta(x,x')$ 为克罗内克函数，即

$$\delta(x,x') = \begin{cases} 0, & x \neq x' \\ 1, & x = x' \end{cases} \tag{2.13}$$

至此，高斯核函数中共出现了 l、σ_f^2 和 σ_n^2 三个参数，这三个参数在机器学习中统称为超参数 θ。想要建立对历史数据拟合程度较高的高斯模型就需要准确估计核函数形式以及超参数的取值，其中超参数的取值可以通过最大化边缘对数似然函数来实现，即

$$\theta = \arg\max \lg p(y \mid x,\theta) \tag{2.14}$$

在完成高斯模型的构建后，使用该模型对位置 x_* 处的测量值 y_* 进行回归估计就变得比较简单。由于假设所有数据满足均值为 0 的多元高斯分布，则

$$\begin{bmatrix} y \\ y_* \end{bmatrix} \sim N\left(0, \begin{bmatrix} K & K_*^{\mathrm{T}} \\ K_* & K_{**} \end{bmatrix}\begin{bmatrix} y \\ y \end{bmatrix}\right) \tag{2.15}$$

式中，

$$K = \begin{bmatrix} k(x_1,x_1) & k(x_1,x_2) & \cdots & k(x_1,x_n) \\ k(x_2,x_1) & k(x_2,x_2) & \cdots & k(x_2,x_n) \\ \vdots & \vdots & & \vdots \\ k(x_n,x_1) & k(x_n,x_2) & \cdots & k(x_n,x_n) \end{bmatrix} \tag{2.16}$$

$$K_* = [k(x_*,x_1) \quad k(x_*,x_2) \quad \cdots \quad k(x_*,x_n)] \tag{2.17}$$

$$K_{**} = k(x_*,x_*) \tag{2.18}$$

根据线性代数知识，可得到

$$p(y_* \mid y) \sim N(K_* K^{-1} y, K_{**} - K_* K^{-1} K_*^{\mathrm{T}}) \tag{2.19}$$

也就是说，y_* 的均值为 $K_* K^{-1} y$，而方差则可通过 $K_{**} - K_* K^{-1} K_*^{\mathrm{T}}$ 表示。

2.2.2　高斯过程回归实现地形高程外推估计

Barkby 等[20]提出了应用 GP 回归算法，根据历史多波束测深数据实现地形高程外推估计，该算法的优势在于可以同时得到外推预测点高程的估计值和方差。GP 回归算法假设所有多波束测深数据满足多维高斯分布，在 GP 模型中，每一个测深点都关联了一个服从高斯分布的随机变量，而任意有限个随机变量组合得到的联合概率也服从高斯分布，这样，就可以通过历史数据构建 GP 模型，并使用该模型进行目标点的地形高程预测。

假设历史多波束测深数据 (D,F) 中包含 n 个测深点 $D = \{d_1, d_2, \cdots, d_n\}$，$d_i = (x_i, y_i)$，$F = \{f_1, f_2, \cdots, f_n\}$，其中，$x_i$、$y_i$、$f_i$ 分别代表了点 i 在水平面上的坐标和地形高程值，所要预测的目标点 (x_p, y_p) 的地形高程值为 f_p。高斯回归模型可以表示为

$$\begin{bmatrix} f_1 \\ f_2 \\ \vdots \\ f_p \end{bmatrix} = N\left(\begin{bmatrix} \mu_1 \\ \mu_2 \\ \vdots \\ \mu_p \end{bmatrix}, \begin{bmatrix} K_{11} & K_{12} & \cdots & K_{1p} \\ K_{21} & K_{22} & \cdots & K_{2p} \\ \vdots & \vdots & & \vdots \\ K_{p1} & K_{p2} & \cdots & K_{pp} \end{bmatrix} \right) \tag{2.20}$$

式中，K_{ij} 为点 i 和点 j 在水平面坐标上的相关程度，即(x_i, y_i)和(x_j, y_j)的协方差，通常选取高斯核函数的形式。K_{ij} 可以通过式（2.21）进行计算：

$$\begin{aligned} K_{ij} &= K(d_i, d_j) \\ &= a \cdot \mathrm{e}^{-\frac{1}{2}\left[b(x_i-x_j)^2 + c(y_i-y_j)^2\right]} + \sigma_n^2 \delta((x_i,y_i),(x_j,y_j)), \quad \theta = \{a,b,c,\sigma_n^2\} \end{aligned} \tag{2.21}$$

式中，θ 为超参数，其中，a 控制核函数的幅值，b 和 c 决定核函数分布的幅度；σ_n^2 为多波束测量噪声的协方差。

令 $f_* = [f_1, f_2, \cdots, f_n]^T$，$K_{**} = \begin{bmatrix} K_{11} & \cdots & K_{1n} \\ \vdots & & \vdots \\ K_{n1} & \cdots & K_{nn} \end{bmatrix}$，$K_{*p} = [K_{1p}, K_{2p}, \cdots, K_{np}]^T$，则 f_p

满足高斯分布 $N(\mu_p, \sigma_p^2)$，且

$$\mu_p = K_{*p}^T K_y^{-1} f_* \tag{2.22}$$

$$\sigma_p^2 = -K_{*p}^T K_y^{-1} K_{*p} + 1 \tag{2.23}$$

式中，$K_y = K_* + \sigma_n^2 I_N I_N$ 且 I_N 为 $N \times N$ 单位阵。应用 GP 回归进行地形高程外推估计的流程图如图 2.10 所示。

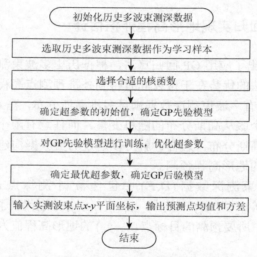

图 2.10　GP 回归用于地形高程外推估计流程图

　　然而，测深点数据量巨大，导致 GP 模型构建计算耗时巨大，从而大大限制了地形高程外推估计的实时性。因此，本节将伪输入的 GP 回归算法引入地形高程外推估计中，在保存历史点云数据大部分信息量的前提下，通过计算伪输入对历史点云数据量进行缩减，从而大大提高了地形高程外推估计算法的计算效率。

2.2.3　稀疏伪输入的高斯过程回归

　　SPGPs 回归算法最初由 Snelson 等[21]提出，该算法的核心思想是使用少量伪输入点代替历史点云数据作为 GP 模型训练的样本以降低计算量。假设 m 个伪输入点空间坐标为 $\hat{D} = \{\hat{d}_1, \hat{d}_2, \cdots, \hat{d}_m\}$，对应的地形高程值为 $\hat{F}$，通过最大化边缘似然度 $p(F \mid D, \hat{D}, \theta) = N(F \mid 0, K_{NM} K_M^{-1} K_{MN} + \Lambda + \sigma_n^2 I_n)$ 可以同时求解伪输入 $\hat{D}$，伪输

入对应地形高程值 $\hat{F}$ 和超参数 θ。其中，$\Lambda = \mathrm{diag}(\lambda)$，$\lambda_i = K_{ii} - k_i^\mathrm{T} K_M^{-1} k_i$，核函数 $K_{ii} = K(d_i, d_i)$，$[K_M]_{ii} = K(\hat{d}_i, \hat{d}_i)$，$[K_{NM}]_{ij} = K(d_i, \hat{d}_j)$ 并且 $[k_i]_j = K(\hat{d}_j, d_i)$，其中 $i \in [1, n]$，$j \in [1, m]$。

最大化边缘似然度事实上是一种优化任务，并且能够通过梯度下降法或高斯牛顿算法等最优化算法求解，具体求解方法可参见文献[21]，在此将不再进行赘述。在获得超参数 θ、伪输入 $\hat{D}$ 及其对应地形高程值 $\hat{F}$ 后，为了通过生成带有伪输入的空间模型计算目标点水深的分布，可以应用贝叶斯公式计算目标点的后验分布并将其应用于计算似然函数，即

$$p(f_* \mid x_*, y_*, \hat{D}, \hat{F}) = N(f_* \mid K_{NM} K_M^{-1} \hat{F}, \Lambda + \sigma_n^2 I_n) \tag{2.24}$$

目标点 (x_*, y_*) 处的水深分布可以表示为

$$p(f_* \mid x_*, y_*, X, Y, \theta) = N(f_* \mid Z_i^-, \sigma_*^2) \tag{2.25}$$

$$Z_i^- = k_*^\mathrm{T} Q_M^{-1} K_{MN} (\Lambda + \sigma_n^2 I_n)^{-1} F \tag{2.26}$$

$$\sigma_*^2 = K_{**} - k_*^\mathrm{T} (K_M^{-1} - Q_M^{-1}) k_* + \sigma_n^2 \tag{2.27}$$

式中，

$$Q_M^{-1} = K_M + K_{MN} (\Lambda + \sigma_n^2 I_n)^{-1} K_{MN} \tag{2.28}$$

2.2.4　对比仿真试验

为了比较 GP 回归和 SPGPs 回归应用于地形高程外推估计的效果，基于 MATLAB 平台，作者在 8GB DDR4 内存和 Intel Core i5 6300HQ（2.3Hz）处理器的计算机中构建了仿真系统。在对比试验中，GP 回归和 SPGPs 回归计算输入数据为当前时刻之前 20 个时刻的多波束三维空间坐标数据，输出为当前时刻实际测深点对应的地形高程外推估计结果，其中每个时刻包含分布在约 70m 长测线上的 141 个测深点。仿真试验使用的测深数据如图 2.11 所示。

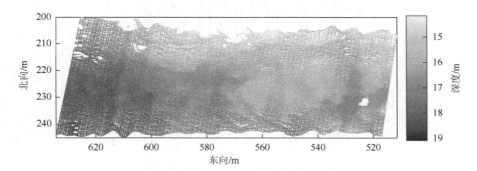

图 2.11　仿真试验使用的测深数据

SPGPs 回归中伪输入点个数设定为 20 个，共选取 100 组数据进行试验，试验结果如图 2.12 和图 2.13 所示。

图 2.12 和图 2.13 分别是 100 次试验中 GP 回归和 SPGPs 回归算法进行地形高程外推估计的耗时和误差比较。GP 回归算法的平均耗时为 2.616s，平均误差为 0.0709m，而 SPGPs 回归算法的平均耗时和误差则分别是 4.68×10^{-4}s 和 0.0690m。可以看到，GP 回归算法和 SPGPs 回归算法均能提供较高的预测精度，更具体地说，由于 SPGPs 回归算法在伪输入点计算时选择保留大部分而非全部信息量，在事实上实现了对一些噪声点的滤波，预测精度反而较 GP 回归算法高出 2.68%。而在计算耗时方面，SPGPs 回归算法比 GP 回归算法小 4 个量级，较 GP 回归算法计算效率大大提高。

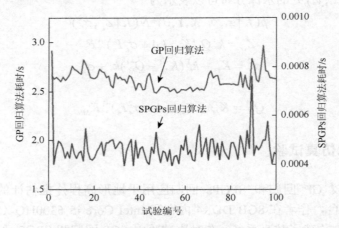

图 2.12　GP 和 SPGPs 回归算法的耗时比较

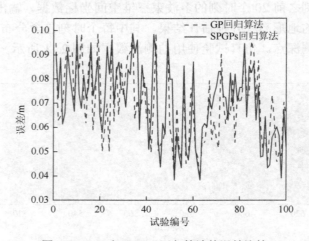

图 2.13　GP 和 SPGPs 回归算法的误差比较

为进一步阐述算法效果，在 100 次试验结果中随机抽取一次试验结果并将其表示为图 2.14 进行举例说明。

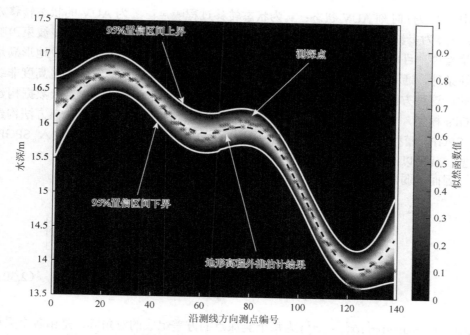

图 2.14　使用 SPGPs 回归算法进行地形高程外推估计的一个例子

图 2.14 中表示了通过 SPGPs 回归算法进行地形高程外推估计得到的地形与实测地形之间的相似程度。图 2.14 中 ✳ 为实测的海底地形测深点，黑色虚线为地形高程外推估计得到的海底地形，位于黑色虚线上方和下方的两条白色实线分别为根据 SPGPs 回归算法输出的方差求得的 95%置信区间的上下界。在图 2.14 中可以看到，采用 SPGPs 回归算法可以使用分布不规则的测深数据实现对地形高程的准确外推估计，估计结果的平均误差为 0.067m，并且基本所有的实测海底地形测深点都在估计结果给出的 95%置信区间内。通过仿真试验结果可以初步证明，SPGPs 回归算法更适用于进行地形高程外推估计。

2.2.5　求解弱数据关联

在使用历史数据获得 $i+1$ 时刻地形高程外推估计结果后，可以通过与 $i+1$ 时刻多波束实测数据之间的相似程度对弱数据关联进行求解。结合多波束声呐的测量信息，对 $i\sim i+1$ 时刻建立状态模型：

$$\begin{cases} X_{i+1} = f(X_i, u_i) + v_i \\ z_{i+1} = h(X_{i+1}) + w_i \end{cases} \tag{2.29}$$

式中，X_i 为 i 时刻 AUV 状态；v_i 为状态转移过程噪声；f 为 AUV 的状态转移方程；z_{i+1} 为多波束声呐的测量值；h 为多波束声呐的测量方程；w_i 为多波束声呐测量噪声。目前，针对多波束声呐的测量方程，现有的方法是通过假设地形满足线性条件，通过双线性插值的方法进行表示，但由于海底地形实际上是高度非线性的，这种方法存在较大的误差。在 2.2.3 节中，提出了利用历史点云数据构建 SPGPs 模型，并根据该模型完成了海底地形高程外推估计。事实上，该方法构建的 SPGPs 模型起到了测量方程的作用，通过 X_{i+1} 计算测深点坐标并输入 SPGPs 模型，就可以得到 $i+1$ 多波束测量点位置处的先验估计值 $\overline{z}_{i+1}$。

因而，弱数据关联 $p(X_{i+1} \mid X_i, u_i)$ 可以表示为

$$\begin{aligned} p(X_{i+1} \mid X_i, u_i) &= p(z_{i+1} - \overline{z}_{i+1}) \\ &= \frac{1}{\sqrt{(2\pi)^N \det(C_e)}} \exp\left[-\frac{1}{2}(z_{i+1} - \overline{z}_{i+1})^{\mathrm{T}} C_e^{-1}(z_{i+1} - \overline{z}_{i+1}) \right] \\ &= \frac{1}{(2\pi\sigma_e^2)^{N/2}} \exp\left[-\frac{1}{2\sigma_e^2} \sum_{k=1}^{N}(z_{i+1,k} - \overline{z}_{i+1,k})^2 \right] \end{aligned} \tag{2.30}$$

式中，$C_e = \mathrm{diag}(\sigma_1^2, \sigma_2^2, \cdots, \sigma_k^2)$ 为每个测深点的方差组成的对角阵，是由各个采样点方差组成的对角阵；N 为每一个时间节点的采样点个数；$z_{i+1,k}$ 为第 $i+1$ 时刻第 k 条测线获得的地形高程数据；$\overline{z}_{i+1,k}$ 为对应通过 SPGPs 回归算法进行地形高程外推估计计算第 $i+1$ 时刻第 k 条测线获得的地形高程数据。控制输入 u_i 为已知的观测结果，为简化起见，在后面使用 $p(X_{i+1} \mid X_i)$ 表示第 i 时刻和第 $i+1$ 时刻之间的弱数据关联。可以看到，弱数据关联 $p(X_{i+1} \mid X_i)$ 表示惯性导航系统给出的 AUV 在 X_i 和 X_{i+1} 间相对运动是否准确，$p(X_{i+1} \mid X_i)$ 越大，该段 AUV 运动通过惯性导航系统给出的估计值与测量值越接近。

2.3　子地形图建模

2.3.1　多波束测深数据建模

多波束测深系统的测深方式为"线-面"式，相同时间内可得到更为丰富的局部地形信息。图 2.15 为 AUV 载体所搭载的多波束测深系统实时海底地形测量示意图。

图 2.15　多波束测深系统实时海底地形测量示意图

多波束测深系统在一个声脉冲内可以得到数百甚至数千个测深点，这些测深点密集分布，形成一条垂直于载体航向的线状测深信息（地形剖面）。当利用多波束测深系统进行地形匹配中的实时地形数据采集时，有时一个地形剖面包含的地形信息所提供的地形特征并不能满足地形匹配的需要，这时可选取沿载体航向的多个地形剖面数据，并将这些地形剖面数据组合形成"面地形"测深信息。通常情况下多波束测深数据中每个波束点和换能器的相对位置由入射角和斜距组成，其单地形剖面模型可用入射角矩阵 H_θ 和波束点斜距矩阵 H_l 表示：

$$H_\theta = [\theta_1 \quad \theta_2 \quad \cdots \quad \theta_n] \tag{2.31}$$

$$H_l = [l_1 \quad l_2 \quad \cdots \quad l_n] \tag{2.32}$$

式中，θ_i 和 $l_i\,(i=1,2,\cdots,n)$ 分别为第 i 个测量波束对应的波束入射角和斜距。与单地形剖面模型相似，多地形剖面模型组合的"面地形"测深数据模型可由下述几个矩阵表示：

$$H_\theta = \begin{bmatrix} \theta_{11} & \theta_{12} & \cdots & \theta_{1n} \\ \theta_{21} & \theta_{22} & \cdots & \theta_{2n} \\ \vdots & \vdots & & \vdots \\ \theta_{m1} & \theta_{m2} & \cdots & \theta_{mn} \end{bmatrix}, \quad H_l = \begin{bmatrix} l_{11} & l_{12} & \cdots & l_{1n} \\ l_{21} & l_{22} & \cdots & l_{2n} \\ \vdots & \vdots & & \vdots \\ l_{m1} & l_{m2} & \cdots & l_{mn} \end{bmatrix}$$

$$D_{mr} = \begin{bmatrix} (\Delta x_1, \Delta y_1) \\ (\Delta x_2, \Delta y_2) \\ \vdots \\ (\Delta x_m, \Delta y_m) \end{bmatrix}, \quad D_{mz} = \begin{bmatrix} z_1 \\ z_2 \\ \vdots \\ z_m \end{bmatrix}$$

在上述矩阵中，m 表示"面地形"中包含 m 个地形剖面，n 表示在每个地形剖面中包含 n 个多波束测深点。多地形剖面模型组合的"面地形"测深数据模型多了两个相对距离矩阵 D_{mr} 和 D_{mz}，分别表示在进行多波束测深时 AUV 载体所处的水平位置矩阵和水深矩阵。由于多波束测深系统的一个地形剖面包含很多测深波束点，其相对距离矩阵的维数与单波束相比要小很多，参考导航系统累积误差对测深点间距测量的影响很小，有利于提高实时测量地形的准确度。

测深波束点与换能器的空间相对位置和水深可由波束入射角和斜距的组合得到，基于多波束测深的"面地形"测深数据模型可表示为如下矩阵形式：

$$Y_{\bar{m}} = \begin{bmatrix} l_{11}\sin\theta_{11} & l_{12}\sin\theta_{12} & \cdots & l_{1n}\sin\theta_{1n} \\ l_{21}\sin\theta_{21} & l_{22}\sin\theta_{22} & \cdots & l_{2n}\sin\theta_{2n} \\ \vdots & \vdots & & \vdots \\ l_{m1}\sin\theta_{m1} & l_{m2}\sin\theta_{m2} & \cdots & l_{mn}\sin\theta_{mn} \end{bmatrix} + D_{mr} \tag{2.33}$$

$$Z_{\bar{m}} = \begin{bmatrix} l_{11}\cos\theta_{11} & l_{12}\cos\theta_{12} & \cdots & l_{1n}\cos\theta_{1n} \\ l_{21}\cos\theta_{21} & l_{22}\cos\theta_{22} & \cdots & l_{2n}\cos\theta_{2n} \\ \vdots & \vdots & & \vdots \\ l_{m1}\cos\theta_{m1} & l_{m2}\cos\theta_{m2} & \cdots & l_{mn}\cos\theta_{mn} \end{bmatrix} + D_{mz} \tag{2.34}$$

式中，$Y_{\bar{m}}$ 为位置矩阵，前半部分为各波束点与换能器的相对距离，后半部分 D_{mr} 为每个地形剖面测量的相对距离；$Z_{\bar{m}}$ 为深度矩阵，前半部分是各波束点相对于换能器的水深值，后半部分 D_{mz} 为每个地形剖面测量时换能器处位置的水深值。以上模型为不考虑声线弯曲的测深数据模型，若考虑声线弯曲，则根据 2.2 节的结论可得到考虑声线弯曲的多波束测深数据模型。

多波束测深数据模型表述的是由线到面的局部海底地形信息，图 2.16 为基于该模型表述的单剖面地形和组合剖面地形，即"线地形"和"面地形"。由于本书所涉及的 GS + 多波束测深系统有两组呈"V"字形安装的换能器，所以由相邻两个声脉冲组合可以得到一个完整的地形剖面。图 2.16（a）为单地形剖面，地形剖面长度约为 80m，图 2.16（b）为 10 个剖面的组合地形剖面，各剖面间隔为 10m。

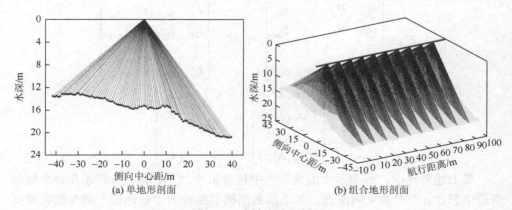

(a) 单地形剖面　　　　　　　　　　　　(b) 组合地形剖面

图 2.16　多波束地形剖面

2.3.2 实时测深数据选择模式

多波束测深系统每个声脉冲内可得到数百甚至数千个测深数据，若其全部用于地形匹配运算将造成极大的数据冗余，并不能有效提高匹配定位精度，而且会带来巨大的计算负担，影响地形匹配的实时性。因此，选择合理的测深数据进行匹配运算可以有效提高地形匹配的性能。

测深数据的选择模式分为"线/多线地形"和"面地形"两种，而"线/多线地形"数据可以根据导航要求选取特定时间间隔获取的数据来解决数据冗余问题，因此实时测深数据的选择模式难点在于多波束测深数据的选择。从限定波束角和侧向中心距间隔出发，文献[22]提出一种波束组合模式的选择方法，有效降低了相邻冗余数据的影响，但其未考虑相邻波束之间的关联，波束选择随意性较大，而且在匹配运算时需要对参考地形数据库中的数据进行插值，影响了地形匹配的实时性。为了更好地在减小计算量的前提下保持地形匹配定位的精度，本节提出一种基于地形高程标准差的多波束测深数据的自适应选取方法。

根据文献[23]，引入地形高程标准差 σ_T：

$$\bar{h} = \frac{1}{MN} \sum_{i=1}^{M} \sum_{j=1}^{N} h(i,j) \tag{2.35}$$

$$\sigma_T = \sqrt{\frac{1}{MN} \sum_{i=1}^{M} \sum_{j=1}^{N} [h(i,j) - \bar{h}]^2} \tag{2.36}$$

式中，$\bar{h}$ 为局部地形区域的平均高程，从 DEM 中提取的局部地形内包含 $M \times N$ 个地形数据。由式（2.36）可以看出，地形高程标准差的取值越大，说明地形图中地形高程偏离其平均高程的程度越大，可以简单地认为其地形丰富多变。同样，从式（2.36）可以得出，地形高程标准差能够取为任意非负数，但是事实上，由于地形高程存在的客观性，所以该参数的取值不可能无限大。

由于海底地形匹配所需的实时测深数据的个数与当前地形特征丰富程度负相关，所以令单声脉冲内所需的测深数据个数为

$$n = \lceil D/d - \mu\sigma_T \rceil \tag{2.37}$$

式中，n 为选取测深数据的个数；D 为地形剖面长度；d 为 DEM 中的网格间距；μ 为调节系数。在确定实时测深数据的个数后，为了避免地形匹配时的插值计算，设相邻两个测深数据的间隔为 d，并在侧向中心距为 0 的点两侧均匀分布。由多波束测深的相关原理可知，在得到测深数据水深的前提下，可以用侧向中心距的长度表示测深数据与换能器的相对位置。理论上多波束测深数据测深误差的期望为 0，因此可以通过对测深剖面数据进行内插消除一部分测深误差。为了简化计算和避免地

形非线性特征对插值造成影响，在选取节点处需要用其周围的数据进行内插计算，这里采用高斯加权平均内插法进行插值，插值权函数如下所示：

$$\omega(r) = F \exp[-(r/l)^2] \tag{2.38}$$

式中，F 为归一化因子；r 为待插值点和搜索点间的距离；l 为使插值权重降为最大权重的 $1/e$ 的位置。一般来说，l 为搜索半径的 $1/2$，这里取搜索半径为网格间距的 $1/4$。

图 2.17 为经过选择的某一地形剖面的测深数据，其中，原始测深数据点个数为 2889 个，最后得到的节点测深数据为 43 个。基于本节方法得到的实时测深数据相邻点间隔为 DEM 的网格间距 d，因此在匹配运算时不需要进行插值处理，大大减小了地形匹配计算量，其效果在后续的地形匹配仿真试验中得到了验证。

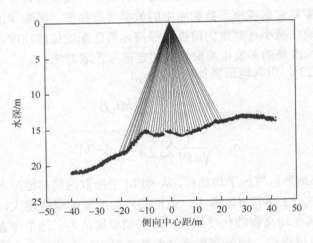

图 2.17　多波束测深数据筛选

2.3.3　子地形图划分

考虑到地形图维护和更新所需要的计算消耗，在 BSLAM 过程中，通常将 AUV 轨迹和对应的测深地形图划分为众多子地形图的形式进行存储和操作[24]。为了让每个子地形图内都能包含一定量的信息，子地形图划分通常是根据轨迹长度和子地形图包含的信息量进行的，也就是说，一旦当前子地形图内包含的信息量达到一定阈值，AUV 将存储当前子地形图并开始新的子地形图的记录与构建工作。考虑到子地形图存储信息过大会影响闭环检测算法的效率，若 AUV 当前经过的区域中地形信息量（terrain information content，TIC）过于匮乏，当子地形图存储的轨迹长度大于一定阈值后，同样会存储当前子地形图并启动下一个子地形图的构建工作。

子地形图的轨迹长度和包含信息量的阈值是根据具体的情况设定的。子地形图轨迹长度阈值表示的是子地形图长度的最大值，该值通常是与 AUV 航速和多波束声呐工作频率相关的，例如，在 AUV 航速为 2kn 且多波束声呐工作频率小于 8Hz 时，子地形图轨迹长度阈值设为 100m。而子地形图包含的信息量表示的是该子地形图内包含的特征明显区域的大小，也就是该子地形图内地形起伏剧烈区域的大小。Palomer 等[25]提出了使用 DoN 识别特征明显区域，该方法主要应用于较高观测噪声环境下的目标识别检测。DoN 是一种多尺度目标检测方法，该方法能够在无规则的三维点云数据中检测出存在剧烈变化的区域，并且其有效性和计算效率已经得到了证明。因此，本节使用 DoN 表示子地形图所包含的信息量大小。

如图 2.18 所示，假设子地形图由点云数据 P 组成，对于其中某一点 p，使用 $\hat{n}(p,r_l)$ 和 $\hat{n}(p,r_s)$ 分别表示 p 点处支持半径为 r_l 和 r_s 的法线向量，且 $r_s < r_l$，则 p 点所对应的 DoN 值为

$$\Delta\hat{n}(p,r_l,r_s) = \frac{\hat{n}(p,r_l) - \hat{n}(p,r_s)}{2} \tag{2.39}$$

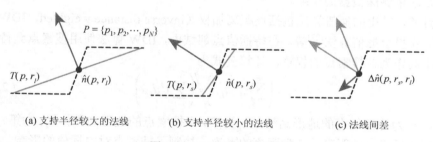

(a) 支持半径较大的法线　　(b) 支持半径较小的法线　　(c) 法线间差

图 2.18　DoN 计算示意图

对于二维的点云数据，图 2.18 已经给出了求解 $\hat{n}(p,r_l)$ 和 $\hat{n}(p,r_s)$ 的方法，但对于多波束测深数据这种三维点云数据，需要对包含在以 p 为球心，以 r_l 或 r_s 为半径的三维球域内的点云数据使用主成分分析方法，求解点云数据 P 在 p 点的切平面。

在得到子地形图中每个测深点所对应的 DoN 值后，一个包含 N 个测深点的子地形图所包含的信息量为

$$\text{DoN} = \sum_{i=1}^{N} \Delta\hat{n}(p,r_l,r_s) \tag{2.40}$$

子地形图包含的信息量所要表示的是子地形图包含的地形变化剧烈区域的大小，但式（2.40）表示的是子地形图内所有测深点对应的 DoN 值的累加，并不能完全反映地形变化剧烈区域的大小。例如，若某一小块区域变化过于剧烈（如断崖等地形），该区域 DoN 值过高，会导致对整块子地形图包含地形变化剧烈区域大小的误判。因此，对单点的 DoN 值进行二值化处理，使

$$\Delta\hat{n}(p,P,r_i,r_s)=\begin{cases}1, & \Delta\hat{n}(p,r_i,r_s)>0.5 \\ 0, & \Delta\hat{n}(p,r_i,r_s)\leqslant0.5\end{cases} \tag{2.41}$$

式中，0.5 作为判断测深点周边地形是否变化剧烈的阈值，是通过 7.3 节所述的一系列海上试验中获取的经验得到的。

2.3.4　子地形图网格化处理

由于多波束声呐每次发射的声脉冲数量较大且发射频率较高，对于 BSLAM，多波束测深数据的数据量非常庞大。若直接使用原始多波束测深数据进行后续的闭环检测等任务，不仅大大增加了计算消耗，还会给闭环检测等任务带来一系列的困难。因而，需要按照一定预设分辨率对地形图进行网格化插值，从而实现对原始多波束测深数据的压缩。

目前，常用的插值算法包括反距离加权（inverse distance weighted，IDW）算法[26]、克里金插值算法[27]等。在待插值点邻域内，IDW 算法使用搜索点到待插值点的距离作为该搜索点的权重，计算公式为

$$z_*=\left(\sum_{i=1}^{n}z_i\Big/d_{i,*}^{\lambda}\right)\Big/\left(\sum_{i=1}^{n}1\Big/d_{i,*}^{\lambda}\right) \tag{2.42}$$

式中，z_* 为待插值点的地形高程；z_i 为第 i 个搜索点的地形高程；$d_{i,*}^{\lambda}$ 为第 i 个搜索点到待插值点的距离；λ 为距离的幂次，控制了搜索点对内插值的影响。

IDW 算法的效果主要由反距离的幂值控制，幂值是一个正实数，其默认值为2。增大幂值，可进一步增加最近搜索点对待插值点的影响，使表面变得更加详细，插值结果也会慢慢逼近最近搜索点的地形高程。而减小幂值则会使距离较远的搜索点对待插值点产生更大的影响，从而使表面更加平滑。但 IDW 算法忽略了地形数据点之间的自相关关系，同时，由于其计算公式与任何物理过程都不相关，所以无法准确计算其幂值的具体取值，只能依靠常规准则给出。

克里金插值算法由法国统计学家乔治·马特龙（Georges Matheron）提出，其在特定的随机过程（如固有平稳过程）中能够给出最优线性无偏估计，广泛应用于地理科学与大气科学中。克里金插值算法实际是 GP 回归算法在地理统计学中的应用，因而其计算结构较 IDW 算法更为复杂，计算效率较低。

2.2 节已经提出了使用 SPGPs 回归算法进行地形高程外推估计, 而插值实际上就是一种地形高程外推估计的过程, 考虑到 2.2 节的仿真试验中已经证明 SPGPs 回归算法在结果精度与 GP 回归类似且能保证较高的计算效率, 因而在本节将其引入网格化插值中, 并通过仿真试验将其与 IDW 算法和克里金插值算法进行对比。

将 SPGPs 回归算法引入网格化插值过程, 使用实测海试数据构建模型进行插值, 海试数据中选取 50 个测深点作为插值点进行插值精度验证。选取了 7 块 50m×50m 地形图进行试验验证, 地形图中分别包含 5600 个、6400 个、13800 个、15400 个、17100 个、17400 个、18800 个测深点。IDW 算法、克里金插值算法和 SPGPs 回归算法的插值平均误差如图 2.19 所示。

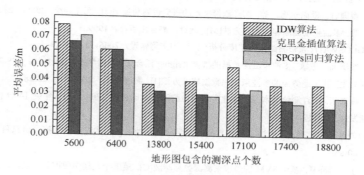

图 2.19　三种算法的插值平均误差

如图 2.19 所示, 横轴为对应地形图包含的测深点个数, 纵轴为插值结果与实测值的平均误差。可以看到, 三种算法的插值平均误差随着测深点个数的增加均有明显的减小, 并且在所有地形图中, SPGPs 回归算法插值精度均高于 IDW 算法, 对于某些地形图 SPGPs 回归算法的估计精度甚至高于克里金插值算法。IDW 算法、克里金插值算法和 SPGPs 回归算法插值平均误差分别为 0.04839m、0.03784m 和 0.03754m, 相较于 IDW 算法, SPGPs 回归算法插值平均误差减小了 22.42%, 其平均插值精度与克里金插值算法相似。

表 2.2 为三种算法的耗时, 可以看到, SPGPs 回归算法计算效率远远高于克里金插值算法, 其耗时基本与 IDW 算法持平。可以证明：SPGPs 回归算法在计算效率与 IDW 算法持平且远小于克里金插值算法的同时, 能够接近甚至超过克里金插值算法的插值精度, 其插值误差较 IDW 算法减小约 1/5。因此, 相较于 IDW 算法和克里金插值算法, SPGPs 回归算法更适用于多波束测深数据的网格化插值。

表 2.2　三种算法计算耗时　　　　　　　　　　　（单位：s）

算法	测量点个数						
	5600	6400	13800	15400	17100	17400	18800
IDW 算法	1.16×10^{-4}	1.37×10^{-4}	3.12×10^{-4}	2.72×10^{-4}	4.10×10^{-4}	3.30×10^{-4}	4.06×10^{-4}
克里金插值算法	7.71×10^{-3}	7.59×10^{-3}	1.14×10^{-2}	1.34×10^{-2}	1.43×10^{-2}	1.65×10^{-2}	1.53×10^{-2}
SPGPs 回归算法	1.20×10^{-4}	1.76×10^{-4}	2.39×10^{-4}	2.79×10^{-4}	3.00×10^{-4}	2.81×10^{-4}	6.18×10^{-4}

参 考 文 献

[1]　陈小龙. AUV 水下地形匹配辅助导航技术研究[D]. 哈尔滨：哈尔滨工程大学，2013.

[2]　阳凡林. 多波束和侧扫声呐数据融合及其在海底底质分类中的应用[D]. 武汉：武汉大学，2003.

[3]　黄谟涛，翟国君，欧阳永忠，等. 海洋测量技术的研究进展与展望[J]. 海洋测绘，2008，28（5）：77-82.

[4]　李家彪，等. 多波束勘测原理技术与方法[M]. 北京：海洋出版社，1999.

[5]　刘树东. GEOSWATH 条带测深系统精度分析[J]. 中国港湾建设，2006，1：26-29.

[6]　王海栋，柴洪洲，王敏. 多波束测深数据的抗差 Kriging 拟合[J]. 测绘学报，2011，2：238-242，248.

[7]　董江，任立生. 基于趋势面的多波束测深数据滤波方法[J]. 海洋测绘，2007，6：25-28.

[8]　胡光海，周兴华. 海洋测绘中水深数据异常值的检测[C]. 中国科协 2004 年学术年会 14 分会场（海洋开发与可持续发展），博鳌，2004.

[9]　阳凡林，刘经南，赵建虎. 多波束测深数据的异常检测和滤波[J]. 武汉大学学报（信息科学版），2004，29（1）：80-83.

[10]　邵杰，叶宁，容亦夏. 基于 SVM 的多波束测深数据滤波[C]. 第二十九届中国控制会议，北京，2010.

[11]　邢玉清，刘铮，郑红波. 相干声呐多波束与传统型多波束测深系统综合对比与实验分析[J]. 热带海洋学报，2011，30（6）：64-69.

[12]　Akkiraju N，Edelsbrunner H，Facello M，et al. Alpha shapes: definition and software[C]. The 1st International Computational Geometry Software Workshop，Bern，1995.

[13]　Edelsbrunner H，Kirkpatrick D G，Seidel R. On the shape of a set of points in the plane[J]. IEEE Transactions on Information Theory，1983，29（4）：551-559.

[14]　王宗跃，马洪超，徐宏根，等. 海量点云的边缘快速提取算法[J]. 计算机工程与应用，2010，46（36）：213-215.

[15]　Holman D，Sridharan M，Gowda P，et al. Gaussian process models for reference ET estimation from alternative meteorological data sources[J]. Journal of Hydrology，2014，517：28-35.

[16]　Neal R M. Bayesian Learning for Neural Networks [M]. New York：Springer，1996.

[17]　Williams C K I，Rasmussen C E. Gaussian Processes for Regression[M]. Massachusetts：The MIT Press，1996.

[18]　Rasmussen C E，Williams C K I. Gaussian Processes for Machine Learning[M]. Massachusetts：The MIT Press，2005.

[19]　何志昆，刘光斌，赵曦晶，等. 高斯过程回归方法综述[J]. 控制与决策，2013，28（8）：1121-1129.

[20]　Barkby S，Williams S B，Pizarro O，et al. An efficient approach to bathymetric SLAM[C]. International Conference on Intelligent Robots and Systems，St. Louis，2009.

[21]　Snelson E，Ghahramani Z. Sparse Gaussian processes using pseudo-inputs[C]. International Conference on Neural Information Processing Systems，Cambridge，2005.

[22]　陈鹏云. 多传感器条件下的 AUV 海底地形匹配导航研究[D]. 哈尔滨：哈尔滨工程大学，2016.

[23]　隋刚，郝兵元，彭林. 利用高程标准差表达地形起伏程度的数据分析[J]. 太原理工大学学报，2010，41（4）：381-384.

[24]　Aulinas J，Lladó X，Saloi J，et al. Selective submap joining for underwater large scale 6-DOF SLAM[C]. International Conference on Intelligent Robotics and System，Taibei，2010.

[25]　Palomer A，Ridao P，Romagós D R，et al. Multi-beam terrain/object classification for underwater navigation correction[C]. MTS/IEEE OCEANS，Genova，2015.

[26]　张志伟，暴景阳，肖付民. 抗差估计的多波束测深数据内插方法[J]. 测绘科学，2016，41（10）：14-18.

[27]　董博，纪春玲，张环曦，等. 采用克里金插值法分析河北地区地磁场变化特征[J]. 地震地磁观测与研究，2016，37（3）：147-154.

第 3 章　位姿图构建中的闭环检测技术

BSLAM 过程中的闭环检测，是通过地形匹配算法实现的。地形匹配算法的实施就是将实时图和基准图进行对准的过程，其精度直接影响测深信息 SLAM 的精度[1-3]。

本章充分利用多波束测深的特性，从最大似然估计的观点出发，提出一种基于最大似然估计（maximum likelihood estimation，MLE）的水下地形匹配定位方法。在对似然函数的形态进行研究的同时，详细讨论伪波峰现象及去除伪波峰的方法，建立一般地形匹配定位的流程，最后利用海上试验数据仿真对最大似然估计下的地形匹配特性进行研究。

3.1　基于最大似然估计的水下地形匹配闭环检测方法

3.1.1　最大似然估计原理

最大似然估计的基本思想就是构造一个自变量为模型参数 θ 的似然函数 $L(\theta)$，这个函数是变量 Y 的联合概率密度函数（probability density function，PDF） $f(Y,\theta)$。参数的最大似然估计就是选择参数 $\hat{\theta}$，使得似然函数 $L(\theta)$ 达到最大值： $L(\hat{\theta}) = \max_{\theta \in \Theta} L(\theta)$。对给定的一组与参数 θ 有关的观测量 Y，由于观测结果是在被估计参数为某一定值的条件下取得的，$f(Y,\theta)$ 实质上是条件概率密度函数，即 $f(Y,\theta) = f(Y|\theta)$，连续应用贝叶斯公式可得[4]

$$f(Y_N \mid \theta) = \prod_{i=1}^{N} f[y(i) \mid Y_{i-1}] \tag{3.1}$$

当观测数据组足够多时，根据概率论中心极限定理，可以合理地假定 $f[y(i)|Y_{i-1},\theta]$ 是高斯分布，则有

$$f[y(i) \mid Y_{i-1}] = [2\pi\sigma^2(i)]^{\frac{1}{2}} \exp\left\{-\frac{[y(i)-\hat{y}(i)]^2}{2\sigma^2(i)}\right\} \tag{3.2}$$

式中，$\hat{y}(i)$ 为条件均值，$\hat{y}(i) = E[y(i)|Y_{i-1}]$；$\sigma^2(i)$ 为条件协方差，$\sigma^2(i) = \text{cov}[y(i)|Y_{i-1}]$。令偏差为 $\varepsilon(i) = y(i) - \hat{y}(i)$，则有

$$\ln[f(y(i) \mid Y_{i-1},\theta)] = -\frac{1}{2}\sum_{i=1}^{N}\left\{\left[\frac{\varepsilon(i)}{\sigma(i)}\right]^2 + \ln\sigma^2(i)\right\} - \frac{N}{2}\ln 2\pi \tag{3.3}$$

故参数的最大似然估计就是寻找参数 $\hat{\theta}$，使 $J = \sum\limits_{i=1}^{N}\left\{\left[\dfrac{\varepsilon(i)}{\sigma(i)}\right]^2 + \ln\sigma^2(i)\right\}$ 达到极小值。参数辨识理论证明，参数的最大似然估计是渐近无偏、渐近一致和渐近有效的。

对于多变量在正态情况下，即 $\varepsilon(i)$ 是 m 维、独立高斯分布且具有相同的协方差矩阵 Σ，则似然函数为

$$L(\theta) = [(2\pi)^m \det(\Sigma)]^{-\frac{N}{2}} \exp\left[-\frac{1}{2}\sum_{i=1}^{N}\varepsilon^{\mathrm{T}}(i,\theta)\Sigma^{-1}\varepsilon(i,\theta)\right] \tag{3.4}$$

大多数情况下 $L(\theta)$ 关于 θ 可微，因此通常取 $\ln[L(\theta)]$ 为似然函数，则 $\hat{\theta}$ 是方程 $\dfrac{\mathrm{d}}{\mathrm{d}\theta}\ln[L(\theta)] = 0$ 的解，此方程称为似然方程，最大似然估计的目的就是通过解似然方程来得到 θ 的最大似然估计。

3.1.2　最大似然估计地形匹配算法

根据水下载体运动规律，可建立以 AUV 水平面坐标为状态变量的水下地形导航模型：

$$x_{t+1} = x_t + u_t + v_t \tag{3.5}$$
$$Z_t = H_t(x_t) + E_t \tag{3.6}$$

式中，x_t 为 t 时刻 INS 或航位推算输出的 AUV 水平面位置；u_t 为导航系统给出的两点之间的偏移量；v_t 为惯性导航或航位推算误差；矩阵 Z_t 为 t 时刻多波束测量水深序列；矩阵 H_t 为在 x_t 处的数字高程图水深值；E_t 为水深值测量误差和地形图插值误差，此处假设为独立的高斯白噪声序列。为了简化分析，将式（3.6）写成一维形式，有

$$z_t = h_t(x_t) + e_t \tag{3.7}$$

由于测量误差与 x_t 无关，所以在 x_t 处具有测量值的可能性可表示为 $p(z_t|x_t) = p(e_t)$，似然函数表示为

$$L(x_t; z_t) = \frac{1}{(2\pi)^{\frac{N}{2}}\det(C_e)}\exp\left\{-\frac{1}{2}\left[z_t - h_t(x_t)\right]^{\mathrm{T}}C_e^{-1}\left[z_t - h_t(x_t)\right]\right\} \tag{3.8}$$

式中，N 为测量的波束个数；C_e 为测量误差的协方差矩阵。

式（3.8）表示对于一个给定的位置 x_t 处得到测量值 z_t 的似然概率。假设各波束测量误差是不相关的，则 C_e 为对角阵，同时如果各波束测量误差协方差相同，则 C_e 可表示为 $\sigma_e^2 I_N$，式（3.8）的似然函数可写为

$$L(x_t; z_t) = \frac{1}{(2\pi\sigma_e^2)^{\frac{N}{2}}} \exp\left\{-\frac{1}{2\sigma_e^2}\sum_{k=1}^{N}\left[z_{t,k} - h_k(x_t)\right]^2\right\} \qquad (3.9)$$

式中，$z_{t,k}$ 和 $h_k(x_t)$ 分别为向量 z_t 和 x_t 的第 k 个分量，即在第 k 个波束下的水深测量值和相应的水深 DEM 插值。

最大似然估计的独特优点在于，对于给定的数据集，总能在数值上求出它，即当似然函数取得最大值时，最大似然估计就可以确定下来。显然，当已知一组地形测量数据时，地形定位的最大似然估计即是要确定在定位点 x_t 可能的范围内，找到具有最大似然函数值的位置作为最佳定位点。对于大量的观测数据，最大似然估计量是渐近有效的，在满足某些"正则"条件下，最大似然估计具有无偏的特性，并可以达到克拉默-拉奥下界（Cramer-Rao low boundary，CRLB），具有高斯 PDF，可以称为渐近最优的估计。

3.2　最大似然估计定位特性分析

由最大似然估计原理可知，似然函数取得最大值的点即最大似然估计量，它表征了最大似然估计的特性，因此对似然函数进行分析将是探知最大似然估计性能的最直接方法。下面将在定性分析的基础上对似然函数特性进行说明，并利用试验数据对其特性进行验证，从而对基于最大似然估计的匹配定位算法的有效性和可行性进行分析。

3.2.1　似然函数曲线及收敛性

理论上，当观测数据足够多时，似然函数逐渐趋于高斯分布，所得到的最大似然估计是渐近无偏的[5, 6]。以一维情况为例，对似然函数在 $x=0$ 处进行泰勒级数展开，如下所示：

$$L(x \mid z) = C \cdot \exp\left\{-\frac{1}{2\sigma_e^2}\left[\sum_{k=1}^{N}\left(\frac{\partial h_k}{\partial x}\right)^2 x^2 + \sum_{k=1}^{N}\left(\frac{\partial h_k}{\partial x^2}\right)^2 x^4 H(x)\right]\right\} \qquad (3.10)$$

式中，C 为满足 $\int_{-\infty}^{\infty} L(x \mid z)\mathrm{d}x = 1$ 的归一化常量。在进行泰勒级数展开时，假设测量噪声为白噪声序列，则随着测量波束的增加，可将值趋于零的项设置为零[7-10]。似然函数可改写为

$$L(x \mid z) = C \cdot \exp\left\{-\frac{1}{2\sigma_e^2 \Big/ \sum_{k=1}^{N}\left(\frac{\partial h_k}{\partial x}\right)^2 x^2}\left[1 + \sum_{k=1}^{N}\left(\frac{\partial h_k}{\partial x^2}\right)^2 \Big/ \left(\frac{\partial h_k}{\partial x}\right)^2 x^2 H(x)\right]\right\} \qquad (3.11)$$

假定 $\sum_{k=1}^{N}\left(\dfrac{\partial h_k}{\partial x^2}\right)^2\bigg/\left(\dfrac{\partial h_k}{\partial x}\right)^2$ 有界，则当 x 很小时，方括号中的第二项相对于 1 可

以忽略，此时似然函数方差为 $\sigma^2 = \sigma_e^2\bigg/\sum_{k=1}^{N}\left(\dfrac{\partial h_k}{\partial x}\right)^2$，从式（3.11）的形式可以看出，

似然函数曲线趋于一个高斯分布函数曲线，这表明了正则化的似然方程与位置误差的一致性。

图 3.1 为海上试验数据仿真时，某定位点处 80 个测量波束下的似然函数曲线与该点处位置误差的高斯分布函数曲线的对比。可以看出，即使是在单声脉冲下的 80 个波束仍然能够得到较好的似然估计值，估计值是无偏且渐近高斯分布的。同时，由于测量误差及地形插值误差的影响，似然函数曲线与高斯分布函数曲线仍然有细微的差异。

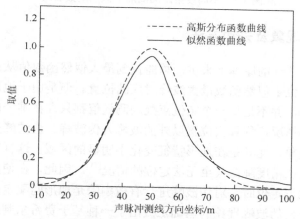

图 3.1　似然函数曲线与高斯分布函数的对比

为了对似然函数曲线的收敛性进行检验，考虑将似然函数中的指数幂次进行正则化，并且忽略常数 C 的影响，则在位置 x_0 处的似然函数可表示为

$$L(x_t;z_t) = \exp\left\{-\frac{1}{2N\sigma_e^2}\sum_{k=1}^{N}[z_{t,k}-h_k(x_t)]^2\right\} \tag{3.12}$$

图 3.2 为某定位点处不同波束距离间隔下似然函数曲线，从图中可以看出，不同波束个数下的似然函数曲线具有很好的一致性，都逐渐收敛于高斯分布函数曲线，并且是无偏的。图 3.2 中所用数据均来自真实海上试验数据，由于 GS + 多波束测深系统测深时不是以固定波束角进行的，波束密度很大，因此需要取不同波束距离间隔下的测深值进行计算，图例中的 0.9∶45 表示沿侧向中心距间隔 0.9m取得 45 个测深点，其他的类似。

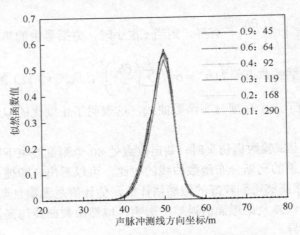

图 3.2   不同波束距离间隔下似然函数曲线

3.2.2   伪波峰现象及去伪方法

从最大似然估计的原理上来讲，总能找到最大似然函数值从而确定最佳的匹配定位点，该点位于似然函数最大波峰对应的位置。但是由于地形的相似性以及各种误差的影响，并不是每一个定位点处的测量值都只存在唯一的波峰，有时会出现多个波峰的情况，称真实位置以外的波峰为伪波峰。伪波峰是地形匹配定位中的一个普遍现象，尤其是在地形特征变化不明显的区域，这种现象更为突出，其结果是造成定位精度降低甚至无法定位的情况[11]。因此，在使用最大似然估计算法进行水下地形定位时，对伪波峰进行有效剔除是地形匹配定位中的一个关键步骤。本节在分析伪波峰现象的基础上提出了一种基于费希尔判据的伪波峰去除方法，对伪波峰进行有效的剔除。

1. 伪波峰的存在性

伪波峰的出现是似然函数形态最直观的表现，为了探究伪波峰产生的原因，本节考察似然函数中的变量部分，即似然函数表达式（3.9）中指数函数的指数部分，表示为

$$T(x_t) = \sum_{k=1}^{N} [z_{i,k} - h_k(x_t)]^2 \tag{3.13}$$

称其为地形相关误差。显然该值越小，测量值与匹配区域对应地形高程值的差别越小，地形为实际地形的可能性越大。

设 z_t 和 $h(x_t)$ 分别为一个匹配单元下的测深值序列和地形插值序列，根据式（3.6）有

$$z_t = [h(x_t) + E] = \begin{bmatrix} h_{t,1} = h_1(x_t) + e_1 \\ h_{t,2} = h_2(x_t) + e_2 \\ \vdots \\ h_{t,k} = h_k(x_t) + e_k \end{bmatrix} \tag{3.14}$$

式中，$E = \{e_1, e_2, \cdots, e_k\}^T$ 为所有测量值的测量误差集合，e_k 为第 k 个测量值的测量误差；$h(x_t)$ 为在 x_t 处的地形真值的函数。设 x_0 为真实位置，x_1 为具有相似波峰值的伪定位点位置，z_0、z_1 分别为 x_0 和 x_1 处的测深值序列，假定测量误差满足相同的统计分布规律，则有

$$z_1 = z_0 - \Delta z = [h(x_0) - \Delta h + E_k] = \begin{bmatrix} h_{t,1} = h_1(x_t) - \Delta h_1 + e_1 \\ h_{t,2} = h_2(x_t) - \Delta h_2 + e_2 \\ \vdots \\ h_{t,k} = h_k(x_t) - \Delta h_k + e_k \end{bmatrix} \tag{3.15}$$

$$\begin{aligned} & T(x_1) - T(x_0) \\ & = [z_1 - h(x_1)]^T [z_1 - h(x_1)] - [z_0 - h(x_0)]^T [z_0 - h(x_0)] \\ & = \sum_{k=1}^N (e_k - \Delta h_k)^2 - \sum_{k=1}^N (e_k)^2 \\ & = \sum_{k=1}^N (\Delta h_k^2 - 2 e_k \Delta h_k) \end{aligned} \tag{3.16}$$

从式（3.16）可以看出，若 $\sum_{k=1}^N (\Delta h_k^2 - 2 e_k \Delta h_k)$ 远大于零，则可以断定 x_0 为真实匹配位置，此时不存在伪波峰现象。随着测量波束个数的增多，x_0 和 x_1 两处相关误差和的差值逐渐增大，理论上当测量点的个数足够多时，x_1 处的波峰将消失，只存在唯一的峰值 x_0。实际上，由于地形起伏程度的差异和波束个数的限制，这种单纯依靠增加波束个数的方式不能达到有效地消除伪波峰的效果，特别是当地形起伏较小时，这种方式还会极大地增加计算量，加重匹配计算机的负担，对地形匹配的实时性造成影响。

当利用最大似然估计算法进行地形匹配时，伪波峰的出现源于地形的相似性以及误差的影响。真实定位点和伪定位点在数值上表现为似然函数指数幂次的大小相近，二者的差值表明，在满足相同误差分布的情况下，伪波峰的产生实际上是由各个测量点处深度偏差和误差差值的总和决定的。在进行地形匹配时，设定各波束的测量误差是相同的，当测量样本个数较多时，总体上的误差对个体误差进行了平均，因而当地形比较平坦时，不易分辨出总体间的差别，与地形特征明显区域不同的是，此时测量值越多，对总体样本的误差"均化"作用越大，因此波束个数的增加并不能显著改善最大似然估计定位的结果。

　　图 3.3（a）为由高度计测得的一段真实水下地形剖面，图 3.3（b）为图 3.3（a）对应的地形剖面上沿 x 方向的似然函数曲线，由于地形的相似性，似然函数曲线上存在两个波峰，且相差不大，这给正确判断真实位置带来困难。研究表明，当地形区域越大，真实位置处地形特征越不明显时，似然函数伪波峰对定位精度的影响越大。

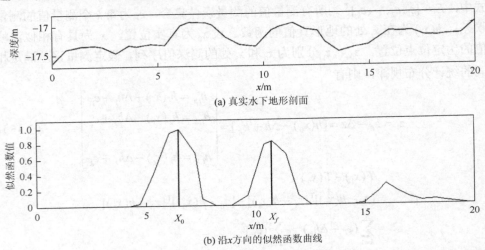

(a) 真实水下地形剖面

(b) 沿 x 方向的似然函数曲线

图 3.3　真实水下地形剖面和沿 x 方向似然函数曲线

　　图 3.4 为在实测海区范围内地形平坦区域的两次定位结果，均为 100m×100m 范围内似然函数曲面。其中图 3.4（a）测量点个数为 175，表示一个相邻声脉冲组合下的 175 个水深测量点，可以看出，真实位置处的似然函数值与伪波峰处的似然函数值相差不大，但是其相距较远，导致无法区分真实点和伪点。图 3.4（b）为 2 个相邻声脉冲组合（每个声脉冲 163 个测量点，合计 326 个测量点）下的似

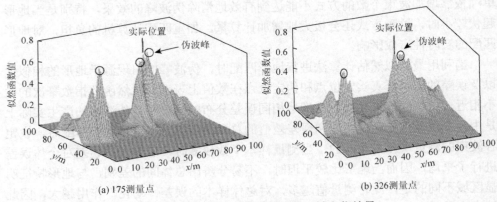

(a) 175测量点

(b) 326测量点

图 3.4　实测海区范围内地形平坦区域定位结果

然函数曲面,可以看出,即使使用了较多的波束个数,伪波峰依然存在,定位结果的不确定性并没有因此而减小。

伪波峰是利用最大似然估计算法进行地形匹配时的常见现象,当地形特征不明显时伪波峰也会增加,对最大似然估计结果造成严重的影响。虽然可以通过对各伪波峰进行平均的方法融合处理,但是当伪波峰位置存在较大偏差时(图 3.4),融合后的数据可信度不高。因此,单一的最大似然估计判别方式在应对地形特征敏感程度上不具备鲁棒性,在最大似然估计的基础上探求一种方法使其减小对地形特征的依赖程度是提高定位性能的途径。为了增加对地形平坦区域的识别率,降低似然函数伪波峰的影响,下面引入费希尔判据对似然估计量进行约束,增强算法对不同地形特征的鲁棒性。

2. 基于费希尔判据的伪波峰去除方法

费希尔判据作为一种主成分分析方法,在很多领域得到了广泛的应用,它通过将一般多维统计量进行分类,得到降维后的数据集,从而对各个统计数据的类别归属进行有效判断[12-15]。

费希尔判据的基本思想是投影,即用 p 维向量 $X = (x_1, x_2, \cdots, x_p)^T$ 的少数几个线性组合(称为判别式或典型变量)$y_1 = a_1^T x, y_2 = a_2^T x, \cdots, y_r = a_r^T x$(一般 r 明显小于 p)来代替原始的 p 个变量 $x_1, x_2, \cdots, x_p$,以达到降维的目的,并根据这 r 个判别式 $y_1, y_2, \cdots, y_r$ 对样品的归属进行判断。

在确定了需使用的 r 个判别式 $y_1, y_2, \cdots, y_r$ 之后,可制定相应的判别规则为

$$x \in \pi_l, \quad \sum_{j=1}^{r}(y_j - \overline{y}_{lj})^2 = \min_{1 \leqslant i \leqslant k} \sum_{j=1}^{r}(y_j - \overline{y}_{ij})^2 \tag{3.17}$$

式中,$\overline{y}_{ij} = t_j^T \overline{x}_i$、$\overline{x}_i = \frac{1}{n_j} \sum_{j=1}^{n_i} x_{ij}$,$\overline{y}_{ij}$ 为第 j 判别式在组 π_i 的样本均值。这样,根据式(3.17)就可以判定样本的归属。

对于 $m \times n$ 个多波束测深点,可以将其看作 $m \times n$ 的矩阵,表示为

$$H_{m \times n} = \begin{bmatrix} h_{11} & h_{12} & \cdots & h_{1n} \\ h_{21} & h_{22} & \cdots & h_{2n} \\ \vdots & \vdots & & \vdots \\ h_{m1} & h_{m2} & \cdots & h_{mn} \end{bmatrix} \tag{3.18}$$

每一行可看作一个一维向量,表示为

$$H_n = (h_{i1}, h_{i2}, \cdots, h_{in})^T, \quad i = 1, 2, \cdots, m \tag{3.19}$$

则 $H_{m \times n}$ 可用 m 个一维向量 H_n 来表示,根据费希尔判据,测量数据可分为 $\pi_1, \pi_2, \cdots, \pi_m$ 个组,将每个组的 n 维观测值进行投影,可得到投影点组合:

$$y = a^{\mathrm{T}} h_{ij}, \quad i = 1, 2, \cdots, m, \quad j = 1, 2, \cdots, n \tag{3.20}$$

式中，$a = (a_1, a_2, \cdots, a_n)^{\mathrm{T}}$ 为 n 维常数向量，表示投影方向。这样 n 维观测值全部转换为一维观测值。

多波束测量数据，在每一维向量中，包含了特定有向结构化信息，经过费希尔判据提取之后，称为有向特征参量，用 ζ_i（$i = 1, 2, \cdots, m$）表示，ζ_i 初始值为 0。在定义了式（3.18）、式（3.19）所示的基本量之后，可以确定去除伪波峰的判别规则和方法如下：

将波峰处地形高程值划分为 $m \times n$ 的矩阵，分成 m 组，根据式（3.20）计算得到测量值的 s 个判别式，对最大似然估计下的伪波峰分别进行判别，若满足 π_i 组地形特征，则 $\zeta_i = 1$，满足组数条件最多的点即作为最佳估计位置，表述为 $H_{m \times n} \in \max \left(\sum\limits_{i=1}^{m} \zeta_i \right)$，则该点为最佳位置估计点。

最大似然估计算法强调了测深点的整体特性，当地形特征不足以区分总体上的差别时，伪波峰就会增多，费希尔判据提取了地形特征个体组合之间的细微差别，并加以区分，弥补了算法的不足。

3.3　水下地形匹配闭环检测算法的实施

在建立了地形匹配面和制定了判别规则后，即可进行地形匹配。基于最大似然估计的水下地形匹配算法在原理上属于一种搜索式算法，因而搜索的规则对其精度和实时性将产生影响，实践表明，一种合理的搜索规则对地形匹配定位算法的实施起到重要的作用。本节将制定搜索式算法下具体的搜索规则，进而给出基于最大似然估计的水下地形匹配算法流程。

3.3.1　搜索规则

当利用最大似然估计算法进行地形匹配时，需要在数字高程图上寻找最佳的匹配位置。显然搜索区域越大，所需要的时间越长，同时由于地形图分辨率的影响，不同的搜索方式将导致不同的定位结果。搜索规则直接影响着地形匹配的实时性和地形定位的精度。为了减小地形匹配时的计算量，同时获得更准确的估计位置，选择合理的搜索区域和巧妙的搜索方式是利用最大似然估计进行地形匹配的必要步骤。

搜索区域与指示导航位置的误差范围有关，其大小应该设置在误差的范围之内，同时应考虑地形网格分辨率的大小，本节选定以地形图指示位置为中心的一个矩形区域为初始搜索区域，用公式表示如下：

$$R = \left\{ (x,y) \left| \frac{\|x - p_{c,x}\|}{R_x} \leqslant U \bigcap \frac{|y - p_{c,y}|}{R_y} \leqslant V \right. \right\} \tag{3.21}$$

式中，$p_{c,x}$、$p_{c,y}$ 分别为搜索区域的中心位置；R_x、R_y 分别为数字高程图网格沿 x 和 y 方向的网格分辨率；U、V 分别为矩形区域上沿 x 和 y 方向的放大系数，其大小与基本导航位置的误差累积特性有关，在应用中应根据实际情况确定。

在确定了搜索区域后，选择合适的搜索方式有利于提高导航定位的精度。传统的搜索方式是在搜索区域内进行等间隔的序贯式搜索，将具有最大似然函数值的搜索节点处作为最佳匹配位置。这样做的不足之处在于：当网格节点较大、真实位置与搜索节点之间的距离较远时，最大似然函数值处的位置仍然有较大的误差，虽然可以通过减小搜索间隔的方式减小误差，但是这样做的后果是将带来巨大的计算量。

如图 3.5 所示，为了提高定位精度，同时兼顾计算量上的要求，本节提出一种变间隔的二次搜索方式，即首先进行粗网格间隔下的全局搜索，确定似然函数最大值，再将其作为二次搜索的中心点，进行精细网格间距下的局部搜索，找到最相关的位置，需要指出的是，如果经检测存在伪点，则这里的局部搜索过程是在去除伪点之后才进行的。

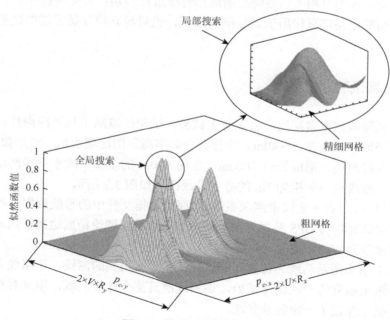

图 3.5　搜索区域与搜索方式

3.3.2　基于最大似然估计的地形匹配算法流程

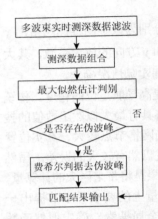

图 3.6　基于最大似然估计的
水下地形匹配算法流程

基于最大似然估计的水下地形匹配算法流程如图 3.6 所示，对该流程进行如下几点说明：

（1）多波束实时测深数据中含有许多伪点，需要进行滤波处理，去除伪点，提取真实地形信息。

（2）测深数据由多个声脉冲组合而成，声脉冲的个数可根据每个脉冲所提取的地形测深点的个数进行调整，考虑计算量和地形特征的影响，一般取 1～10 个。

（3）由于多波束测深的高精度特性，一般地形条件下使用最大似然估计算法均可以找出最佳的匹配定位点，似然函数属于单峰值点，当地形变化缓慢、地形平坦时，伪波峰的存在对结果的判断造成影响。

（4）当出现伪波峰无法确定最佳匹配定位点时，使用费希尔判据，对地形特征进行分类，进而对相关伪波峰处的地形特征进行判别，去除伪波峰。

（5）匹配结果可直接用于对导航的修正，也可与其他导航方法的结果进行融合后再使用。

3.3.3　仿真试验

仿真试验数据来自某次多波束海上试验，试验区域除了几处深沟外，大部分地形比较平坦，水深在 5～40m。构建整个数字高程图区域的水下地形数据由 20 条多波束测线组成，形成长约 1000m、宽约 900m 的全覆盖式水下局部地形，经网格化后，形成最小间距为 1m 的数字高程图，如图 3.7 所示。

测深设备为 GS + 多波束测深系统，对原始数据文件中的导航数据进行解析后发现，该次试验时的 GPS 数据为实时动态差分数据，理论精度达到了厘米级，因而可以用来作为实时定位的比对基准。

图 3.7 箭头所示路线为仿真匹配航行试验时所用到的测线，该路线为在基准图区域多波束独立的一次测深试验，该测线横贯整个地图区域，用来对算法进行验证，数据上保证了一定的独立性。

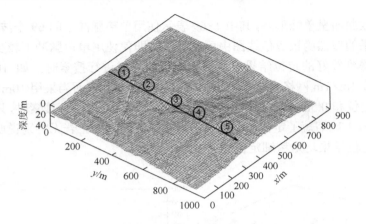

图 3.7 水下数字高程图和测深路线

为了对本书所提到的各种匹配方式进行试验检验，同时对利用多波束测深系统进行水下地形匹配导航的方法进行初步试验，仿真试验分为两部分：第一部分为不同定位点处的单项定位试验，用以检验不同波束个数、组合模式、搜索规则以及去伪方法对匹配定位的影响，最终目的是得到最佳的匹配方案；第二部分为连续导航试验，即在单项定位试验的基础上，利用所得到的匹配方案进行连续导航试验，用以检验使用匹配方案进行连续导航定位的性能。

1. 单项定位试验

单项定位试验选定在独立测线上五个不同的点，通过对各点所在局部区域的地形特征进行计算确定各点的具体位置，最终形成如图 3.7 所示的五个定位试验点（①～⑤）。五个点大致沿测线平均分布，在各点处进行了多组仿真定位试验，研究不同因素对定位性能的影响，其结果如下。

1）点①处定位结果

点①选择在独立测线开始后不久，测船航行约 80m 处，该处水深 16.61m，从图 3.7 中可以看出，该点正好处在数字高程图中深沟区域的开始位置，属于平坦区向深沟区的过渡区，构建的匹配面地形中包含较丰富的地形信息，在点①处主要对不同波束组合模式下的定位特性进行试验，同时对初始定位和精细定位两种方式下的结果进行对比。

图 3.8 为在点①处的某次定位结果，其中图 3.8（a）为似然函数曲面，图 3.8（b）为与此曲面对应的似然函数等值线图。图 3.9 为点①处的精细定位后的似然函数等值线图，其中 x、y 方向分别表示东向和北向。从图 3.8 中可以看出，定位点①

处似然函数曲面呈单峰形态，其中 1×69 表示使用单声脉冲下的 69 个波束测量点，从定位结果的似然函数等值线图中可以看出，即使使用单声脉冲下较少的波束点仍然能够得到较好的定位结果。当采用遍历的方式进行搜索时，如 100m×100m 的范围，按 1m×1m 网格点进行搜索需要搜索 10000 次，而当采用 10m×10m 网格点的初步定位和 0.5m×0.5m 网格点的精细定位组合方式进行搜索时，只需要搜索 1700 次，较大地缩短了定位的时间，提高了匹配的效率。若无特别说明，后续各点的仿真定位结果均是精细定位后的值。

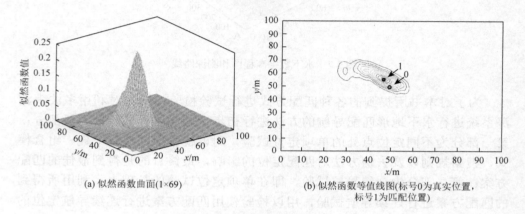

(a) 似然函数曲面(1×69)　　　　　(b) 似然函数等值线图(标号0为真实位置，标号1为匹配位置)

图 3.8　点①处的某次定位结果

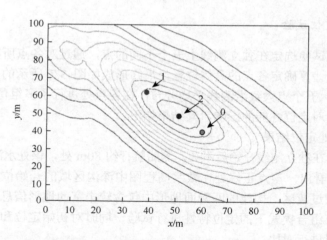

图 3.9　点①处的定位似然函数等值线（标号 0 为真实位置，标号 1 为初始匹配位置，标号 2 为详细搜索后的匹配位置）

2）点②处定位结果

最大似然估计定位算法通过对搜索区域中各点进行似然估计，将具有最大似然函数值处作为最佳的定位点，由于地形的相似性以及误差的影响，伪波峰是利用最大似然估计进行地形匹配时极易遇到的问题。在点②处进行地形匹配试验时，出现了伪波峰，为了对伪波峰现象进行研究，同时对费希尔判据去伪进行检验，在点②处进行了多组定位试验。

图 3.10 为多种组合模式下匹配的似然函数曲面，从图中可以看出，点②处的似然函数曲面存在伪波峰，在增加波束个数的情况下，伪波峰仍然存在，可见只依靠增加波束个数的方式并不能完全消除伪峰值对定位结果的影响，而且会导致计算时间的延长。在图 3.10（a）所示似然函数的基础上，图 3.11 显示通过费希尔判据去除伪波峰的效果，在图 3.10（a）的定位结果下，使用费希尔判据去伪后，伪峰值得以去除，避免了无法判定真实定位值的情况。

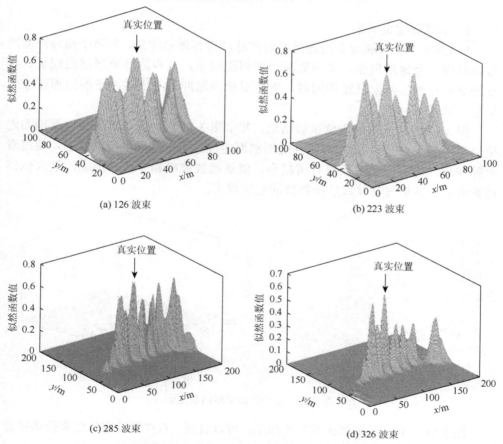

图 3.10　不同波束个数条件下点②处伪波峰存在下的似然函数曲面

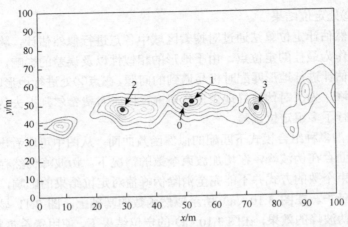

图 3.11　去伪波峰前后点②处的定位似然函数等值线（标号 0 为真实位置，标号 2 和 3 为伪波峰处，标号 1 为去除伪波峰后的匹配位置）

3）点③处定位结果

由 GS＋多波束测深系统连续发射声脉冲进行地形测量，每两个相邻声脉冲组合形成一个地形剖面，单声脉冲地形剖面较窄，双声脉冲地形剖面较宽。在点③处进行地形匹配试验的同时，着重对单声脉冲与双声脉冲下的地形匹配效果进行试验。

图 3.12 为某一次的定位试验结果，其中图 3.12（a）为单声脉冲地形剖面定位结果，图 3.12（b）为双声脉冲地形剖面定位结果。从图中可以看出，使用双声脉冲后，最大似然函数值有所减小，似然函数波峰趋于单峰形态，最大似然函数波峰处的值与其他似然函数值的差别增大。

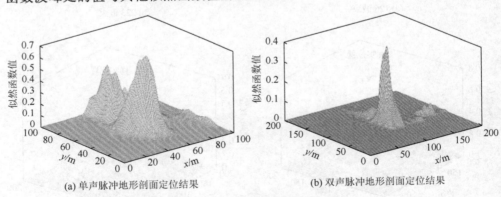

(a) 单声脉冲地形剖面定位结果　　　　　　(b) 双声脉冲地形剖面定位结果

图 3.12　点③处的似然函数曲面

图 3.13 为对应的似然函数等值线图，可以看到，双声脉冲定位结果较单声脉冲有了较大改善。

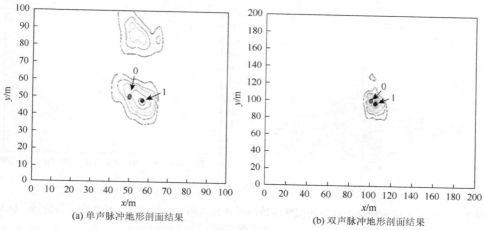

(a) 单声脉冲地形剖面结果　　　　　　　　(b) 双声脉冲地形剖面结果

图 3.13　点③处的似然函数等值线图（标号 0 为真实位置，标号 1 为匹配位置）

4）点④处定位结果

声脉冲的个数是影响地形匹配的一个关键因素，利用多波束进行地形匹配的一个主要步骤就是建立匹配的"面地形"模型。由于一般的多波束测深仪并不是真正的 3D 声呐，所以这里的"面地形"实际上是由多个声脉冲测深地形剖面组合而成的形式上的"面地形"。为了对地形匹配定位中匹配面与定位精度的关系进行研究，在点④处进行定位仿真的同时，重点研究了不同声脉冲组合下的地形匹配特性。

图 3.14 为点④处单声脉冲下的似然函数曲面和似然函数等值线，图 3.15 为点④处多声脉冲组合下的似然函数曲面和似然函数等值线。与单声脉冲下似然函数曲面和似然函数等值线相比，多声脉冲组合下的似然函数曲面的收敛性较好，最大似然函数峰值点与其他波峰点间的差别较大，这点可以从各自的似然函数等值线中看出，多声脉冲组合下的似然函数等值线收敛性更好。

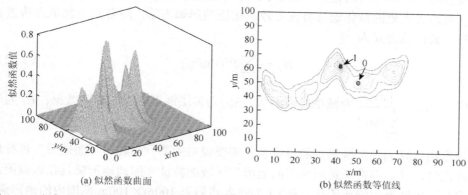

(a) 似然函数曲面　　　　　　　　　　　(b) 似然函数等值线

图 3.14　点④处单声脉冲下的似然函数曲面和似然函数等值线（标号 0 为真实位置，标号 1 为匹配位置）

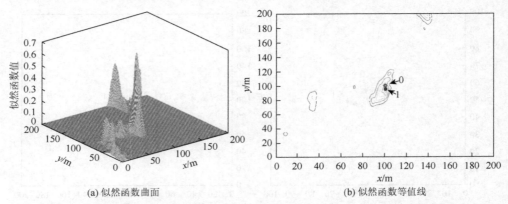

(a) 似然函数曲面　　　　　　　　　　　　　　　(b) 似然函数等值线

图 3.15　点④处多声脉冲组合下的似然函数曲面和似然函数等值线（标号 0 为真实位置，标号 1 为匹配位置）

5）点⑤处定位结果

点⑤处于航线的最后段，已经航行了较长的距离，因而具有较多的可用于匹配的声脉冲。为了对不同声脉冲组合下间距对匹配结果的影响进行研究，采用不同的间距进行了多组定位试验。图 3.16 为不同定位间隔和声脉冲个数组合模式下的定位似然函数曲面变化情况。

从图 3.16 中的似然函数曲面可以看出，当匹配面组合使用不同的声脉冲间距时，对似然函数曲面将产生影响。当匹配面组合中声脉冲个数一定时，随着脉冲间距的增大，似然函数曲面逐渐向单峰值形态收敛。当脉冲间距一定时，随着声脉冲个数的增多，似然函数曲面也逐渐向单峰值形态收敛。

从沿航迹上各点处的定位结果可以看出，使用最大似然估计算法可以得到较好的地形匹配定位结果，大部分地形匹配定位结果的圆概率误差在 10m 之内，其精度和航行距离与时间无关，用来对长时间航行时的导航系统进行修正是可行的。

考虑各点处的量化地形特征参数，按照地形熵方法，对各点局部地形熵进行计算，其计算公式为

$$H_t = -\sum_{i=1}^{M} P(i) \lg P(i) \qquad (3.22)$$

式中，$P(i) = \dfrac{|h(i)|}{\sum\limits_{i=1}^{M} |h(i)|}$ 为概率质量函数，$h(i)$ 为该块地形各点的深度数据；H_t 为局部地形熵；M 为地形数据点的总数量。需要说明的是，当利用"面地形"进行地形匹配时，其地形特征是局部"面地形"区域的特征，因此地形熵是在该点附近一定范围内地形的统计特性。表 3.1 为在各点附近 100m×100m 范围内的地形熵，可以看出，点②处的地形熵最大，表明该处局部地形特征最贫乏，点①处的地形

熵最小，表明该处的地形特征最丰富。从前面的定位结果可以看出，在点①处的定位误差最小，单声脉冲剖面时即可获得较高精度的定位，而点②处，在使用

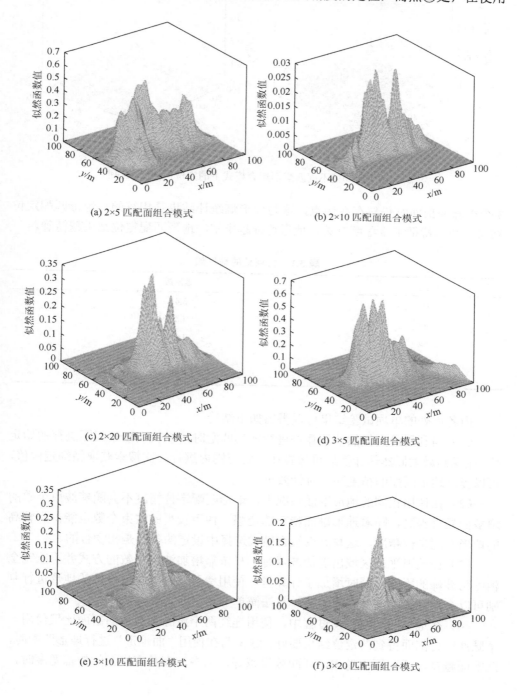

(a) 2×5 匹配面组合模式

(b) 2×10 匹配面组合模式

(c) 2×20 匹配面组合模式

(d) 3×5 匹配面组合模式

(e) 3×10 匹配面组合模式

(f) 3×20 匹配面组合模式

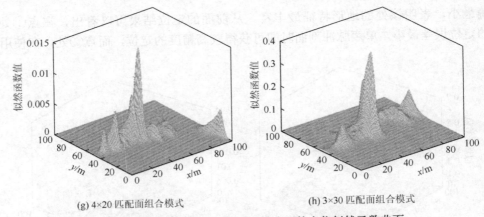

(g) 4×20 匹配面组合模式　　　　　　　　(h) 3×30 匹配面组合模式

图 3.16　点⑤处不同匹配面组合模式下的定位似然函数曲面

3 个声脉冲剖面时仍然存在伪点，这与地形熵统计结果是相符的。地形匹配定位结果与地形特征丰富程度有关，地形特征越丰富，地形匹配定位结果越精确。

表 3.1　各点处的地形熵

点	地形熵
①	3.42
②	4.83
③	4.12
④	4.77
⑤	3.89

由各点处的单项试验结果可以得出如下结论：

（1）当利用最大似然估计算法进行地形匹配时，以较大搜索间距进行初始定位，在找到最大似然估计值后再选择在一定范围内进行二次搜索获取精细定位值，可以提高地形匹配的精度和实时性效果。

（2）在使用相同的地形剖面情况下，地形匹配定位精度不会随着波束个数的增多而显著提高，随着地形剖面特征的增强，使用较少的波束个数也能得到较高的地形匹配定位精度，这与波束组合模式选择中设定的条件是相吻合的。

（3）在地形平坦区域出现伪波峰时，只依靠增加波束个数的方式并不能完全消除伪波峰的影响，同时增加了计算量。使用费希尔判据对波峰处的地形进行判别可以有效地去除伪波峰的影响，算法简单且实用。

（4）在地形匹配面组建过程中，使用连续两个声脉冲组成的剖面比仅使用一个脉冲组合剖面得到的定位结果要好。这说明在使用"面地形"进行地形匹配时，匹配面越宽，匹配面积越大，匹配效果越好，当多波束具有较大的扫幅宽度时，利用其来进行地形匹配较有利。

（5）当进行地形匹配时，在波束个数相同的情况下，使用多个剖面组合形成地形匹配面与一个地形剖面相比可以显著提高定位的精度，这说明由"线地形"向"面地形"发展的过程中，定位精度是逐渐提高的。

（6）在地形匹配面的建立过程中，脉冲间距是一个影响因素，从各定位点的似然函数曲面可以得出结论，较大脉冲间距下似然函数曲面更能具有单峰值的形态。在这样短的距离内，基本导航误差较小，对地形匹配的影响也较小，根据在较短的距离内得到的地形信息即可进行地形匹配，这充分说明了利用多波束进行水下地形匹配具有的优势。

2. 连续导航试验

在单项定位试验的基础上，利用所得到的最佳匹配方案进行连续导航试验，用以检验使用匹配算法进行连续导航定位的性能。与单项定位试验不同的是，这里进行的是连续的定位，初始数据采集点设定在航行 60m 时。

匹配面组合模式为双声脉冲下的多剖面组合，脉冲间距取为 20m，即每一个参与组合的地形剖面间的距离为 20m，剖面个数取 2～5 个。仿真进行了不同脉冲个数、不同定位间隔下的连续导航定位试验。

图 3.17 和图 3.18 分别为不同定位间隔下，两个剖面组合和三个剖面组合下的连续定位结果，图中分别为 x 轴误差、y 轴误差和圆概率误差。从图中可以看出，除了少数几个定位的圆概率误差达到了 50m，绝大部分定位的圆概率误差小于

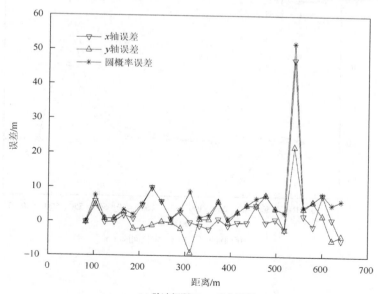

(a) 脉冲间距20m，定位间隔20m

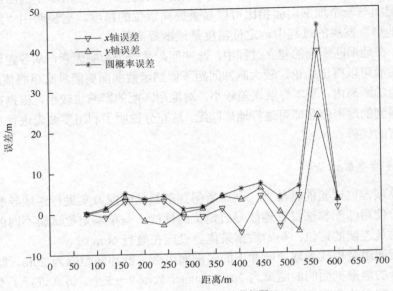

(b) 脉冲间距20m，定位间隔40m

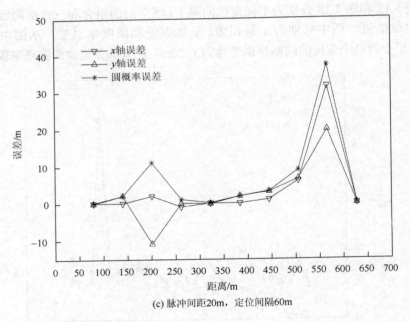

(c) 脉冲间距20m，定位间隔60m

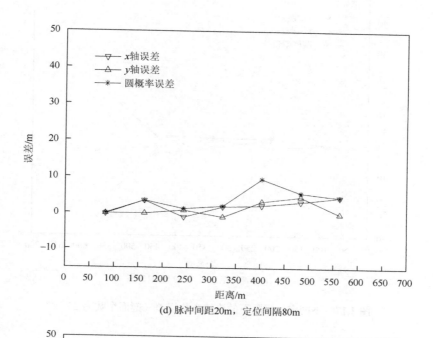

(d) 脉冲间距20m，定位间隔80m

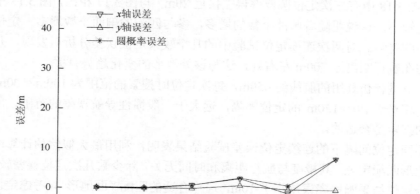

(e) 脉冲间距20m，定位间隔100m

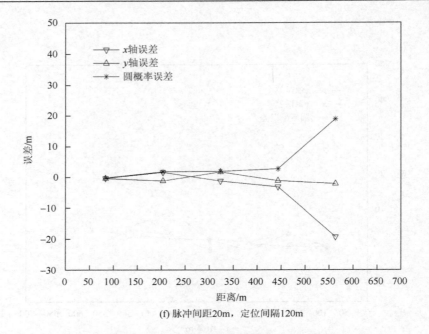

(f) 脉冲间距20m，定位间隔120m

图 3.17　不同定位间隔下的连续定位误差（剖面个数为 2）

10m。图 3.18 中有三次定位圆概率误差接近 20m，与图 3.17 相比，图 3.18 中的最大误差较小，这说明随着脉冲个数的增多，参与匹配的剖面个数增多，定位误差有减小的趋势。对两次连续定位试验中的几个较大定位误差分析后发现，几个定位点均在航行距离为 500m 左右处，这与该处地形的变化趋势有关。

　　本书进行仿真用的航线约 650m，每次定位时搜索的范围为 100m×100m 的地形块，相对于 20～120m 的定位间隔，远大于一般惯性导航误差的范围，用来对定位的搜索是合适的。

　　不同定位间隔下的连续定位误差试验结果表明，利用最大似然估计算法进行水下地形匹配定位，其精度与航行距离和时间无关，除少数几次定位误差较大外，大部分定位结果圆概率误差小于 10m，选择合适的匹配"面地形"，考虑定位结果的可靠性，进而利用其来进行连续的导航定位是可行的。

　　为了与单波束测深下的定位试验进行对比，利用沿测线方向上的实时单波束测深数据进行了匹配试验，图 3.19 为沿多波束测深试验路径上的单波束测深仪（高度计）测深数据。

　　图 3.20 为使用不同个数的单波束测深点得到的匹配结果，测深点个数为 30 个、50 个、70 个、90 个和 120 个。由于多波束测量时测船以匀速航行，航行距离与测深点的个数成正比，也代表了匹配时使用的地形剖面的长度，经计算，

图中各点匹配距离分别为 23m、40m、56m、73m 和 100m。测深点选择的方式为累积的形式，即每次选择从当前测深点开始向前的若干个测深点作为匹配定位点，匹配定位点的间隔为 20m。

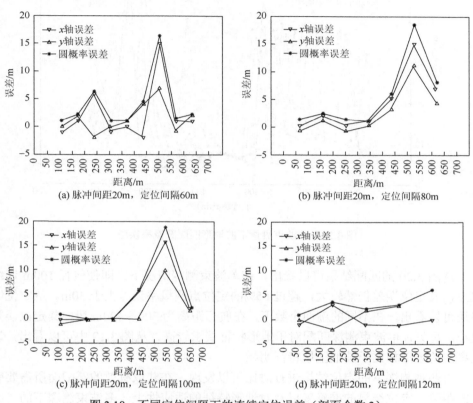

图 3.18 不同定位间隔下的连续定位误差（剖面个数 3）

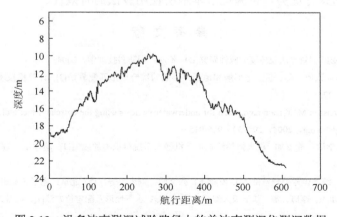

图 3.19 沿多波束测深试验路径上的单波束测深仪测深数据

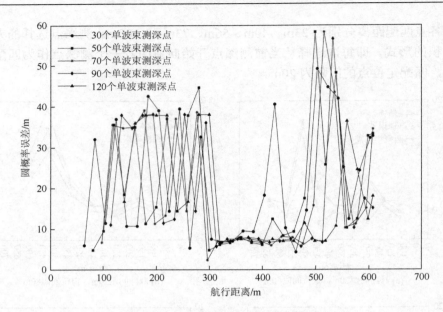

图 3.20　单波束测量下的地形匹配圆概率误差

从图 3.20 的匹配结果可以看出，在单波束测深情况下，即使航行 100m 连续取点，其定位误差仍然较大，超过 65% 的定位点圆概率误差大于 30m。从定位结果还可以看出，在不同的剖面个数下，在航行距离为 300～400m 段，其定位误差较小。可见，单波束测深匹配对于地形特征要求较高，从图 3.19 中可以看出，该距离内的地形相比于其他区域特征明显。

将两种测深下的定位结果进行对比可以发现，在获取有效的匹配面所需要航行的距离、定位结果的准确度以及对地形特征的适应性上，多波束测深下的"面地形"匹配均具有优势，也验证了本章所使用算法的有效性。

参 考 文 献

[1]　冯庆堂. 地形匹配新方法及环境适应性研究[D]. 长沙：国防科技大学，2004.

[2]　王华，晏磊，钱旭，等. 基于地形熵和地形差异熵的综合地形匹配算法[J]. 计算机技术与发展，2007，17（9）：25-27.

[3]　Nygren I，Jansson M. Terrain navigation for underwater vehicles using the correlator method[J]. IEEE Journal of Oceanic Engineering，2004，29（3）：906-915.

[4]　刘建成，刘学敏，徐玉如. 极大似然法在水下机器人系统辨识中的应用[J]. 哈尔滨工程大学学报，2001，22（5）：1-4.

[5]　Steven M K. 统计信号处理基础[M]. 罗鹏飞，张文明，刘忠，等，译. 北京：电子工业出版社，2003.

[6]　陈小龙，庞永杰，李晔，等. 基于极大似然估计的 AUV 水下地形匹配定位方法[J]. 机器人，2012，34（5）：559-565.

[7] Ramos P L，Louzada F，Cancho V G. Maximum likelihood estimation for the weight lindley distribution parameters under different types of censoring[J]. Statistics，2017，42（5）：2092-2137.

[8] Dempster A P，Laird N M，Rubin D B. Maximum likelihood from incomplete data via the EM algorithm[J]. Journal of the Royal Statistical Society，1977，39（1）：1-38.

[9] Bertl J，Ewing G，Kosiol C，et al. Approximate maximum likelihood estimation[J]. Statistics，2015，39（6）：2820-2851.

[10] Johansen S，Juselius K. Maximum likelihood estimation and inference on cointegration with applications to the demand for money[J]. Oxford Bulletin of Economics & Statistics，2010，52（2）：169-210.

[11] 王学民. 应用多元分析[M]. 上海：上海财经大学出版社，2004.

[12] Rissanen J J. Fisher information and stochastic complexity[J]. IEEE Transactions on Information Theory，2002，42（1）：40-47.

[13] Hyllus P，Laskowski W，Krischek R，et al. Fisher information and multiparticle entanglement[J]. Physical Review A，2012，85（2）：776-779.

[14] 李雄伟，刘建业，康国华. 熵的地形信息分析在高程匹配中的应用[J]. 应用科学学报，2006，24（6）：608-612.

[15] Beck J，Bejjanki V R，Pouget A. Insights from a simple expression for linear fisher information in a recurrently connected population of spiking neurons[J]. Neural Computation，2014，23（6）：1484-1502.

[18] Ramos P E, Lberda M, Capp V H. Accurate Bayesian estimation for the particle filter in nonlinear index discrimination concept relations tracking[P]. A. 1522-2112.

[20] Lanetrsoe A L, Iskakov M .... the INTT94, problatelit..... Joumal of the ....

[21] ..... E, Ewing G ..... a ..... estimate mannel in by physical informational Semantic .... 2011 ..... 2012.

第 4 章　鲁棒闭环检测技术

闭环检测结果的鲁棒性将直接影响 AUV 定位与建图的精度，其误差又与局部地形特征和地形测量误差密切相关。各匹配定位点的测量地形之间几乎没有相关性，这就意味着每一个地形匹配定位的误差和置信区间各不相同且不存在相关性，地形匹配定位的误差和置信区间不能以样本统计的方式获得。此外，地形的方向性特点也使得地形匹配定位的误差分布和置信区间大小在各个方向上有很大的区别，这也给地形匹配定位的误差和置信区间的估计带来了一定的困难。

本章首先讨论地形匹配定位的置信区间估计方法。从地形匹配定位的精度影响因素出发推导地形适配性的量化参数，根据地形匹配导航路径规划中对网格化适配性地图的需求得到网格化前提下的地形适配区域与非适配区域最优划分方法，并对不同适配性地形分块的定位精度进行比较。此外本章讨论地形局部畸变的识别方法，在此基础上又提出考虑残差分布的无效闭环检测判别算法。

4.1　地形匹配定位的置信区间估计

4.1.1　潮差与测量误差的估计

地形匹配定位误差的来源除了传感器安装误差、地形测量误差等外，还有由潮位变化引起的误差（潮差）。由于单次地形匹配定位中的实时地形测量时间比较短，可以假设在实时地形测量时潮差不变，那么先验地形图中的潮差和实时测量地形之间的潮差就可以视为一个常量，也就是同一区域的地形高程方向有一个平移量，如图 4.1 所示。

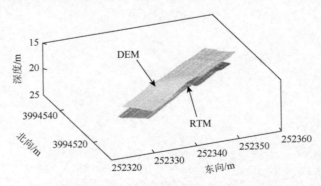

图 4.1　存在潮差时的测量地形与先验地形

假设先验地形和测量地形之间有潮差 t_{kl}，则似然函数变成如式（4.1）所示的形式：

$$L_{kl} = \frac{1}{\sqrt{2\pi}\sigma_{kl}} \exp\left\{ -\left[\sum_{i=1}^{m}\sum_{j=1}^{n} \frac{1}{(mn-1)\sigma_{kl}^2}(\Delta h_{ij} + t_{kl} + \varepsilon_{ij})^2 \right] \right\} \qquad (4.1)$$

式中，L_{kl} 为第 (k,l) 搜索点的似然度；Δh_{ij} 为先验地形与测量地形节点高度差；ε_{ij} 为地形的测量误差；t_{kl} 为测量地形间和搜索点 (k,l) 的先验地形的潮差；σ_{kl} 为测量误差的标准差估计值。

显然，潮差的存在使得 Δh_{ij} 中的定位信息不再准确。图 4.2 为潮差的存在导致地形匹配出现伪定位的示意图，实线表示先验地形，虚线表示测量地形。在搜索匹配过程中测量地形向右移动并匹配得到点划线表示的似然函数。在未进行潮差修正时［图 4.2（a）］，真实位置的先验地形与测量地形之间在垂直方向上有一个平移，此时两地形之间的高度差较大，在真实位置的似然函数值反而会降低。在加入潮差修正后［图 4.2（b）］，潮差产生的距离被消除，此时真实位置的似然函数值增加，似然函数正确标定了真实匹配点。如果不对潮差进行修正，那么潮差就被视为地形高程信息并被计入似然函数从而产生误匹配，而这种错误的后果是相当严重的。从图 4.2 可以看到，未进行潮差修正时地形的信息完全被潮差所覆盖，似然函数完全失去了反映先验地形与测量地形之间相似程度的能力。

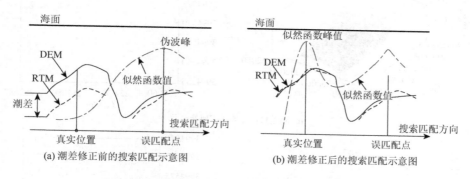

(a) 潮差修正前的搜索匹配示意图　　　　　(b) 潮差修正后的搜索匹配示意图

图 4.2　潮差修正前后搜索匹配中似然函数的区别

图 4.3 表示潮差修正前后的地形匹配定位结果。其中，图 4.3（a）和图 4.3（b）分别表示潮差修正前后定位点的测量地形与先验地形的匹配残差统计，可以看到潮差修正后的匹配残差统计很接近高斯分布；图 4.3（c）和图 4.3（d）分别表示潮差修正前后的匹配似然函数，潮差远大于地形的起伏变化量，从而导致定位点发生了严重的偏移。

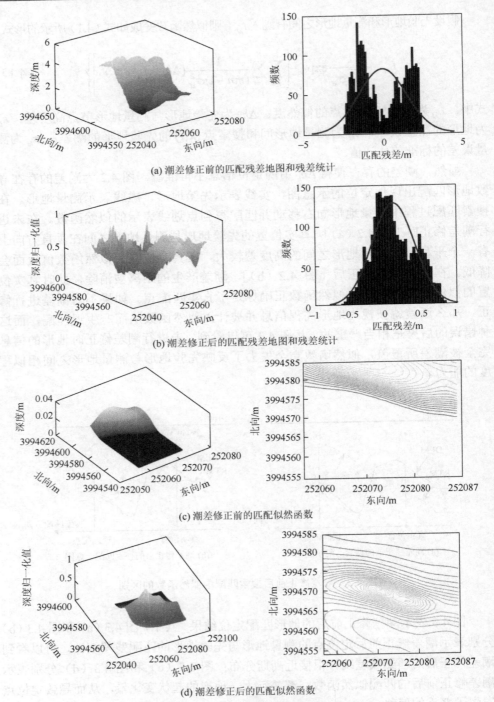

(a) 潮差修正前的匹配残差地图和残差统计

(b) 潮差修正后的匹配残差地图和残差统计

(c) 潮差修正前的匹配似然函数

(d) 潮差修正后的匹配似然函数

图 4.3　潮差修正前后的地形匹配定位结果

图 4.4（a）和图 4.4（b）分别表示准确配准 DEM 和 RTM 在潮差修正前后的相对位置。可以看到，修正前 DEM 与 RTM 存在明显的高度偏差，经过潮差修正后地形较好地重合在了一起。从图 4.4 中可以明显地看到，测量地形出现了局部的畸变，测量误差引起的地形畸变使得局部范围内的地形产生高度偏差，其偏差表现为局部小区域的整体偏移，但在处理地形测量误差时，将潮差作为常数而将地形测量误差作为随机误差处理。

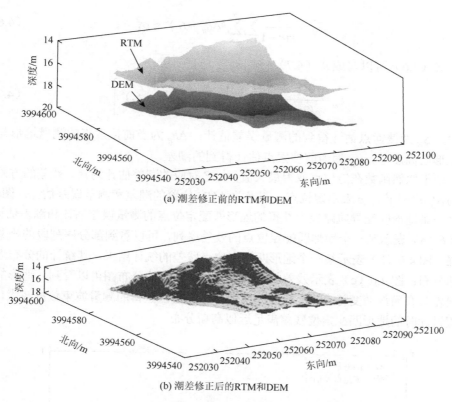

(a) 潮差修正前的RTM和DEM

(b) 潮差修正后的RTM和DEM

图 4.4　潮差修正前后的准确配准 DEM 和 RTM

潮差估计就是计算先验地形与测量地形之间的高程平移值，在地形测量误差满足高斯白噪声分布的情况下，潮差实际上就是定位点的残差的统计均值，式（4.2）表示定位点测量地形与先验地形的关系。

$$h_{ij} = z_{ij} + t_{kl} + \varepsilon_{ij} \tag{4.2}$$

所以可以得到匹配点的残差等于潮差与测量误差之和：

$$\Delta h_{ij} = t_{kl} + \varepsilon_{ij} \tag{4.3}$$

由于潮差 t_{kl} 是一个常数，假设地形面上的所有测量点误差服从同一分布，即

$$\sigma_{ij} = \sigma_{kl} \tag{4.4}$$

测量误差 $\varepsilon_{ij} \sim N(0, \sigma_{kl})$ 服从高斯白噪声分布，根据统计学中的大数定理可以得到式（4.5）即是对 t_{kl} 的估计，式（4.6）即是对测量误差的估计。

$$t_{kl} = \frac{1}{mn} \sum_{i=1}^{m} \sum_{j=1}^{n} \Delta h_{ij}^{p} \tag{4.5}$$

$$S_{kl}^{2} = \frac{1}{mn-1} \sum_{i=1}^{m} \sum_{j=1}^{n} (\Delta h_{ij}^{p} - t_{kl})^{2} \approx \sigma_{kl}^{2} \tag{4.6}$$

式（4.6）可以写成式（4.7）：

$$L_{kl} = \frac{1}{\sqrt{2\pi} S_{kl}} \exp\left[-\frac{1}{2S_{kl}^{2}} \sum_{i=1}^{m} \sum_{j=1}^{n} (\Delta h_{ij} - t_{kl})^{2} \right] \tag{4.7}$$

式中，S_{kl} 为搜索点估计得到的测量误差估计；Δh_{ij} 为当前搜索点的测量地形与先验地形的高度差；t_{kl} 为当前搜索点估计得到的潮差。

由于似然函数在定位点取得最大值，与之对应的潮差估计为 t^{p}，残差的方差估计为 $S_{p}^{2} \approx (\sigma^{p})^{2}$，$p$ 表示定位点，即当前 AUV 位置的潮差和测量误差估计。图 4.5 为某一条地形匹配导航路径上获得的地形匹配定位点的测量误差估计和潮差估计。图 4.6（a）表示某一个地形匹配定位点的残差序列，可以看到部分序列段的相关性较强；图 4.6（b）表示某一个地形匹配定位点残差的统计结果，其统计的分布近似高斯分布；图 4.6（c）表示残差的三维分布，从残差的分布图可以看到，地形的测量误差具有局部畸变特点。一般多波束地形匹配定位获得的测量波束数据较大，可以假设此时的地形匹配定位残差满足近似高斯分布。

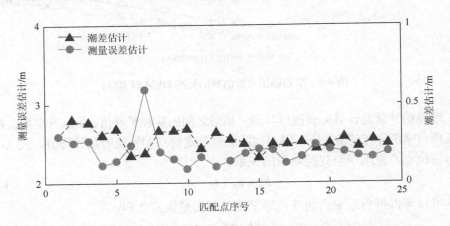

图 4.5　试验航线上地形匹配定位点的测量误差估计和潮差估计

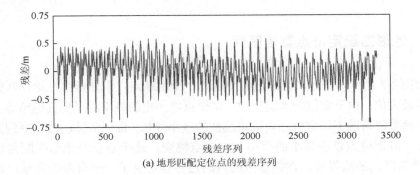

(a) 地形匹配定位点的残差序列

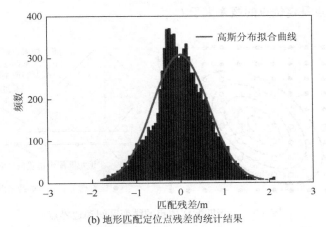

(b) 地形匹配定位点残差的统计结果

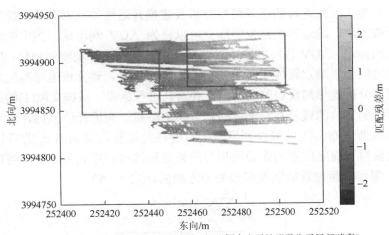

(c) 测量地形与先验地形的匹配残差图（矩形框中表示地形发生了局部畸变）

图 4.6　地形匹配残差的试验结果

4.1.2　地形匹配定位点置信区间

如图 4.7 所示，把地形匹配定位点视为一个跳跃点，似然函数在地形匹配定位点取得最大值。由于定位的不确定性，定位点以一定的概率跳跃到其他节点上，随着似然函数取值的下降定位点向该点跳变的概率降低，直到似然函数下降到某一个取值 $L_{1-\alpha}$ 时定位点以非常小的概率 α 向该点跳变，这个点就是地形匹配定位点的 $1-\alpha$ 置信区间的边界点。在搜索区间内的边界点定义了一个有限的区域，该区域内的所有搜索点是定位点的概率大于 $L_{1-\alpha}$。

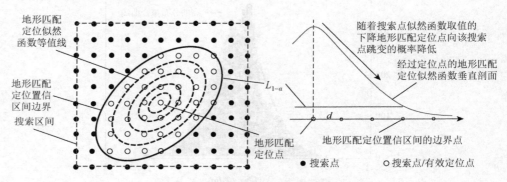

图 4.7　地形匹配定位点的跳变区间和边界点

下面从地形匹配定位的误差特性分析及建模开始推导地形匹配定位置信区间估计的一般方法。地形匹配定位实际上可以视为 AUV 利用地形图中的特征进行自身位置的标定。AUV 利用多波束对地形图中的特征进行观测和定位，同时根据对特征的定位结果确定载体相对于 DEM 的绝对位置。要分析地形匹配定位的误差首先需要分析地形测量误差的特点，并对其进行建模。根据文献[1]的结论，多波束地形匹配定位的残差具有渐近高斯分布的特点，在进行位置估计时可以假设残差服从高斯分布，所以可以利用匹配点的残差进行测量误差 ε_{ij} 的统计参数估计。假设获得当前定位点的先验地形与测量地形的残差序列为 Δh^p，则可以根据式（4.5）得到测量位置的潮差和残差的方差估计式（4.8）。

$$\begin{cases} t^p = \dfrac{1}{mn} \sum_{i=1}^{m} \sum_{j=1}^{n} \Delta h_{ij}^p \\ S^p = \sqrt{\dfrac{1}{mn-1} \sum_{i=1}^{m} \sum_{j=1}^{n} (\Delta h_{ij}^p - t^p)^2} \\ \sigma^p \approx \lambda \cdot S^p \end{cases} \qquad (4.8)$$

式中，t^p 为地形匹配定位点的潮差估计；S^p 为地形匹配定位点的测量误差标准差估计；λ 为误差估计的修正量，这是对非高斯分布误差的修正。

接下来推导地形匹配定位点似然函数的下界，首先给出地形匹配定位点的似然函数式（4.9），该式表示在地形匹配定位点位置的先验地形与测量地形的归一化似然度。

$$\begin{cases} L^p = C \cdot \exp\left(-\dfrac{1}{(\sigma^p)^2}\left\{ \dfrac{1}{2mn}\displaystyle\sum_{i=1}^{m}\sum_{j=1}^{n}[\Delta h_{ij}(X^p)]^2 \right\} \right) \\ \Delta h_{ij}(X^p) = h_{ij}(X^p) - z_{ij} - t^p \end{cases} \tag{4.9}$$

式中，$h_{ij}(X^p)$ 为地形匹配定位点的高度序列；$\Delta h_{ij}(X^p)$ 为地形匹配定位点的高度残差序列；X^p 为地形匹配定位点；C 为归一化常数。

根据前面的测量误差统计分析，列出两条假设条件：

（1）地形匹配定位点的高度残差序列 Δh^p 服从高斯分布 $N[0,(\sigma^p)^2]$；

（2）每一个测量点的测量误差 Δh_{ij}^p 服从同一分布 $N[0,(\sigma^p)^2]$。

σ^p 是通过 Δh_{ij}^p 估计得到的。其中，Δh_{ij}^p $(i=1,2,\cdots,m; j=1,2,\cdots,n)$ 表示样本，样本总数是 $m\times n$，S^p 就是对 σ^p 的无偏估计量，为方便接下来的推导，将 Δh_{ij}^p 和 z_{ij} 写为列向量形式，考察式（4.9）的对数形式：

$$l(X^p) = \ln(C) - \frac{1}{mn}\sum_{k=1}^{K}\frac{[h_k(X^p) - z_k - t^p]^2}{2(\sigma^p)^2} \tag{4.10}$$

式中，$K = m\times n$，地形匹配定义定位点残差的平方和等式为

$$S(X^p) = \frac{1}{2K}\sum_{k=1}^{K}[h_k(X^p) - z_k - t^p]^2 \tag{4.11}$$

在参数 X^p 的置信区间内式（4.11）表示的是一个关于 X^p 的二次曲面，将 X^p 的置信区间内任意一点 X 的匹配平方和函数写成关于 X^p 的近似二次形式 $S(X)$：

$$S(X) = S(X^p) + \frac{\partial S(X^p)}{\partial e}|\Delta x_e| + \frac{1}{2}\frac{\partial^2 S(X^p)}{\partial e^2}|\Delta x_e|^2 + o(|\Delta x_e|^n) \tag{4.12}$$

式中，Δx_e 为定位偏差向量，且有 $\Delta x_e = X^p - X$；$o(|\Delta x_e|^n)$ 为定位偏差的高阶无穷小；e 为定位偏差向量的单位向量。

由于似然函数在定位点 X^p 处的一阶导数等于 0，所以式（4.12）的第二项等于 0，式（4.12）可以简写成式（4.13）：

$$S(X) \approx S(X^p) + \frac{1}{2}\frac{\partial^2 S(X^p)}{\partial e^2}|\Delta x_e|^2 \tag{4.13}$$

式中，$S(X)$ 为地形匹配定位点 X^p 的置信区间内任意一点 X 的匹配平方和函数；$S(X^p)$ 为地形匹配定位点的残差平方和函数。

接下来关注式（4.13）的第二项系数：

$$S(X)_2 = \frac{\partial^2 S(X^p)}{\partial e^2} \tag{4.14}$$

很显然的是 $S(X)_2$ 与地形的信息量 I 有密切的联系：

$$I = \frac{1}{(\sigma^p)^2} E\left[\frac{\partial^2 S(X^p)}{\partial e^2}\right] \tag{4.15}$$

根据前面的假设，$S(X^p)$ 在地形匹配定位点 X^p 近似二次型。根据统计学中的参数估计理论，估计值 X^p 的方差估计 $V(|\Delta x_e|)$ 可以通过信息矩阵求得

$$V(|\Delta x_e|) = I^{-1} \tag{4.16}$$

假设每一个测量点的误差服从同一分布，把式（4.15）代入式（4.16）并稍加变形得到式（4.17）：

$$E\left[\frac{\partial^2 S(X^p)}{\partial e^2}\right] V(|\Delta x_e|) = 2(\sigma^p)^2 \tag{4.17}$$

地形匹配过程中获得的测量点总数为 K，则式（4.18）成立：

$$\frac{1}{2}\frac{1}{(\sigma^p)^2}\sum_{k=1}^{K} E\left(\frac{\partial^2 S_k(X^p)}{\partial e^2}\right) V(|\Delta x_e|) = \chi^2(K-1) \tag{4.18}$$

式中，$S_k(X^p)$ 为第 k 个测量点的平方和函数。

由于测量点的测量误差具有同分布的假设条件，所以式（4.19）成立：

$$\sum_{k=1}^{K} E\left[\frac{\partial^2 S_k(X^p)}{\partial e^2}\right] = E\left[\frac{\partial^2 S(X^p)}{\partial e^2}\right] \tag{4.19}$$

定义一个置信度 $1-\alpha$，则可以求得在置信度 $1-\alpha$ 下的置信区间上确界：

$$\frac{\partial^2 S(X^p)}{\partial e^2}|\Delta x_e|^2 < 2(\sigma^p)^2 \chi_\alpha^2(K-1) \tag{4.20}$$

同时，考虑到式（4.8）的非高斯分布的修正 $(\sigma^p)^2 \approx \lambda \cdot S(X^p)$，代入式（4.20）得到

$$\frac{\partial^2 S(X^p)}{\partial e^2}|\Delta x_e|^2 < 2[\lambda \cdot S(X^p)]\chi_\alpha^2(K-1) \tag{4.21}$$

将式（4.21）代入式（4.13）中，可以得到定位点的平方和函数的置信区间等值线：

$$S(X)_{1-\alpha} \approx S(X^p)\left[1 + \lambda\frac{\chi_{1-\alpha}^2(K-1)}{K-1}\right] \tag{4.22}$$

将式（4.22）代入似然函数式（4.9）就可以得到似然函数在置信度 $1-\alpha$ 下的等值线计算式：

$$L_{1-\alpha} = C \cdot \exp\left[-\frac{S(X)_{1-\alpha}}{(\sigma^p)^2}\right] \tag{4.23}$$

下面将利用实际的船载测量数据进行地形匹配定位的置信区间估计试验。试验区域的先验地形图、试验路径的 GPS 定位航迹、DR 定位航迹、地形匹配定位规划的匹配定位点如图 4.8 所示。匹配定位点的 RTM、地形匹配定位点、DR 定位置信区间、地形匹配定位的搜索区间如图 4.9（a）所示，每一个匹配定位点的 RTM 序列对应的粗糙度如图 4.9（b）所示。

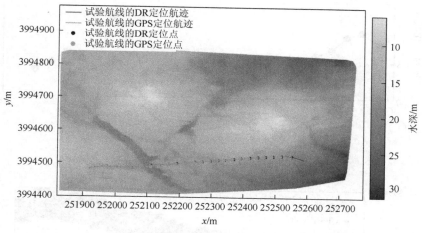

图 4.8　先验地形图以及地形匹配定位置信区间估计的试验路径

文献[2]中提到了一种地形匹配定位置信度为 $1-\alpha$ 的置信区间估计算法，根据该算法得到的定位点似然函数值的下界偏大。置信区间估计的目的是筛选搜索区间内有效定位点，为了尽可能地将 AUV 真实的位置包含在内，需要更加精确的估计算法。从试验结果来看，文献[2]中提到的估计算法考虑了地形的非线性特点，假设似然函数为二次曲面并结合二次曲面参数置信区间估计算法得到地形匹配定位置信区间估计算法，较以往的估计算法具有更高的精度。由于地形的测量误差并非绝对的高斯白噪声，放大系数 λ 一般选在 $\lambda \geqslant 1$ 区间，图 4.10（a）表示试验航迹上所有的地形匹配定位点的置信区间估计结果，图 4.10（b）和图 4.10（c）分别表示 $\lambda=1$ 时采用本节提出的新的地形匹配定位置信区间估计算法和文献[3]中的算法计算得到的 5～9 号规划匹配位置的地形匹配定位点置信区间估计结果。

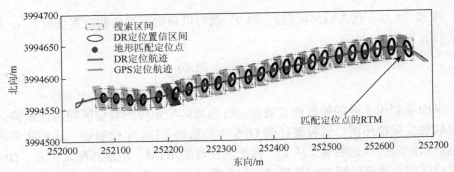

(a) 试验路径的GPS和DR定位航迹以及DR定位置信区间、搜索区间和地形匹配定位点

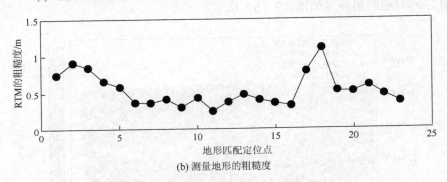

(b) 测量地形的粗糙度

图 4.9　试验路径以及相关的测量数据

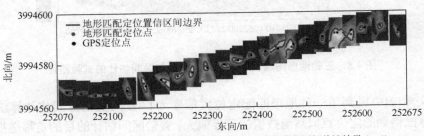

(a) 采用新算法计算得到的试验航迹上的地形匹配定位点置信区间估计结果($\lambda = 1$)

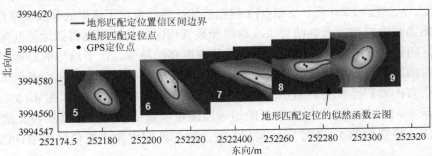

(b) 采用本节提出的方法得到5～9号规划匹配位置的地形匹配定位点置信区间估计结果($\lambda = 1$)

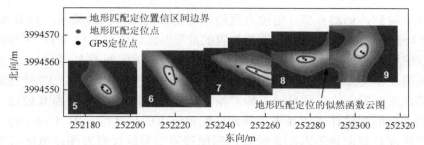

(c) 采用文献[3]中的算法得到的5～9号规划匹配位置的地形匹配定位点置信区间估计结果

图 4.10　两种估计算法得到的定位置信区间比较

4.1.3　测量误差对置信区间估计的影响

图 4.11（a）和图 4.11（b）分别表示利用本节和文献[3]中的置信区间估计算法的试验航线上地形匹配定位点定位偏差，■表示当前位置的定位结果在置信区间内，▲表示当前位置的定位结果没有在置信区间内。可以看到，文献[3]中的估计算法没有考虑地形非线性的影响，得到的地形匹配定位置信区间过于保守，在考虑地形的非线性影响后得到的地形匹配定位置信区间估计结果范围扩大[4, 5]。

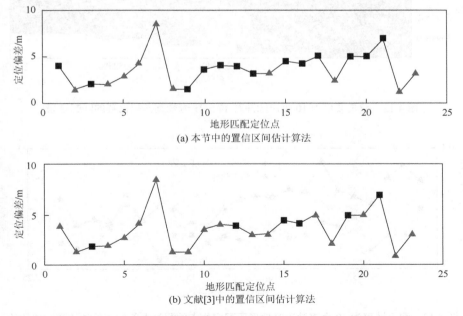

(a) 本节中的置信区间估计算法

(b) 文献[3]中的置信区间估计算法

图 4.11　两种估计算法的地形匹配定位点定位偏差对比

可以看到，仍然有部分定位点置信区间估计出现较大的偏差，如图 4.12 所示的 17 号、19 号和 21 号规划匹配位置的地形匹配定位点。17 号和 21 号规划匹配位置的地形匹配定位点置信区间偏小，而 19 号置信区间偏大。将每一点的测量误差标准差以及潮差的估计结果绘出（图 4.13），从中可以看到，17 号规划匹配位置的地形匹配定位点测量误差标准差估计值为 0.0843，21 号为 0.1212，这两点的误差标准差估计值明显小于其他匹配定位点的估计值。图 4.14（a）为 21 号规划匹配位置的地形匹配定位点的匹配残差信号统计直方图，虽然直方图统计结果和高斯分布拟合结果表明残差的统计值接近高斯分布，但是从其匹配残差序列可知残差信号具有相关性［图 4.14（b）黑色矩形］，所以在后续的研究中需要考虑匹配残差序列的相关性。而 19 号规划匹配位置的地形匹配定位点的测量误差标准差估计为 0.2685，明显高于其他规划匹配位置的地形匹配定位点的估计结果，同样绘出其统计直方图［图 4.14（c）］，从图上可以看到，19 号规划匹配位置的地形匹配定位点的匹配残差明显偏离了高斯分布的假设，导致其标准差的估计大于真实值以及置信区间估计误差。

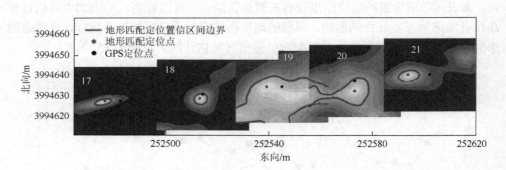

图 4.12　测量波束为 10 个声脉冲时 17～21 号规划匹配位置的匹配结果

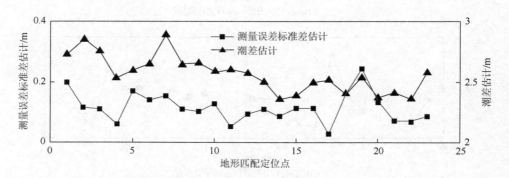

图 4.13　测量波束为 10 个声脉冲时地形匹配定位点的测量误差标准差估计和潮差估计

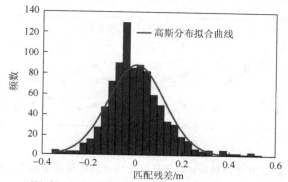

(a) 21号规划匹配位置的地形匹配定位点匹配残差信号统计直方图

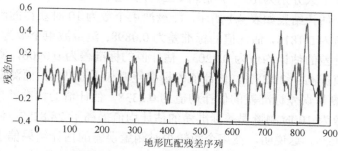

(b) 21号规划匹配位置的地形匹配定位点匹配残差序列

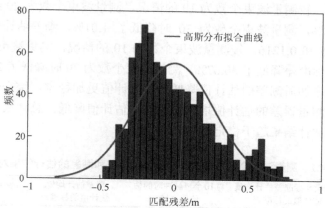

(c) 19号规划匹配位置的地形匹配定位点匹配残差统计直方图

图 4.14　匹配定位点匹配残差序列和直方图统计结果

　　根据文献[6]的描述，随着测量波束个数的增加，地形匹配定位的似然函数将渐近高斯分布，此时的匹配残差也会逐渐逼近高斯分布。也就是说随着测量波束个数的增加，非高斯分布的不利影响将被削弱。若将测量波束个数增加到 20，将得到如图 4.15 所示的测量误差标准差和潮差估计。

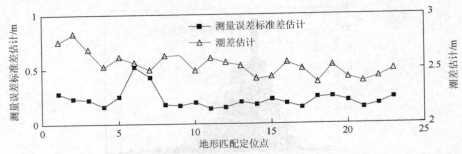

图 4.15　测量波束为 20 个声脉冲时地形匹配定位点的测量误差标准差估计和潮差估计

测量波束个数分别为 10 个声脉冲、20 个声脉冲、30 个声脉冲时的测量误差标准差和潮差估计结果如表 4.1 所示。测量波束个数为 10 时获得的测量误差标准差的估计均值为 0.1815，估计值的标准差为 0.0898；测量波束个数为 20 时获得的测量误差标准差的估计均值为 0.2203，估计值的标准差为 0.0906，测量误差标准差的估计均值提高了 21.38%，估计值的标准差增加了 0.89%；而测量波束个数为 30 时获得的测量误差标准差的估计均值为 0.2338，估计值的标准差为 0.0876，较测量波束个数为 10 时测量误差标准差的估计均值提高了 28.82%，估计值的标准差降低了 2.45%。这说明，波束个数较少时测量误差的估计结果偏小，波束个数增加后测量误差的估计结果稳定增加。而此时的潮差估计均值分别为 2.5538、2.539 和 2.528，较测量波束个数为 10 的情况，测量波束个数为 20 时潮差估计均值降低了 0.58%，测量波束个数为 30 时降低了 1.01%，潮差估计值的标准差为 0.1637、0.1135 和 0.1216，较测量波束个数为 10 的情况，测量波束个数为 20 时潮差估计值的标准差降低了 30.67%，测量波束个数为 30 时降低了 25.72%，说明测量波束个数增加后潮差的估计值降低而且估计值更加稳定。综合上述结论，波束个数增加后测量误差的估计值增加而潮差的估计值降低，总体来讲估计值的标准差在降低，估计结果趋于稳定。

表 4.1　测量波束个数增加时测量误差标准差和潮差的估计结果对比

声脉冲个数	测量误差标准差估计均值/估计值的标准差	与10个声脉冲时的估计值比较	潮差估计均值/估计值的标准差	与10个声脉冲时的估计值比较
10	0.1815	—	2.5538	—
	0.0898	—	0.1637	—
20	0.2203	↑21.38%	2.539	↓0.58%
	0.0906	↑0.89%	0.1135	↓30.67%
30	0.2338	↑28.82%	2.528	↓1.01%
	0.0876	↓2.45%	0.1216	↓25.72%

如图 4.16 所示，绘出 21 号规划匹配位置的地形匹配定位点匹配残差统计直方图，

与测量波束个数为 10 时的情况［图 4.14（c）］进行比较，测量波束为 30 个声脉冲时匹配残差序列的统计直方图已经接近高斯分布，较 10 个声脉冲时有了很大的改善。在图 4.17 中绘出 30 个声脉冲测量波束下规划匹配位置的 GPS 定位点，规划匹配位置的地形匹配定位点及其似然函数、置信区间，可以看到测量波束增加到 30 个声脉冲后，置信区间的估计准确度得到了很大的改善。

从试验结果可以看到，原有的地形匹配定位置信区间估计算法仅从地形匹配残差的假设检验入手，通过残差的高斯分布假设以及统计估计算法得到关于残差的 χ^2 分布，进而得到某一置信区间下的残差平方和函数的取值区间，计算中未考虑地形的非线性影响，导致估计结果偏小。本节提出的方法考虑了地形的非线性影响，将似然函数在置信区间内假设为二次曲面并将其在地形匹配定位点附近进行线性化处理，从而将定位的置信区间估计问题转换为二次曲面参数的置信区间估计问题。利用本书中提出的估计算法得到的置信区间大于原有的算法。在测量波束较少的情况下，匹配残差的统计结果很难满足高斯分布的假设，这种情况会随着测量波束的增加而得到改善。

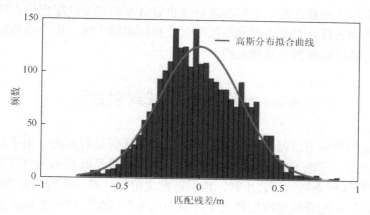

图 4.16　测量波束为 30 个声脉冲时 21 号规划匹配位置的地形匹配定位点匹配残差统计直方图

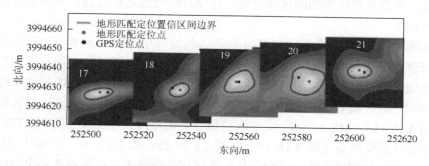

图 4.17　测量波束为 30 个声脉冲时 17～21 号规划匹配位置的匹配结果

对于地形匹配导航的初始化，由式（4.20）得到的置信区间估计结果可以满足实际需求，从前面的分析也可以得到地形匹配定位的一些特点。综上分析，将地形匹配定位的一些特征总结如下：

（1）有界性。地形特征的时间和空间不变性以及局部地形特征的唯一性使地形匹配定位的误差不随时间而改变，地形匹配定位的误差只与地形测量误差和局部地形特征有关。地形测量误差和局部地形特征均不与时间相关且不会发生误差累积现象。因此，地形匹配定位的误差不具有时间累积特性。

（2）方向性。地形匹配定位误差的分布与局部地形特征和地形测量误差有关，其中局部地形特征是 TIC 的重要决定因素。地形的特征主要是指其地形的梯度变化，这是一个有方向的量。

（3）残差渐近高斯分布。地形匹配残差具有非高斯分布特点，但随着测量数据的增加而渐近高斯分布。残差的非高斯分布特点主要由传感器误差的耦合以及在地形插值重构过程中节点的测量误差向周围传播所致。残差具有渐近高斯分布的特点，当测量波束增加时其统计量可视为高斯分布。

（4）定位点的独立性。地形的随机性也导致不同地形匹配定位点的测量地形几乎不存在相关性，尤其是在地形匹配定位点间距较大时，定位点的误差和置信区间的分布都可以视为相互独立的。

4.2　　地图适配区域判别方法

从前面的分析可以得到地形匹配定位的置信区间是有界的。由于地形匹配定位的这种优点，理论上它可以长时间为水下载体提供足够精确的定位信息，但当 AUV 经过的区域地形特征较少时，地形匹配定位往往难以获得较好的定位效果。关于提高地形匹配导航精度的研究主要集中在地形匹配导航滤波算法上，包括 PF 算法[7-9]、鲁棒滤波算法[2, 10, 11]、质点滤波（point-mass filter，PMF）算法[12, 13]等。而其他方案是从路径规划的角度出发，让 AUV 经过适配性较高的地形区域以提高定位精度。

如图 4.18（a）所示，AUV 从 A 到达 B 的过程中在 C 点参考导航系统的误差超过阈值，需要利用地形辅助定位进行导航误差修正，若 AUV 能自主地对地形图进行适配性量化和对适配区域与非适配区域进行划分，则 AUV 能够获得离散化的适配性地形图 ［图 4.18（b）］，从而可以实时地规划一条经过高适配区域的路径 ［图 4.18（b）航线 1］，使 AUV 到达终点时的定位误差在较小的范围内，从而避免经过低适配区域 ［图 4.18（b）航线 2］而无法到达目标点。若要让 AUV 能自主地利用地形图进行路径规划和导航定位误差的修正，首先需要解决的问题是地形的适配性量化以及适配区域和非适配区域的划分问题。然而地形匹配算法主要集中在路径规划的搜索算法中：基于二叉树搜索的 AUV 归航路径点选择[14]；基于 A^* 的地形匹配导航算法[15, 16]。值得注意的是，地形匹配导航问题的关键包括两个部分的内容：①适配性量化；②非适配区域和适配区域的划分。因此，本节的研究主要就是解决这两个问题，由于一般离散路径搜索算法主要是基于网格化地图的[17]，所以本书中地形适配区域划分以先验地形图网格化为前提。结合前面关于地形匹配定位的置信区间估计部分的结论可知，地形匹配定位的精度与地形特征和测量误差有直接的关系。接下来首先分析地形匹配定位精度的影响因素，并在此基础上分析地形适配性的量化方法以及网格化前提下的适配区域与非适配区域最优划分方法。

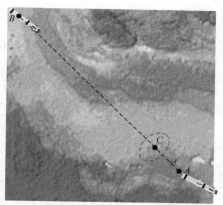

(a) 地形辅助定位进行导航误差修正示意图

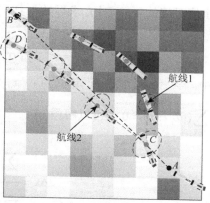

(b) AUV自主规划地形匹配导航路径示意图

图 4.18　地形适配性量化与适配区域划分

4.2.1　适配性分析与量化

前面的内容主要讨论了地形匹配定位精度分析的相关理论，地形匹配定位精度主要是由地形特征和测量误差决定的，测量误差主要是由设备安装误差、传感器误差、插值误差等因素引起的，而地形特征则是由地形本身的几何形态决定的，它不由任何测量工具改变。因此，可以通过分析地形特征并对其特征进行量化表示以评价在该区域内地形匹配定位的精度，下面的内容将地形匹配定位精度的分析结论进一步推广到地形的适配性分析中。

1. 地形匹配定位精度的影响因素分析

假设 AUV 在点 (x_a, x_a) 获得了测量序列 (x_i, x_j, z_{ij})，该点的测量序列对应的先

验地形插值序列为 $h_{ij}(x_i,x_j)$，地形匹配定位实际上是寻找测量序列 (x_i,x_j,z_{ij}) 在先验地形图上的位置。这里不妨将先验插值地形视为真实地形，所有的测量误差以高度误差形式存在，并全部计入测量地形中，那么测量误差即先验插值地形与测量地形的高度偏差 ε_{ij}，偏差的马氏距离表示如下：

$$\sum_{i=1}^{m}\sum_{j=1}^{n}\frac{1}{\sigma_{ij}^2}[z_{ij}-h_{ij}(x_i,x_j)]^2=L \tag{4.24}$$

对该式进行线性化处理，得到线性化的似然函数：

$$\sum_{i=1}^{m}\sum_{j=1}^{n}\frac{1}{\sigma_{ij}^2}\left[\varepsilon_{ij}-\frac{\partial\hat{h}_{ij}(\cdot)}{\partial x_{ij}}\Delta x\right]^2=L \tag{4.25}$$

地形匹配定位过程是一个平移搜索与匹配过程，目的就是求得式（4.25）的最小值对应的 Δx。对 L 求导数得到：

$$\frac{\partial L}{\partial X}=2\sum_{i=1}^{m}\sum_{j=1}^{n}\frac{1}{\sigma_{ij}^2}\left[\varepsilon_{ij}-\frac{\partial\hat{h}_{ij}(\cdot)}{\partial x_{ij}}\Delta x\right]\frac{\partial\hat{h}_{ij}(\cdot)}{\partial x_{ij}} \tag{4.26}$$

式中，X 为地形匹配定位点；x_{ij} 为测量地形的节点；L 取得极小值时有 $\sum_{i=1}^{m}\sum_{j=1}^{n}(\partial L/\partial x_{ij})=0$，可以解得 Δx：

$$\Delta x=\frac{\displaystyle\sum_{i=1}^{m}\sum_{j=1}^{n}\frac{1}{\sigma_{ij}^2}\frac{\partial\hat{h}_{ij}(\cdot)}{\partial x_{ij}}\varepsilon_{ij}}{\displaystyle\sum_{i=1}^{m}\sum_{j=1}^{n}\frac{1}{\sigma_{ij}^2}\left[\frac{\partial\hat{h}_{ij}(\cdot)}{\partial x_{ij}}\right]^2} \tag{4.27}$$

考虑到地形匹配定位的搜索匹配过程是二维数据的高程序列匹配过程，Δx 代表匹配得到的位置偏差，$\partial\hat{h}_{ij}(\cdot)/\partial x_{ij}$ 表示地形的变化梯度，地形是一个具有方向性的曲面，因此 $\partial\hat{h}_{ij}(\cdot)/\partial x_{ij}$ 也将会表现为各向取值不同，由此可以推断 Δx 的取值也将是各向不同的。式（4.26）中每一个测量点的误差不能真正得到，所以不能通过式（4.26）得到地形匹配定位点的偏移量 Δx。但从式（4.26）中得到启示，即地形匹配定位点的方向分布。下面将基于这一结论进行必要的理论分析得到地形适配性的量化表示，那么从式（4.26）中可得到如下的结论：

（1）地形匹配定位精度与地形测量误差以及地形梯度变化有关；

（2）地形梯度变化大的地形区域将获得更高的地形匹配定位精度，而降低测量误差也可以提高地形匹配定位精度；

（3）地形匹配定位的偏移概率与局部地形梯度变化量有关，而且由于地形的梯度变化在各个方向上都有所不同，所以地形匹配定位的偏移概率在不同方向上也会不同。

　　第（3）条结论是非常重要的，它说明了一个很重要的问题：如果地形的梯度变化在某一个方向上有较大的取值而在另一个方向上的取值非常小，那么这个地形区域的匹配定位结果将很可能沿地形梯度变化较小的方向发生偏移，也就是说地形梯度变化较小的方向将对地形匹配定位精度起到主导作用。

2. 地形匹配定位精度评价指标

　　地形面是一个在下 X-Y 平面内具有方向性的三维曲面，可以通过增加测量波束来提高地形匹配定位的精度。假设已知地形的测量误差为高斯分布 $N(0, \sigma^2)$，一个地形匹配定位精度的评价指标可以由式（4.28）表示，该式实际上表示任意一个方向 e 的 TIC。

$$I_e(X^t) = E\left\{ -\frac{1}{\sigma^2 mn} \sum_{k=1}^{m} \sum_{l=1}^{n} \left[\frac{\partial h_{kl}(\cdot)}{\partial e} \right]^2 \right\} \tag{4.28}$$

式中，e 为一定点（原点）指向任意一个方向的单位向量；m 和 n 分别为地形节点的行数和列数；$h_{kl}(\cdot)$ 为序号为 (k, l)、位置坐标为 (x_{kl}, y_{kl}) 的地形节点在先验地形图中的插值结果；$I_e(X^t)$ 为在任意一个方向 e 上的 TIC；σ^2 为地形测量误差的方差。考虑到地形的梯度变化沿任意方向 e 的取值是不同的，而 e 的取值是不可列的，为了便于计算 $I_e(X^t)$ 的取值和后面的分析研究，有必要对 e 进行离散处理，选取 e 的 8 个典型方向。

　　将式（4.28）离散化表示为式（4.29）。很容易知道 $I_{e_i}(X^t)$ 的逆是 CRLB[18]，这个值可以用于评价地形匹配定位的精度。

$$I_{e_i}(X^t) = -\frac{1}{\sigma^2 mn} \sum_{k=1}^{m} \sum_{l=1}^{n} \left[\hat{h}_{kl}(X^t) - \hat{h}_{kl}(X^t + d \cdot e_i) \right]^2 \tag{4.29}$$

式中，e_i 为 8 个离散方向的单位向量；d 为求解地形梯度时的计算步长。因此，式（4.29）表示地形匹配定位的精度。$I_{e_i}(X^t)$ 的取值越大表示该地形可以获得越高的匹配精度；反之，$I_{e_i}(X^t)$ 的取值越小则可能获得的匹配精度也越低。从式（4.29）中可以很明显地看出，该式的取值受到以下三个因素的影响。

　　（1）地形的梯度变化项 $\hat{h}_{kl}(X^t) - \hat{h}_{kl}(X^t + d \cdot e_i)$。该项的取值越大表明地形匹配定位的精度越高。

　　（2）方向向量 e_i。在选择不同的 e_i 时式（4.29）的取值将会不同，这表示地形匹配定位的结果也将是各向异性的。

　　（3）地形测量误差的统计量 σ。该值表示地形测量误差的量化参数，取值越大表明地形中包含的噪声越大，地形匹配定位的精度越低。

通过前面的分析得到了地形匹配定位精度的影响因素，接下来将进一步分析地形适配性的量化问题。

3. 地形适配性量化指标

根据文献[1]的结论，以 $C_b^{e_i}$ 表示地形匹配定位的 CRLB，则有式（4.30）成立：

$$C_b^{e_i} = [I_{e_i}(X^t)]^{-1} \qquad\qquad (4.30)$$

式中，$C_b^{e_i}$ 为地形匹配定位在 e_i 方向定位偏差的方差下界。该值的大小与定位点的分布概率有关，较大的取值表明该方向的地形匹配定位点集中，不易产生较大的定位偏差，反之则表示该方向上的定位点分散，容易产生较大的定位偏差。

如图 4.19（a）和图 4.19（b）所示，RTM1 和 RTM2 表示两个具有完全不同地形特征的地形图，图 4.19（c）和图 4.19（d）表示分别利用 RTM1 和 RTM2 进行 10 次匹配定位的定位点分布以及 RTM1 和 RTM2 的 8 个方向上 $C_b^{e_i}$ $(i=1,2,\cdots,8)$ 取值，其中 $C_b^{e_i}$ 画在以 GPS 为原点、$C_b^{e_i}$ $(i=1,2,\cdots,8)$ 为极轴长度并以 e_i 为方向的极坐标系中。从图 4.19（a）中可以看到，RTM1 具有很明显的方向性特点，在图中 RTM1 的梯度最小值方向（用黑色箭头标注的方向）上地形变化缓慢。从图 4.19（c）中可以看到，在该方向上的 CRLB 要大于其他方向的取值，而且从 10 次地形匹配定位试验结果的分布也可以看到，定位点沿 $C_b^{e_i}$ 取值较大的方向发生了较大的偏移。而 RTM2 的方向性分布较弱，即 RTM2 在各个方向上的梯度变化差别不大。从图 4.19（d）中可以看到，RTM2 在 8 个方向上的 $C_b^{e_i}$ 没有太明显的区别，10 次地形匹配定位试验的结果分布在 GPS 定位点附近，虽然其分布也有一定的偏移，但是偏移方向不太明显。从以上的分析可以看到，$C_b^{e_i}$ 取值增大［或者说 $I_{e_i}(X^t)$ 的取值减小］将会增加地形匹配定位点发生偏移的概率。

根据以上的分析，将地形 8 个方向的信息量 $I_{e_i}(X^t)(i=1,2,\cdots,8)$ 的最小值定义为地形的信噪比（signal to noise ratio，SNR），SNR 的计算如式（4.31）所示。从这个定义式中可以看到 SNR 是一个具有方向性的参数，在 SNR 的方向上地形匹配定位的偏移概率最大，从地形匹配定位的概率分布函数（似然函数）也可以看到，如图 4.20（a）所示，RTM1 的地形匹配定位似然函数在 SNR 方向上的下降梯度明显要小，其定位概率在 SNR 方向上较大范围内取值较高。图 4.20（b）表示 RTM2 的地形匹配定位似然函数，该似然函数在 SNR 方向上的下降梯度与其他方向相比处于同等水平，其定位概率在 SNR 方向上的分布较均匀。由此，可以通过式（4.31）计算任意一个地形的适配性。

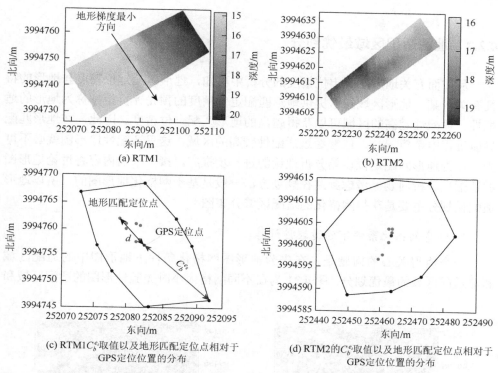

(a) RTM1

(b) RTM2

(c) RTM1 $C_b^{e_i}$ 取值以及地形匹配定位点相对于
GPS 定位位置的分布

(d) RTM2的 $C_b^{e_i}$ 取值以及地形匹配定位点相对于
GPS 定位位置的分布

图 4.19　RTM1 和 RTM2 的 $C_b^{e_i}$ 取值以及通过 RTM1 和 RTM2 匹配定位获得的定位点分布（●）
（GPS 定位点为 *x-y* 坐标系原点位置，*d* 表示定位点的偏移距离）

$$SNR = \min[I_{e_i}(X^t)]$$

$$= \min\left\{-\frac{1}{\sigma^2 mn}\sum_{i=1}^{I}\sum_{j=1}^{J}[\hat{h}_{ij}(X^t)-\hat{h}_{ij}(X^t+d\cdot e_i)]^2\right\} \quad (4.31)$$

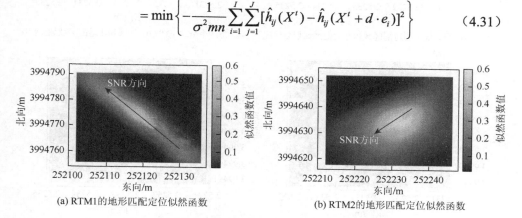

(a) RTM1的地形匹配定位似然函数

(b) RTM2的地形匹配定位似然函数

图 4.20　RTM1 和 RTM2 的地形匹配定位似然函数

4.2.2　地图适配区域最优划分

从前面有关地形匹配定位精度的分析中可知，地形匹配定位精度与地形的特征有关，某一地形区域能够提供地形匹配定位精度的预先评价指标称为地形的适配性。适配性越高的区域可以获得越高的地形匹配定位精度。因此，在地形匹配导航过程中希望 AUV 能够经过适配性较高的区域，这里适配性地形图就必不可少，作为地形匹配定位误差分析理论的进一步推广，接下来的内容将讨论地形图的适配性分析问题。考虑到路径规划方法一般是基于网格化地形图的，所以地形适配性划分主要是获得网格化的适配区域分布图。

1. 任意网格化条件下的适配性计算

一个值得关心的问题是：在先验地形图网格化条件下地形图中的适配区域和非适配区域的最优划分。图 4.21 为在不同网格大小时先验地形图的适配区域和

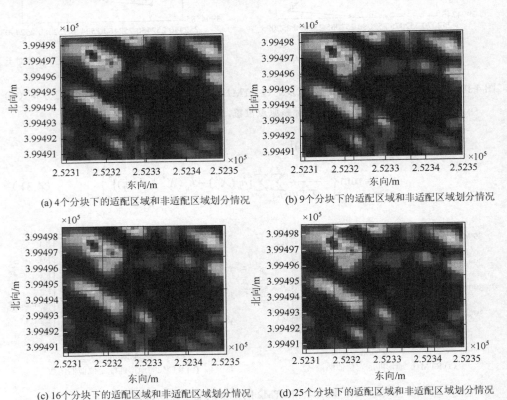

(a) 4个分块下的适配区域和非适配区域划分情况　　　　(b) 9个分块下的适配区域和非适配区域划分情况

(c) 16个分块下的适配区域和非适配区域划分情况　　　　(d) 25个分块下的适配区域和非适配区域划分情况

图 4.21　不同网格大小时先验地形图的适配区域划分示意图

非适配区域的划分情况，图 4.21（a）～图 4.21（d）描述了网格逐渐变小的过程中网格中的适配区域和非适配区域的变化情况。随着网格大小的变化，先验地形图中的适配区域和非适配区域被划分到不同的网格中或者被划分到同一个网格中，而在划分过程中每一个网格的适配性也在发生变化。现在面临的问题是，网格边长是否存在某一个取值使地形图中的适配区域和非适配区域被最优地划分到不同的网格中。

接下来的内容将以如图 4.22 所示的先验地形图为研究对象，首先计算在任意网格大小时地形图的适配性量化结果，具体的步骤描述如下。

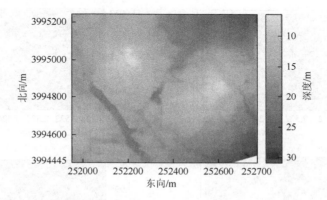

图 4.22　地形适配性划分的先验地形图

（1）根据式（4.32）计算每一个节点 (i, j) 在 8 个方向上的地形信息量，计算结果如图 4.23 所示。

$$\text{PSNR}_{ij}^{e_i} = \frac{1}{\sigma^2}[\hat{h}_{ij}(X^t) - \hat{h}_{ij}(X^t + d \cdot e_i)]^2 \tag{4.32}$$

（2）网格化过程中的网格大小由网格边界上的地形节点个数定义，网格边长的取值区间定义为 $[p_{\min}, p_{\max}]$，其中，$p_{\min}$ 和 $p_{\max}$ 由多波束的条带宽度确定，其取值应该尽量接近多波束条带宽度 b，在本节中取值为 $p_{\min} = 0.75b$、$p_{\max} = 1.25b$。对于某一个编号为 (k, l) 的分块，假设其网格大小为 $p \times p$，这里 p 表示网格边界上的地形节点个数。由此可以得到编号为 (k, l) 的地形网格的地形适配性。

$$I_{e_i}^p(k, l) = -\frac{1}{p^2}\sum_{i=1}^{p}\sum_{j=1}^{p}\text{PSNR}_{ij}^{e_i} \tag{4.33}$$

（3）编号为 (k, l) 的子地形图的适配性 SNR_{kl} 可以由式（4.34）得到

$$\text{SNR}_{kl} = \min[I_{e_i}^p(k, l)] \tag{4.34}$$

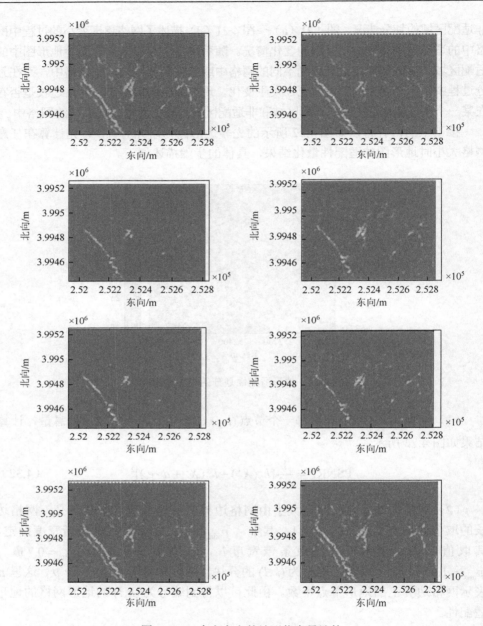

图 4.23　8 个方向上的地形信息量计算

　　假设网格大小为 $p \times p$ 时先验地形图的分块总数为 $K \times L$，其中，K 和 L 分别表示先验地形图的分块行数和列数。由此可以得到分块子地形图大小为 $p \times p$ 时的先验地形图适配性量化矩阵：

$$SNR^p = \begin{bmatrix} SNR_{11} & SNR_{12} & ... & SNR_{1L} \\ SNR_{21} & SNR_{22} & ... & SNR_{2L} \\ \vdots & \vdots & & \vdots \\ SNR_{K1} & SNR_{K2} & ... & SNR_{KL} \end{bmatrix} \tag{4.35}$$

2. 适配区域的最优划分方法

根据前面的分析，对于某一个地形分块 SNR_{kl}，其取值越大，则适配性越高。假设地形分块的大小为 $p \times p$、分块总数为 $K \times L$ 时，所有地形分块子地形图的适配性序列 SNR_{kl} $(k=1,2,\cdots,K;l=1,2,\cdots,L)$ 的均值为 a_1；高适配性分块序列 SNR_{kl} $(k=1,2,\cdots,K_1;l=1,2,\cdots,L_1)$ 的均值为 a_2；低适配性分块序列 SNR_{kl} $(k=1,2,\cdots,K_2;l=1,2,\cdots,L_2)$ 的均值为 a_3，a_1、a_2、a_3 的取值由式（4.36）求得。

$$\begin{cases} a_1 = \dfrac{1}{KL} \sum_{k=1}^{K} \sum_{l=1}^{L} SNR_{kl} \\ a_2 = \dfrac{1}{K_1 L_1} \sum_{k=1}^{K_1} \sum_{l=1}^{N_1} SNR_{kl}, \quad SNR_{kl} < a_1 \\ a_3 = \dfrac{1}{K_2 L_2} \sum_{k=1}^{K_2} \sum_{l=1}^{N_2} SNR_{kl}, \quad SNR_{kl} > a_1 \end{cases} \tag{4.36}$$

图 4.24 为 a_1、a_2、a_3 三个量在数轴上的位置，从左向右适配性逐渐增加，a_2 越接近左侧端点表明非适配区域分块中的地形适配性越低，而 a_3 越接近右侧端点则表明高适配性分块中的地形适配性越高。为了使适配区域和非适配区域尽可能地划分到不同的网格中，要求 a_2、a_3 的取值尽可能地向两端点靠近。用 a^p 表示 a_2 与 a_3 在数轴上的距离，当 a_2 与 a_3 分别向两端点靠近时，a^p 的取值增大，并在最优分割位置取得最大值，定义此时的分块大小为 $p_{optimal} \times p_{optimal}$，到此最优分块的所有参数求解完毕。

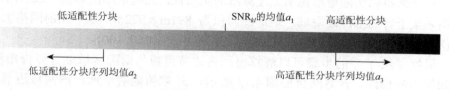

图 4.24　a_1、a_2、a_3 三个量在数轴上的位置

$$a^p = a_3 - a_2 \tag{4.37}$$

综上，地形适配区域最优划分算法描述如下。

算法 1：$[p_{\text{optimal}}]$ = Calculation of the optimal block（$\text{PSNR}_{ij}^{e_i}$）

---

input：$\text{PSNR}_{ij}^{e_i}$

1：for $p = p_{\min} : p_{\max}$ do（p 表示地形分块的大小，以网格数表示）

2：　　$K = \text{floor}(m/p)$，$L = \text{floor}(n/p)$　　（计算地形图的分块行列数 K，L）

3：　　for $k = 1 : K+1$ do

4：　　　　for $l = 1 : L+1$ do

　　　　　　for $e_i = 1 : 8$ do

5：
$$\text{SNR}_{kl}^{e_i} = \frac{1}{p^2} \sum_{i=1}^{p} \sum_{j=1}^{p} (\text{PSNR}_{ij}^{e_i})$$

　　　　　　end for

$$\text{SNR}_{kl} = \max(\text{SNR}_{kl}^{e_i})$$

6：　　　　end for

7：　　end for

8：　　calculate a_1：$a_1 = \dfrac{1}{KL} \sum_{k=1}^{K} \sum_{l=1}^{L} \text{SNR}_{kl}$

9：　　calculate a_2 and a_3：$\begin{cases} a_2 = \dfrac{1}{K_1 L_1} \sum_{k=1}^{K_1} \sum_{l=1}^{N_1} \text{SNR}_{kl}, & \text{SNR}_{kl} < a_1 \\[2mm] a_3 = \dfrac{1}{K_2 L_2} \sum_{k=1}^{K_2} \sum_{l=1}^{N_2} \text{SNR}_{kl}, & \text{SNR}_{kl} > a_1 \end{cases}$

10：　　calculate a^p：$a^p = a_3 - a_2$

11：end for

12：　$a_m^p = \max(a^p)$ （计算 a^p 的最大值）

13：　$p_{\text{optimal}} = \text{find}(p \rightarrow a_m^p)$

14：output：p_{optimal}

接下来将以实际地形说明上述算法的实用性，先验地形图如图 4.22 所示，地形图采集于青岛中沙礁海域，地形图面积为 891m×922m，地形图的网格大小为 1m×1m。假设对该地形图进行分块时的网格区间为[60, 100]。

根据算法 1 中的步骤可以解算出网格边节点数与适配区域划分评价指标 a^p 之间的对应曲线。计算结果如图 4.25 所示，a^p 取值随着子地形图网格边节点数的增加而变化，在子地形图网格边节点数为 87 时取得最大值。最终划分结果如图 4.26 所示。

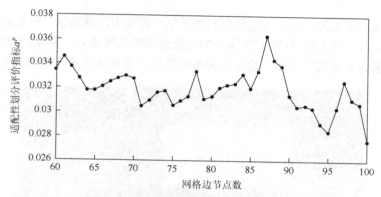

图 4.25　分块的网格边节点数和适配性划分评价指标 a^p 的关系曲线

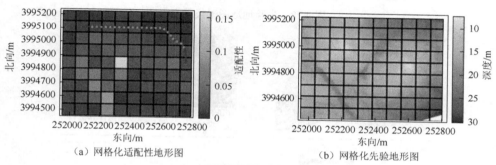

（a）网格化适配性地形图　　　　　　　（b）网格化先验地形图

图 4.26　地形图适配区域划分结果

4.3　不同适配性地形分块的定位精度比较

本小节是试验验证部分，本部分用到的先验地形图为图 4.22 所示的地形图，实时测量地形采用模拟方法从另一幅地形图中通过插值得到。图 4.27 为仿真试验

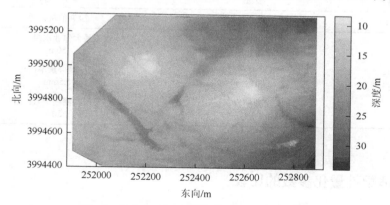

图 4.27　仿真试验中用到的实时测量地形图

中用到的实时测量地形图，该地形图同样采集于青岛中沙礁海域，数据采集时间为 2016 年 10 月。图 4.28 为图 4.27 所示的先验地形图采集地点，图 4.29 表示地形图数据采集的设备及其连接图，地形图采集系统的主要测量设备参数如表 4.2 所示。

图 4.28　先验地形图采集地点

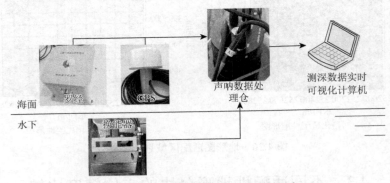

图 4.29　试验过程中的地形图测量设备

表 4.2　地形图采集系统主要测量设备参数

传感器	罗经	测深设备
生产单位	哈尔滨工程大学	康斯伯格公司
设备 参数信息	温度偏差稳定性： 0.05°/h	最大作业水深： 50m
	随机游走： 0.0025°/h	深度分辨率： 1.5mm
	角度分辨率： 9.7×10^{-8}rad	每秒测线个数： 30

4.3.1　适配性量化参数的比较

目前，已经有相当多的地形适配性量化方法，如地形熵、地形高程序列标准差等[19]，这里将以上两种量化方法和本节中的量化方法进行比较，地形熵和地形高程序列标准差的表达式如下。

地形熵（topographic entropy）H：

$$\begin{cases} \bar{z} = \dfrac{1}{mn}\sum_{i=1}^{m}\sum_{j=1}^{n} z_{ij} \\[2mm] c_{ij} = \dfrac{|z_{ij} - \bar{z}|}{\bar{z}} \\[2mm] p_{ij} = \dfrac{c_{ij}}{\sum_{i=1}^{m}\sum_{j=1}^{n} c_{ij}} \\[2mm] H = -p_{ij}\sum_{i=1}^{m}\sum_{j=1}^{n} \log p_{ij} \end{cases} \tag{4.38}$$

式中，地形测量点序列的大小为 $m \times n$；i, j 为地形测量序列节点的索引。

地形高程序列标准差 S：

$$\begin{cases} \bar{z} = \dfrac{1}{mn}\sum_{i=1}^{m}\sum_{j=1}^{n} z_{ij} \\[2mm] S = \sqrt{\dfrac{1}{mn-1}\sum_{i=1}^{m}\sum_{j=1}^{n} (z_{ij} - \bar{z})^2} \end{cases} \tag{4.39}$$

这里采用 RTM1 [图 4.19（a）] 和 RTM2 [图 4.19（b）] 作为比较研究的地形数据。从前面的分析也可看到，RTM1 具有很明显的方向性特征，而 RTM2 的方向性特征不明显，这两块地形的特征是水下地形中常见的。分别计算它们的 SNR、地形熵和地形高程序列标准差三个适配性量化参数，同时采用 RTM1 和 RTM2 为测量地形进行 10 次匹配定位并统计定位偏差的均值和标准差 [RTM1 和 RTM2 的定位结果来自图 4.19（c）和图 4.19（d）]，结果如图 4.30 所示。

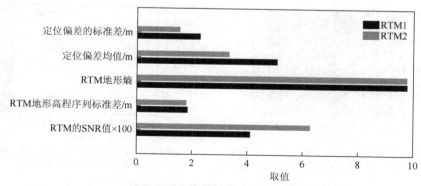

图 4.30　比较 RTM1 和 RTM2 的适配性量化结果和匹配定位精度

从地形匹配定位偏差的均值和标准差统计结果可以看到，RTM1 的定位偏差的均值和标准差都要比 RTM2 的大，说明 RTM1 的适配性量化参数应该比 RTM2 低。从结果可以看到，RTM1 的 SNR 值小于 RTM2 的 SNR 值，而 RTM1 和 RTM2 的地形熵和地形高程序列标准差却几乎相同。这个比较试验说明，SNR 很好地描述了 RTM1 与 RTM2 的适配性，而地形熵和地形高程序列标准差不能描述它们之间适配性的差别，原因在于 SNR 具有描述适配性方向性特征的能力。从前面的分析可以看到，地形的一个重要特征就是方向性，不同方向的地形特征不同，而与地形特征直接相关的适配性也会不同。地形熵和地形高程序列标准差是一个统计量，无法描述这种地形特征的方向性。从 RTM1 和 RTM2 的实际地形图中也可以看到，RTM1 和 RTM2 均具有较强的起伏，但 RTM1 在 SNR 方向上的变化不太明显。

4.3.2　不同测量误差条件下的定位精度比较

模拟的实时测量地形图由图 4.27 通过插值的方法获得，图 4.22 和图 4.27 的测量地点是一样的，但是测量时间不同，所以使用图 4.27 作为模拟的测量地形是合理的。

选择适配性有明显差别的几个区域，如图 4.31（a）所示，灰色方框内的地形区域 A 和 B 的适配性均值为 0.007，白色方框内的地形区域 C 的适配性均值为 0.019。区域 A 和 B 为低适配性区域，在区域 A 和 B 规划了三条航线和 7 个规划匹配位置。区域 C 为高适配性区域，在该区域规划了 1 条航线和 6 个规划匹配位置。根据图 4.31（a）中的规划路径在图 4.27 所示的地形中进行插值，模拟测量地形的条带宽度为 81 个脚点，脚点间距为 1m。图 4.31（b）表示在图 4.27 中通过插值获得的 a、b、c 三个区域的插值地形。

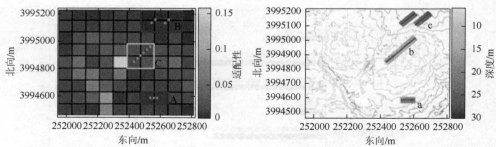

(a) DEM的适配性地形图［高适配性区域(C)、低适配性区域(A,B)以及规划匹配位置的地形匹配定位点(●)］

(b) DEM的等值线地形图［规划的测量路线(—)以及插值得到的测量地形图］

图 4.31　仿真试验中用到的数据

　　为了比较高适配性区域和低适配性区域在不同误差条件下的定位精度，对比试验的设计如下：

　　（1）图 4.31（a）中的区域 C 定义为高适配性区域，将区域 A、B 定义为低适配性区域；图 4.31（b）中的插值地形 c 为高适配性区域的模拟测量地形，a、b 表示低适配性区域的插值地形。

　　（2）以如图 4.31（a）所示的规划匹配位置的地形匹配定位点（●）为搜索原点，搜索区间的大小为 50m×50m。为了模拟不同的测量噪声条件，在模拟测量地形中加入测量误差，分别为 $\sigma=0.4$ 和 $\sigma=0.9$。

　　（3）在两种测量误差（$\sigma=0.4$ 和 $\sigma=0.9$）条件下分别进行 10 次定位试验，两种条件下定位偏差的均值和方差作为精度对比。

　　最终得到的地形匹配定位精度的统计结果如图 4.32 和图 4.33 所示。

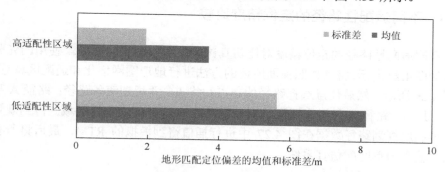

图 4.32　当测量误差为 $\sigma=0.4$ 时高适配区域（SNR = 0.019）和低适配区域（SNR = 0.007）的地形匹配定位精度比较

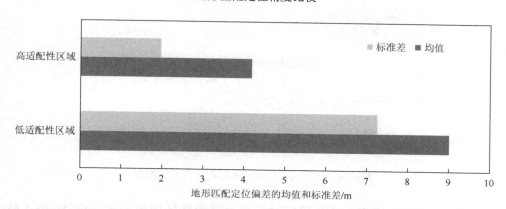

图 4.33　当测量误差为 $\sigma=0.9$ 时高适配区域（SNR = 0.019）和低适配区域（SNR = 0.007）的地形匹配定位精度比较

　　从图 4.32 和图 4.33 的定位统计结果可以看到，当地形分块的适配性为

SNR = 0.019，测量误差为 σ=0.4 时，地形匹配定位的偏差均值为 3.69m，定位偏差的标准差为 1.93m。当地形分块的适配性为 SNR = 0.019，测量误差为 σ=0.9 时，地形匹配定位的偏差均值为 4.18m，定位偏差的标准差为 1.96m，定位偏差的均值增加了 13.3%，标准差增加了 1.6%。当地形分块的适配性为 SNR = 0.007，测量误差为 σ=0.4 时，地形匹配定位的偏差均值为 8.13m，定位偏差的标准差为 5.62m；当地形分块的适配性为 SNR = 0.007，测量误差为 σ=0.9 时，地形匹配定位的偏差均值为 9m，定位偏差的标准差为 7.25m，定位偏差的均值增加了 9.7%，标准差增加了 29%。在低适配性区域测量误差对定位精度的影响要高于高适配性区域，这主要表现在低适配性区域测量误差的增加将导致明显的定位偏差的均值和测量误差，尤其是定位偏差的方差增加量要远高于高适配性区域。

4.3.3 不同适配性路径的定位精度比较

不同适配性路径的定位精度对比仿真试验过程如图 4.34 所示。使用的先验地形图如图 4.27 所示，将其按照前面所述的方法进行地形图网格化和适配区域划分，如图 4.26 所示。然后任意选择路径的起点和终点，并规划两条路径：路径 A 和路径 B。其中，路径 A 经过高适配性区域而路径 B 经过低适配性区域。得到规划路径后再利用规划路径数据在图 4.27 中进行插值得到模拟的 RTM，最后将所有模拟数据输入地形匹配仿真系统。

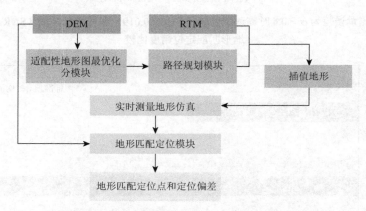

图 4.34 仿真试验中的地形匹配定位系统框图

图 4.35（a）为连接起点和终点并经过高适配性区域的规划路径 A，图 4.35（b）表示将路径 A 绘制在适配性地形图中。同样地，图 4.35（c）为连接起点和终点并经过低适配性区域的规划路径 B，图 4.35（d）表示将路径 B 绘制在适配性地形图中。

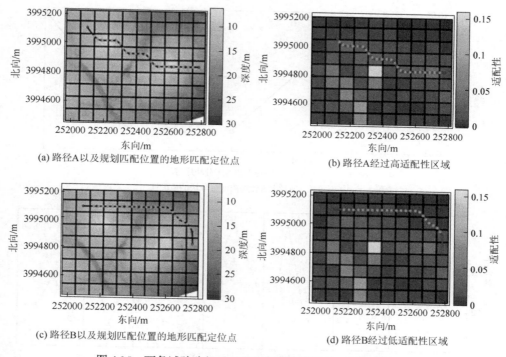

(a) 路径A以及规划匹配位置的地形匹配定位点

(b) 路径A经过高适配性区域

(c) 路径B以及规划匹配位置的地形匹配定位点

(d) 路径B经过低适配性区域

图 4.35 两条试验路径以及规划匹配位置的地形匹配定位点

图 4.36 表示经过高适配性区域的路径 A 的地形匹配定位结果。图 4.36（a）表示规划匹配位置的地形匹配定位点（●）以及实时测量地形。路径 A 经过的地形分块的 SNR 取值见图 4.36（b），可以看到，规划匹配位置的 SNR 取值均高于 0.02。图 4.36（c）为各个地形规划匹配位置的地形匹配定位偏差，可以看到，所有的定位偏差均小于 6.5m。

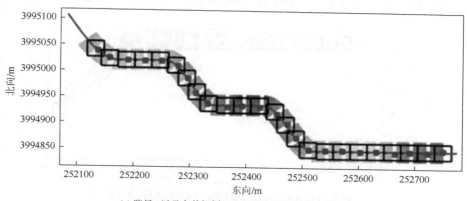

(a) 路径A以及在其规划匹配位置获得测量地形和地形匹配定位点

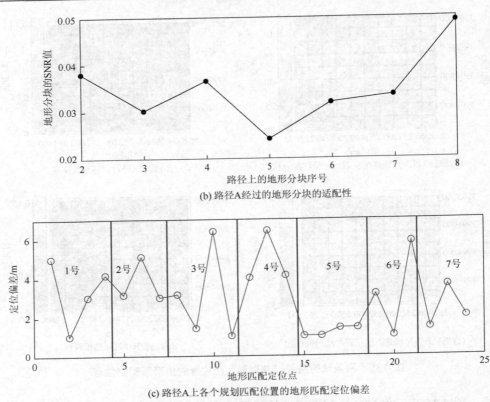

(b) 路径A经过的地形分块的适配性

(c) 路径A上各个规划匹配位置的地形匹配定位偏差

图 4.36　经过高适配性区域的路径 A 的地形匹配定位结果

图 4.37 表示经过低适配性区域的路径 B 的地形匹配定位结果。图 4.37（a）表示规划匹配位置的地形匹配定位点（●）及其对应的实时测量地形。路径 B 经过的地形分块的 SNR 取值见图 4.37（b），可以看到，规划匹配位置的 SNR 取值均低于 0.02。图 4.37（c）绘出各个地形规划匹配位置的地形匹配定位偏差，可以

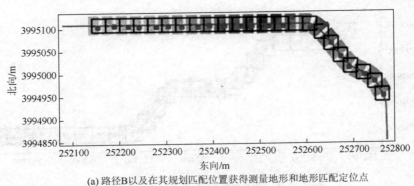

(a) 路径B以及在其规划匹配位置获得测量地形和地形匹配定位点

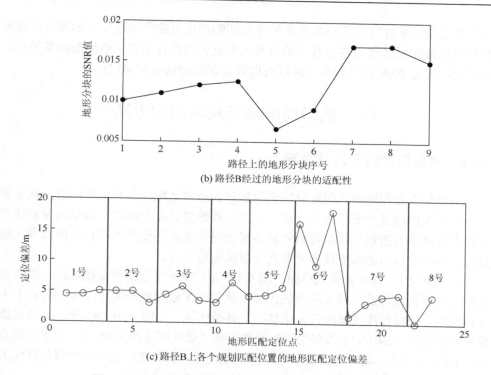

(b) 路径B经过的地形分块的适配性

(c) 路径B上各个规划匹配位置的地形匹配定位偏差

图 4.37　经过低适配性区域的路径 B 的地形匹配定位结果

看到，在 5 号和 6 号分块内部地形匹配定位结果出现了较大的偏差，路径 B 上获得的地形匹配定位结果稳定性要比路径 A 的差。

图 4.38 为 A 和 B 两条路径上的地形匹配定位点的定位精度和稳定性比较。可以看到经过高适配性区域的路径 A 上的地形匹配定位点获得的定位点偏差均值要比经过低适配性区域的路径 B 上的地形匹配定位点获得的定位点偏差均值小。

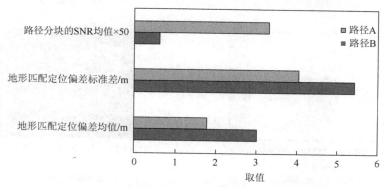

图 4.38　高适配性路径和低适配性路径的地形匹配定位精度比较

而且经过高适配性区域的路径 A 上的地形匹配定位点获得的定位点偏差标准差要比经过低适配性区域的路径 B 上的地形匹配定位点获得的定位点偏差标准差小。这说明，经过 SNR 取值较高的区域可以提高定位的精度和稳定性。

4.4　地形局部畸变及其识别方法

4.4.1　地形局部畸变及其影响

本节重点分析地形匹配定位的误差估计和地形适配性分析两个问题，从中可知地形匹配的精度主要受地形特征（梯度）和测量误差的影响。地形测量和插值过程中各种误差的耦合作用导致测量地形相对于先验地形产生了较大的畸变，所以地形匹配定位点的匹配残差并非完全服从高斯分布。

图 4.39（a）表示先验地形图，图 4.39（b）表示对应的测量地形图，图中椭圆标注区域是地形发生较大畸变的区域，从其匹配残差地形图 ［图 4.39（c）］中可以看到，椭圆标注区域的残差明显高于其他区域。如图 4.39（d）所示，通过测量地形图 ［图 4.39（b）］得到的似然函数出现了误匹配 ［图 4.39（d）中黑色圆点表示 GPS 定位点，灰色圆点表示地形匹配定位点，实线表示地形匹配置信区间］。

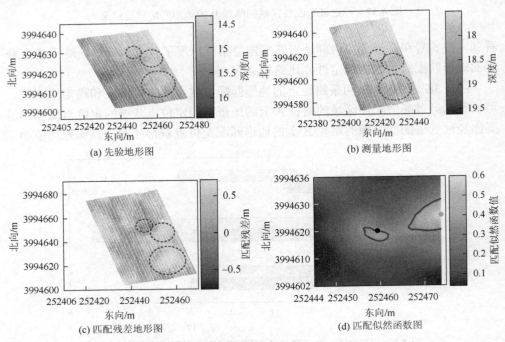

图 4.39　水下地形测量中的地形局部畸变现象和误匹配

这里定义这些畸变较大区域内的地形测量点为无效测量点，无效测量点包含错误的地形高程信息，这些错误的地形高程信息容易导致地形匹配的似然函数出现伪波峰和误匹配。下面将讨论这些局部畸变测量点的识别及剔除问题，通过识别及剔除测量地形中的畸变测点，提高地形匹配定位的精度和稳定性。这里先讨论利用脉冲耦合神经网络识别算法筛选有效测量点。

与单波束测量设备（图 4.40）相比，地形匹配导航中常用的地形测量设备为多波束声呐（图 4.41），其可以在一个航迹段内获取一个地形面数据，地形匹配实际上就是在 DEM 中寻找与 RTM 相似性最高的插值地形。

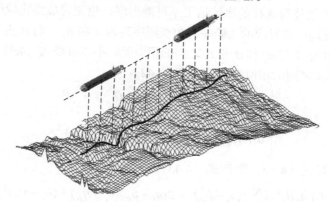

图 4.40　单波束测量 AUV 路径下的地形面

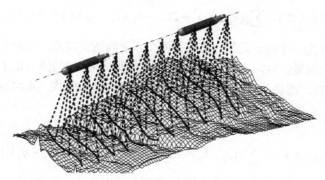

图 4.41　多波束测量 AUV 路径下的地形面

假设有两个地形高程向量 $A = a_i + \delta_i$ 和 $B = b_i + \eta_i$，通常是通过计算两个地形高程向量间的距离得到相似度的度量关系，向量 A 和 B 的距离表示如式（4.40）所示：

$$d(A,B) = \left\{ \sum_{i=1}^{n} [(a_i + \delta_i) - (b_i + \eta_i)]^2 \right\}^{1/2} \tag{4.40}$$

设向量 A 是当前的观测向量，向量 B 是先验样本中的一个向量。向量 B 的集合用 $B_k (k = 1, 2, \cdots, m)$ 表示，现在要判断 A 为哪一个样本的观测值就是计算观测向量 A 与 B_k

中哪一个向量更相似，将向量 B_k 代入式（4.40）向量 B 得到 m 个相似度。

$$d_k(A, B_k) = \left\{ \sum_{i=1}^{n} [(a_i + \delta_i) - (b_{ki} + \eta_{ki})]^2 \right\}^{1/2} \tag{4.41}$$

实际上，在地形匹配定位中同样是通过计算两个向量间的距离来获得两个测量点地形和搜索点地形之间的相似度，当 B_k 表示先验地形图中存储的节点序列高程、A 表示 AUV 实时测量的地形图时，整个比较过程就是 AUV 搜索最佳定位点的过程。然而，前面的计算过程是存在疑问的，如果不考虑先验样本和观测量的测量误差，那么最终的比较结果是同一个测量点的先验值和测量值具有最小距离，且距离为 0。然而，误差的出现使得这样的比较结果不可能出现，也使得最终比较结果可能并不是准确的。假设同一点对应的先验序列和观测序列为 A 和 B_j，而 B_l 为与观测值接近的先验序列，计算 A 与 B_j 和 A 与 B_l 之间的相似度。不妨省略式（4.41）中的开方将 A 与 B_j 和 A 与 B_l 之间的相似度表示成式（4.42）：

$$\begin{cases} d_j(A, B_j) = \sum_{i=1}^{n} [(a_i + \delta_i) - (b_{ji} + \eta_{ji})]^2 \\ d_l(A, B_l) = \sum_{i=1}^{n} [(a_i + \delta_i) - (b_{li} + \eta_{li})]^2 \end{cases} \tag{4.42}$$

进一步展开式（4.42）得到式（4.43）：

$$\begin{cases} d_j(A, B_j) = \sum_{i=1}^{n} [(a_i - b_{ji})^2 - 2(a_i - b_{ji})(\delta_i - \eta_{ji}) + (\delta_i - \eta_{ji})^2] \\ d_l(A, B_l) = \sum_{i=1}^{n} [(a_i - b_{li})^2 - 2(a_i - b_{li})(\delta_i - \eta_{li}) + (\delta_i - \eta_{li})^2] \end{cases} \tag{4.43}$$

式中，$(a_i - b_{ji})$ 为一个确定的量，其值是两个点之间的高度差，当两个比较项是同一个点的先验值和测量值时，该值是 0；而后面的两项 $2(a_i - b_{ji})(\delta_i - \eta_{ji}) + (\delta_i - \eta_{ji})^2$ 为测量误差相关项。根据以上分析，式（4.43）进一步写成式（4.44）：

$$\begin{cases} d_j(A, B_j) = \sum_{i=1}^{n} (\delta_i - \eta_{ji})^2 \\ d_l(A, B_l) = \sum_{i=1}^{n} [(a_i - b_{li})^2 - 2(a_i - b_{li})(\delta_i - \eta_{li}) + (\delta_i - \eta_{li})^2] \end{cases} \tag{4.44}$$

假设误差 δ 和 η 是服从同分布的高斯噪声，则 $\delta - \eta = \xi$ 与 δ、η 同分布。设两个匹配序列的偏差为 Δh，把式（4.44）简写成式（4.45）：

$$\begin{cases} d_j(A, B_j) = \sum_{i=1}^{n} \xi_j^2 \\ d_l(A, B_l) = \sum_{i=1}^{n} (\Delta h_{li}^2 - 2\Delta h_{li} \xi_l + \xi_l^2) \end{cases} \tag{4.45}$$

式（4.45）表示两个先验序列与测量序列之间的相似度比较，其中，B_j 序列与测量序列为同一样本点的值，所以应有如式（4.46）所示的不等式成立：

$$d_j(A, B_j) < d_l(A, B_l) \tag{4.46}$$

式（4.45）中有噪声项 ξ 使得确定值 Δh 的信息被掩盖，两个值的大小关系难以确定甚至有出现错匹配的可能，图 4.42 描述噪声点对匹配过程的影响。正是这一项的存在使得匹配出现偏差，真实匹配定位点难以与邻近点区分，也就是说很难通过 $d_j(A, B_j)$ 与 $d_l(A, B_l)$ 的大小来判断测量序列 A 对应的先验序列。这个例子说明了地形匹配定位的伪波峰和误匹配产生的原因，序列 A 如同实时的地形测量序列，B_j 是测量序列 A 对应的先验地形序列，而 B_l 如同先验地形中与地形区域 B_j 相似的地形序列。上例中误匹配的产生正是因为测量地形中存在畸变，从而导致产生了错误的地形高程信息。

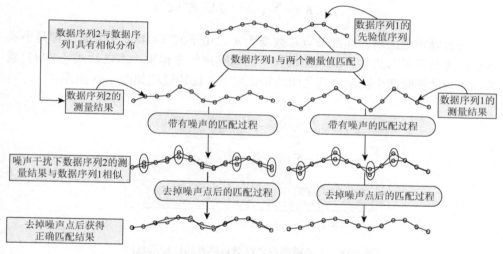

图 4.42　测量误差对匹配结果的影响示意图

如果 $\Delta h \gg \xi$，则可确定关系式（4.46）仍然成立，若 $\Delta h \approx \xi$ 或者 $\Delta h = \xi$，则情况就不一样了，甚至出现相反的情况。如何对式（4.45）进行有效的区分是正确匹配的关键，考虑到影响式（4.45）区分的主要因素是较大的噪声项，取式（4.45）中的两个典型节点 x_1 和 x_2 进行分析，x_1 满足条件 $\Delta h > \xi$，而 x_2 满足条件 $\Delta h \leqslant \xi$。实际上 x_1 携带更多真实的信息而 x_2 所携带的信息远小于 x_1，在这里称其为噪声点，若同时利用 x_1 和 x_2 进行匹配定位，则势必会导致整个地形序列的信息量较 x_1 要少。如果有某种方法可以把 $\Delta h \leqslant \xi$ 和 $\Delta h > \xi$ 的点分开，则式（4.45）可以写成式（4.47）的形式：

$$\begin{cases} d_j(A, B_j) = \sum_{i=1}^{n_1} \xi_j^2 + \sum_{i=n_1}^{n} \xi_j^2 \\ d_l(A, B_l) = \sum_{i=1}^{n_1} (\Delta h_{li}^2 + 2\Delta h_{li}\xi_i + \xi_l^2) + \sum_{i=n_1}^{n} (\Delta h_{li}^2 + 2\Delta h_{li}\xi_i + \xi_l^2) \end{cases} \tag{4.47}$$

其中，$\Delta h > \xi$ 的项全部包含在 $\sum\limits_{i=1}^{n_1}$ 的求和项中，$\Delta h \leqslant \xi$ 的项全部包含在 $\sum\limits_{i=n_1}^{n}$ 的求和项中。由于 $\sum\limits_{i=n_1}^{n}$ 中包含的求和项都是噪声较大的点，所以该项提供的定位信息可靠性极低，而且很可能会导致错误的匹配结果，这也是地形匹配过程中产生误匹配的原因。考虑到该项包含了错误的地形高程信息，为了使匹配结果达到最优，该噪声项应该被剔除，可得

$$\begin{cases} d_j(A, B_j) = \sum\limits_{i=1}^{n_1} \xi_j^2 \\ d_l(A, B_l) = \sum\limits_{i=1}^{n_1} (\Delta h_{li}^2 + 2\Delta h_{li}\xi_l + \xi_l^2) \end{cases} \tag{4.48}$$

去掉噪声项之后的匹配节点总数变为 n_1。由于式（4.48）中包含的都是小噪声点，也就是说节点的匹配残差远大于测量噪声，去掉噪声点之后式（4.48）就可以正确地判断两个匹配序列之间的相似度了。比较过程如图 4.43 所示。

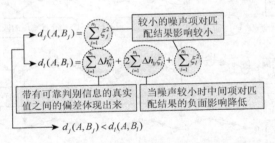

图 4.43　去掉噪声点之后节点序列的比较示意图

4.4.2　有效地形测量点的脉冲耦合神经网络筛选算法

接下来的研究主要借鉴图像噪声处理的有关知识，并结合地形匹配过程中的噪声点干扰问题研究利用脉冲耦合神经网络识别和剔除畸变较大的测量点再进行匹配定位。实际上利用脉冲耦合方法进行节点筛选就是考虑"面地形"上节点之间的相互耦合，这一点与测量地形的畸变形成有相似之处。由于测量过程中获得的主要是地形的散点信息，这些散点就是"面地形"的采样点，在地形图的成图过程中需要进行插值。该过程中各个测量点的误差会在插值点之间传播，测量地形的误差不再独立，而是与局部区域内的测量点误差形成耦合误差，一些测量误差较大的点将导致局部区域产生较大的畸变。本节将利用脉冲耦合神经网络处理耦合问题的优势进行畸变测量点的识别和剔除。

1. 有效地形测量点的脉冲耦合神经网络筛选原理

采用脉冲耦合神经网络筛选算法对测量点进行筛选处理的整个匹配过程分为两步：①利用初次匹配结果获取匹配定位点的残差矩阵，再利用脉冲耦合神经网络进行有效测量点的筛选，得到测量点的有效性矩阵；②利用有效性矩阵进行二次匹配定位并输出结果，整个算法的处理过程如图 4.44 所示。

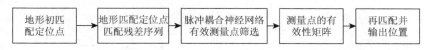

图 4.44　脉冲耦合神经网络测量点筛选与匹配过程

脉冲耦合神经网络的输入值是一个二维的矩阵。假设 RTM 已经在初次匹配中获得了定位点 X^p 的匹配残差 Δh^p，则首先利用式（4.49）对残差进行归一化得到节点归一化似然度 E_{ij}：

$$E_{ij} = \frac{1}{2\pi\sigma^p} \exp\left[-\frac{1}{2(\sigma^p)^2}(\Delta h_{ij}^p - t^p)^2 \right] \tag{4.49}$$

式中，Δh_{ij}^p 为索引号是 (i, j) 的地形匹配定位点匹配残差且 $\Delta h_{ij}^p \in \Delta h^p$；$t^p$ 为初匹配的潮差估计；σ^p 为匹配的残差标准差估计。

根据式（4.49）得到匹配残差的每一个节点的归一化似然度矩阵，矩阵中的每一个元素代表 DEM 中搜索区域内的节点与相应的 RTM 中节点的似然度，其取值在 [0, 1]。将这个矩阵输入脉冲耦合神经网络中进行有效测量点筛选处理，最终得到节点有效性输出矩阵。若输出结果是"1"，则表示噪声较小，该点是有效测量点；若输出结果是"0"，则表示该点为畸变点，不可用于匹配定位。实际上脉冲耦合神经网络的作用就是处理这个似然度矩阵，判断矩阵中哪些点是似然度高的，并且判断这些点的似然度哪些真实地反映了节点的似然度，在比较和筛选的过程中脉冲耦合神经网络通过将节点的似然度向周围节点传播，影响周围节点的似然度。图 4.45 描述脉冲耦合神经网络中节点似然度在网络节点间的传播，每一次迭代中各个节点的似然度传播都将影响周围节点的似然度。

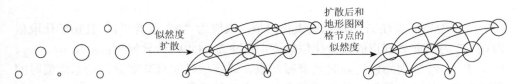

图 4.45　脉冲耦合神经网络中节点似然度的传播

　　科研人员借鉴现有的脉冲耦合神经网络模型[20,21]，并结合地形匹配的特点提出脉冲耦合神经网络有效测量点筛选模型。图 4.46 为脉冲耦合神经网络有效测量点筛选模型，其中实心点表示脉冲耦合神经网络测量点有效性筛选过程中的当前处理节点，空心点表示与当前处理节点有耦合关系的点，处理当前点 (i,j) 时除了输入当前点的归一化似然度 E_{ij} 外，还要输入其连接点的归一化似然度 E_{ijkl}。

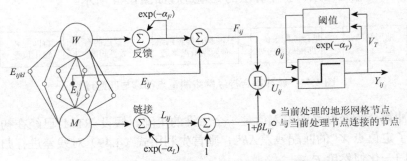

图 4.46　脉冲耦合神经网络有效测量点筛选模型

　　图 4.47 表示脉冲耦合神经网络有效测量点判定中的耦合模型和耦合权重。该模型中当前点 (i,j) 的连接点一共有 8 个，即在其周围与其紧相邻的 8 个点，所以 $(k,l) \in \{(1,1),(1,2),(1,3),(2,1),(2,2),(2,3),(3,1),(3,2),(3,3)\}$。耦合模型中的耦合权重如图 4.47 中的 M_{ij} 和 W_{ij} 权重矩阵所示。图 4.46 所示脉冲耦合神经网络模型中的参数计算可通过式（4.50）获得。

$$\begin{cases} F_{ij}[n] = \mathrm{e}^{-\alpha_F} F_{ij}[n-1] + E_{ij} + V_F \sum_{kl} M_{ijkl} Y_{kl}[n-1] \\[2mm] L_{ij}[n] = \mathrm{e}^{-\alpha_L} L_{ij}[n-1] + V_L \sum_{kl} W_{ijkl} Y_{kl}[n] \\[2mm] U_{ij}[n] = F_{ij}[n](1 - \beta L_{ij}[n]) \\[2mm] Y_{ij}[n] = \begin{cases} 1, & U_{ij}[n] > \theta_{ij}[n] \\ 0, & \text{其他} \end{cases} \\[2mm] \theta_{ij}[n] = \mathrm{e}^{-\alpha_\theta} \theta_{ij}[n-1] + V_\theta Y_{ij}[n] \end{cases} \quad （4.50）$$

　　式中，Y_{ij} 为当前点 (i,j) 的筛选结果输出值，取值为 "0" 或者 "1" 且初始化取值为 0；E_{ij} 为当前处理点的归一化似然度，通过式（4.49）计算得到；α_F、α_L、α_θ、V_F、V_L、V_θ 分别为馈送项时间衰减常数、连接项时间衰减常数、动态阈值时间衰减常数、馈送项常数、连接项常数、动态阈值常数。

$\frac{1}{8}$	$\frac{1}{8}$	$\frac{1}{8}$
$\frac{1}{8}$	0	$\frac{1}{8}$
$\frac{1}{8}$	$\frac{1}{8}$	$\frac{1}{8}$

M_{ij}

$\frac{1}{8}$	$\frac{1}{8}$	$\frac{1}{8}$
$\frac{1}{8}$	0	$\frac{1}{8}$
$\frac{1}{8}$	$\frac{1}{8}$	$\frac{1}{8}$

W_{ij}

（左图节点：E_{ij11}　E_{ij12}　E_{ij13}　E_{ij21}　E_{ij}　E_{ij23}　E_{ij31}　E_{ij32}　E_{ij33}）

图 4.47　脉冲耦合神经网络有效测量点判定中的耦合模型和耦合权重

　　基于脉冲耦合神经网络的有效测量点筛选示意图如图 4.48 所示。初匹配获得定位点 X^p 和残差矩阵 Δh^p 及最终获得测量地形节点的点火矩阵，该矩阵为 "0" 或 "1" 参数的矩阵，其中，"1" 表示节点的似然度超过动态阈值，"0" 表示节点的似然度没有超过动态阈值。根据前面的描述，若测量地形中节点与先验地形图中的测量点的似然度超过阈值，则表明该点的测量值与先验地形图中的测量值差别太大，该点产生了较大的畸变并被脉冲耦合神经网络标记为无效的测量点。因此，有式（4.51）成立：

$$\begin{cases} Y_{ij} = \lambda_{ij} \\ i = 1, 2, \cdots, m, \quad \lambda_{ij} \in \lambda, \quad \begin{cases} \lambda_{ij} = 0, & \Delta h_{ij}^p > 3\sigma^p \\ \lambda_{ij} = 1, & \Delta h_{ij}^p \leq 3\sigma^p \end{cases} \\ j = 1, 2, \cdots, n \end{cases} \tag{4.51}$$

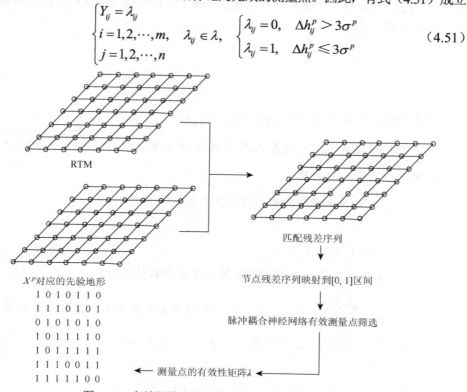

RTM

匹配残差序列

X^p 对应的先验地形

```
1 0 1 0 0 1 1 0
1 1 1 0 1 0 1
0 1 0 1 0 1 0
1 0 1 1 1 1 0
1 0 1 1 1 1 1
1 1 1 0 0 1 1
1 1 1 1 1 1 0 0
```

节点残差序列映射到[0, 1]区间

脉冲耦合神经网络有效测量点筛选

测量点的有效性矩阵λ

图 4.48　有效测量点的脉冲耦合神经网络筛选示意图

式中，Δh_{ij}^p 为测量地形某一个分块中索引为 (i, j) 的地形节点的地形匹配定位残差；σ^p 为地形匹配定位点的测量误差标准差估计。根据式（4.51）可以得到关于测量点的有效性矩阵 λ，在获得测量点有效性矩阵后再进行测量点筛选匹配定位。

有效测量点的脉冲耦合神经网络筛选匹配定位算法伪代码如下。

RTM：实时测量地形图 (X_m, Y_m, Z_m)；

DEM：先验地形图；

m：实时测量地形的行数；

n：实时测量地形的列数；

S_x：搜索点 X 坐标矩阵，$x_{ij} \in S_x$；

S_y：搜索点 Y 坐标矩阵，$y_{ij} \in S_y$；

I：搜索点 X 和 Y 坐标矩阵的行数；

J：搜索点 X 和 Y 坐标矩阵的列数；

```
for r=1 to I
    for t=1 to J
```

根据 4.1.1 节式（4.7）的算法计算索引号为 (r, t)、坐标为 (x_{rt}, y_{rt}) 的搜索点的似然函数 L_{rt}；

```
        end

    end
```

计算地形匹配定位点，X^p=arg max(L_{rt})；

计算初次匹配定位点的残差 Δh^p，标准差 σ^p，潮差 t^p，$\Delta h^p = Z_m - h(X^p)$；

对匹配残差进行归一化处理；

```
while iter≤N(N表示脉冲耦合神经网络的迭代次数)
    for i=1 to m
        for j=1 to n
```

利用脉冲耦合神经网络计算测量点有效性矩阵；

if $\sum\limits_{i=1}^{m}\sum\limits_{j=1}^{n} Y_{ij} < a \cdot m \cdot n$;break;（如果有效测量点总数小于测量点

总数的 α 倍，则退出迭代，α 的取值人为设定，一般为 $\alpha \in [0.5, 0.65]$）

```
            end
        end
```

```
      end
end
for r=1 to I
    for t=1 to J
```

根据 $S_{rt} = \sum\limits_{i=1}^{m}\sum\limits_{j=1}^{n} \lambda_{ij} \cdot (h_{ij} - z_{ij} - t^P)^2$ 计算索引号为 (r,t)、坐标为 (x_{rt}, y_{rt}) 的

匹配残差平方和函数 S_{rt}；

根据 $L_{rt} = \dfrac{1}{2\pi\sigma^P}\exp\left[-\dfrac{S_{rt}}{2\,(\sigma^P)^2}\right]$ 计算似然函数 L_{rt}；

```
    end
end
```

计算经过有效测量点筛选后的地形匹配定位点 $X^P = \arg\max(L_{rt})$。

2. 有效地形测量点脉冲耦合神经网络筛选试验

试验区域的先验地形图位于青岛中沙礁海域，先验地形图如图 4.22 所示。实时地形图的采集利用如图 4.29 所示的测深设备，试验中 GPS 定位航迹、DR 定位航迹、规划匹配位置的 GPS 定位点和 DR 定位点标记如图 4.49 所示，规划匹配位置的测量地形则在图 4.50 中绘出。

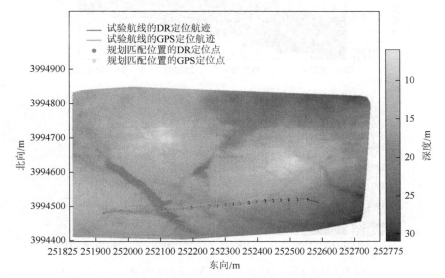

图 4.49　试验路线以及规划匹配位置

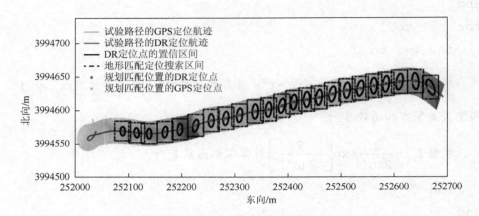

图 4.50　规划匹配位置的测量地形

图 4.51 为经过脉冲耦合神经网络地形有效测量点筛选后获得的匹配定位似然函数云图、规划匹配位置的 GPS 定位点、规划匹配位置的地形匹配定位点、地形匹配定位置信区间边界。

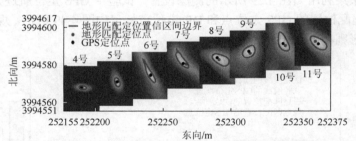

(a) 有效测量点筛选前4～11号规划匹配位置的地形匹配定位置信区间估计

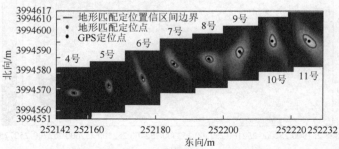

(b) 有效测量点筛选后4～11号规划匹配位置的地形匹配定位置信区间估计

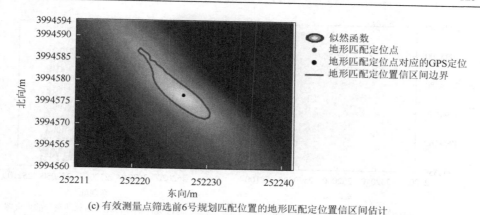

(c) 有效测量点筛选前6号规划匹配位置的地形匹配定位置信区间估计

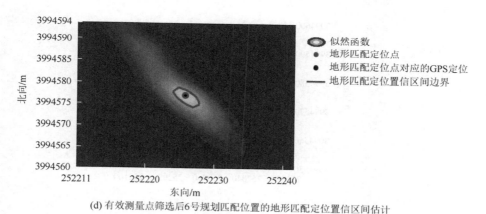

(d) 有效测量点筛选后6号规划匹配位置的地形匹配定位置信区间估计

图 4.51 测量点筛选前后的似然函数和置信区间边界比较

其中，图 4.51（b）表示进行脉冲耦合神经网络有效测量点筛选的情况下，4～11 号规划匹配位置的地形匹配定位结果，与图 4.51（a）对比可以看到，经过有效测量点筛选后地形匹配定位似然函数的下降梯度明显增加，而且地形匹配定位置信区间也明显减小。图 4.51（d）表示 6 号规划匹配位置在有效测量点筛选后的地形匹配似然函数和置信区间，对比图 4.51（c）可以从似然函数云图中明显看到，经过有效测量点筛选后地形匹配似然函数的下降梯度增加了，且地形匹配置信区间明显减小了。

图 4.52（a）表示匹配残差图，图 4.52（b）表示利用脉冲耦合神经网络算法获得的点火图（节点有效性的标记图），图 4.52（c）表示经过有效测量点筛选后的匹配残差图。

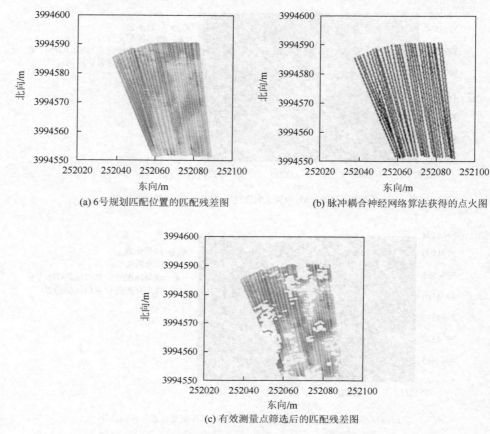

(a) 6号规划匹配位置的匹配残差图

(b) 脉冲耦合神经网络算法获得的点火图

(c) 有效测量点筛选后的匹配残差图

图 4.52 采用脉冲耦合神经网络方法获得的匹配结果

图 4.53 表示经过脉冲耦合神经网络有效测量点筛选后的地形匹配残差图及其直方图统计，从图 4.53 中可以看到，脉冲耦合神经网络删除了部分匹配残差较小

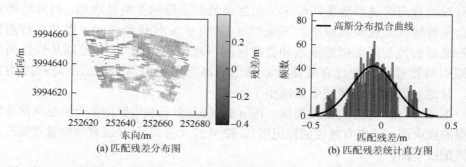

(a) 匹配残差分布图

(b) 匹配残差统计直方图

图 4.53 采用脉冲耦合神经网络进行有效测量点筛选后的地形匹配残差及其直方图统计

的测量点。从图 4.53 中筛选后的残差直方图统计结果中可以看到，很多位于–0.25 和 0.2 附近的残差节点被识别为无效测量点，这主要是由脉冲耦合神经网络的耦合作用造成的。

4.5　考虑残差分布的无效闭环检测判别算法

4.5.1　残差的频域判别法

海底地形较为平坦，且多波束声呐的测绘效果易受海洋环境和载体运动的影响，导致无效闭环频繁出现。在基于模板匹配的闭环检测中，方均偏差（mean square derivation，MSD）算子作为一种统计量被用来反映两个子地形图的相似程度。然而，该算法仅考虑了两块子地形图在重叠区域地形高程残差的平均值，而忽略了残差的分布等其他的统计学特性，这恰恰是很多错误地形匹配产生的原因。另外，在闭环检测过程中，为了降低无效闭环在所有检测出的闭环中的比例，需要把 MSD 阈值设定为尽可能小的值。然而，较小的 MSD 阈值意味着只能检测到更少的闭环，这会降低位姿图优化所能取得的效果。相对而言，如果能够实时地识别出所有的无效闭环，就可以将 MSD 阈值放大，从而检测出更多的闭环，位姿图优化的效果也会相应提高。所以，在 BSLAM 中实时检测出所有的无效闭环是十分必要且重要的。

在本节中，提出一种考虑地形高程残差在频域和空间中分布的无效闭环检测算法。在频域中，经过对试验中获得的大量数据的分析，认为两块子地形图在重叠区域地形高程残差应当满足高斯分布，在海流对 AUV 运动影响干扰较小时，高斯分布的参数应由多波束声呐决定（对于使用的 T-SEA CMBS200 多波束声呐，高斯分布的均值与方差取值分别为 –0.5~0.5 和 0.4）。

4.5.2　残差的空间分布判别法

然而，一些无效的闭环的地形高程残差同样可以满足前面提到的高斯分布。例如，在图 4.54 中，两块子地形图重叠区域的北部（北向＞450m）较为平坦，南部则存在一些地形起伏较为剧烈的区域，而在残差分布图中可以看到，北部平坦区域的残差较小，而南部起伏剧烈区域的地形高程残差则较大，甚至超过了 1m。不管是事实上还是根据经验判断，该闭环检测结果明显都是无效的，因为两块子地形图中地形较为复杂，也就是具有地形明显变化的区域并不相似。但地形平坦且地形高程残差较小的区域在重叠区域中占比较高，导致［图 4.54（d）］该闭环的地形高程残差能够满足高斯分布，所以无法在频域中进行区分。也就是说，两块子地形图重叠区域中大片平坦区域的相似会导致仅考虑残差在频域分布的算法忽略真正能反映匹配效果的不相似的地形复杂区域，从而得到错误的结果。为了解决这个问题，本节提出根据地形高程残差在空间中的分布对无效闭环进行判别的算法，该算法共包括区域提取、预处理和分析判定三个步骤。

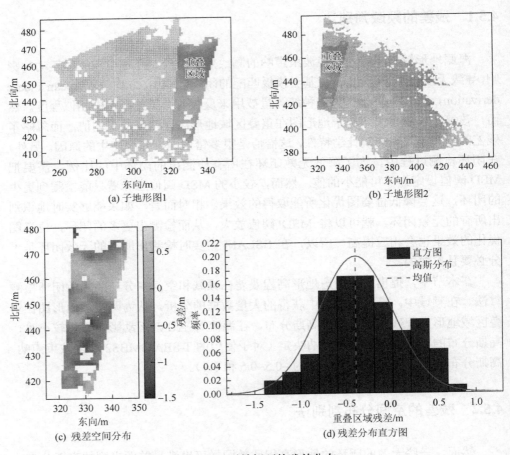

(a) 子地形图1

(b) 子地形图2

(c) 残差空间分布

(d) 残差分布直方图

图 4.54　无效闭环的残差分布

1. 区域提取

在前面已经提到，闭环的地形高程残差需要满足高斯分布 $N(\mu,\sigma)$。因此，在两块子地形图的重叠区域中，提取出残差大于 $\mu\pm\sigma$ 的点并对所有被提取的点进行数学形态学中的开运算。开运算事实上是两种操作的结合，即先进行腐蚀再进行膨胀[22]。腐蚀和膨胀主要应用于图像处理领域，通过造成图像边界的收缩和扩张，消除图像中较小的无意义的点并将目标区域接触的背景点合并到该目标物中。使用开运算，先将提取出的零散的点剔除，再将余下提取区域中的空隙膨胀填满，可用于识别具有较大残差的点分布较为集中的区域。如图 4.55 所示，可以获得区域 1●、区域 2●、区域 3●、区域 4●、区域 5●和区域 6●（其中，○为在单个地形图或全部两个地形图中未被观测到的点）。

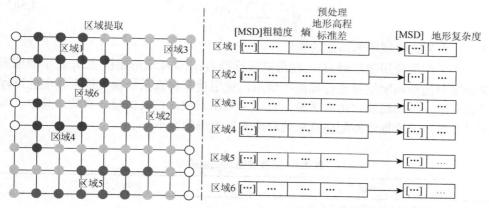

图 4.55　区域提取示意图

2. 预处理

预处理的目的是对所有提取出的区域的地形复杂度进行评估。针对已经进行过网格化的 $m \times n$ 的地形图，其 (i, j) 处的地形高程为 $h(i, j)$，通常采用地形粗糙度 R_T [23]、地形熵 H_T [24, 25] 和地形高程标准差 σ_T [26] 表示地形起伏程度。其中，地形粗糙度 R_T 可以表示为

$$\begin{cases} r_x = \dfrac{1}{m(n-1)} \sum\limits_{i=1}^{m} \sum\limits_{j=1}^{n-1} \left| h(i, j) - h(i, j+1) \right| \\[3mm] r_y = \dfrac{1}{n(m-1)} \sum\limits_{i=1}^{m-1} \sum\limits_{j=1}^{n} \left| h(i, j) - h(i+1, j) \right| \\[3mm] R_T = \dfrac{r_x + r_y}{2} \end{cases} \tag{4.52}$$

式中，r_x 和 r_y 为地形沿 x 和 y 方向的粗糙度。

20 世纪 50 年代，Shannon 将熵的概念引入信息论中，随后熵作为一个描述信息混乱程度的量被广泛用于信息匹配[27, 28]、图像处理[29, 30]等学科领域。在地形匹配领域，地形熵 H_T 定义了一个地形区域内地形高程的混乱程度，可以表示为

$$\begin{cases} P(i,j) = \dfrac{h(i,j)}{\displaystyle\sum_{i=1}^{m}\sum_{j=1}^{n}h(i,j)} \\[4mm] H_T = -\dfrac{1}{mn}\displaystyle\sum_{i=1}^{m}\sum_{j=1}^{n}P(i,j)\ln[P(i,j)] \end{cases} \tag{4.53}$$

地形高程标准差 σ_T 的计算公式则写为

$$\sigma_T = \sqrt{\frac{1}{mn}\sum_{i=1}^{m}\sum_{j=1}^{n}\left[h(i,j)-\overline{h}\right]^2} \tag{4.54}$$

式中，$\overline{h}$ 为该区域地形高程的均值。

为了衡量使用地形熵 H_T、地形高程标准差 σ_T 以及地形粗糙度 R_T 表示的地形复杂度对地形匹配结果进行预测的效果，使用视景仿真系统模拟地形匹配的过程并进行了一系列回放式仿真试验。表 4.3 列出回放式仿真试验的参数，其中，匹配单元表示一次地形匹配仿真中选取地实测地形的大小。

表 4.3　回放式仿真试验的参数

参数	参数大小
先验海底地形图网格分辨率	1m
测量点个数/声脉冲个数	192
测线宽度	80m
两个声脉冲之间的距离	0.2m
测量噪声分布	$N(0,1)$
匹配单元大小	50m×50m
匹配结果判定标准	匹配误差小于 10m，判定为成功 匹配误差大于 10m，判定为失败

在本节中，使用"suitable"和"unsuitable"表示 AUV 在一个匹配单元内是否可以获得精确的地形匹配结果。对于一个匹配单元，根据评估渠道不同，其状态包括估计状态和实际状态，若其地形复杂度大于等于阈值，则估计状态为"suitable"，反之，估计状态为"unsuitable"，而其实际状态则取决于回放式仿真试验结果。试验中，分别对每个匹配单元进行 100 次地形匹配蒙特卡罗模拟，而成功获取 80 次及以上匹配结果的匹配单元其实际状态为"suitable"，成功次数小于 80 次的匹配单元实际状态为"unsuitable"。

如图 4.56（a）和图 4.56（b）所示，实测地形图是由船载多波束声呐在海上试验中实测获得的，先验海底地形图则由青岛中沙礁电子海图中提取。图 4.56（c）中的箱型图显示了实际状态为"unsuitable"的匹配单元的地形高程标准差、地形粗糙度以及地形熵值的分布，其中纵轴表示的是地形高程标准差、地形粗糙度以及地形熵值正则化之后的结果，取值为 0～1。图 4.56（c）中，实际状态为"unsuitable"的匹配单元地形高程标准差、地形粗糙度以及地形熵值的中位数分别为 0.03471、0.05958 和 0.32419，而对应的 95%置信区间（95% confidence interval，95% CI）的上界则分别为 0.08702、0.09748 和 0.38174。可以看到，地形高程标准差和地形粗糙度的值在实际状态为"unsuitable"的单元中分布更为集中，而地形熵值的上界则达到了 0.9，表明很难通过地形熵值对匹配单元的状态进行估计。因而，地形高程标准差和地形粗糙度更适于作为区分匹配单元"suitable"和"unsuitable"状态的判据。

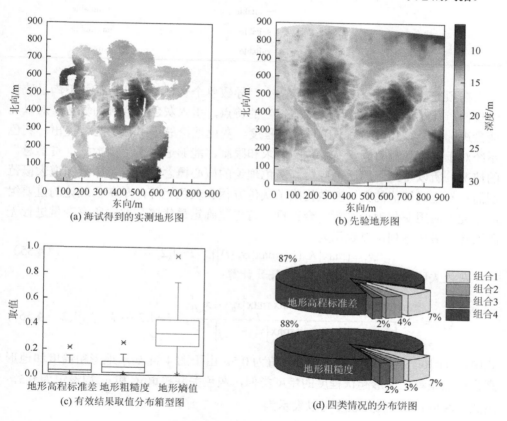

图 4.56　回放式仿真试验结果

如表 4.4 所示，对于一个匹配单元，其估计状态和实际状态共有四种组合方式。将试验中得到的地形高程标准差和地形粗糙度 95% CI 的上界分别设为判别各栅格估计状态的阈值，表 4.4 所示的四种状态组合方式的分布如图 4.56（d）

所示。对于分别使用地形高程标准差和地形粗糙度 95% CI 的上界这两种情况，错误判断（组合 1 和组合 3）的比例都为 9%，正确判断的比例则为 91%。可以看到，在反映区域地形起伏程度时，单一变量往往存在较大的局限性，因而需要对地形高程标准差和地形粗糙度进行融合以量化匹配单元对应的地形起伏程度。

表 4.4   一个匹配单元估计状态和实际状态的组合方式

组合编号	估计状态	实际状态
组合 1	unsuitable	suitable
组合 2	unsuitable	unsuitable
组合 3	suitable	unsuitable
组合 4	suitable	suitable

在预处理中，单个区域样本点数少，导致单个区域的统计特征并不满足统计学规律。针对这个"少数据、贫信息"的特点，引入灰色综合判别算法，对以上变量进行融合，并最终求取区域起伏程度。灰色理论最早由邓聚龙[31]提出。灰色系统对于试验观测数据没有特殊的要求和限制，能够适用于"少数据、贫信息"的情况，所以得到了广泛的应用。灰色理论的核心概念是灰数，即只知道大概范围而不知道确切值的数，灰数构成了灰色方程和灰色矩阵，是灰色理论的重要组成单元。应用灰色理论进行综合评价，首先要确定最优序列并将所有变量进行无因次化。最优序列可以表示为

$$x_0 = [\max[R_T(i)], \max[\sigma_T(i)]], \quad i = 1, 2, \cdots, k \tag{4.55}$$

灰色关联系数 $\zeta_{i,j}$ 可通过式（4.56）计算：

$$\zeta_{i,j} = \frac{\min\limits_i \min\limits_j |x_{0,j} - x_{i,j}| + \rho \max\limits_i \max\limits_j |x_{0,j} - x_{i,j}|}{|x_{0,j} - x_{i,j}| + \rho \max\limits_i \max\limits_j |x_{0,j} - x_{i,j}|}, \quad i = 1, 2, \cdots, k, \ j = 1, 2 \tag{4.56}$$

式中，$\rho \in [0,1]$ 为分辨系数，通常取值为 0.5。由于图 4.54 显示地形粗糙度和地形高程标准差量化地形起伏程度的精度类似，灰色关联权重 w_1 和 w_2 均设定为 0.5，因此，区域 i 的灰色关联度可以表示为

$$\zeta_i = \sum_{j=1}^{2} \zeta_{i,j} \times w_j \tag{4.57}$$

对于一个特定的区域，其灰色关联度的大小显示了它包含的地形信息量是否接近最优序列，因而使用区域的灰色关联度来表示其地形起伏程度。

3. 分析判定

在分析判定过程中，输入为子地形图重叠部分中各个提取区域的 MSD 和以灰色关联度表示的地形起伏程度，输出则为该闭环是否有效。事实上，分析判定过程可以简化为在重叠部分所有提取区域的集合 S 中寻找满足以下条件的提取区域的集合 s：

$$\max_s \left\{ \frac{\text{terrain}(s)}{\text{terrain}(S)} > a \bigcap \frac{\text{pointnum}(s)}{\text{pointnum}(S)} > b \bigcap \text{MSD}(s) < \text{MSD}_{\text{threshold}} \right\} \quad (4.58)$$

式中，$\text{terrain}(s)$ 为提取区域集合 s 的地形复杂度，即通过式（4.57）计算的灰色关联度；$\text{pointnum}(s)$ 为提取区域集合 s 中有效测量点的个数；$\text{MSD}(s)$ 为提取区域集合 s 的 MSD 算子；$\text{MSD}_{\text{threshold}}$ 为设定的 MSD 阈值。但是在公式中 a 和 b 受包括测量噪声、重叠区域大小等诸多因素影响，很难进行取值，因而本节对闭环是否有效的判定是通过构建神经网络实现的。

考虑残差分布的无效闭环检测方法的目的并不是将所有的无效闭环剔除，而是构建包含尽量少无效闭环的位姿图，并将其输入后端中的无效闭环检测算法中进行再次处理。由于任务相对简单，本节设计了一个包含 14 个隐单元和 2 个偏差项的神经网络[32]。如图 4.57 所示，区域 1 代表所有提取区域的集合 S，区域 2 代表重叠区域内除 S 外的所有测量点，神经网络的输入为区域 1 和区域 2 的地形复杂度、有效测量点的个数和 MSD 算子，输出则为 0～1 的实数。

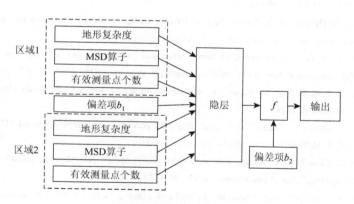

图 4.57 神经网络结构图

神经网络的目的是区分有效和无效的闭环。在任务过程中，因为在 BSLAM 的位姿图修正阶段可以对无效闭环进行判别，所以将无效闭环误判为有效是可以容忍的，但将大量有效闭环误判为无效并进行剔除则会带来无法挽回的后果。因而，本节设定了一个极小的阈值（0.1），当神经网络的输出大于阈值时，闭环被判定为有效，反之则无效。

参 考 文 献

[1] Fellerhoff J R，Creel E E. Data compression techniques for use with the SITAN algorithm [R]. Albuquerque：Sandia National Laboratory，1986.

[2] Dektor S，Rock S. Robust adaptive terrain-relative navigation[C]. OCEANS，St. John's，2014.

[3] Xie Y R. Terrain aided navigation[D]. Stockholm：KTH Royal Institute of Technology，2005.

[4] Johnson J L，Padgett M L. PCNN model and applications[J]. IEEE Transactions on Neural Networks，1999，10（3）：480-498.

[5] Hagen O K，Anonsen K B，Mandt M. The HUGIN real-time terrain navigation system[C]. OCEANS，Seattle，2010.

[6] Nygren I. Terrain navigation for underwater vehicles[D]. Stockholm：KTH Royal Institute of Technology，2005.

[7] Donovan G. Development and testing of a real-time terrain navigation method for AUVs[C]. OCEANS，Waikoloa，2011.

[8] Murangira A，Musso C，Dahia K，et al. Robust regularized particle filter for terrain navigation[C]. International Conference on Information Fusion，Chicago，2011.

[9] Teixeira F C，Pascoal A，Maurya P. A novel particle filter formulation with application to terrain-aided navigation[C]. IFAC Workshop on Navigation，Guidance and Control of Underwater Vehicles，Porto，2012.

[10] Carreno S，Wilson P，Ridao P，et al. A survey on terrain based navigation for AUVs[C]. OCEANS，Seattle，2010.

[11] Teixeira F C，Quintas J，Maurya P，et al. Robust particle filter formulations with application to terrain-aided navigation：robust particle filter for terrain-aided navigation[J]. Adaptive Control and Signal Processing in Marine Systems，2016，31（4）：608-651.

[12] Anonsen K B，Hallingstad O. Terrain aided underwater navigation using point mass and particle filters[C]. Position，Location，& Navigation Symposium，Coronado，2006.

[13] Yoo Y M，Chan G P. Improvement of terrain referenced navigation using a Point Mass Filter with grid adaptation[J]. International Journal of Control Automation & Systems，2015，13（5）：1173-1181.

[14] Krukowski S，Rock S. Waypoint planning for autonomous underwater vehicles with terrain relative navigation[C]. OCEANS，Monterey，2016.

[15] Franca R P，Saltón A T，Castro R D S，et al. Trajectory generation for bathymetry based AUV navigation and localization[J]. IFAC Papers online，2015，16（48）：95-100.

[16] Li Y，Ma T，Chen P，et al. Autonomous underwater vehicle optimal path planning method for seabed terrain matching navigation[J]. Ocean Engineering，2017，10（133）：107-115.

[17] Chaari I. Design and performance analysis of global path planning techniques for autonomous mobile robots in grid environments[J]. International Journal of Advanced Robotic system，2017，2：1-15.

[18] 陈小龙. AUV 水下地形匹配辅助导航技术研究[D]. 哈尔滨：哈尔滨工程大学，2013.

[19] Melo J，Matos A. Survey on advances on terrain based navigation for autonomous underwater vehicles[J]. Ocean Engineering，2017，139：250-264.

[20] Zhao L，Gao N，Huang B，et al. A novel terrain-aided navigation algorithm combined with the TERCOM algorithm and particle filter[J]. IEEE Sensors Journal，2014，15（2）：1124-1131.

[21]　Teixeira F C, Quintas J, Pascoal A. Robust methods of magnetic navigation of marine robotic vehicles[C]. IFAC, Toulouse, 2017.

[22]　沈阳, 宓超, 凤宇飞. 形态学开运算在车型图像去噪中的应用[J]. 中国科技信息, 2015, 18: 52-53.

[23]　陶旸, 汤国安, 王春, 等. 基于语义和剖面特征匹配的地形粗糙度模型评价[J]. 地理研究, 2011, 30 (6): 1066-1076.

[24]　王华, 晏磊, 钱旭, 等. 基于地形熵和地形差异熵的综合地形匹配算法[J]. 计算机技术与发展, 2007, 17 (9): 25-27.

[25]　徐晓苏, 张逸群. 改进的地形熵算法在地形辅助导航中的应用[J]. 中国惯性技术学报, 2008, 16 (5): 595-598.

[26]　隋刚, 郝兵元, 彭林. 利用高程标准差表达地形起伏程度的数据分析[J]. 太原理工大学学报, 2010, 41 (4): 381-384.

[27]　张丽梅, 刘璐. 基于最佳熵匹配的多通道海量数据快速搜索[J]. 西南交通大学学报, 2012, 47 (2): 313-317.

[28]　李雄伟, 刘建业, 康国华. 熵的地形信息分析在高程匹配中的应用[J]. 应用科学学报, 2006, 24 (6): 608-612.

[29]　马义德, 戴若兰, 李廉. 一种基于脉冲耦合神经网络和图像熵的自动图像分割方法[J]. 通信学报, 2002, 23 (1): 46-51.

[30]　郭海涛, 田坦, 王连玉, 等. 利用二维属性直方图的最大熵的图像分割方法[J]. 光学学报, 2006, 26 (4): 506-509.

[31]　邓聚龙. 灰色系统理论简介[J]. 内蒙古电力技术, 1993, 3: 51-52.

[32]　Gevrey M, Dimopoulos I, Lek S. Review and comparison of methods to study the contribution of variables in artificial neural network models[J]. Ecological Modelling, 2003, 160 (3): 249-264.

后端技术篇

第5章 位姿图优化技术

在 BSLAM 中，由于弱数据关联由地形高程外推获得，其置信程度远小于通过模板匹配法获得的闭环，因而本章提出全局路径修正和局部路径修正相结合的位姿图优化算法框架。

首先，将路径上所有关联于闭环的时刻提取出来作为关键帧，并使用全局路径修正算法计算 AUV 在关键帧上的导航偏差。在全局路径修正中，本章提出关键帧的导航偏差连续性方程，将关键帧导航偏差修正问题转换为最小二乘问题并进行求解。其次，AUV 在关键帧上的导航偏差确定后，通过局部路径修正将关键帧上的导航偏差分配到全局路径上。在局部路径修正中，本章构建误差分配的弹簧模型并提出地形相关性的误差分配算法，在此地形相关性算法的基础上，对导航偏差的方向性进行研究，提出全局偏差和局部偏差相结合的改进的地形相关性算法，并通过一系列仿真试验对两种算法的效果进行比较。

5.1 图优化技术原理

在第 2 章中，BSLAM 算法保存任务开始后所有的运动和观测信息，并以位姿图的形式进行了表示。通过对位姿图中的信息进行处理并最终得到 AUV 的最优位姿序列的过程，称为位姿图优化。位姿图优化过程的第一步是对 AUV 的状态转移方程和观测方程进行假设，其中状态转移方程用来描述里程计对 AUV 运动状态的估计，通常可以表示为

$$X_i = f_i(X_{i-1}, u_i) + v_i \tag{5.1}$$

式中，$X_i(i=0,1,\cdots,n)$ 为 AUV 的位姿；u_i 为 i 时刻通过里程计得到的 AUV 运动输入；v_i 为 i 时刻的状态转移噪声，该噪声满足均值为 0 且协方差为 Λ_i 的高斯分布。

AUV 的观测方程则用来表示 AUV 对外部环境的观测结果，通常表示为

$$z_k = h_k(X_{ik}, l_{jk}) + w_k \tag{5.2}$$

式中，z_k 为第 k 次观测的结果；l_{jk} 为第 k 次观测到的路标的位置；w_k 为第 k 次观测的噪声，满足均值为 0 且协方差为 Γ_k 的高斯分布。

图优化的求解算法可以在两个角度进行解释：一个是建立最大后验估计模型；另一个是建立弹簧-质点物理模型并求解其最小能量状态。但最终二者都可以转换

为最小二乘问题并使用基于最小二乘的优化算法进行求解，这也是本章所采用的求解算法。当然还存在基于松弛的优化算法[1,2]、基于随机梯度下降的算法[3]以及流形优化[4]等算法，具体思路及推导过程可参见相关参考文献，在此不再进行赘述。

在第一种方法中，为了在给定所有运动和观测信息后获得 AUV 路径的最优估计，可以通过最大后验估计将位姿图优化问题转换为等价的最小二乘问题，令 $X = \{X_i, i \in 0,1,\cdots,M\}$，$L = \{l_j, j \in 1,2,\cdots,N\}$，$U = \{u_i, i \in 1,2,\cdots,M\}$，$Z = \{z_k, k \in 1,2,\cdots,K\}$，则所有变量和观测结果的联合概率分布可以表示为

$$P(X,L,U,Z) \propto P(X_0)\prod_{i=1}^{M} P(X_i \mid X_{i-1}, u_i)\prod_{k=1}^{K} P(z_k \mid X_{ik}, l_{ik}) \tag{5.3}$$

式中，$P(X_0)$ 为初始状态的先验概率；$P(X_i \mid X_{i-1}, u_i)$ 和 $P(z_k \mid X_{ik}, l_{ik})$ 分别为 AUV 的状态转移模型和观测模型。在该联合概率分布的基础上对 X 和 L 应用最大后验估计，可以得到

$$\begin{aligned} X^*, L^* &= \arg\min_{X,L} P(X,L,U,Z) \\ &= \arg\min_{X,L} -\lg(X,L,U,Z) \end{aligned} \tag{5.4}$$

考虑结合 AUV 的状态转移方程和观测方程，式（5.4）可以表示为下述的非线性最小二乘问题：

$$X^*, L^* = \arg\min_{X,L} \left\{ \sum_{i=1}^{M} \left\| f_i(X_{i-1}, u_i) - X_i \right\|_{A_i}^2 + \sum_{k=1}^{K} \left\| h_k(X_{ik}, l_{jk}) - z_k \right\|_{\Gamma_k}^2 \right\} \tag{5.5}$$

在式（5.5）中，如果 AUV 的状态转移方程和观测方程非线性且很难进行线性化，则通常使用类似于 Guass-Newton[5, 6]或 Levenberg-Marquardt[7-10]算法的非线性优化算法进行求解，这些算法可以通过不断迭代实现对式（5.5）的线性化近似并求解最小值。若可以进行线性化，则将 AUV 的状态转移方程和观测方程进行线性化近似，并表示为

$$\begin{aligned} f_i(X_{i-1}, u_i) - X_i &\approx [f_i(X_{i-1}^0, u_i) + F_i^{i-1}\delta X_{i-1}] - [X_i^0 + \delta X_i] \\ &= [F_i^{i-1}\delta X_{i-1} - \delta X_i] - a_i \end{aligned} \tag{5.6}$$

式（5.6）为状态转移方程，式中 F_i^{i-1} 是状态转移方程在 X_{i-1}^0 点求偏导进行线性化的雅可比矩阵，可以表示为

$$F_i^{i-1} = \left. \frac{\partial f_i(X_{i-1}, u_i)}{\partial X_i} \right|_{X_{i-1}^0} \tag{5.7}$$

$a_i = f_i(X_{i-1}^0, u_i) - X_i^0$ 则代表了里程计估计误差。

$$\begin{aligned} h_k(X_{ik}, l_{jk}) - z_k &\approx [h_k(X_{ik}^0, l_{jk}^0) + H_k^{ik}\delta X_{ik} + J_k^{jk}\delta l_{jk}] - z_k \\ &= [H_k^{ik}\delta X_{ik} + J_k^{jk}\delta l_{jk}] - c_k \end{aligned} \tag{5.8}$$

式（5.8）为观测方程，式中 H_k^{ik} 和 J_k^{jk} 分别是观测方程在点 (X_{ik}^0, l_{jk}^0) 处对 X_{ik} 和 l_{jk} 求偏导的雅可比矩阵，可以分别表示为

$$H_k^{ik} = \left. \frac{\partial h_k(X_{ik}, l_{jk})}{\partial X_{ik}} \right|_{(X_{ik}^0, l_{jk}^0)} \qquad （5.9）$$

$$J_k^{jk} = \left. \frac{\partial h_k(X_{ik}, l_{jk})}{\partial l_{ik}} \right|_{(X_{ik}^0, l_{jk}^0)} \qquad （5.10）$$

而 $c_k = h_k(X_k^0, l_{jk}^0) - z_k$ 则表示了传感器的观测估计误差。

为方便起见，使用向量 θ 包含所有要求解的路径点坐标 X 和路标位置 L，并将线性化之后的状态转移方程和观测方程代入，式（5.5）可以表示为

$$\partial \theta^* = \underset{\partial \theta}{\arg\min} \left\{ \sum_{i=1}^{M} \left\| F_i^{i-1} \delta X_{i-1} + G_i^i \delta X_i - a_i \right\|_{\Lambda_i}^2 + \sum_{k=1}^{K} \left\| H_k^{ik} \delta X_{ik} + J_k^{jk} \delta L_{jk} - c_k \right\|_{\Gamma_k}^2 \right\}$$

$$（5.11）$$

式中，G_i^i 为负的单位阵，其大小为 $d_X \times d_X$，d_X 为向量 X_i 的长度。至此，就将非线性最小二乘问题转换为关于 $\delta\theta$ 的线性最小二乘问题。为了使问题进一步简化，可以通过

$$\|e\|_\Lambda^2 = e^{\mathrm{T}} \Lambda^{-1} e = \left(\Lambda^{\frac{1}{2}} e \right)^{\mathrm{T}} \left(\Lambda^{\frac{1}{2}} e \right) = \left\| \Lambda^{\frac{1}{2}} e \right\|^2 \qquad （5.12）$$

将协方差 Λ_i 和 Γ_k 放入二范数内部。

最终，将所有协方差矩阵写入矩阵 A，将 a_i 和 c_k 写入向量 b，并将所有的 $\delta\cdot$ 符号舍弃，就可以得到一个标准的最小二乘形式：

$$\theta^* = \underset{\theta}{\arg\min} \|A\theta - b\|^2 \qquad （5.13）$$

令 $\|A\theta - b\|^2 = 0$，就可以通过 $A^{\mathrm{T}} A\theta = A^{\mathrm{T}} b$ 直接求解，或通过对 A 进行 QR 分解求解。

第二种方法，即弹簧-质点物理模型，则选择了一种比最大后验估计模型更为直观的算法。该算法将 AUV 的位姿信息看作带有质量的质点，将连接各个位姿信息之间的约束看作连接对应质点的弹簧，弹簧的刚度与约束的不确定性相关，约束的不确定性越小，约束的信息矩阵越大，弹簧的刚度也就越大，从而导致使其形变所需要施加的外力越大，这就意味着不满足该约束会付出较大的代价；相反，约束的不确定性越小，弹簧的刚度也就越小，最终不满足该约束所需要付出的代价也就越小。AUV 导航系统存在偏差，各个约束（包括里程计约束、帧-帧数据关联以及闭环）之间存在不一致性，导致弹簧处在受力状态，造成弹簧-质点物理模型不稳定。这样就将求解最优位姿序列转换为求解系统的能量最小状态。

无论是最大后验估计模型还是弹簧-质点物理模型，只是对同一个问题在不同的角度进行分析，最终得到的最小二乘问题是一致的。

5.2　全局路径修正

5.2.1　状态转移方程与观测方程

全局路径修正的前提就是选取合适的状态转移方程和观测方程。对于 AUV，存在很多种表示状态转移方程的方式，包括六自由度的操纵性方程等。但由于一阶、二阶水动力系数带来的高昂计算开销，在传统的 SLAM 中一般选择简化的运动模型，即 5.1 节中提到的状态转移方程：

$$X_i = f(X_{i-1}, u_i) + v_i \tag{5.14}$$

在传统的滤波器 SLAM 算法中，由于算法的在线特性，通常使用 $f_i(X_{i-1}, u_i)$ 来预测 X_{i+1} 的值。但在 BSLAM 的全局路径修正中，相邻关键帧之间的时间间隔过长，传统的状态转移方程不适宜描述 AUV 在关键帧上的状态转移关系。鉴于选取了图优化算法框架对 SLAM 问题进行求解，在状态空间中保留了全部的历史数据，因此提出使用历史数据构建导航偏差的连续性方程的方法，该方法可以代替传统的运动模型，实现 AUV 状态转移方程的建模。

全局路径修正所要计算的是关联于闭环的时刻 AUV 的惯导偏移量，因而首先提取所有关联于闭环的时刻，并将其定义为关键帧。关键帧的惯导偏移量表示为 $\Delta X^{key} = \{\Delta X_0^{key}, \Delta X_1^{key}, \cdots, \Delta X_{n+1}^{key}\}$，其中 $\Delta X_i^{key}(i = 1, 2, \cdots, n)$ 为 n 个关键帧的惯导偏移量，而 ΔX_0^{key} 和 ΔX_{n+1}^{key} 则分别是路径起始点和终点的惯导偏移量。

由于惯性导航系统给出的导航误差是逐渐累加的，所以在路径上，相邻关键帧之间惯导偏移量的增量同样可以近似为与时间相关。因此，如果已知惯导偏移量在 $[i-1, i]$ 和 $[i, i+1]$ 两个时间段内的比例关系，就可以使用 $i-1$ 和 $i+1$ 两个关键帧的惯导偏移量 ΔX_{i-1}^{key} 和 ΔX_{i+1}^{key} 对于 i 时刻关键帧的惯导偏移量 ΔX_i^{key} 进行近似，所以 $f_i(\Delta X_{i-1}^{key}, u_i) - \Delta X_i^{key}$ 可以通过 $a_i \Delta X_{i-1}^{key} + (1 + a_i)\Delta X_{i+1}^{key} - \Delta X_i^{key}$ 近似表示。

接下来需要解决的是 a_i 的求解问题，可以看到，a_i 表示的是两个相邻关键帧之间通过惯性导航系统估计 AUV 相对运动的准确程度，考虑到在第 2 章中提出了使用弱数据关联表示相邻帧之间 AUV 的相对运动，因此在本章中可以通过弱数据关联对 a_i 进行描述。需要说明的是，a_i 是通过使用所有时刻而非仅关键帧上的 AUV 位姿数据进行计算的，如果第 $i-1$、i、$i+1$ 个关键帧分别是从路径上第 k、$k+m$、$k+m+n$ 时刻提取获得的，ΔX_{i-1}^{key}、ΔX_i^{key} 和 ΔX_{i+1}^{key} 就可以写为 X_k、X_{k+m} 和 X_{k+m+n}，结合弱数据关联 $p(X_j | X_{j-1})$，a_i 可以表示为

$$a_i = \frac{\sum_{j=k+1}^{k+m} \dfrac{1}{p(X_j \mid X_{j-1})}}{\sum_{j=k+1}^{k+m+n} \dfrac{1}{p(X_j \mid X_{j-1})}} \tag{5.15}$$

为简化问题，假设 AUV 的初始状态是精确的，考虑到 AUV 在初始状态由母船释放时可以获得精确的定位信息，在实际工程应用中该假设也是成立的，因而可以得到

$$\Delta X_0^{\text{key}} = 0 \tag{5.16}$$

而关键帧 i 处的惯导偏移量连续性方程可以表示为

$$\Delta X_i^{\text{key}} = \begin{bmatrix} a_i & 0 \\ 0 & 1-a_i \end{bmatrix} \begin{bmatrix} \Delta X_{i-1}^{\text{key}} \\ \Delta X_{i+1}^{\text{key}} \end{bmatrix} \tag{5.17}$$

因此可以将惯导偏移量连续性方程表示为矩阵的形式：

$$\Delta X^{\text{key}} = H X^{\text{key}} \tag{5.18}$$

式中，ΔX^{key} 为由 $\Delta X_0^{\text{key}}, \Delta X_1^{\text{key}}, \cdots, \Delta X_{n+1}^{\text{key}}$ 等一系列惯导偏移量组成的向量；H 为由 a、$1-a$ 或 0 组成的系数矩阵。另外，为补充 H 矩阵的第 $n+1$ 行，对于任务终点的惯导偏移量 $\Delta X_{n+1}^{\text{key}}$，它和其他惯导偏移量特别是 ΔX_n^{key} 的关系也需要进行确定。当 ΔX_n^{key} 和 $\Delta X_{n+1}^{\text{key}}$ 之间的时间间隔较短时（时间间隔小于 120s），由于惯性导航系统在短时间内不会出现太大的偏移，可以直接令 $\Delta X_{n+1}^{\text{key}}$ 等于 ΔX_n^{key}，否则，不对 $\Delta X_{n+1}^{\text{key}}$ 和其他关键帧惯导偏移量的关系进行假设，即令矩阵 H 的第 $n+1$ 行所有元素为 0。

另外，闭环的观测方程也可以表示为

$$D_{ij}^S = \begin{bmatrix} 1 & 0 \\ 0 & -1 \end{bmatrix} \begin{bmatrix} \Delta X_i^{\text{key}} \\ \Delta X_j^{\text{key}} \end{bmatrix} \tag{5.19}$$

而对 D_{ij}^S 的观测结果可以表示为

$$\bar{D}_{ij}^S = D_{ij}^S + \hat{D}_{ij}^S = \Delta X_i^{\text{key}} - \Delta X_j^{\text{key}} = l_{ij} + \hat{D}_{ij}^S j \tag{5.20}$$

式中，$\hat{D}_{ij}^S$ 为观测过程噪声，该噪声满足均值为 0、协方差为 Γ_{ij} 的高斯分布；l_{ij} 为通过闭环检测获得的 i 时刻与 j 时刻 AUV 位姿之间的闭环。给定一系列闭环的观测结果 $\bar{D}_{ij}^S$，全局路径修正的目标就是寻找 AUV 在所有关键帧上位姿序列的最优估计。

若将观测方程表示为矩阵形式，可以得到

$$D^S = H^S \Delta X^{\text{key}} \tag{5.21}$$

式中，D^s 为所有闭环结果观测的集合；ΔX^{key} 包含了 $\Delta X_1^{key}, \Delta X_2^{key}, \Delta X_3^{key}, \cdots$ 所有关键帧上的 AUV 惯导偏移量；H^s 则为由 1、−1 和 0 组成的系数矩阵。

5.2.2　全局路径修正算法

结合 5.2.1 节中的惯导偏移量连续性方程式（5.18）和观测方程式（5.21）以及 5.1 节中的式（5.5），AUV 的 BSLAM 问题可以转换为以下最小二乘的形式：

$$\Delta X^{key*} = \arg\min\left\{\sum_{i=1}^{M}\left\|a_i\Delta X_{i-1}^{key} + (1-a_i)\Delta X_{i+1}^{key} - \Delta X_{i-1}^{key}\right\|^2 + \sum_{i=1}^{M}\left\|\Delta X_{j,1}^{key} + \Delta X_{j,2}^{key} - l_j\right\|_{C_j}^2\right\}$$

$$(5.22)$$

考虑到 BSLAM 问题中不存在路标信息，$\Delta X^{key} \in \mathbb{R}^m$ 仅包含所要求解的 AUV 关键帧惯导偏移量，其中，$m = Md_X$，d_X 代表 AUV 在一个关键帧中惯导偏移量的维度；$\Delta X_{j,1}^{key}$ 和 $\Delta X_{j,2}^{key}$ 代表关联于闭环 l_j 的两个关键帧惯导偏移量。按照式（5.13）的做法，将所有关键帧上 AUV 惯导偏移量 ΔX^{key} 的系数表示为矩阵 $A \in \mathbb{R}^{n \times m}$ 的形式（其中 $n = (M+N)d_X$），将所有的闭环结果整合到 $b \in \mathbb{R}^n$ 中，式（5.22）可以表示为

$$\Delta X^{key*} = \arg\min_{\Delta X^{key}}\left\|A\Delta X^{key} - b\right\|^2 \qquad (5.23)$$

下面结合具体情况给出 A 和 b 的求解方法，如图 5.1 所示，在一维空间中，存在四个关键帧 0、1、2、3，对应的 AUV 惯导偏移量分别为 ΔX_0^{key}、ΔX_1^{key}、ΔX_2^{key}、ΔX_3^{key}，并且由闭环检测可以得到

$$\begin{cases} -\Delta X_0^{key} + \Delta X_2^{key} = l_1 \\ -\Delta X_1^{key} + \Delta X_3^{key} = l_2 \end{cases} \qquad (5.24)$$

则 A 和 b 可以分别表示为

$$A = \begin{bmatrix} -1 & 0 & 0 & 0 \\ a_1 & -1 & 1-a_1 & 0 \\ 0 & a_2 & -1 & 1-a_2 \\ 0 & 0 & 1 & -1 \\ -1 & 0 & 1 & 0 \\ 0 & -1 & 0 & 1 \end{bmatrix}$$

$$b = \begin{bmatrix} 0 & 0 & 0 & 0 & l_0 & l_1 \end{bmatrix}^T$$

因此，BSLAM 的最小二乘问题可以简化为以下形式：

$$A\Delta X^{key} = b \qquad (5.25)$$

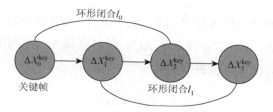

图 5.1　带有 4 个关键帧的位姿图

　　之前已经提到，针对该最小二乘问题有很多种解法，但由于光纤罗经所提供的角度精度远远大于加速度计给出的位置精度，故在 AUV 的 BSLAM 中忽略了艏向角的偏差，BSLAM 所要解决的是较为简单的线性最小二乘问题。对于线性最小二乘问题，可以直接应用公式

$$A^{\mathrm{T}}A\Delta X^{\mathrm{key}} = A^{\mathrm{T}}b \tag{5.26}$$

求取解析解，因此可以得到

$$\Delta X^{\mathrm{key}} = (A^{\mathrm{T}}A)^{-1}A^{\mathrm{T}}b \tag{5.27}$$

5.3　局部路径修正

5.3.1　地形相关性算法

　　在得到 AUV 在关键帧的位置修正结果后，局部路径修正解决的就是如何将通过全局路径修正求得的 AUV 在关键帧处的导航偏差传递到全局路径上的问题。

　　参考图 5.2，可以将局部路径修正过程简化为：①AUV 由关键帧 1 出发；②在航行过程中 AUV 通过惯性导航系统进行定位，并不断构建弱数据关联；③AUV 抵达关键帧 2，根据获得的两个关键帧之间的惯性导航偏差对惯性导航路径进行修正。

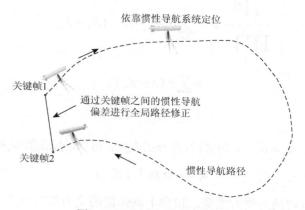

图 5.2　局部路径修正示意图

假设 AUV 惯性导航轨迹为 $\hat{X}=\{\hat{X}_0,\hat{X}_1,\cdots,\hat{X}_n\}$，GPS 轨迹为 $X=\{X_0,X_1,\cdots,X_n\}$，且 $X_0=\hat{X}_0=X_n+d$，其中，d 表示了 AUV 在起点和终点之间由 GPS 给出的相对距离。AUV 的运动模型可以表示为

$$
\begin{cases}
\hat{X}_{i+1}=\hat{X}_i+u_i+v_i \\
X_{i+1}=X_i+u_i \\
\sum_{i=0}^{n-1}u_i=d
\end{cases}
\tag{5.28}
$$

需要注意的是，与传统的运动模型不同，u_i 不再表示控制输入，而是表示 i 时刻 AUV 真实的位移，而 v_i 则代表了 i 时刻 AUV 惯性导航值相对于真实位移的偏移量。在 n 时刻 AUV 惯导偏移量 ε 可以表示为

$$
\begin{aligned}
\varepsilon &= \hat{X}_n-X_n+d \\
&= \hat{X}_n-\hat{X}_0+d \\
&= (\hat{X}_n-\hat{X}_{n-1})+(\hat{X}_{n-1}-\hat{X}_{n-2})+\cdots+(\hat{X}_1-\hat{X}_0)+d \\
&= \sum_{i=1}^{n}(\hat{X}_i-\hat{X}_{i-1})+d
\end{aligned}
\tag{5.29}
$$

可以看到，n 时刻 AUV 惯导偏移量 ε 实际是由所有时刻的惯导偏移量 v_i 累加而成的。为简化计算，假设惯导偏移量满足高斯分布 $p(v_i)=N(\mu,\delta_v^2)$。

参考 Golfarelli 等[11]提出的弹簧系统，本节提出一种误差修正算法，同样将 AUV 各时刻的状态看作弹簧的端点。由于惯性导航系统存在误差，现阶段系统是受力且不稳定的，其系统能量模型为

$$
\begin{aligned}
\frac{\prod_{i=1}^{n}\theta_i}{\prod_{i=1}^{n}\prod_{j\neq1}^{n}\theta_i}\varepsilon^2 &= \sum_{i=1}^{n}\theta_i[\hat{X}_i-X_i-(\hat{X}_i-X_{i-1})]^2 \\
&= \sum_{i=1}^{n}\theta_i(v_i-v_{i-1})^2 \\
&= \hat{X}_n-\hat{X}_0+d
\end{aligned}
\tag{5.30}
$$

式中，$X_0=\hat{X}_0$；$v_0=0$；θ_i 为第 i 段位移的刚度，可以通过弱数据关联计算得到，即

$$
\theta_i=-\ln p(X_i\mid X_{i-1})
\tag{5.31}
$$

将能量模型转换为受力模型，根据串联弹簧的受力形变公式

$$\frac{\prod\limits_{i=1}^{n}\theta_i}{\prod\limits_{i=1}^{n}\prod\limits_{j\neq1}^{n}\theta_i}\varepsilon^2=\theta_1[\hat{X}_1-X_1-(\hat{X}_0-X_0)]^2$$

$$=\theta_n[\hat{X}_n-X_n-(\hat{X}_{n-1}-X_{n-1})]^2$$
$$=\theta_1(v_1-v_0)^2=\cdots=\theta_n(v_n-v_{n-1})^2 \qquad(5.32)$$

建立递推模型，依次计算 v_1 至 v_n。

误差修正模型可以形象地表示为图 5.3。其中，☆代表相对于前一时刻的惯性导航系统给出的相对位移，☆则代表相对于前一时刻 AUV 真实的相对位移。在系统模型建立之后，对模型中各个时间段的 θ 进行讨论。可以看到，在误差修正模型中，θ 的物理意义为弹簧的弹性系数，通过 θ 可以模拟 AUV 在相邻帧之间的运动，这里的 θ 正是位姿图中的弱数据关联。

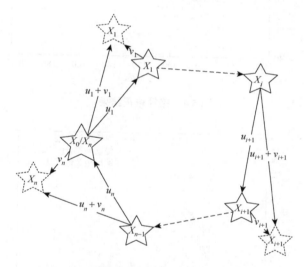

图 5.3　局部路径的误差修正模型示意图

使用青岛中沙礁采集的多波束海试数据进行回放式离线仿真，海试数据包括 GPS 数据、惯性导航数据、多波束测深数据以及配套的声速计、高度计等外部传感器信息。水下地形数据测量所使用的 GS + 多波束声呐最大工作水深为 50m，扇区最大开角为 120°，最大扫幅宽度为 150m，数据更新率为 30Hz。试验中由于光纤罗经精度较高，认为惯性导航系统输出的三轴角度是始终准确的，只有东向和北向的坐标存在偏差。回放式仿真试验结果如图 5.4 和图 5.5 所示，可以看出，未经修正的惯性导航系统各个时刻的平均定位误差为 4.7075m，方差为 2.2652；使用将导航误差平均分配在路径的每一个时刻上的传统误差分配算法得到的平均误差为 2.6055m，方差为 1.1887；使用地形相关性算法得到的平均误差为 2.3276m，方差为 0.9901。相较于无修正的惯性导航轨迹，地形相关性算法降低了 50.56% 的定位误差，相较于传统误差分配算法，定位误差则降低了 10.67%。

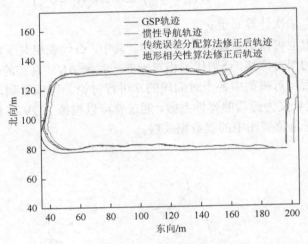

图 5.4　路径修正结果

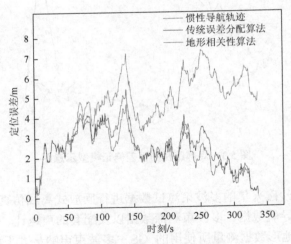

图 5.5　路径修正结果误差

可以看到，地形相关性算法修正得到的轨迹与传统误差分配算法极为类似，这是由于在地形相关性算法中，将各个节点相对于上一节点的推算值的误差 v_i 限制为

$$\begin{cases} \sum_{i=1}^{n} |v_{ix}| = |\varepsilon_x| \\ \sum_{i=1}^{n} |v_{iy}| = |\varepsilon_y| \end{cases} \tag{5.33}$$

即首尾关键帧之间相对偏差的绝对值等于之前各个节点误差 v_i 的绝对值之和。该假设的局限在于没有考虑误差 v_i 作为一个有方向的向量，存在相互抵消的情况，因此这个系统是一个存在过程误差绝对值大于最终误差的系统。

分析解得的数据发现，系统中存在 m 个 θ 远大于均值的点 $\tilde{x} = \{\tilde{x}_1, \tilde{x}_2, \cdots, \tilde{x}_m\}$，对这些显然存在误差的点进行分析。假设 $\theta(\tilde{x}_i)$ 远大于均值的原因是在点 $\tilde{x}$ 处估计位置与由上一点推算的真实位置存在较明显偏差，将 $\tilde{x}$ 沿速度垂直方向向左或向右偏移并分别计算其对应 θ 值。考虑到惯性导航系统的误差范围与相邻节点之间的时间跨度，为了保证算法的实时性，取 $-0.75\mathrm{m}$、$-0.6\mathrm{m}$、$-0.45\mathrm{m}$、$-0.3\mathrm{m}$、$-0.15\mathrm{m}$、$0.15\mathrm{m}$、$0.3\mathrm{m}$、$0.45\mathrm{m}$、$0.6\mathrm{m}$、$0.75\mathrm{m}$ 共 10 个位置进行计算，得到 m 个点的偏移量。通过观测到的 m 个偏移误差，建立改进的地形相关性算法。

5.3.2　改进的地形相关性算法

假设 AUV 惯性导航轨迹为 $\hat{X} = \{\hat{X}_0, \hat{X}_1, \cdots, \hat{X}_n\}$，GPS 轨迹为 $X = \{X_0, X_1, \cdots, X_n\}$，系统存在 m 个相对于上一时刻位置的已知局部偏移量 $w = \{w_1, w_2, \cdots, w_m\}$，以及已知的全局偏移量 ε，其中 $p(z_n | \hat{X}_n + \varepsilon) = 1$、$\sum_{j=1}^{m} w_j > \varepsilon$。针对该系统，建立误差分配模型：

$$v_i^a = v_{i,\varepsilon} + v_i' \tag{5.34}$$

式中，v_i^a 为 i 时刻总偏移量；$v_{i,\varepsilon}$ 为最终导航误差 ε 作用在 i 时刻的分量，称为全局偏移量；v_i' 为观察到的局部偏移量作用在 i 时刻的分量，称为局部偏移量。

惯性导航系统在航向稳定且航向角改变不大的时候，在短时间内漂移可以看作近似稳定的。根据航向角是否发生稳定的改变及航线是否转向，将 AUV 的路径分为 k 个阶段，包括起航阶段、$k-2$ 个中间阶段以及归航阶段，即

$$X = \{X_1^1, \cdots, X_i^1, \cdots, X_1^j, \cdots, X_i^j, \cdots\} \tag{5.35}$$

式中，X_i^j 为第 j 个阶段中第 i 个时刻。

系统模型建立之后，需要对各时刻偏移量进行以下限制：

（1）由于惯性导航系统在不同阶段会产生不稳定的偏移，所以认为各个阶段的局部偏移量 v 之间相互独立，即阶段 j 的最终局部偏移量 $v_{n_j}'^j$ 并不对下一阶段的初始局部偏移量 $v_{n_j}'^{j+1}$ 产生影响。

（2）在阶段 j 中，假设观察到两个相邻的局部偏移量 w_i^j、w_{i+p}^j 在点 X_i^j、X_{i+p}^j 处。同一阶段内各个时刻之间需要满足运动连续性条件，即一个阶段内各个相邻时刻之间的运动是连续且可导的。

在点 X_i^j 处，可以得到

$$p(z_i^j \mid X_i^j + w_i^j) = p[z_i^j - h(X_i^j + w_i^j)]$$

$$= \frac{1}{\sqrt{2\pi}\sigma_i^j} \exp\left\{ \frac{-[z_i^j - h(X_i^j + w_i^j)]^2}{2(\sigma_i^j)^2} \right\} \tag{5.36}$$

式中，$(\sigma_i^j)^2$ 为该时刻测深点方差的对角阵，描述了 $p(z_i^j \mid X_i^j + w_i^j)$ 的离散程度。当 $z_i^j - h(X_i^j + w_i^j) \to 0$ 时，可以得到

$$p(z_i^j \mid X_i^j + w_i^j) \to \frac{1}{\sqrt{2\pi}\sigma_i^j} \tag{5.37}$$

$$\sigma_i^j \to \frac{1}{\sqrt{2\pi}p(z_i^j \mid X_i^j + w_i^j)} \tag{5.38}$$

假设 X_i^j 点的偏移量对其后的点 $X_{i+1}^j, X_{i+2}^j, \cdots, X_{i+p-1}^j$ 的影响是满足径向基函数（radial basis function，RBF）的，以 X_{i+1}^j 为例，满足

$$k\left\| X_{i+1}^j - X_i^j \right\|^2 = \exp\left[-\frac{(X_{i+1}^j - X_i^j)^2}{2\sigma_1^2} \right] \tag{5.39}$$

式中，σ_1 为函数的宽度参数，控制函数的径向作用范围。当 σ_i^j 较小即 $\sqrt{2\pi}p(z_i^j \mid X_i^j + w_i^j)$ 较大时，认为 w_i^j 更为可靠，可以加大 w_i^j 作用范围，即取 σ_1 为较大值。取 $\sigma_1 = p(z_i^j \mid X_i^j + w_i^j)$，可以得到 X_{i+1}^j 处局部偏移量为

$$v_{i+1}'^j = v_i'^j + w_{i+p}^j \exp\left[-\frac{(X_{i+1}^j - X_i^j)^2}{2p(z_{i+p}^j \mid X_{i+p}^j + w_{i+p}^j)} \right] \tag{5.40}$$

将式（5.40）代入式（5.34），计算节点总偏移量并修正惯性导航偏差。

限制条件就相当于在阶段 j 的末端点瞬间将当前阶段的所有超调量 $\sum_{i=1}^{n_j}(v_i'^j - v_{i,\varepsilon}^j)$ 全部修正，这造成地形图的不连续，但对该点和下一点都不会造成影响，限制条件增加了每一个阶段的地形图一致性并减小了平均误差。

5.3.3 仿真试验

图 5.6 中，黑色虚线圆圈中的时刻即出现局部偏移量的时刻。如图 5.7 所示，改进的地形相关性算法定位结果的平均误差为 1.6295m，方差为 0.6535，相较传

统误差分配算法，定位误差减小了 **38.46%**，方差降低了 **25.89%**。在图 5.7 中，将整个任务划分为起航阶段、中间阶段和归航阶段。可以看出，改进的地形相关性算法对于起航阶段修正较好；在中间阶段由于两阶段接替阶段航向角出现较大改变，惯性导航偏差并不稳定，所以修正效果没有起航阶段明显；在归航阶段地形相关性算法已经实现了较好的修正，改进的地形相关性算法减小误差并不明显。总体而言，改进的地形相关性算法能够实现对子地形图的较好修正。

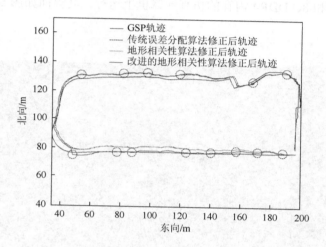

图 5.6　路径修正结果

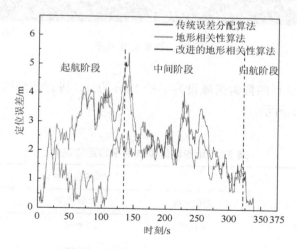

图 5.7　路径修正结果误差

将通过 GPS 轨迹和多波束测深数据构建的地形图作为真实地形图，将通过传统误差分配算法、地形相关性算法以及改进的地形相关性算法得到的航迹数据结合测深数据分别作为先验地形图 1、2、3，进行匹配定位仿真试验。试验中惯性导航系统初始偏差为东向和北向各 25m，多波束声呐测量噪声满足 $N(0, 2)$ 的高斯分布。在仿真程序中，首先将真实地形图建模加入视景仿真程序，通过 Vega 的相交线检测模拟 AUV 的实测海底地形数据，并将其与先验地形图的对比进行 AUV 的匹配定位[12]。视景仿真程序是基于 Vega 和 VC ++ 开发的，在 Intel Core i5 3210m 处理器和 8G DDR4 内存的仿真计算机上运行，其界面如图 5.8 所示。

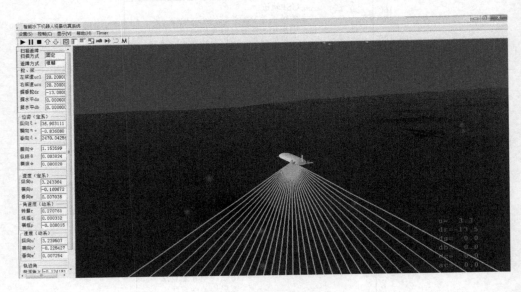

图 5.8　视景仿真系统

　　每个匹配定位点的搜索区域设为半径 10m 的圆，进行地形匹配仿真试验，试验的结果如表 5.1 所示。

表 5.1　地形匹配算法的平均定位误差

导航方法	平均定位误差/m		
	起航阶段	中间阶段	归航阶段
传统误差分配算法	9.1067	7.9995	8.6869
地形相关性算法	8.6759	7.7709	4.6513
改进的地形相关性算法	4.1277	7.1771	4.1149

从表 5.1 中可以看出，改进的地形相关性算法修正之后的地形图在起航阶段误差减小量最大，相较于传统误差分配算法地形图平均定位误差减小 55.32%，相较于地形相关性算法减小 52.42%；中间阶段修正量最小，相较传统误差分配算法地形图平均定位误差减小了 10.28%；归航阶段误差较传统误差分配算法地形图平均定位误差减小 52.63%，较地形相关性算法平均定位误差减小 11.53%。

可以得到以下结论：

（1）改进的地形相关性算法的优势在于对起航阶段路径的修正，即在惯性导航偏差较为稳定时修正效果最好。

（2）中间阶段，使用改进的地形相关性算法构建的地形图平均定位误差也会有所减小，但并不明显。

（3）归航阶段，地形相关性算法和改进的地形相关性算法相较传统误差分配算法地形图平均定位误差都有明显减小，改进的地形相关性算法相较地形相关性算法平均定位误差减小并不明显。

（4）总的来看，地形匹配误差的变化趋势与各时刻局部路径修正的精度变化趋势是一致的，当各时刻局部路径修正精度提高时，地形匹配误差也相应变小。但是地形匹配误差往往大于对应的各时刻误差，这是搜索方位内节点误差累积的结果。因此，使用改进的地形相关性算法对地形图进行修正是十分必要的。

下面将对应用 GP 回归和 SPGPs 回归时局部路径修正的效果进行对比试验。SPGPs 回归相较 GP 回归能够在更短的时间内获得精度相似的地形高程结果，为了进一步判断应用 SPGPs 回归代替 GP 回归的效果，使用本节提出的改进的地形相关性算法，分别使用 SPGPs 回归和 GP 回归进行局部路径修正仿真试验，并对结果进行比较。

在试验中，GPS 数据、惯性导航数据和多波束测深数据均来源于 2017 年 9 月进行的海上试验，海上试验测绘得到的地形图如图 5.9 所示。由于试验的目的在于验证在给定关键帧修正结果后的局部路径修正效果，为简化起见，认为全局路径修正后关键帧位置不存在误差，即直接使用关键帧处 GPS 坐标作为其修正的结果。

需要说明的是，局部路径修正算法的效果使用局部路径中定位误差的均值表示，AUV 在 i 时刻的东向-北向平面上的定位误差可以表示为

$$E_i = \sqrt{(x^i_{\text{SLAM}} - x^i_{\text{GPS}})^2 + (y^i_{\text{SLAM}} - y^i_{\text{GPS}})^2} \tag{5.41}$$

式中，x^i_{GPS} 和 y^i_{GPS} 分别为 AUV 在 i 时刻在东向和北向的 GPS 定位位置；x^i_{SLAM} 和 y^i_{SLAM} 则分别为对应 i 时刻局部路径修正算法给出的 AUV 位置。局部路径修正试验结果和修正后路径的平均定位误差如表 5.2 所示。由表 5.2 可知，与应用 GP 回归的局部路径修正算法相比，应用 SPGPs 回归可以在较短的时间内提供具有相似

甚至更小平均定位误差的局部路径修正结果。SPGPs 模型是用伪输入代替所有的测深数据进行建模的，因此测深数据中的野值点对估计结果的影响较 GP 模型更小，这使得 SPGPs 回归的表现在某些时刻优于 GP 回归。试验结果可以证明，应用 SPGPs 回归进行地形高程外推估计更适合于 BSLAM 算法中的局部路径修正。

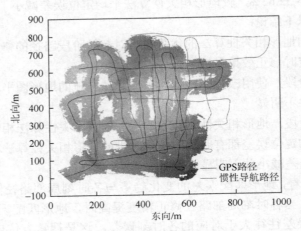

图 5.9　海上试验测绘得到的地形图

表 5.2　应用 GP 或 SPGPs 回归进行局部路径修正的平均定位误差

试验编号	AUV 坐标/m		平均定位误差/m		耗时/s	
	起点	终点	GP	SPGPs	GP	SPGPs
a	−443，245	−215，−200	1.715	1.673	265.09	1.1766×10^{-2}
b	−386，342	−178，347	1.628	1.611	289.69	1.1264×10^{-2}
c	233，392	111，563	1.600	1.241	301.10	1.1123×10^{-2}
d	−186，201	−139，648	1.103	0.951	274.39	1.0999×10^{-2}

参 考 文 献

[1]　邵长勉. 动态环境下移动机器人定位及地图创建[D]. 南京：南京邮电大学，2014.

[2]　Carlone L，Bona B. A first-order solution to simultaneous localization and mapping with graphical models[C]. IEEE International Conference on Robotics & Automation，Shanghai，2011.

[3]　Pfingsthorn M，Birk A. Simultaneous localization and mapping（SLAM）with multimodal probability distributions[J]. International Journal of Robotics Research，2012，32（2）：143-171.

[4]　潘绍松，左洪福. 基于流形优化法的相机位姿估计[J]. 江苏大学学报（自然科学版），2011，32（3）：336-340.

[5]　Wang Z，Vong S. A Guass-Newton-like method for inverse eigenvalue problems[J]. International Journal of Computer Mathematics，2013，90（7）：1435-1447.

[6]　Blaschke B，Neubauer A，Scherzer O. On convergence rates for the iteratively regularized Gauss-Newton method[J]. IMA Journal of Numerical Analysis，2018，17（3）：421-436.

[7]　Chen Y，Oliver D S. Levenberg-Marquardt forms of the iterative ensemble smoother for efficient history matching and uncertainty quantification[J]. Computational Geosciences，2013，17（4）：689-703.

[8]　Shawash J，Selviah D R. Real-time nonlinear parameter estimation using the Levenberg-Marquardt algorithm on field programmable gate arrays[J]. IEEE Transactions on Industrial Electronics，2013，60（1）：170-176.

[9]　Yang S，Choi H，Ra J. Reconstruction of a large and high-contrast penetrable object by using the genetic and Levenberg-Marquardt algorithms[J]. Microwave & Optical Technology Letters，2015，16（1）：17-21.

[10]　Zhao J，Li Y，Yu X，et al. Levenberg-Marquardt algorithm for Mackey-Glass chaotic time series prediction[J]. Discrete Dynamics in Nature and Society，2014，（3）：1-6.

[11]　Golfarelli M，Maio D，Rizzi S. Elastic correction of dead-reckoning errors in map building[C]. International Conference on Intelligent Robots & Systems，Victoria，1998.

[12]　董博，马立元，罗婧. 基于 MFC 的 Vega 应用程序设计[J]. 微计算机信息，2006，22（4）：264-265.

第 6 章　鲁棒位姿图优化技术

多波束声呐作业时受到声波散射、混响和载体运动的影响，实时获取的地形存在许多噪声和变形，同时由于海底地形趋于平缓，在局部噪声点的影响下建图结果容易产生假地形特征，从而导致地形匹配准确性难以保证。地形匹配结果的不准确意味着无效的闭环会被加入至位姿图中。如果对位姿图中的无效闭环无法及时地进行判别和处理，将导致位姿图修正算法失效，因此对 BSLAM 算法鲁棒性进行研究具有重要的工程和现实意义。

为实现对无效闭环的准确判定，本章在 BSLAM 算法的位姿图优化阶段，提出无效闭环投票算法，依靠闭环结果之间的耦合关系对单个闭环的有效性进行判别；同时本章还引入地形图一致性的概念，提出包括多窗口计算算法和误判闭环召回算法的多窗口一致性算法。

6.1　鲁棒后端图优化算法概述

目前的鲁棒图优化 SLAM 的研究主要集中在两个方面：位姿图构建阶段的无效闭环检测和后端图优化中的鲁棒算法。针对激光雷达、摄像机、声呐等不同的传感器，位姿图构建阶段的无效闭环检测有多种实现方法。例如，在针对多波束声呐的无效闭环检测方面，陈鹏云[1]提出了脉冲耦合神经网络的算法，对节点进行筛选并进行二次匹配判别运算。但在位姿图构建阶段要想将所有无效闭环全部剔除是不现实的，而一旦无效闭环被加入位姿图中，都会在位姿图优化阶段产生灾难性的后果，因而必须对后端图优化中的鲁棒算法进行研究。后端图优化中的鲁棒算法大体可分为两类，分别是通过将无效闭环的检测加入优化过程中或计算地形图一致性来实现对无效闭环的排除。下面将对几个典型的后端图优化中的鲁棒算法进行概述和分析。

6.1.1　可切换约束法

可切换约束法的核心思想在于对加入位姿图中的每一个闭环结果附加一个开关，这个开关控制了该闭环结果对非线性优化问题所贡献的残差，即通过对该开关的控制可将闭环在位姿图中移除[2]。

在可切换约束法下，优化算法同时寻找 AUV 位姿状态 X 和开关变量 s 的最优序列。对于不考虑路标位置的 pose-only SLAM，其非线性优化问题可以写为

$$X^*, s^* = \underset{X,s}{\arg\min} \sum_i \left\| f(X_i, u_i) - X_{i+1} \right\|_{\Sigma_i}^2$$

$$+ \sum_{ij} \left\| \Psi(s_{ij}) \cdot [f(X_i, u_{ij}) - X_j] \right\|_{\Lambda_{ij}}^2 + \sum_{ij} \left\| \gamma_{ij} - s_{ij} \right\|_{\Xi_{ij}}^2 \qquad (6.1)$$

式中，$\sum_i \left\| f(X_i, u_i) - X_{i+1} \right\|_{\Sigma_i}^2$ 为里程计约束；$\sum_{ij} \left\| \Psi(s_{ij}) \cdot [f(X_i, u_{ij}) - X_j] \right\|_{\Lambda_{ij}}^2$ 为包含开关函数的闭环约束；$\sum_{ij} \left\| \gamma_{ij} - s_{ij} \right\|_{\Xi_{ij}}^2$ 为开关变量的先验约束。其中，$\Psi(s_{ij})$ 为开关函数，其目的是将 s_{ij} 映射到 $[0,1]$，当开关函数 $\Psi(s_{ij})$ 等于 0 时，就实现了对应闭环在位姿图中的移除。开关函数有 sigmoid 函数和线性函数两种可选形式，但由于 sigmoid 函数存在停滞行为（自变量发生较大变化，但梯度较小使得函数值不会产生明显的变化），所以通常选择线性开关函数，即令 $\Psi(s_{ij}) = s_{ij}$，这就需要将 s_{ij} 限制在 $[0,1]$ 区间。γ_{ij} 为开关变量的先验值（通常设定为 1），Ξ_{ij} 为开关变量先验值对应的协方差，开关变量的先验约束存在的意义在于每当闭环被移除时给出对应的惩罚。

当应用可切换约束法处理鲁棒 SLAM 问题时，需要同时对 AUV 最优位姿状态序列 X^* 和最优开关变量序列 s^* 进行求解，求解的问题规模要大于传统 SLAM 算法。

6.1.2　动态协方差尺度法

为了避免在优化过程中使用开关变量从而导致计算效率降低，Agarwal[3]提出了一种动态协方差尺度法。在可切换约束法的基础上，通过

$$s_{ij} = \min\left(1, \frac{2\Phi_{ij}}{\Phi_{ij} + \chi_{ij}^2}\right) \qquad (6.2)$$

实现了对开关变量的直接求解，大大减少了优化算法的计算量。式中，$\Phi_{ij} = \Xi_{ij}^{-1}$ 为开关变量先验值对应的协方差的逆；χ_{ij} 为对应闭环结果在优化问题中贡献的残差，可以表示为

$$\chi_{ij}^2 = [f(x_i, u_{ij}) - x_j]^T \Lambda_{ij} [f(x_i, u_{ij}) - x_j] \qquad (6.3)$$

动态协方差尺度法通过对误差函数进行分析，推导出计算加权因子的解析解，从而实现了在优化器中引入可切换约束法并保持较低的计算开销。通过一系列试验，证明该算法对无效闭环结果具有较高的准确性和较强的鲁棒性，同时算法具备较快的收敛速度。

6.1.3　RRR 算法

鲁棒 SLAM 算法的最理想目标是能够实时对所有闭环结果的有效性进行不断推理,这就要求该算法能够根据新的闭环结果对所有历史闭环的有效性进行重新判别。在可切换约束法或动态协方差尺度法中,如果在某一历史时刻算法已经将某些无效闭环误判为有效,由于优化器已经达到了局部极小值,无论之后检测到的闭环结果是否实际有效,一旦其与被误判的无效闭环冲突,算法都会把其判定为无效。

在这种情况下,就需要一种对历史闭环具有重新推理能力的鲁棒 SLAM 算法,其中,比较有代表性的为 RRR 算法。与之前的算法不同,RRR 算法的核心思想是寻找能够满足地形图一致性条件的闭环的最大集合[4]。

RRR 算法根据拓扑相似性将闭环聚类为簇,在每个簇中找到满足通过 χ^2 表示的地形图一致性条件的最大子集,即需要保证找到的子集不仅与基础的里程计一致,而且与子集之间也相互一致,最大子集的寻找则是通过贪婪算法实现的。在将不满足地形图一致性的闭环剔除后,RRR 算法将在所有簇中寻找满足全局地形图一致性的簇的最大子集,该过程也是通过 χ^2 检测和贪婪算法实现的。

与可切换约束法和动态协方差尺度法相比,除了可以根据最新测绘结果对历史闭环进行重新判定外,RRR 算法一个最大的不同之处在于其对闭环做出的决策为离散的"是/否"决策,而非使用连续变量表示该闭环置信度。

在 BSLAM 算法中,对无效闭环进行检测主要包括两个思路:在前端图构建过程中,通过单个闭环自身残差的统计学特性对其进行判别;在后端图优化阶段,考虑到需要根据最新测绘结果对历史闭环进行重新判定,主要采取的是类似于 RRR 算法的思路,结合所有的闭环结果对其中单个结果的有效性进行依次判别。

6.2　投 票 算 法

由于不同区域的海底地形存在较大的自相似性,所以对单个闭环的地形高程残差进行判别并不能完全解决无效闭环的问题。本节提出了一种用于检测无效闭环的投票算法,在该算法中,每个闭环根据自身和其他闭环之间的耦合关系,对其他所有闭环依次进行投票[5]。

如图 6.1 所示,对于任意两个闭环,共有三种耦合方式(耦合方式 1、耦合方式 2、耦合方式 3)。图 6.1 中节点●表示 AUV 在某一时刻的位姿，连接 AUV 在 i 和 j 时刻位姿节点 X_i 和 X_j 的黑色直线表示闭环 D_{ij}^s，其信息矩阵为 S_{ij}^{-1}，而连接同样两个节点的黑色虚线代表的则是里程计约束 D_{ij}^o，其信息矩阵为 O_{ij}^{-1}。

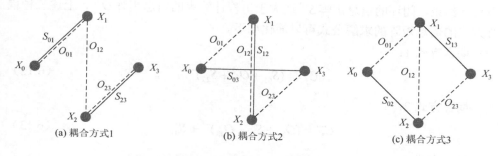

(a) 耦合方式1　　　　(b) 耦合方式2　　　　(c) 耦合方式3

图 6.1　两个闭环的组合方式

对于图 6.1 中的耦合方式 1，对 X_3 及其信息矩阵 C_3^{-1} 的估计可以表示为

$$X_3 = (S_{01}^{-1} + O_{01}^{-1})^{-1}(S_{01}^{-1}D_{01}^s + O_{01}^{-1}D_{01}^o) + D_{12}^o$$
$$+ (S_{23}^{-1} + O_{23}^{-1})^{-1}(S_{23}^{-1}D_{23}^s + O_{23}^{-1}D_{23}^o) \tag{6.4}$$

$$C_3^{-1} = [(S_{01}^{-1} + O_{01}^{-1})^{-1} + O_{12} + (S_{23}^{-1} + O_{23}^{-1})^{-1}]^{-1} \tag{6.5}$$

对于耦合方式 2，对应的值为

$$C'_{0123} = O_{01} + (S_{12}^{-1} + O_{12}^{-1})^{-1} + O_{23} \tag{6.6}$$

$$D'_{0123} = D_{01}^o + (S_{12}^{-1} + O_{12}^{-1})^{-1}(S_{12}^{-1}D_{12}^s + O_{12}^{-1}D_{12}^o) + D_{23}^o \tag{6.7}$$

$$X_3 = (C'^{-1}_{0123} + S_{03}^{-1})^{-1}(C'^{-1}_{0123}D'_{0123} + S_{03}^{-1}D_{03}^s) \tag{6.8}$$

$$C_3^{-1} = C'^{-1}_{0123} + S_{03}^{-1} \tag{6.9}$$

耦合方式 3 表现出惠斯通电桥（Wheatstone bridge）[6]的形式，根据惠斯通电桥的性质，X_3 可以通过求解 $GX = B$ 计算，其中 $X = \{X_1, X_2, X_3\}$。

$$G = \begin{bmatrix} O_{01}^{-1} + O_{12}^{-1} + O_{23}^{-1} & -O_{12}^{-1} & -S_{13}^{-1} \\ -O_{12}^{-1} & S_{02}^{-1} + O_{12}^{-1} + O_{23}^{-1} & -O_{23}^{-1} \\ -S_{13}^{-1} & -O_{23}^{-1} & S_{13}^{-1} + O_{23}^{-1} \end{bmatrix} \tag{6.10}$$

对应的信息矩阵 C_3^{-1} 则可以通过式（6.11）进行求解：

$$C_3^{-1} = \begin{bmatrix} O_{12}^{-1} & S_{13}^{-1} \end{bmatrix} \begin{bmatrix} O_{12}^{-1} + O_{23}^{-1} + S_{24}^{-1} & -O_{23}^{-1} \\ -O_{23}^{-1} & O_{23}^{-1} + O_{34}^{-1} + S_{13}^{-1} \end{bmatrix} \begin{bmatrix} S_{24}^{-1} \\ O_{34}^{-1} \end{bmatrix} \tag{6.11}$$

在三种耦合方式中，由于 AUV 位姿节点之间的时间间隔往往较长，而在较长时间间隔中里程计由于累积误差会产生较大的发散，所以闭环的置信度远大于里程计约束，闭环的信息矩阵 S^{-1} 远大于里程计约束的信息矩阵 O^{-1}，上述三种耦合方式的信息矩阵的求解公式可以简化如下。

耦合方式 1：

$$C_3^{-1} = (S_{01} + O_{12} + S_{23})^{-1} \tag{6.12}$$

耦合方式 2：

$$C_3^{-1} = (O_{01} + S_{12} + O_{23})^{-1} + S_{03}^{-1} \tag{6.13}$$

耦合方式 3：

$$\begin{aligned} C_3^{-1} &= \begin{bmatrix} O_{12}^{-1} & S_{13}^{-1} \end{bmatrix} \begin{bmatrix} S_{24}^{-1} & -O_{23}^{-1} \\ -O_{23}^{-1} & S_{13}^{-1} \end{bmatrix} \begin{bmatrix} S_{24}^{-1} \\ O_{34}^{-1} \end{bmatrix} \\ &= O_{12}^{-1} S_{24}^{-2} + O_{34}^{-1} S_{13}^{-2} - O_{23}^{-1} S_{13}^{-1} S_{24}^{-1} - O_{12}^{-1} O_{23}^{-1} O_{34}^{-1} \end{aligned} \tag{6.14}$$

为了进一步计算 C_3^{-1}，需要对里程计约束和闭环做出假设。参考扩展卡尔曼滤波器（extended Kalman filter，EKF），对于仅考虑东向、北向定位误差的线性系统，由于不使用闭环检测结果直接修正里程计，丢弃观测更新后里程计的更新方程可以表示为

$$O_k = F_{k-1} O_{k-1} F_{k-1}^T + Q_{k-1} \tag{6.15}$$

式中，F_{k-1} 为 AUV 状态转移方程的雅可比矩阵；Q_{k-1} 为状态转移过程中里程计的误差。可以看到，随着时间的延长里程计的协方差 O 会不断增加，这就意味着里程计约束的信息矩阵 O^{-1} 会随着时间延长而不断减小，将 O_{ij}^{-1} 近似简化为 $1/(t_j - t_i)$。对于闭环 S_{ij}^{-1}，由于其信息矩阵远远大于里程计约束，为了简化计算，令所有 $S_{ij}^{-1} = 1000$。最终，将简化后的里程计约束和闭环检测的信息矩阵代入式（6.14），可以计算得到三种耦合方式对应的 C_3^{-1}。

结合 AUV 在 X_3 节点的惯性导航值 X_3^{dr}，X_3 的似然函数可以表示为

$$\text{likelihood} = P(X_3) = \frac{C_3^{-1}}{\sqrt{2\pi}} \exp(-C_3^{-1} \lVert X_3 - X_3^{dr} \rVert^2) \tag{6.16}$$

则无效闭环投票算法的流程如图 6.2 所示。

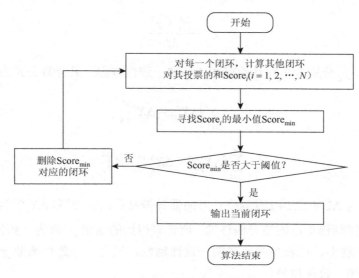

图 6.2　无效闭环投票算法流程图

在投票算法中，阈值 thre-2 的取值设定为 $Score_i(i=1,2,\cdots,N)$ 均值和标准差的加和。如果得分最少的闭环的分数小于阈值 thre-2，则认为该闭环为无效闭环，并将所有与其相关的投票结果删除（包括该闭环对其他闭环的投票和得到的由其他闭环给出的投票）。因而，在下一次循环中，本轮被判定为无效的闭环不会对投票结果产生任何影响。

6.3　多窗口一致性算法

6.2 节提出了无效闭环投票算法，该算法独立于位姿图构建和优化的过程，优点在于计算消耗较小。在无效闭环投票算法中，对于某个闭环，其有效性是由其他所有闭环投票的加和决定的，但在实际 BSLAM 过程中，简单的加和可能无法反映多个闭环之间复杂的耦合关系，因而本节提出通过计算地形图一致性评估多个闭环耦合关系的多窗口一致性算法（multi-window consistency method，MCM）[7]。

在位姿图优化过程中，检测无效闭环最直接的算法是计算一致性方程从而进行一致性检测（χ^2 检测），其中一致性方程是通过计算 BSLAM 修正结果和惯性导航系统输出结果间残差的加权之和得到的。假设 BSLAM 位姿图中包含 M 个 AUV 姿态节点和 N 个闭环，由于弱数据关联置信度较低，一致性方程可以表示为

$$\chi^2 = \frac{\chi_O^2 + \chi_L^2}{M} \tag{6.17}$$

式中，χ_O^2 和 χ_L^2 分别为里程计约束和闭环的一致性方程。其计算公式为

$$\chi_O^2 = \sum_{i=1}^{M} \left\| \Delta X_{i+1}^* - \Delta X_i^* \right\|_{A_i}^2 \tag{6.18}$$

$$\chi_L^2 = \sum_{j=1}^{M} \left\| \Delta X_{j,1}^{\text{key}*} - \Delta X_{j,2}^{\text{key}*} - \Delta_j \right\|_{\Gamma_j}^2 \tag{6.19}$$

式中，ΔX_{i+1}^* 为 AUV 在 $i+1$ 时刻修正后的惯导偏移量；$\Delta X_{j,1}^{\text{key}*}$ 和 $\Delta X_{j,2}^{\text{key}*}$ 为闭环 Δ_j 两端的两个关键帧修正后的惯导偏移量。所计算得到的结果 χ^2 称为一致性函数，一致性函数 χ^2 越小，代表当前地形图一致性越好，反之，一致性函数 χ^2 越大，代表当前地形图一致性越差。

在应用一致性检测算法估计闭环间耦合关系的基础上，本节提出了 MCM，该算法通过贪婪算法迭代寻优，从而计算所有闭环中能够构造一致性较高地形图的最大子集。在 MCM 中，为节约计算时间，使用全局路径修正的结果计算地形图一致性，提出了多窗口一致性算法和误判闭环召回算法，分别解决了 MCM 中局部地形图不一致和闭环误识别的问题。

6.3.1　多窗口一致性算法计算地形图一致性

在每一次的迭代中，传统的全局一致性检测算法如 RRR 算法会将对全局地形图不一致贡献最大的闭环移动到 CLOSE 集合（MCM 中，CLOSE 集合存储了所有被定义为无效的闭环，其余闭环则被保存在 OPEN 集合中）中，换句话说，将该闭环在位姿图中移除，修正后得到的地形图全局一致性函数最小。然而如图 6.3 所示，在某些情况下，相较于轻微的全局不一致，巨大的局部地形图扭曲会对最终建图效果产生更严重的影响，但修正前者所得到的一致性函数的减小却远大于后者。如果局部不一致对全局不一致贡献较小，则传统算法如 RRR 算法将很长时间内都无法消除局部不一致。也就是说，如果某个无效闭环对全局不一致性影响很小，即使它造成了较为明显的局部不一致，仍然无法被及时地识别剔除。在这种情况下，本节提出了多窗口一致性算法以识别并解决局部不一致问题。

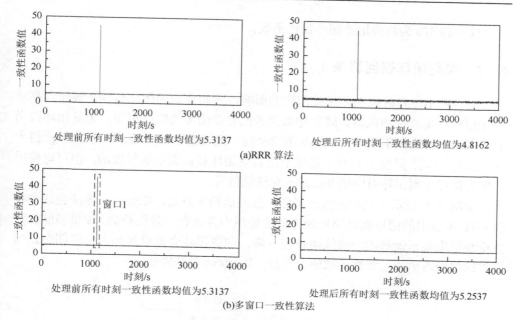

图 6.3　多窗口一致性算法解决局部不一致的例子

多窗口一致性算法的核心思想是使用一些窗口标注并表示局部不一致的区域，并判断是否应当优先处理窗口内的不一致问题。例如，在图 6.3 中，一个局部不一致的区域被窗口 1 标出，通过计算局部不一致占全局不一致的比例，判断应当优先解决局部不一致。最终得到的结果中，虽然全局不一致性并没达到最优，但巨大的局部扭曲却得到了解决。这个例子中仅列出了存在一个局部不一致的情况，在存在多个局部不一致时，算法会将所有局部不一致标出，并剔除对所有局部不一致贡献最大的一个闭环。相关的算法流程如下：

（1）设定一致性函数阈值 $\chi^2_{\text{threshold}}$，轨迹地形图所有时刻一致性函数的均值为 u、方差为 σ^2；

（2）寻找当前一致性函数最大值 $\chi^2_{\max}$ 的位置，判断 $\chi^2_{\max}$ 是否大于 $u+3\sigma$，是则执行步骤（3），否则执行步骤（6）；

（3）在轨迹地形图中寻找包含 $\chi^2_{\max}$ 所在位置且所有元素均大于 $\chi^2_{\text{threshold}}$ 的连续区间，将其作为窗口 i 记录当前窗口内一致性函数之和 χ^2_{wi}，执行步骤（4）；

（4）判断 $\sum\limits_{i=1}^{\text{num}} \chi^2_{wi}$ 是否大于轨迹地形图总不一致性的 1/2（num 为窗口个数），是则执行步骤（5），否则再次执行步骤（2）以寻找窗口 $i+1$；

（5）输出所有窗口一致性函数的均值作为本次全局路径修正后位姿图的一致性函数；

（6）输出 u 为轨迹地形图一致性函数。

6.3.2　误判闭环召回算法

受一些不能及时识别的无效闭环的影响，一些有效的闭环也存在被错误移动到 CLOSE 集合中的风险。随着越来越多的有效闭环被错误识别，无效闭环在当前位姿图中的比例不断增大，地形图的全局一致性会不断变差，从而导致 χ^2 值上升。因而，尽管 χ^2 值上升并不是完全由有效闭环被错误识别导致的，但可以使用其作为执行误判闭环召回的 Retrieve 算法的信号。

如图 6.4 所示，当检测到地形图一致性函数上升后，Retrieve 算法会逐个将 CLOSE 集合中的闭环临时添加到当前位姿图中并进行一致性检测，如果当前一致性检测结果显示地形图一致性函数值下降，则该闭环会被重新加入位姿图中。当再次检测到地形图一致性函数值上升后，Retrieve 算法停止。

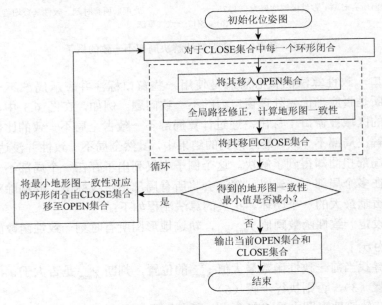

图 6.4　Retrieve 算法流程图

6.3.3　多窗口一致性算法实施流程

总的来说，MCM 是一种迭代的算法，在每次迭代中，对所计算的全局不一致或多窗口一致性算法给出的局部不一致贡献最大的闭环将被从当前位姿图移至 CLOSE 集合。一旦检测到地形图的不一致性上升，Retrieve 算法将被执行以将被误识别的有效闭环召回。当地形图一致性函数 χ^2 小于阈值时，MCM 停止并输出最终的位姿图。

另外，在 MCM 的每一次迭代中，为计算地形图一致性函数 χ^2，会对位姿图反复进行全局路径修正。在传统的 SLAM 中，全局路径修正是一个十分耗时的过程，这使得 MCM 很难满足计算效率的要求。然而对于 BSLAM 问题，由于不考虑艏向偏差，BSLAM 变为线性最小二乘问题，所有关键帧的惯导偏移量存在解析解并可以通过以下公式求得：

$$\Delta X^{\text{key}} = (A^{\text{T}}A)^{-1}A^{\text{T}}b \tag{6.20}$$

在每次迭代过程中，若保留所有关键帧并每次仅剔除闭环 i，令 $A' = TA$ 并且 $b' = Tb$，其中 $T = \text{diag}(1,1,\cdots,1)$，取一个 $T(i,i) = 0$，解析解可以表示为

$$\Delta X^{\text{key}} = (A^{\text{T}}T^{\text{T}}TA)^{-1}A^{\text{T}}T^{\text{T}}Tb = (A^{\text{T}}TA)^{-1}A^{\text{T}}Tb \tag{6.21}$$

如图 6.5 所示，MCM 共包括以下几个步骤：

（1）初始化 OPEN 集合和 CLOSE 集合，令 $k = 0$，对当前位姿图进行全局路径修正，并计算其地形图一致性 χ_0^2；

（2）$k = k+1$，判断 χ_{i-1}^2 是否大于阈值 χ_{thre}^2，若大于，则执行步骤（6），反之执行步骤（3）；

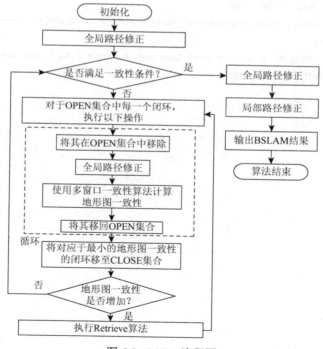

图 6.5　MCM 流程图

（3）对 OPEN 集合中的 N 个闭环，分别对除其本身以外其他所有闭环组成的位姿图进行全局路径修正，计算地形图一致性 $\chi^2_{k,j}(j=1,2,\cdots,N)$；

（4）将 $\chi^2_{k,j}(j=1,2,\cdots,N)$ 最小值 χ^2_k 对应的闭环由 OPEN 集合移至 CLOSE 集合，若 $\chi^2_k > \chi^2_{k-1}$，则执行步骤（5），否则执行步骤（2）；

（5）执行 Retrieve 算法，随后返回步骤（3）；

（6）对当前 OPEN 集合中所有闭环构成的位姿图执行全局路径修正和局部路径修正，输出 BSLAM 结果，算法结束。

参 考 文 献

[1]　陈鹏云. 多传感器条件下的 AUV 海底地形匹配导航研究[D]. 哈尔滨：哈尔滨工程大学，2016.

[2]　Sunderhauf N，Protzel P. Switchable constraints for robust pose graph SLAM[C]. International Conference on Intelligent Robots and Systems，Vilamoura-Algarve，Portugal，2012.

[3]　Agarwal P. Robust map optimization using dynamic covariance scaling[C]. International Conference on Robotics and Automation，Karlsruhe，2013.

[4]　Latif Y，Cadena C，Neira J. Realizing, reversing, recovering: incremental robust loop closing over time using the iRRR algorithm[C]. International Conference on Intelligent Robots and Systems，Vilamoura-Algarve，Portugal，2012.

[5]　Ma T，Li Y，Jiang Y，et al. AUV bathymetric simultaneous localization and mapping using graph method[J].Journal of Navigation，2019，72（6）：1-20.

[6]　Lu F，Milios E. Globally consistent range scan alignment for environment mapping[J]. Autonomous Robots，1997，4（4）：333-349.

[7]　Ma T，Li Y，Wang R，et al. AUV robust bathymetric simultaneous localization and mapping[J]. Ocean Engineering，2018，166：336-349.

应 用 篇

第7章 鲁棒测深信息同步定位与建图的软/硬件系统搭建

在前几章中，通过对鲁棒 BSLAM 算法的位姿图构建、位姿图优化以及鲁棒性展开研究，已经完成了鲁棒 BSLAM 系统中各个部分的理论推导、算法设计。在本章中，将完成算法框架的整体设计工作，搭建数值仿真系统和硬件平台，并通过数值仿真和海上试验对系统的可靠性、实时性和鲁棒性进行验证。

整合第 2～6 章的位姿图构建/优化技术，完成了鲁棒测深信息同步定位与建图系统总体框架设计，搭建了包括视景仿真系统、鲁棒 BSLAM 计算机以及监控计算机在内的数值仿真系统，并通过数值仿真试验对第 6 章中提出的无效环形投票算法和多窗口一致性算法效果进行对比；搭建包括多波束声呐、参考导航系统以及处理计算机等设备的硬件平台，并在 2017 年 9 月于青岛中沙礁海域进行了多次海上在线鲁棒 BSLAM 试验。针对海况较差环境下存在的鲁棒 BSLAM 结果剧烈波动问题，本章提出结合滤波器的 MCM，并根据海上试验结果对使用结合滤波器的 MCM 的鲁棒 BSLAM 系统效果做出评价。

7.1 鲁棒测深信息同步定位与建图算法框架设计

在第 2～6 章的基础上，本节完成鲁棒 BSLAM 算法框架的设计。如图 7.1 所示，鲁棒 BSLAM 系统包括三部分：预处理、位姿图构建和位姿图优化。在该系统中，输入量为多波束声呐给出的测深数据以及由惯性导航系统给出的导航数据（包括东-北-天坐标系下的三轴位置和转角），输出为修正后的鲁棒 BSLAM 轨迹。

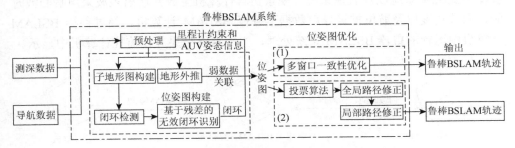

图 7.1 鲁棒 BSLAM 算法框架结构示意图

　　预处理的目的是滤除惯性导航系统给出的导航数据中的野值。受姿态传感器测量噪声的影响，导航数据中的位置数据和角度数据均存在跳变，跳变出现的频率与幅值和姿态传感器的精度有关。为解决这一问题，大量的滤波器方法如扩展卡尔曼滤波器、无迹卡尔曼滤波器以及粒子滤波器等被提出[1-3]。导航数据滤波并非本章的研究重点，鲁棒 BSLAM 中的导航数据滤波器可详见文献[2]，此处不再进行赘述。

　　位姿图构建、位姿图优化、鲁棒 BSLAM 的相关工作则已经在第 2～6 章进行过详细描述。简单来说，在位姿图构建中，考虑到闭环检测过程中计算消耗的问题，经过处理的测深数据和导航数据被不断以子地形图的形式存储，同时根据地形高程外推估计结果和多波束声呐实际测量地形的相似程度，不断构建弱数据关联以估计 AUV 在相邻帧之间的运动。通过地形匹配算法在子地形图间进行闭环检测，并且使用考虑残差分布的无效闭环检测判别算法识别并剔除无效闭环。最终使用 AUV 姿态信息、闭环、弱数据关联以及惯性导航系统提供的里程计约束，完成鲁棒 BSLAM 位姿图的构建。

　　根据所构建的鲁棒 BSLAM 位姿图，位姿图优化算法将输出最终的鲁棒 BSLAM 轨迹。第 4 章分别提出了两种图优化阶段的无效闭环检测算法，这就衍生出了两种后端位姿图优化算法，分别对应图 7.1 中的（1）和（2）。在图 7.1 中，（1）对应 6.3 节提出的多窗口一致性算法，（2）则对应了 6.4 节的无效闭环的投票算法，两种算法的修正效果将在 7.2 节的仿真试验中进行比较和验证。

7.2　鲁棒测深信息同步定位与建图数值仿真系统

7.2.1　数值仿真系统搭建

　　如图 7.2 所示，数值仿真系统共包含三台计算机，分别运行视景仿真系统、鲁棒 BSLAM 系统以及监控系统。视景仿真计算机生成并输出多波束声呐回波时间、回波角度以及航位推算导航数据至鲁棒 BSLAM 计算机，经过鲁棒 BSLAM 计算机中运行的鲁棒 BSLAM 系统处理，生成最终结果并在监控计算机中显示。

视景仿真计算机　　　　　　　　鲁棒BSLAM计算机　　　　　　监控计算机

回波时间、回波角度
航位推算导航数据

鲁棒BSLAM航迹

图 7.2　数值仿真系统结构示意图

　　如图 7.3 所示，视景仿真系统基于 Vega/MFC[4, 5]平台开发，通过读取海上试验采集的导航数据驱动 AUV 在视景中运动，使用海上试验测绘得到的海底地形数据构建视景仿真系统中的海底地形，并最终与海底地形间进行相交线检测实现多波束声呐的多波束数据模拟。视景仿真系统所模拟的多波束测深条带有效宽度为 70m，单次声脉冲打出 200 个有效测深点。

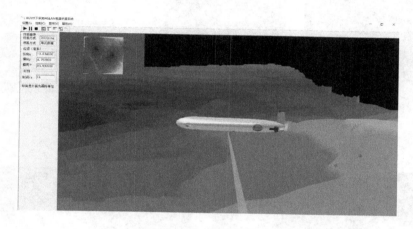

图 7.3　视景仿真系统

　　视景仿真系统以 1Hz 的频率同时更新 AUV 的惯性导航数据、光纤罗经数据，模拟多波束测深数据并同样以 1Hz 的频率将 AUV 位姿数据和测深数据发送至鲁棒 BSLAM 计算机。视景仿真系统中的惯性导航数据是通过 GPS 数据加入固定漂移和随机游走的形式模拟的，公式为

$$X_{DR} = X_{GPS} + Q + C \cdot d \tag{7.1}$$

式中，X_{DR} 为模拟得到的惯性导航给出的各个时刻 AUV 位置；X_{GPS} 为试验中 GPS 给出的 AUV 位置；Q 为随机游走，满足均值为 0、协方差为 2 的高斯分布；d 为 AUV 航行距离；C 为固定漂移与航行距离的相关系数。在试验中认为光纤罗经提供的三轴角度是始终准确的，只有东向和北向的坐标存在偏差，且总的惯性导航偏差为航行距离的 16‰。

　　视景仿真系统中的海底地形以及 GPS 导航数据来源于 2016 年 10 月于青岛中沙礁海域进行的船载数据获取海上试验。所获得的海试数据包括 GPS 给出的位置数据、光纤罗经给出的姿态数据，以及 GS + 多波束声呐[6]给出的测深数据。

　　图 7.4 中是海上试验中使用的部分设备，图 7.4（a）是多波束声呐和声速计，基阵安装角度为 60°，在约 20m 的水深下可以获得宽度约为 70m 的条带地形图，声波发射频率为 23Hz。图 7.4（b）为测深侧扫系统主控制舱，图 7.4（c）为光纤

罗经，其姿态角测量精度为 0.05°。试验获得的航迹数据时长 3613s，试验船航速约 4kn，共行驶约 8km，试验照片见图 7.5。

(a) 多波束声呐和声速计　　　　(b) 测深侧扫系统主控制舱　　　　(c) 光纤罗经

图 7.4　海上试验部分设备

图 7.5　船载数据获取海上试验照片

　　鲁棒 BSLAM 计算机运行基于 C 控制台程序实现的鲁棒 BSLAM 系统，监控计算机则运行基于 MFC 开发的监控程序。如图 7.6 所示，监控程序可以实时显示当前 AUV 位姿、航位推算导航航迹、鲁棒 BSLAM 结果以及测绘数据覆盖情况。鲁棒 BSLAM 计算机和监控计算机数据发送与显示频率均为 1Hz。

7.2.2　数值仿真系统的算法验证试验

　　首先，进行前端位姿图构建试验。图 7.7 为子地形图划分的结果，横轴上标记数字为各个子地形图的起始时刻。子地形图划分算法中子地形图最小长度设为 40s，最大长度设为 100s，DoN 值设为 300。可以看到，在地形变化较为复杂的区域，如 2163～2203s，地形图信息量丰富导致子地形图长度较短，而在地形变化较为平缓的区域，如 3223～3302s，TIC 匮乏导致子地形图长度较长。

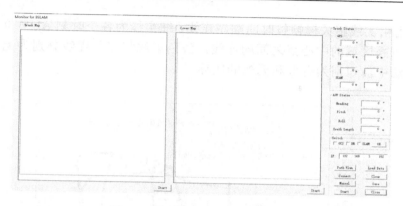

图 7.6　基于 MFC 开发的监控程序

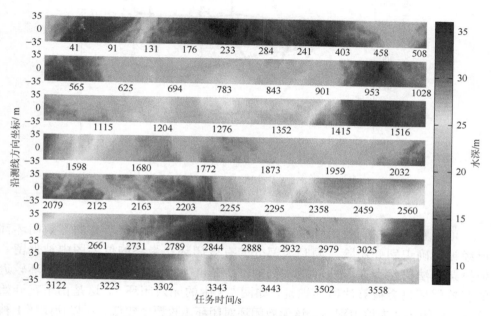

图 7.7　子地形图划分结果

将闭环检测过程中的 MSD 阈值设定为 0.02，共检测出 112 个闭环结果，其中 61 个为无效闭环结果。通过考虑残差分布的无效闭环检测算法，88.52%的无效闭环被检测出，4.88%的有效闭环被误识别，最终算法将无效闭环比例由 61/112 降低至 7/46，取得了良好的效果。

1. 无效闭环投票算法仿真

图 7.8 是无效闭环投票算法的输出结果，○表示鲁棒 BSLAM 位姿图关键

帧，使用粗实线将关键帧按时间顺序连线，细实线为各个时刻 AUV 位置与子地形图重叠区域的中心点之间的连线，浅色虚线和深色虚线分别为无效闭环投票算法中被识别为有效和无效的闭环。

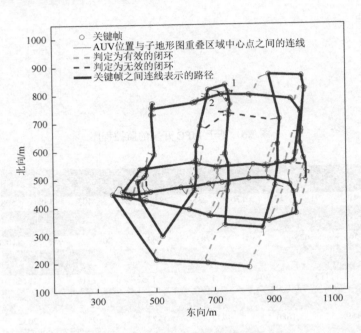

图 7.8　无效闭环投票判别结果

　　可以看到，在无效闭环投票算法的最终输出结果中，所有的无效闭环都已经被正确识别并剔除，同时大部分的有效闭环在最终的位姿图中被保留。但投票算法仍然存在一些问题，例如，少数与未能及时发现的无效闭环较近的有效闭环也会被算法错误识别，如图 7.8 中的无效闭环 1，这是由于在开始阶段无效闭环 2 未被识别出，该无效闭环对闭环 1 投票值较低，所以使闭环 1 被错误识别。总的来说，在无效闭环占比较小时，投票算法达到了预期的效果，投票算法输出的位姿图可以用于下一步的优化流程。

　　为验证局部路径修正的效果，在对位姿图进行全局路径修正的基础上，分别使用均匀分配算法和提出的局部路径修正算法将关键帧的惯性导航系统偏差分配到整条轨迹上，为方便下面的表示，分别将使用两种非关键帧误差计算算法的 BSLAM 算法称为非完全鲁棒 BSLAM（均匀分配关键帧惯性导航偏差）和鲁棒 BSLAM（局部路径修正算法）。鲁棒 BSLAM 中非关键帧误差计算使用的局部路径修正算法在 5.3 节中已经进行过介绍，而非完全鲁棒 BSLAM 中的

非关键帧误差则是通过将两个相邻的关键帧导航偏差按时间均匀地分配到两个关键帧之间的局部路径上计算得到的，即认为每两个相邻帧之间惯性导航偏差的增量都是相等的，也可以理解为将 $p(X_i | X_{i-1})$ 全部设为 1 的局部路径修正算法。

图 7.9（a）、图 7.9（c）、图 7.9（e）表示分别使用惯性导航系统、非完全鲁棒 BSLAM 和鲁棒 BSLAM 输出的轨迹和构建的海底地形图，而图 7.9（b）、图 7.9（d）、图 7.9（f）则是对应的测深点定位误差直方图，在不考虑测量误差的条件下，i 时刻测深点在东向-北向平面误差与该时刻 AUV 定位误差是一致的。定位误差直方图统计了任务结束后所有时刻测深点位置的误差，以 i 时刻为例，该时刻所有测深点的误差可以表示为

$$E_i = \sqrt{(x_{\mathrm{SLAM}}^i - x_{\mathrm{GPS}}^i)^2 + (y_{\mathrm{SLAM}}^i - y_{\mathrm{GPS}}^i)^2} \qquad (7.2)$$

式中，x_{GPS}^i 和 y_{GPS}^i 分别为 GPS 给出的 i 时刻 AUV 在东向、北向的真实位置；x_{SLAM}^i 和 y_{SLAM}^i 则分别为鲁棒 BSLAM 给出的修正后航迹中 i 时刻的 AUV 位置。

如图 7.9 所示，惯性导航系统、非完全鲁棒 BSLAM 和鲁棒 BSLAM 给出的测深点定位误差的均值分别为 72.62m、13.74m 和 12.25m，而对应的中位数则分别为 65.98m、12.68m 和 11.27m。试验结果证明，全局路径修正和局部路径修正都在鲁棒 BSLAM 位姿图优化中起到了重要的作用。相比于非完全鲁棒 BSLAM，鲁棒 BSLAM 给出的结果均值减小了 10.82%，中位数减小了 8.87%；而和惯性导航系统相比鲁棒 BSLAM 的效果更加明显，相较惯性导航系统，鲁棒 BSLAM 系统给出的定位误差均值和中位数分别减小了 83.13% 和 82.92%。通过试验结果可以证明，全局路径修正和局部路径修正在鲁棒 BSLAM 系统中都发挥了不可替代的作用。

图 7.9 给出了整个试验最后阶段鲁棒 BSLAM 所有测深点定位误差的分布，而为了验证算法的实时性，图 7.10 给出数值仿真试验中鲁棒 BSLAM 算法修正结果中测深点平均误差的实时变化情况。可以看到，尽管在 A 时刻第一个闭环已经被检测出，但闭环过少，信息量不足，导致定位误差变化不明显；出于同样的原因，在 B 时刻鲁棒 BSLAM 系统的定位误差也只表现出轻微的变化，甚至在 A 和 B 时刻之间还有无效闭环导致鲁棒 BSLAM 系统给出的定位误差高于惯性导航系统；在 C 时刻，检测到当前时刻和起始时刻存在闭环，因此鲁棒 BSLAM 系统的平均定位误差急剧减小，并最终在 D 时刻收敛到 10m 左右。也就是说，当 AUV 在当前时刻与初始时刻之间检测到闭环时，测深点平均定位误差会迅速收敛到一个可接受的范围。

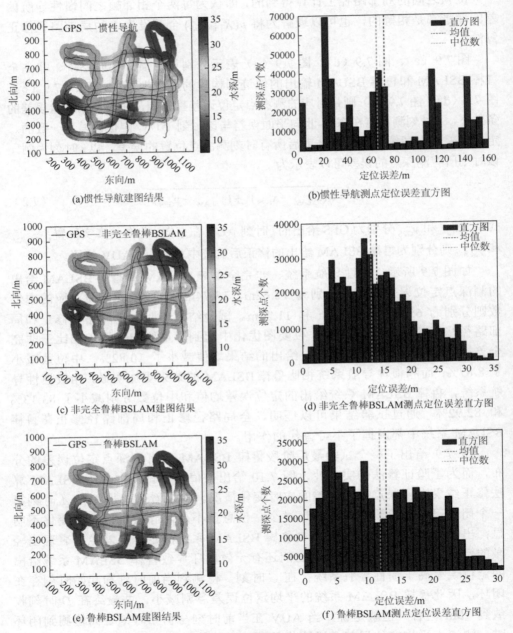

图 7.9 三种方法建图结果与定位误差对比

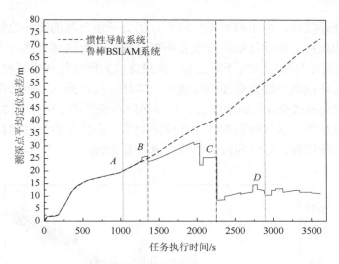

图 7.10　实时定位误差

　　除了实时的测深点平均定位误差，算法的计算消耗也是评价鲁棒 BSLAM 系统实时性能的一个重要因素。首先，给出鲁棒 BSLAM 系统实时性的定义，即能在子地形图 $i+1$ 存储之前完成包含子地形图 1 到子地形图 i 的所有历史子地形图鲁棒 BSLAM 位姿图的构建和优化工作，同时进行子地形图 $i+1$ 中测深数据的实时空间归位、滤波和地形高程外推估计。为方便表示，将用于构建子地形图 i 的时间区间表示为计算时间段 i。

　　如图 7.11 所示，在每个计算时间段内，可用计算时间作为当前时间段的总长度，计算耗时则包括所有历史子地形图的闭环检测、除闭环检测外的位姿图构建（当前子地形图内的测深数据的空间归位和地形高程外推估计），以及包含所有历史子地形图的位姿图的优化过程。

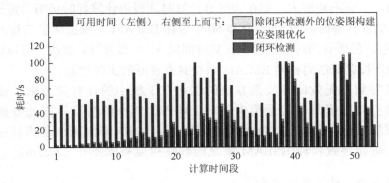

图 7.11　鲁棒 BSLAM 中的耗时

在试验开始阶段，由于搜索半径较小，历史子地形图的闭环检测耗时极短。但随着时间的推移，惯性导航系统误差不断发散，导致闭环检测阶段的搜索区域不断加大，因而闭环检测耗时不断延长，并最终成为所有任务中耗时最长的一项。

对于除闭环检测外的位姿图构建部分，其耗时只与当前子地形图大小有关，不随时间的变化而改变，且通常仅占计算时间段总长度的 2.9%。图 7.12 展示位姿图优化的耗时结果，尽管位姿图优化在检测到第一个闭环后耗时同样随时间推移而延长，但其在所有计算时间段内的最大值只有 0.09s。

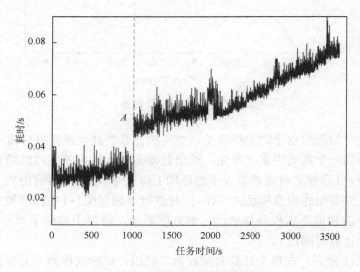

图 7.12　位姿图优化耗时结果

总而言之，应用投票算法处理无效闭环的鲁棒 BSLAM 系统的计算消耗会随着时间的推移而不断增大，但在大部分计算时间段内计算耗时仍明显短于时间段长度。尽管在计算时间段 48、49 和 50 中鲁棒 BSLAM 系统出现了 7.8s、32.4s 和 12s 的延迟，但所有的时间延迟在计算时间段 51 中都能得到解决。可以证明，应用无效闭环投票算法的鲁棒 BSLAM 系统具有良好的实时性能。

可以看到，无效闭环投票算法的优点在于极小的计算量带来了良好的实时性，缺点则在于其仅能适用于无效闭环占比较小的情况，因此要使用无效闭环投票算法就必须对 MSD 阈值进行限制。MSD 阈值减小意味着更少的有效闭环，进而导致鲁棒 BSLAM 系统的最终精度被限制在 12.25m。

2. 多窗口一致性算法仿真

为验证多窗口一致性算法（MCM）的效果，同时使用 MCM 和经典的 RRR

算法进行位姿图优化计算。考虑到无效闭环占比过高会导致投票算法失效，闭环检测中 MSD 阈值被设定为 0.02。但通过试验结果可以看到，MSD 阈值取 0.02 时检测到的闭环过少，导致最终定位结果在 10m 左右。而 MCM 具备在无效闭环占比过高时工作的能力，为了提供更多的闭环，闭环检测中 MSD 阈值分别设为 0.04、0.05、0.06、0.07 和 0.08，将惯性导航偏差设为航行距离的 7‰，进行试验 1 到试验 5 共五组仿真试验，试验结果如表 7.1 所示。为了与投票算法的效果进行对比，这里的闭环是位姿图构建中考虑残差分布的无效闭环检测算法输出的结果。

表 7.1　试验 1 到试验 5 的试验结果

试验编号	MSD 阈值	闭环总数/无效闭环数	迭代次数		测深点平均定位误差/m	
			MCM	RRR	MCM	RRR
1	0.04	58 / 11	13	21	6.342	6.342
2	0.05	77 / 20	30	43	6.125	6.238
3	0.06	91/ 32	55	54	5.750	5.750
4	0.07	96 / 37	71	62	7.571	7.443
5	0.08	137 / 78	110	123	6.533	7.619

随着试验 1 到试验 5 中 MSD 阈值的不断增加，越来越多的无效闭环加入到位姿图中，最终在试验 5 中占总闭环的 56.39%。当 MSD 阈值小于等于 0.08 时，MCM 和 RRR 算法产生了同样的结果，在相近的迭代次数内获得了相似的平均定位误差。当 MSD 阈值设为 0.08 时，相较于 RRR 算法，MCM 消耗的迭代次数更少，同时平均定位误差减小了约 17.45%。

为了进一步验证 MCM 较 RRR 算法的优越性，这里给出假设，即当无效闭环占比较大时，MCM 能够给出比 RRR 算法更好的位姿图优化效果。为证明这一假设，也为了在惯性导航误差相同时将 MCM 的效果与无效闭环投票算法相对比，进行了试验 6 到试验 11 共六组仿真试验。

在这六组试验中，惯性导航系统误差被设为航行距离的 16‰，同时 MSD 阈值变化区间设为 0.03~0.08，试验结果如表 7.2 所示。仿真试验的结果验证了之前的假设，当无效闭环占比较大时，MCM 的确能够提供远高于 RRR 算法的优化效果。在试验 9 到试验 11 中，位姿图中无效闭环占比为 71.01%、71.63% 和 73.33%，而 MCM 给出的测深点平均定位误差则较 RRR 算法分别减小了 11.87%、21.33% 和 17.59%。

表 7.2　试验 6 到试验 11 的试验结果

试验编号	MSD 阈值	闭环总数/无效闭环数	迭代次数		测深点平均定位误差/m	
			MCM	RRR	MCM	RRR
6	0.03	63/27	28	24	10.235	10.235
7	0.04	83/43	46	86	9.202	10.920
8	0.05	120/80	90	122	13.233	13.839
9	0.06	138/98	102	163	13.898	15.769
10	0.07	141/101	121	167	11.949	15.188
11	0.08	150/110	151	181	13.984	16.968

同时,相较于使用投票算法判别无效闭环的鲁棒 BSLAM 系统,在阈值为 0.03、0.04、0.07 条件下 MCM 的定位误差均明显减小,可以证明由于通过一致性检测考虑了多个闭环的耦合关系,MCM 在大多数条件下确实能够提供更好的定位和建图效果。

为了进一步探究 MCM 表现好于 RRR 算法的原因,将 precision 和 recall 两种指标被引入鲁棒 BSLAM 结果的分析中,其中 precision 表示经过 MCM（RRR 算法）剔除无效闭环后的位姿图中有效闭环的比例,recall 表示最终位姿图中仍保留的有效闭环占所有有效闭环的比例。

图 7.13 表示试验 1 到试验 11 中使用 MCM 和 RRR 算法得到的结果中 precision 和 recall 的结果。11 次试验中 MCM 和 RRR 算法提供的 precision 值都是 100%,说明两种算法均正确识别并剔除了所有的无效闭环,但在 MSD 阈值较高的几次试验中（如试验 9、试验 10 和试验 11）,RRR 算法的 recall 值明显小于 MCM,而这导致了 RRR 算法给出的平均定位误差较高。接下来本节将对 RRR 算法的 recall 值较小的原因进行分析。

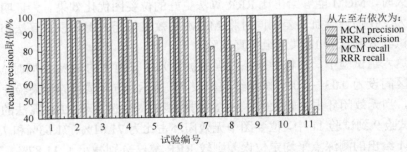

图 7.13　试验中 precision 和 recall 的结果

第一方面，如表 7.1 和表 7.2 所示，相较于传统的 SLAM 算法如视觉 SLAM，鲁棒 BSLAM 系统所检测到的闭环数量极少，更致命的是这些闭环中无效闭环仍占据极大的比例。这导致在某些区域可能仅有无效闭环被检测出，而更为不幸的是，这些无效闭环可能只引发了局部不一致，而对全局不一致的贡献很小，因而，想要及时识别这些无效闭环是很困难的。第二方面，受这些无法被及时识别并剔除的无效闭环的影响，RRR 算法和 MCM 都会存在将有效闭环误判为无效的现象。

对于第一方面，MCM 中使用了多窗口一致性算法以识别并解决由无效闭环导致的局部地形图不一致问题。对于第二方面，尽管 RRR 算法中同样可以通过第二次优化将被误识别的有效闭环召回至位姿图中，但由于第二次优化使用的是所有被移至 CLOSE 集合的闭环，在第一次优化中无法及时识别处理的无效闭环也会对第二次优化的结果产生影响，甚至由于第一次被识别为有效的闭环不参与优化过程，在无效闭环占比极大的集合中提取正确闭环会变得非常困难。而在 MCM 中，被移除的闭环可以通过 Retrieve 算法召回，Retrieve 算法通过将 CLOSE 集合中的闭环依次放入当前位姿图中以寻找与当前位姿图一致性最好的闭环。这种算法考虑了当前位姿图内所有闭环，与 RRR 算法的第二次优化相比，参与计算的有效闭环往往占比更大，同时该过程也不会受其他也被判定为无效闭环的影响。基于以上两个原因，在无效闭环占比较大时，MCM 得到的 recall 值要大于 RRR 算法。RRR 算法是一种非常先进的无效闭环识别算法，但在鲁棒 BSLAM 中，MCM 往往表现得更好，特别是在位姿图中存在大量无效闭环时。

为了进一步说明应用 MCM 的鲁棒 BSLAM 算法的效果，本节选取试验 3 和试验 7 的结果进行进一步分析。

图 7.14（a）和图 7.14（b）表示试验 3 构建的海底地形图和测深点定位误差直方图，图 7.14（c）和图 7.14（d）则是试验 7 对应的结果。在试验 3 中，鲁棒 BSLAM 系统和惯性导航系统构建得到的地形图中测深点平均定位误差分别是 5.750m 和 31.734m，在完成图 7.14（a）所示的轨迹时，AUV 定位误差则分别是 6.389m 和 67.044m。在试验 7 中，对应的值则分别是 9.202m、72.620m、2.269m 和 137.570m。可以看到，在试验 3 和试验 7 两次试验中，相比惯性导航系统给出的结果，鲁棒 BSLAM 系统的测深点平均定位误差分别减小了 81.88% 和 87.33%，而 AUV 最终定位误差则分别减小了 90.47% 和 98.35%。试验结果证明，在各种惯性导航精度条件下，采用 MCM 的鲁棒 BSLAM 系统均能提供较高的定位和建图精度。

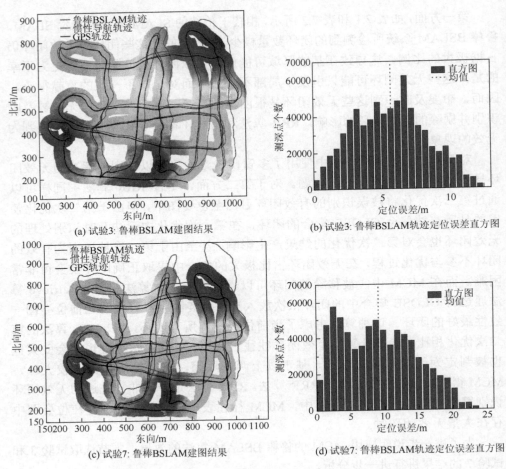

(a) 试验3: 鲁棒BSLAM建图结果　　　　　　(b) 试验3: 鲁棒BSLAM轨迹定位误差直方图

(c) 试验7: 鲁棒BSLAM建图结果　　　　　　(d) 试验7: 鲁棒BSLAM轨迹定位误差直方图

图 7.14　　试验 3 和试验 7 的鲁棒 BSLAM 结果

　　本节的最后, 为了验证算法在不同海底地形环境下的效果, 进行了试验 12 和试验 13 两组试验。图 7.15 中显示的海底地形数据在网站 www.ibcao.org 中获取, 结合试验 1 中的惯性导航和 GPS 数据, 在半物理仿真系统中进行了仿真试验, 试验中 MSD 阈值设为 0.07。

　　试验结果如表 7.3 和图 7.16 所示。在试验 12 中, 在无效闭环占比 53.21% 的情况下, MCM 使用 99 次迭代完成了最终位姿图的构建工作, 其 recall 值为 87.93%; 在试验 13 中, 在无效闭环占比 46.32% 的情况下, MCM 使用 78 次迭代完成了最终位姿图的构建工作, 其 recall 值为 88.24%, 两次试验中最终的 precision 值均为 100%。试验 12 和试验 13 中, 鲁棒 BSLAM 输出的测深点平均定位误差分别为 7.345m 和 7.596m, 相比惯性导航系统分别减小了 77.36% 和 76.58%。由试验结果可以看出，鲁棒 BSLAM 系统在不同的海洋地形环境下都能提供精确的建图和定位结果。

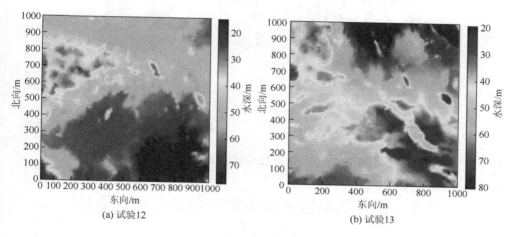

(a) 试验12　　　　　　　　　　　(b) 试验13

图 7.15　仿真试验地形图

表 7.3　试验 12 和试验 13 的试验结果

试验编号	闭环总数/无效闭环数	迭代次数	测深点平均定位误差/m	precision/%	recall/%
12	109/58	99	7.345	100	87.93
13	95/44	78	7.596	100	88.24

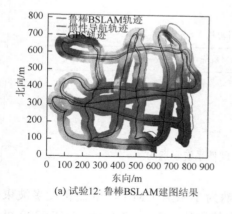

(a) 试验12: 鲁棒BSLAM建图结果

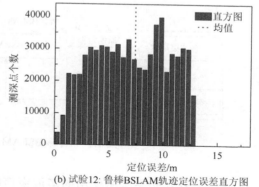

(b) 试验12: 鲁棒BSLAM轨迹定位误差直方图

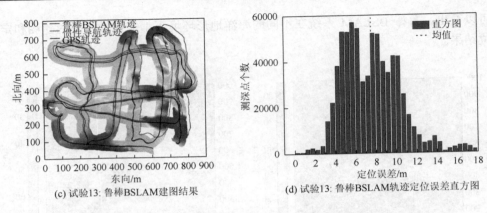

(c) 试验13: 鲁棒BSLAM建图结果　　　　(d) 试验13: 鲁棒BSLAM轨迹定位误差直方图

图 7.16　仿真试验 12 和试验 13 的试验结果

7.3　鲁棒测深信息同步定位与建图硬件系统

7.3.1　硬件系统搭建

在海上试验中，搭建了鲁棒 BSLAM 硬件系统，该系统由多波束声呐、参考导航系统、鲁棒 BSLAM 计算机以及监控计算机组成，体系结构和系统间通信如图 7.17 所示，实物如图 7.18 所示。鲁棒 BSLAM 硬件系统中参考导航数据和多波束声呐给出的测深数据统一以 4Hz 的频率发送给鲁棒 BSLAM 系统，鲁棒 BSLAM 系统以 4Hz 的频率将鲁棒 BSLAM 结果发送到监控计算机进行显示。

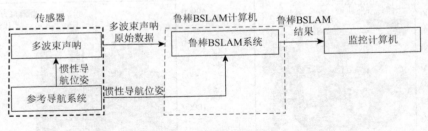

图 7.17　鲁棒 BSLAM 硬件系统示意图

鲁棒 BSLAM 系统所使用的多波束声呐为 T-SEA CMBS200 高精度多波束声呐。相较于 2016 年数据获取海上试验中使用的 GS＋，T-SEA CMBS200 可以实时返回多波束测深数据至鲁棒 BSLAM 计算机，使实时鲁棒 BSLAM 海上试验成为可能。T-SEA CMBS200 高精度多波束声呐可获取水下三维地形及沉底目标的高分辨率声图并实时发送给鲁棒 BSLAM 计算机，该声呐具备执行海底地形测绘、航道勘测、水下目标搜索、水下考古、水下管线探测等任务的能力，可以安装在水下无人平台、水下拖体和水面舰船等多种平台。T-SEA CMBS200 水平波束宽度优于 1°，垂直波束开角优于 2°，水平视场角大于等于140°，测距大于等于 300m，距离分辨率优于 2cm。

(a) T-SEA CMBS200高精度多波束声呐　(b) STARNETO XW-GI5651参考导航系统　　(c) 监控计算机

图 7.18　试验设备

鲁棒 BSLAM 硬件系统所使用的参考导航系统为 STARNETO XW-GI5651 参考导航系统，该系统可以提供试验船的艏向角、横倾角、纵倾角和东-北-天坐标系的 GPS 位置，系统给出的角度测量误差约为 0.1°，GPS 定位误差约为 20cm，测量频率约为 10Hz。为说明在惯性导航系统效果较差时鲁棒 BSLAM 硬件系统仍能发挥较好的效果，本次试验中通过对 GPS 数据加入固定漂移和随机游走的形式对惯性导航数据进行模拟，模拟的惯性导航系统误差约为航行距离的 3%。

鲁棒 BSLAM 计算机中运行鲁棒 BSLAM 硬件系统。通过 7.2 节中一系列数值仿真试验可以得到结论：尽管无效闭环投票算法存在计算效率高等优点，但应用该算法需要尽可能减小闭环检测中的 MSD 阈值以降低无效闭环的个数，而这将使有效闭环减少，并最终导致鲁棒 BSLAM 算法得到的精度低于 MCM。因此，在本章的海上试验中，选择 MCM 作为位姿图优化中的无效闭环识别算法以构建鲁棒 BSLAM 硬件系统。

7.3.2　硬件系统的算法验证试验

自 2017 年 8 月中旬开始，于青岛中沙礁附近海域进行了为期两个月的海上试验，现场试验装置和试验区域位置如图 7.19 和图 7.20 所示。

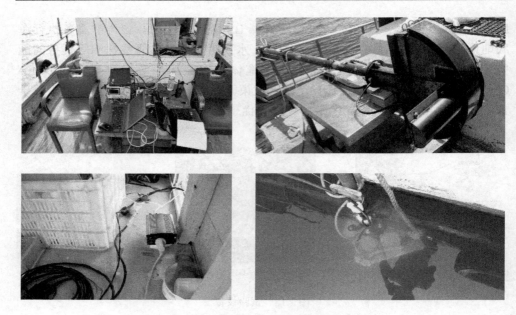

图 7.19　2017 年海上试验的部分照片

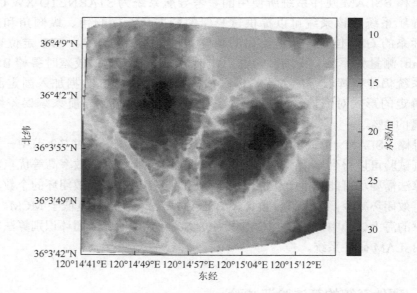

图 7.20　青岛中沙礁附近的海上试验区域

如图 7.21 所示，多波束声呐被安装于试验船右舷；为给试验结果提供 GPS 信息参考，两个 GPS 接收器被安装于试验船中横剖面顶部，间距为 4m；STARNETO

XW-GI5651 的罗经被安放于试验船的重心位置处。两次试验都是使用船载多波束声呐进行的，使用的试验船长 16m，宽 4m，航速约 4kn，更多在线海上试验的参数可见表 7.4。考虑到海上试验中测量噪声受海况影响大且难以估计，海上试验中 MSD 阈值取值较高，设定为 0.3。

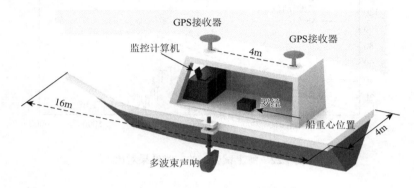

图 7.21　试验设备安装示意图

表 7.4　在线海上试验参数

试验参数	参数大小
试验船主尺度	长 16m，宽 4m
航速	4kn
GPS	STARNETO XW-GI5651
罗经	STARNETO XW-GI5651
搭载多波束声呐	T-SEA CMBS200
子地形图大小	19000 个有效测深点
地形匹配过程中 MSD 阈值	0.3
一致性参数阈值	0.0014
惯导偏移量	约为航行距离的 3%

1. 二级海况下海上试验

2017 年 9 月 29 日进行了海上试验 1，试验中区域海况为二级海况，浪高约为 0.3m，多波束声呐与罗经的测量噪声均较小。试验 1 中鲁棒 BSLAM 硬件系统实时的测深点平均定位误差如图 7.22 所示。在整个任务执行过程中，惯性导航系统和应用 MCM 的鲁棒 BSLAM 硬件系统给出的测深点平均定位误差的均值分别为 65.76m 和 26.49m，与惯性导航系统相比，在鲁棒 BSLAM 任务执行过程中 MCM 给出的测深点平均定位误差的均值相较惯性导航系统减小了 59.71%。

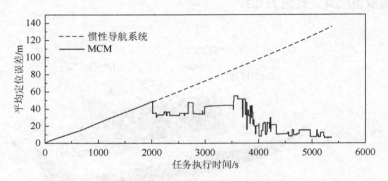

图 7.22　海上试验 1 的实时结果对比

　　如图 7.23 所示，当鲁棒 BSLAM 任务完成后，共有 809 个闭环被检测出，其中包含 766 个无效闭环。通过考虑残差分布的无效闭环检测判别算法，88.5%的无效闭环被从位姿图中移除，剩下的 11.5%的无效闭环通过 MCM 被识别并剔除。鲁棒 BSLAM 算法最终输出结果如图 7.24 所示。

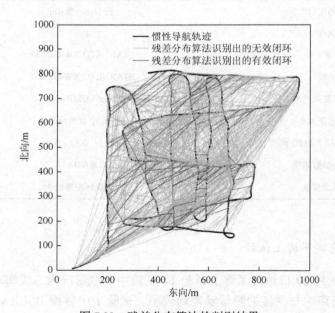

图 7.23　残差分布算法的判别结果

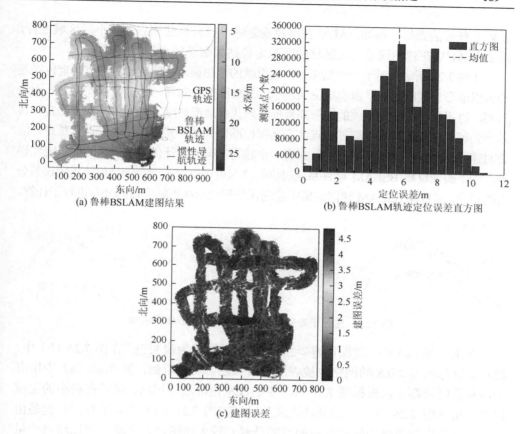

(a) 鲁棒BSLAM建图结果

(b) 鲁棒BSLAM轨迹定位误差直方图

(c) 建图误差

图 7.24　海上试验 1 的试验结果

如图 7.24 所示，任务结束时鲁棒 BSLAM 硬件系统和惯性导航系统的测深点平均定位误差分别是 5.4822m 和 137.2718m，相较惯性导航系统，鲁棒 BSLAM 的测深点平均定位误差减小了 96.01%。与数值仿真试验的结果一致，鲁棒 BSLAM 成功地识别并剔除了所有的无效闭环，通过与 GPS 结果的比较，鲁棒 BSLAM 成功对惯性导航系统的累积误差进行了修正，表现出了良好的实时定位效果。

通过与使用 GPS 导航数据构建的地形图相比较，可以估计出鲁棒 BSLAM 硬件系统构建的每个网格（网格大小为 1m）在水深方向的偏差，即构建得到的地形图在每个网格上的建图误差。如图 7.24（c）所示，最终得到的地形图中大部分网格（占比 76.85%）的建图误差小于 0.5m，很少一部分（占比 0.44%）的网格建图误差大于 2m。试验结果说明，鲁棒 BSLAM 硬件系统可以给出较为精确的建图结果。

然而，除了提供较为精确的建图结果以外，能够对建图误差在整个地形图上的分布进行准确的估计也是十分必要的。目前，水下地形图主要应用于地形匹配导航或路径规划任务，如果能够对地形图中建图误差较大的区域有准确的估计，就能帮助以上任务的开展，例如，AUV 在路径规划时可以只在建图误差较小的区域进行，或者对 AUV 在建图误差较大区域的匹配定位结果赋予较小的置信度。

如图 7.25 所示，对于一个测深点，其贡献的建图误差会受到该测深点的定位误差和该点地形坡度的影响，由于定位误差和地形坡度都是向量，且定位误差的方向无法预测，这里使用与方向无关的地形高程标准差代替地形坡度。如果该测深点的定位误差小到可以忽略，就可以通过该点地形高程标准差来估计其建图误差。也就是说，能否对建图误差在整个地形图上的分布有一个较为准确的估计仍然取决于测深点定位误差。为了验证鲁棒 BSLAM 硬件系统提供的测深点定位误差能否满足估计建图误差分布的要求，对鲁棒 BSLAM 建图结果中建图误差和地形高程标准差的分布进行了计算。

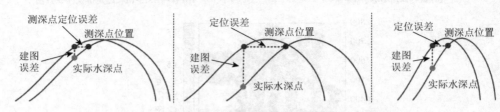

图 7.25　建图误差同时受定位误差和地形坡度影响

在图 7.26（a）中，建图误差≥2m 的网格被表示为浅灰色，在图 7.26（b）中，地形高程标准差≥0.8 的网格也被表示为浅灰色。可以看到，图 7.26（a）中所有的浅灰色区域都可以根据图 7.26（b）中的浅灰色区域标记出。尽管在极小的定位误差作用下图 7.26（b）中的某些浅灰色区域在图 7.26（a）中并不存在，但是由于实际任务中使用建图误差分布的目的是避开较大建图误差区域，所以将极少量的建图误差较小区域误标记并不会对任务的开展产生影响。试验结果证明，鲁棒 BSLAM 硬件系统可以同时提供较为精确的建图结果和建图误差分布估计。

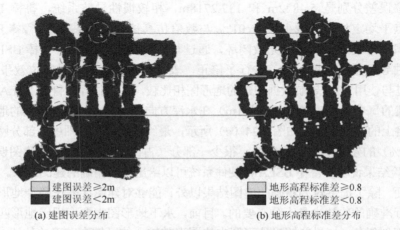

图 7.26　海上试验 1 建图误差分布与地形高程标准差分布的关系

2. 三级海况下海上试验

2017 年 9 月 30 日在青岛中沙礁海域使用鲁棒 BSLAM 海上试验系统进行了海上试验 2。然而，试验 2 所面临的海况较试验 1 恶劣，试验在三级海况下进行，浪高约为 0.8m。在海浪作用下，试验船产生了剧烈的晃动，从而导致多波束声呐的输出结果中产生了较大的测量误差。

图 7.27 中可以看到，受较大的多波束测量误差影响，在任务的某些阶段 MCM 输出的测深点平均定位误差出现了剧烈的波动。这主要是由于在任务的某些阶段存在有效闭环个数过少的情况，在这种情况下，MCM 输出的结果中出现闭环的误识别是无法避免的，特别是当恶劣海况的影响导致无效闭环占比极大时。在鲁棒 BSLAM 算法中，一旦一个新的闭环被加入位姿图中，所有关键帧的位姿都会被重新计算，然后整个轨迹会被更新。因此，当一个无效闭环被加入位姿图中时，不仅当前定位结果会受到影响，整条轨迹的修正结果都存在迅速变差的可能，也就是说，受鲁棒 BSLAM 的特性影响，MCM 输出的结果无法使鲁棒 BSLAM 获得一个稳定且不存在剧烈跳变的轨迹。

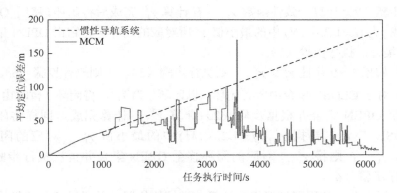

图 7.27　应用两种方法的海上试验 2 的实时结果对比

针对这一问题，本节提出了一种结合滤波器的 MCM，通过对相邻时刻由 MCM 输出的关键帧修正结果进行信息融合实现缓解鲁棒 BSLAM 结果跳变的目的。如果将位姿图考虑为滤波器中的系统状态，那么最大的困难是求解系统状态的协方差，即系统在当前时刻的置信度。而在鲁棒 BSLAM 中，唯一能部分表示当前位姿图置信度的观测量是地形图一致性 χ^2。因此，本节使用地形图一致性表示系统的置信度，对于存在 N 个关键帧的位姿图，假设 t 时刻由 MCM 计算得到的关键帧位置为 x_t^{key}，所有关键帧在 $t-1$ 时刻由滤波器修正后的位置为 $\hat{x}_{t-1}^{\text{key}}$，$t$ 时刻滤波器修正后的关键帧位置为 $\hat{x}_t^{\text{key}}$，$t-1$ 时刻和 t 时刻位姿图计算得到的地形图

一致性分别为 χ_{t-1}^2 和 χ_t^2（需要注意 $t-1$ 时刻位姿图为滤波器输出结果，t 时刻为 MCM 输出结果），则 $\dot{x}_t^{\text{key}}$ 可以表示为

$$\dot{x}_{t-1}^{\text{key}} = x_{t-1}^{\text{key}} + K(x_t^{\text{key}} - x_{t-1}^{\text{key}}) \tag{7.3}$$

式中，$K = \min(\chi_{t-1}^2/\chi_t^2, 1)$。

因此，结合滤波器的 MCM，整个鲁棒 BSLAM 位姿图优化部分的算法流程图如图 7.28 所示。

鲁棒 BSLAM 位姿图优化算法的步骤包括：

（1）初始化 OPEN 集合和 CLOSE 集合，其中 OPEN 集合记录当前位姿图内所有闭环，CLOSE 集合记录所有被判定为无效的闭环，初始化 CLOSE 集合为空集，执行步骤（2）。

（2）令 $k=0$，通过全局路径修正优化位姿图，并通过一致性检测计算 χ_k^2，执行步骤（3）。

（3）$k=k+1$，如果 χ_{k-1}^2 小于预设的阈值，则执行步骤（7），否则执行步骤（4）。

（4）对于 OPEN 集合中的每一个闭环（以闭环 i 为例），将其在位姿图中移除并根据步骤（2）计算一致性函数 $\chi_{k,i}^2$，在计算 $\chi_{k,i}^2$ 完成后将闭环 i 移回 OPEN 集合。寻找 $\chi_{k,i}^2$（$i=1,2,\cdots,N$）中的最小值 χ_k^2 所对应的闭环，将它由 OPEN 集合移至 CLOSE 集合，执行步骤（5）。

（5）如果 $k>0$ 并且 $\chi_k^2 > \chi_{k-1}^2$，则执行步骤（3），否则执行步骤（6）。

（6）对于 CLOSE 集合中所有闭环（以闭环 j 为例），将闭环 j 暂时由 CLOSE 集合移至 OPEN 集合并根据步骤（2）计算 $\chi_{k,j}^2$，计算完成后同样将闭环 j 移回 CLOSE 集合。寻找 $\chi_{k,j}^2$（$j=1,2,\cdots,M$）中的最小值 $\chi_{k,j\min}^2$ 对应的闭环。若 $\chi_{k,j\min}^2 < \chi_{k,\min}^2$，则将 $\chi_{k,j\min}^2$ 对应的闭环移至 OPEN 集合并再次执行步骤（6），否则执行步骤（4）。

（7）根据公式使用滤波器算法计算关键帧的位置，并通过局部路径修正算法求解最终的鲁棒 BSLAM 路径。

如图 7.29 所示，由于测量噪声较大，结合滤波器的 MCM 的测深点平均定位误差在某些时间段仍然会出现波动，但其输出的结果仍远好于惯性导航系统和 MCM，且其输出结果的稳定性也远好于 MCM。MCM 输出的任务执行中各时刻测深点平均定位误差的最大值为 113.4m，而结合滤波器的 MCM 除了在开始阶段产生了 56.47m 的最大误差，在后续鲁棒 BSLAM 执行阶段轨迹误差均不超过 50m，且执行任务过程中结合滤波器的 MCM 输出的任务执行中各时刻测深点平均定位误差的均值较 MCM 减小了 15.2%。

在任务的结束阶段，共有 513 个闭环被检测出，其中 466 个为无效环形闭合。

62.23%的无效闭环被考虑残差分布的无效闭环检测算法识别并剔除，剩下 176 个无效闭环和 47 个有效闭环一起被输入结合滤波器的 MCM 中。算法给出的最终定位和建图结果如图 7.30 所示。

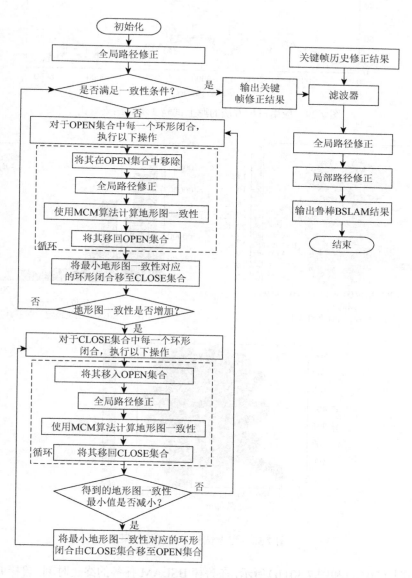

图 7.28　鲁棒 BSLAM 位姿图优化算法流程图

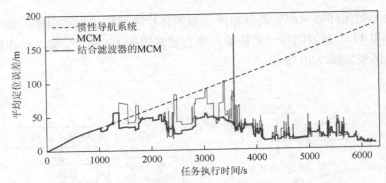

图 7.29　应用三种方法的海上试验 2 实时结果对比

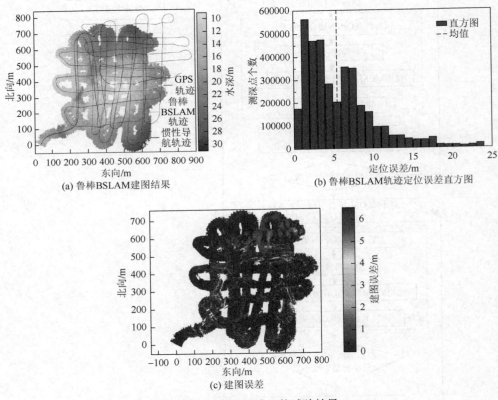

(a) 鲁棒BSLAM建图结果　　　　　　(b) 鲁棒BSLAM轨迹定位误差直方图

(c) 建图误差

图 7.30　海上试验 2 的试验结果

如图 7.30(a) 和图 7.30(b) 所示，在鲁棒 BSLAM 任务的终止时刻，鲁棒 BSLAM 硬件系统和惯性导航系统给出的测深点平均定位误差分别为 7.28m 和 128.40m，任务结束时 AUV 的定位误差则分别是 12.00m 和 359.02m。因此，相较于惯性导航系统，鲁棒 BSLAM 硬件系统分别减小了 96.18%的测深点平均定位误差和 96.67%的 AUV

最终定位误差。如图 7.30（c）所示，鲁棒 BSLAM 硬件系统最终结果中平均建图误差仅为 0.3638m，大部分节点（占比 75.06%）的建图误差小于 0.5m，且仅有极少数（占比 0.53%）的节点建图误差大于 2m。试验结果显示，在海况较为恶劣的情况下，鲁棒 BSLAM 硬件系统仍然能够提供较高的定位与建图精度，其可行性和可靠性得到了进一步的验证。

　　与图 7.26 所表示的相同，图 7.31（a）中灰色区域表示建图误差≥2m 的区域，建图误差小于 2m 的节点则以黑色表示；图 7.31（b）中地形高程标准差≥0.8 的节点用灰色表示，其他则以黑色表示。虽然由于较大测量噪声的影响，鲁棒 BSLAM 硬件系统给出的结果中部分区域较大的轨迹误差导致图 7.31（a）中仍有少数区域（用实线椭圆框出）无法通过图 7.31（b）识别，但是图 7.31（a）中大部分灰色区域可以通过图 7.31（b）进行预测（用虚线椭圆框出）。试验证明，在恶劣海况条件下应用结合滤波器的 MCM 的鲁棒 BSLAM 硬件系统仍然可以提供较好的定位和建图结果。

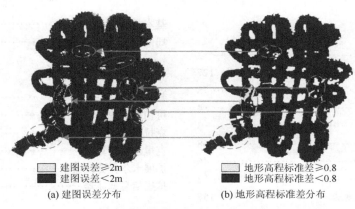

▢ 建图误差≥2m	▢ 地形高程标准差≥0.8
■ 建图误差<2m	■ 地形高程标准差<0.8
(a) 建图误差分布	(b) 地形高程标准差分布

图 7.31　海上试验 2 建图误差分布与地形高程标准差分布的关系

参 考 文 献

[1]　魏帅，闫钧宣，滕霖. 惯性/卫星组合导航数据后处理算法研究[J]. 计算机仿真，2016，33（11）：58-62.

[2]　严浙平，陈烨，朱慧龙，等. UUV 导航测速信息的灰色自适应滤波方法研究[J]. 传感技术学报，2016，29（2）：237-241.

[3]　于浩，王彦国，胡小毛，等. 水下载体 SINS/USBL 组合导航滤波方法研究[J]. 导航定位与授时，2017，4（1）：20-24.

[4]　耿维忠，谢步瀛，胡笳. 基于 Creator 和 Vega 的视景仿真系统的研究与实现[J]. 东华大学学报（自然科学版），2010，36（4）：356-359.

[5]　董博，马立元，罗婧. 基于 MFC 的 Vega 应用程序设计[J]. 微计算机信息，2006，22（4）：264-265.

[6]　Doble M J，Forrest A L，Wadhams P，et al. Through-ice AUV deployment：operational and technical experience from two seasons of Arctic fieldwork[J]. Cold Regions Science and Technology，2009，56（2-3）：90-97.

索 引